조선시대의 산학총서

유씨구고술요도해
(劉氏勾股述要圖解)

의령 남병길(宜寧 南秉吉) 도해
유인영 · 허 민 옮김

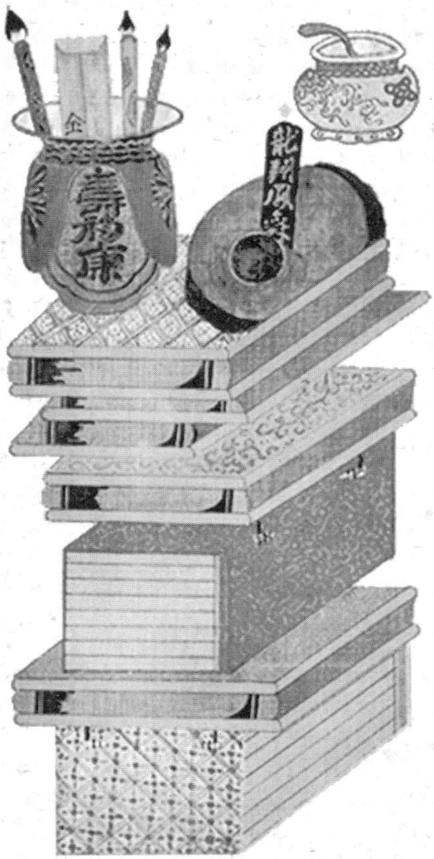

教友社

조선 시대의 산학서를 내면서

한국수학사학회에서는 한국학술진흥재단이 지원한 2002년도 기초학문육성지원사업(인문사회분야 국학고전연구)의 일환으로 연구 과제 《조선 시대의 산학서 번역》을 수행했다. 이의 목적은 다음과 같다.

(1) **한국 수학사 연구의 기초 마련** 우리의 전통 수학을 체계적으로 번역하고 현대적인 관점에서 해석한 결과물을 제시함으로써, 이에 대한 연구를 자극하는 촉진제와 연구의 기초를 마련한다.

(2) **고전에 대한 접근 용이성 및 자료 보급** 고전 문헌을 현대어로 번역함으로써, 많은 사람들에게 우리의 전통 수학을 접할 수 있는 기회를 제공한다.

이를 위해 다음과 같은 10종의 산학서를 선택하여 번역했다.

『默思集算法』 천・지・인 3권
『九數略』 건・곤 2권
『九一集』 천・지・인 3권
『算學入門』(『이수신편』 21・22권) 2권
『算學本源』(『이수신편』 23권) 1권
『算術管見』 1권
『借根方蒙求』 건・곤 1권
『翼算』 상・하편 2권
『測量圖解』 1권
『劉氏句股述要圖解』 1권

한국수학사학회 회장

역자 서문

『유씨구고술요도해』(劉氏勾股述要圖解)은 전사자[1]본(全史字本) 1책(冊)으로 서울대학교 도서관에 소장되어 있다.[2] 서문에 의하면 저자 남병길(南秉吉, 1820~1869)은 중인 산학자인 이상혁(李尙爀, 1810~?)을 통하여 이 책의 원본을 보게되었다고 하는데, 이상혁이 어떤 집에서 발견한 이 책의 처음 편자는 유씨(劉氏)로 되어 있다. 남병길은 그 유씨가 『구일집』(九一集)의 저자인 홍정하(洪正夏, 1684~？)와 함께, 1713년 5월 29일 조선을 방문하고 있던 중국의 산학자인 사력(司曆) 하국주(何國柱)와 수학을 논한 바 있는 유수석(劉壽錫)이라고 추측하고 있다.[3] 당시, 홍정하와 유수석은 산학에 관한 문답을 하는 중 하국주에게 구고술[4]의 문제 400여 개를 갖고 있다고 시사한 바 있다.[5] 남병길은 유씨의 이 원본에 그림을 첨가하여 해법이 정당함을 밝혔고, 그 내용을 용이하게 이해할 수 있도록 했다.

저자 남병길은 조선 말기의 문신·천문학자·수학자이다. 나중에 이름을 상길(相吉)로 바꾸었는데, 본관은 의령(宜寧)이고 자는 자상(子裳)이며 호는 혜천(惠泉)·육일재(六一齋)·만향재(晩香齋)이다. 철종(哲宗) 1년(1850) 증광문과(增廣文科)의 병과(丙科)에 급제하여, 수찬(修撰) 등을 거쳐 황해도 관찰사·이조참판·형조판서 등을 지냈고, 철종 13년(1862)에는 의정부 좌참찬(左參贊)에 올랐다. 시호는 문정(文靖)이다. 천문학에 관한 저서로 『시헌기요』(時憲紀要), 『성경』(星鏡), 『추보첩례』(推步捷例), 『성도의도설』(星度儀圖說), 『중성신표』(中星新表), 『항성출중입표』(恒星出中入表), 『태양실루표』(太陽實漏表), 『춘추일식고』(春秋日

1) 조선 철종 때 주조된 구리 활자로, 운현궁 활자(雲峴宮活字)라고도 한다. 청조체(淸朝體)의 근대적 활자로 자수(字數)는 약 8만이다.
2) 김용운 편, 한국과학기술사자료대계 수학편 6, 여강출판사, 1985, pp. 一-四.
3) 유수석에 대해서는 더 이상 알려진 바 없다.
4) 구고(勾股) 또는 구고형(勾股形)은 직각 삼각형을 뜻한다. 구는 직각을 낀 짧은 변, 고는 직각을 낀 긴 변을 나타내고, 구고술은 피타고라스의 정리를 뜻한다.
5) 이와 관련해서 『구일집』 제9권(卷之九) 잡록(雜錄)에 다음과 같은 글이 있다.
   또 [사력이] 말하기를 구, 고의 변화는 모두 240가지인 것을 아느냐고 하였다. 내[홍정하]가 말하였다. 구, 고를 미루어 생각하면 400 몇 가지에 이른다. 사력이 말하였다. 구, 고에 관한 다른 풀이 방법에 관하여 들어볼 수 있겠는가? 나와 유군은 구고법 20몇 개의 문제를 풀이까지 모두 보여주니 사력은 갖고 갔다.
   又曰 句股變化 共二百四十條可知否 余曰 句股推之將至四百餘條 司曆曰 句股之別術 可得聞乎 余與劉生 句股法共二十餘 問幷法示之 司曆持去
   (홍정하 저/강신원·장혜원 역, 구일집 인, 한국수학사학회, 2006, p. 235.)

食攷) 등이 있고, 수학에 관한 것으로는 『양도의도설』(量度儀圖說), 『측량도해』(測量圖解), 『춘추일식고』(劉氏句股術要圖解), 『무이해』(無異解), 『산학정의』(算學正義), 『구장술해』(九章術解), 『집고연단』(緝古演段), 『옥감세초상해』(玉鑑細草詳解) 등이 있다.[6)7)]

1. 내용

『유씨구고술요도해』는 구고, 즉 직각 삼각형에 관한 224개의 문제로 이루어져 있다. 처음 210문제는 '직각 삼각형의 풀이'에 관한 문제로, 직각 삼각형의 일부 요소 또는 요소 사이의 관계를 제시하고 세 변[또는 일부 변]의 길이를 구한다. 이 문제들은 주어진 조건과 '구고술'(句股術, 피타고라스의 정리)을 이용하여 적절한 다항 방정식을 세워서 풀고 있다. 각 문제에서 주어진 양과 구하는 양 및 이에 이용된 다항 방정식은 [부록 가]의 '문항 분석'으로 요약했다.

마지막 14문제는 직각 삼각형과 내접원에 관한 7문제와 내접 정사각형에 관한 7문제를 다루고 있다.

2. 특징

『유씨구고술요도해』의 특징을, 역시 직각 삼각형의 풀이를 다룬 홍정하의 『구일집』 지(地) 제5권 ㊀ 구고호은문(句股互隱門)의 처음 68문제[8)] 및 인(人) 제9권 잡록(雜錄)의 제16문부터 23문까지의 8문제[9)]와 대비해서 살펴보고자 한다. 『구일집』 제9권 잡록의 내용으로 미루어볼 때, 두 책은 거의 같은 시기에 연구되고 집필된 것으로 보인다. 실제로, 같은 유형의 문제는 거의 같은 방정식을 만들어 풀고 있다. 『구일집』에서 다룬 문제도 [부록 가]의 '문항 분석' 마지막 열에 기록했다.

[1] 『유씨구고술요도해』에서는 가능한 한 모든 경우에 대한 문제를 제시하고 있다. 예를 들면 한 변의 길이와 나머지 두 변 길이의 합·차·곱·몫을 다음과 같이 모든 경우를 고려하고 있다. 여기서 a는 직각을 낀 두 변 중에서 짧은 변인 구(勾), b는 긴 변인 고(股), c는 빗변인 현(弦)의 길이를 나타낸다

6) 김용운·김용국, 한국수학사, 열화당, 1982, pp. 263~264.
7) 그의 형인 남병철(南秉哲, 1817~1863)은 예조·이조판서·홍문관 대제학 등을 역임한 문신으로, 역시 수학과 천문학에 밝았다.
8) 문항 번호를 5-1-1부터 5-1-68까지로 나타내겠다.
9) 문항 번호를 9-1-16부터 9-1-23까지로 나타내겠다.

4. $a,\ b+c$	5. $b,\ a+c$	6. $c,\ a+b$
7. $a,\ c-b$	8. $b,\ c-a$	9. $c,\ b-a$
10. $a,\ b\times c$	11. $b,\ a\times c$	12. $c,\ a\times b$
13. $a,\ c\div b$	14. $a,\ b\div c$	15. $b,\ c\div a$
16. $b,\ a\div c$	17. $c,\ b\div a$	18. $c,\ a\div b$

이에 따라 겉보기에는 다르지만 결국 똑같은 조건의 문제와 해법이 서로 같은 문제가 중복해서 나타나게 된다. 예를 들면, 제88, 89, 90문의 경우 조건 $(a+b)-c$(제88문), $a-(c-b)$(제89문), $b-(c-a)$(제90문) 등은 겉으로는 다르게 보이지만, 모두 $a+b-c$(현화교)를 나타내므로, 완전히 같은 조건의 문제이다.

또, 제13 · 14문, 제50 · 52문, 제77 · 78문 등에서 제시한 조건 $c\div b$와 $b\div c$는 같은 조건으로 볼 수 있다. 그러나 이 책에서는 별도의 방정식을 만들어 풀고 있다. 『구일집』에서는 이런 경우에 한 문제만을 제시한다. 예를 들면, 제13 · 14문은 5-1-52로, 제50 · 52문은 5-1-59로, 제77 · 78문은 5-1-67로 가름하고 있다.

동양에서는 전통적으로 직각을 낀 두 변 중에서 짧은 변을 구(勾)로, 긴 변을 고(股)로 부른다. 그런데 구와 고의 구분이 의미 없는 경우가 많으며, 현에 대해 서로 같은 역할을 하기도 한다. 그래서 이를테면 다음과 같은 문제는 서로 쌍대를 이루는 같은 유형의 문제로 생각할 수 있다.

『유씨구고술요도해』		『구일집』
10. $a,\ b\times c$	11. $b,\ a\times c$	5-1-46
13. $a,\ c\div b$	15. $b,\ c\div a$	5-1-52
77. $c-b,\ a\div c$	78. $c-a,\ b\div c$	5-1-67

실제로, 『유씨구고술요도해』에서는 이런 경우에 해법이 서로 같다고 명시하고 있다. 『구일집』에서는 이런 쌍대(또는 대칭) 문제를 가능한 한 피하고 있는 것으로 보인다.

제19 · 22 · 26문, 제20 · 24 · 25문, 제21 · 23 · 27문의 조건은 서로 동치이다. 『구일집』에서도 이 아홉 문제가 5-1-17부터 5-1-25까지 제시되어 있다.

[2] 『유씨구고술요도해』에서 직각 삼각형의 풀이를 위한 모든 문제의 조건은 서로 다르다([부록 가] 참조). 『구일집』의 경우에는 조건이 같은 문제가 있는데, 『구장산술』(九章算術)에 있는 것과 같은 응용 문제를 제시할 때 이런 경우가 나타난다. 주어진 양이 구(a)와 고현차$(c-b)$인 『구일집』의 문제 5-1-5, 5-1-8,

5-1-9는 각각 『구장산술』 제9권의 문제 9-6, 9-10, 9-9과 상황이 서로 같다.

『유씨구고술요도해』에는 이런 응용 문제가 단 한 개도 등장하지 않는다. 심지어, 삼각형의 풀이를 위한 조건으로 넓이를 제시한 경우도 없으며, 오직 세 변 사이의 관계만을 제시하고 있다. 한편, 『구일집』에서는 구와 고의 곱($a \times b$)보다는 넓이($a \times b \div 2$)를 주로 제시하고 있다. 그러나 『구일집』의 풀이에서는 많은 경우에 먼저 '넓이를 2배로 하여(置積倍之)' 구와 고의 곱($a \times b$)을 구한 다음에 문제를 해결하고 있다.

[3] 앞에서 지적한 대로 『구일집』에서는 『구장산술』에 있는 것과 같은 전통적인 응용 문제를 제시하고 있는데, 문제의 해법도 『구일집』에서는 『구장산술』에 있는 것과 같은 전통적인 방법을 이용하는 경우가 있다[5-1-11의 별해]. 한편, 『유씨구고술요도해』에서는 가능한 한 풀이 과정을 세분화하고 있으며, 특히 『구일집』에는 없는 그림을 이용해서 각 과정의 정당성을 명확하게 밝히고 있다.

<table>
<tr><th>조건</th><th>『구일집』</th><th>『유씨구고술요도해』</th></tr>
<tr><td>$c-a,\ c-b$</td><td colspan="2">[5-1-14] [55]
$\sqrt{2(c-b)(c-a)} = a+b-c$</td></tr>
<tr><td>$b-a,\ c-a$</td><td>[5-1-16]
$\sqrt{2(c-a)^2-2(b-a)(c-a)}$
$= a+b-c$</td><td>[56] 먼저 다음을 구한다.
$(c-a)-(b-a)=c-b$
[55]의 결과를 이용한다.</td></tr>
</table>

[4] 『구일집』에서 직각 삼각형의 변의 길이는, 문제 5-1-3, 5-1-8, 9-1-18을 제외하면, 모두 자연수로 나타내어진다. 그것도 다음과 같이 변의 길이가 서로 같은 직각 삼각형을 반복해서 이용한 경우가 매우 많다.

<table>
<tr><th colspan="2">변의 길이와 비</th><th>이용된 문항 번호</th></tr>
<tr><td>구 24자
고 45자
현 51자</td><td>8 : 15 : 17</td><td>5-1-1, 2, 4, 5, 6, 7, 12, 13, 14, 15, 16, 17, 18, 19, 20, 21, 22, 23, 24, 25, 26, 27, 28, 29, 30, 31, 32, 33, 34, 35, 36, 37, 38, 39, 40, 42, 46, 47, 48, 49, 50, 51, 55, 60, 61, 63, 66 [47문항]</td></tr>
<tr><td>구 27자
고 36자
현 45자</td><td>3 : 4 : 5</td><td>5-1-41, 43, 44, 45, 52, 53, 54, 56, 57, 58, 59, 62, 64, 65, 67, 68, 9-1-16 [17문항]</td></tr>
</table>

그리고 나머지 문제에서도 세 변의 길이의 비가 8:15:17인 것이 5문제[10]이고, 3:4:5인 것이 2문제[11]이며, 5:12:13인 것이 2문제[12]이다.

한편, 『유씨구고술요도해』에서는 [부록 나] '구고현의 길이 분석'에서 보는 바와 같이 변의 길이가 거의 대부분 유효 숫자가 3개 또는 4개인 복잡한 수치를 이용하고 있으며, 변 사이의 비례 관계가 선명하게 드러나지 않는다. 실제로, 이런 직각 삼각형의 변들은 [내접하는 정사각형과 관련된 문제 중에서 마지막 두 문제를 제외하면 모두] 책의 앞 부분에서 설명한 <구고현율 구하기>의 방법에 따라 세심하게 계산한 길이를 이용하고 있음을 알 수 있다. 즉, 모수를 m, 자수를 n이라 하자. 이때, $m>n$이고 m과 n은 서로 소이며 둘 중에서 하나는 홀수이고 다른 하나는 짝수이다.[13] 그러면 다음과 같이 직각 삼각형의 세 변의 길이를 얻는다.

$$\{구,\ 고\}=\{m^2-n^2,\ 2mn\}, \qquad 현=m^2+n^2$$

따라서 [마지막 두 문제를 제외하면] 모두 유한 소수로 표현되는 길이를 가진 직각 삼각형만을 이용하고 있다. 그리고 아래에 나열한 관찰 결과에서 알 수 있듯이, 대단히 체계적이고 계획적으로 구・고・현의 길이를 생성했음을 확인할 수 있다.

(1) 생성하는 모수는 제217문까지는 최소 11이며, 그 뒤에도 제219문과 220문에서 각각 이용한 3-4-5와 5-12-13의 직각 삼각형을 제외하면 10과 11이다.

(2) 제37문과 제73문에 이용한 직각 삼각형(구: 2.5, 고: 31.2, 현: 31.3)을 제외하면, 합동인 삼각형을 전혀 사용하지 않았다.

(3) 다음의 단 세 가지 경우를 제외하고, 닮은 삼각형도 사용하지 않았다.

(제14문, 제49문), (제37문, 제73문, 제138문), (제16문, 제98문)

---

10) 9-1-17과 9-1-23의 두 문제는 8자-15자-17자, 9-1-19, 20, 21의 세 문제는 16자-30자-34자의 직각 삼각형을 이용한다. 9-1-18은 12자-22.5자-25.5자의 직각 삼각형을 이용하는데, 이것의 길이의 비는 8:15:17이다.

11) 5-1-11은 30자-40자-50자, 9-1-22는 12자-16자-20자의 직각 삼각형을 이용한다.

12) 5-1-9와 5-1-10에서 5치-12치-13치 직각 삼각형을 이용한다.

13) 사실, $m>n$인 임의의 두 양수 m과 n에 대해 m^2-n^2, $2mn$, m^2+n^2은 직각 삼각형의 세 변의 길이를 형성한다. 그렇지만 [부록 나]에서 확인할 수 있듯이, 제1, 6, 9, 12, 16, 49, 139, 173, 218~222문 등 13문제를 제외한 나머지 209문제에서는 모두 두 양수 m과 n을 서로 소이며 하나는 홀수이고 다른 하나는 짝수인 자연수로 택하고 있다.

3. 중국에서의 직각 삼각형

직각 삼각형에 대한 논의는 고대와 중세 수학의 역사에서 끊임없이 나타났지만, 중국 수학에서는 초기부터 20세기 초까지의 모든 발달 단계에서 훨씬 더 자주 등장했다. 『유씨구고술요도해』와 『구일집』에서 직각 삼각형에 대해 다룬 내용은 중국의 전통 수학을 이어받았다고 할 수 있을 것이다.14)

[1] 『주비산경』과 『구장산술』

중국 후한의 조군경(趙君卿, 본명 爽)은 『주비산경』(周髀算經)에 대한 주석에서 유클리드 식의 연역적인 방법으로 증명하고 있지 않지만 피타고라스의 정리에 대해 언급하고 있다. 직각 삼각형에 관한 피타고라스의 정리를 한 눈에 보여주는 유명한 설명도인 <현도>가 실려 있으며, <구고원방도>(句股圓方圖)에는 불과 500여 자의 짤막한 글이지만 직각 삼각형의 성질에 관한 후한 시대의 빛나는 성과를 간결하게 집약하고 있다. 거기에는 직각 삼각형의 풀이를 위한 많은 정리를 나열했다. 그것을 요약·정리하면 다음과 같다.

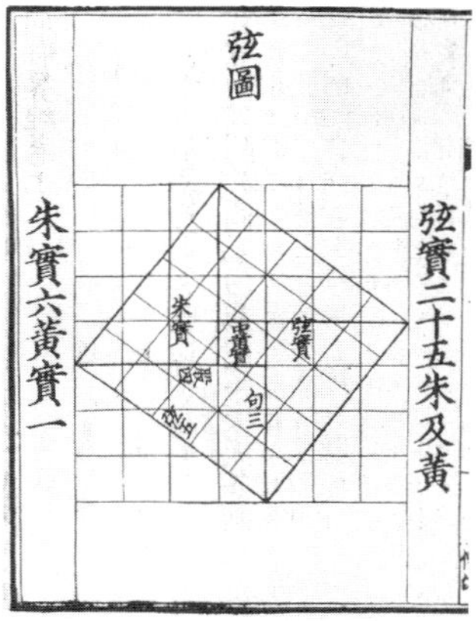

14) '중국에서의 직각 삼각형'은 다음 문헌을 참고해서 정리했다.

- 김용운·김용국, 중국수학사, 민음사, 1996, pp. 120-125, 133-137.
- Jean-Claude Martzloff, *A History of Chines Mathematics*, Springer, 1987, pp. 293-302.
- Kangshen, Shen·J.N. Crossley·A.W.-C. Lun, *The Nine Chapters on Mathematical Art - Companoin and Commentary*, Oxford University Press, 1999, pp. 439-504.

(1) $a^2+b^2=c^2$, (2) $x^2+(b-a)x=\dfrac{c^2-(b-a)^2}{2}$ 의 해는 $x=a$이다.

(3) $x^2+2bx=a^2$의 해는 $x=c-b$이다. $x^2+2ax=b^2$의 해는 $x=c-a$이다.

(4) $\dfrac{a^2}{c-b}=c+b$, $\dfrac{a^2}{c+b}=c-b$, $\dfrac{b^2}{c-a}=c+a$, $\dfrac{b^2}{c+a}=c-a$

(5) $\dfrac{(c+b)^2+a^2}{2(c+b)}=c$, $\dfrac{(c+b)^2-a^2}{2(c+b)}=b$,

$\dfrac{(c+a)^2+b^2}{2(c+a)}=c$, $\dfrac{(c+a)^2-b^2}{2(c+a)}=a$

(6) $\sqrt{2(c-a)(c-b)}=a+b-c$, (7) $(a+b)^2=2c^2-(b-a)^2$

이런 규칙 대부분은 『구장산술』 제9권(구고) 제1문~14문에 또다시 나타난다.15) 아홉 가지 a, b, c, $a+b$, $a+c$, $b+c$, $b-a$, $c-a$, $c-b$ 중에서 두 가지를 제시하고 a, b, c 중에서 모르는 양을 찾는 경우는 모두 ${}_9C_2=36$가지 있지만, 중복되거나 불필요한 경우를 제외하면 의미 있는 경우는 다음의 9가지이다.

(1) a, b (2) a, c (3) a, $c+b$ (4) a, $c-b$ (5) c, $b-a$
(6) $c-a$, $c-b$ (7) c, $a+b$ (8) $c+a$, $c+b$ (9) $c+a$, $c-b$

『구장산술』 제9권에 있는 직각 삼각형의 풀이와 관련된 14문제는 다음 표와 같이 (1)~(7)과 관계가 있다.

유형	주어진 양	구하는 양	『구장산술』	『유씨구고』
(1)	a, b	c	9-1, 9-5	1
(2)	a, c [또는 b, c]	b [또는 a]	9-2, 9-3, 9-4	2, 3
(4)	a, $c-b$ [또는 b, $c-a$]	b, c [또는 a, c]	9-6, 9-7, 9-8, 9-9, 9-10	7, 8
(5)	c, $b-a$	a, b	9-11	9
(6)	$c-a$, $c-b$	a, b, c	9-12	55
(3)	a, $c+b$ [또는 b, $c+a$]	b, c [또는 a, c]	9-13, 9-14	4, 5
(7)	c, $a+b$	a, b		6
(8)	$c+a$, $c+b$	a, b, c		19
(9)	$c+a$, $c-b$	a, b, c		25

15) 『구장산술』 제9권의 나머지는 닮은 직각 삼각형의 변 사이의 비례 관계를 이용하는 (1) 내접 정사각형[9-15]과 내접원[9-16]과 관련된 문제 및 (2) 측량 문제([9-17]~[9-24])이다.

[2] 당·송·원·청 시대

구고 문제는 그 뒤에도 더욱 개발됐다. 당 시대(618~907)에는 9개의 요소, 즉 구, 고, 현 및 이것들의 합과 차 중에서 하나와 세 가지 곱, 즉 ab, bc, ac 중에서 하나가 주어졌을 때 직각 삼각형을 푸는 문제로 확장되었다. 여기에는 $9\times3=27$가지 경우가 있는데, 이 중에서 논의할 의미가 있는 것은 다음과 같은 10가지다.

유형	주어진 양	구하는 양	처음 등장한 문헌	『유씨구고』
(1)	ab, c	a, b	『주비산경』 조상의 주석	12
(2)	ab, $a+b$	a, b, c	양휘가 인용한 책	28
(3)	ab, $b-a$	a, b, c	『구장산술』 [9-20]에 대한 유휘의 주석	58
(4)	ab, $a+c$	a, b, c		31
(5)	ab, $c-a$ [또는 ab, $c-b$]	a, b, c	『집고산경』 제15문 제16문	61, 62
(6)	bc, a	b, c	『집고산경』 제19문	10
(7)	ac, $c-b$ [또는 bc, $c-a$]	a, b, c	『집고산경』 제17문 제18문	63, 64
(8)	bc, $a+b$	a, b, c		36
(9)	bc, $b-a$	a, b, c		66
(10)	bc, $a+c$	a, b, c		33

송 시대(960~1279)에는 네 가지 요소 $c+a+b$(현화화), $a+b-c$(현화교), $c+b-a$(현교화) $c-(b-a)=c+a-b$(현교교) 중에서 하나와 6요소, 즉 세 변 사이의 합과 차 중에서 하나를 알 때, 직각 삼각형을 푸는 형태의 문제를 논의했다. 모든 경우 $4\times6=24$가지 중에서 다음의 7가지가 논의할 의미가 있다.

<table>
<tr><th>유형</th><th>주어진 양</th><th>구하는 양</th><th>논의된 책</th><th>『유씨구고』</th></tr>
<tr><td>(1)</td><td>$a+b+c$, $b-a$</td><td rowspan="7">a, b, c</td><td rowspan="7">『句股擧隅』
(梅文鼎, 1633~1721)
『句股六術』
(項名達, 1789~1850)</td><td>158</td></tr>
<tr><td>(2)</td><td>$a+b-c$, $b-a$</td><td></td></tr>
<tr><td>(3)</td><td>$a+b+c$, $c-a$</td><td>159</td></tr>
<tr><td>(4)</td><td>$c+b-a$, $a+b$</td><td></td></tr>
<tr><td>(5)</td><td>$c+b-a$, $c+a$</td><td></td></tr>
<tr><td>(6)</td><td>$c+b-a$, $c-b$</td><td></td></tr>
<tr><td>(7)</td><td>$a+b-c$, $c+a$</td><td></td></tr>
</table>

특히 송과 원 시대에 천원술(天元術)의 창시로, 그 이전에 연구한 직각 삼각형의 풀이 문제보다 훨씬 더 복잡한 새로운 것이 창안되었다. 이 주제는 더욱 더 중요해져서, 『사원옥감』(四元玉鑑)에서는 (284문제 중에서) 101문제가 직각 삼각형에 관한 것일 정도로 이 주제는 더욱 중요해졌다. 더욱 더 놀랍게도 『측원해경』(測圓海鏡)의 모든 문제는 직각 삼각형과 그에 내접하는 원에 관한 연구만으로 이루어져 있다[13, p. 294].

17세기부터 그 뒤로, 예수회의 활동으로 삼각법이 중국에 전파되었고, (직각이거나 아닌) 삼각형의 풀이에 관한 문제가 더욱 발전했으며, 그 전에는 중국 수학에서 전혀 고려되지 않았던 개념, 즉 각의 개념이 중요해졌다.

이에 따라 일단 이용할 수 있게 된 대수학이나 삼각법이 중국의 그 이전 방법을 대신했을 것이라고 자연스럽게 상상할 수 있을 것이다. 그렇지만 전혀 그렇지 않았고, 20세기 초까지도 중국에서는 이용 가능한 모든 기법이 언제나 동등한 위치에서 고려되었다. 주목할 만한 점으로, 유명한 동문관(同文貫) 대학에서 1889년에 출판한 수학 백과 사전 『중서산학대성』에는 직각 삼각형의 풀이를 위한 중국의 고대 기법이 2개의 장으로 포함되어 있다. 그 사전에는 대수학과 삼각법에 관한 내용이 독립적으로 전개되어 있다.

청 시대(1644~1911)의 수학자들도 새로운 유형의 문제를 연구했는데, 네 가지 요소 $c+a+b$(현화화), $a+b-c$(현화교), $c+b-a$(현고화) $c+a-b$(현교교) 중에서 하나와 ab, ac, bc 중에서 하나가 주어졌을 때 직각 삼각형을 푸는 것이었다. 전체 경우 $4\times3=12$가지 중에서 8가지가 논의할 의미가 있다. 매문정(梅文鼎)은 네 가지 경우를 다루었고 이를 증명했다.

<table>
<tr><th>유형</th><th>주어진 양</th><th>구하는 양</th><th>처음 등장</th><th>『유씨구고』</th></tr>
<tr><td>(1)</td><td>$ab,\ a+b+c$</td><td rowspan="8">$a,\ b,\ c$</td><td rowspan="8">『句股擧隅』
(梅文鼎,
1633~1721)</td><td>161</td></tr>
<tr><td>(2)</td><td>$ab,\ a+b-c$</td><td>88</td></tr>
<tr><td>(3)</td><td>$ab,\ c+b-a$</td><td></td></tr>
<tr><td>(4)</td><td>$ab,\ c+a-b$</td><td></td></tr>
<tr><td>(5)</td><td>$ac,\ a+b+c$</td><td>162</td></tr>
<tr><td>(6)</td><td>$ac,\ a+b-c$</td><td></td></tr>
<tr><td>(7)</td><td>$ac,\ c+b-a$</td><td></td></tr>
<tr><td>(8)</td><td>$ac,\ c+a-b$</td><td></td></tr>
</table>

일러두기

1. 다음 책에 실린 『유씨구고술요도해』를 번역 대본으로 삼았다.

   김용운 편, 한국과학기술사자료대계 수학편 6, 여강출판사, 1985.
   金容雲 編, 韓國科學技術史資料大系 數學篇 6, 驪江出版社, 1985.

2. 문항 번호는 원본에는 각 문제의 끝에 있는데, 본 번역서에서는 각 문제의 앞에 인도·아라비아 숫자를 써서 **【54】** 와 같이 나타냈다.

3. 일반적으로 다음과 같은 체제에 따라 편집했다.

   【문항 번호】 … 〔문제 번역문〕 …
   … 〔문제 원문〕 …

   답 … 〔답 번역문〕 …
   答 … 〔답 원문〕 …

   해법 … 〔풀이 번역문〕 …
   術曰 … 〔풀이 원문〕 …

   그림 해설 … 〔그림 해설 번역문〕 …
   圖解 … 〔그림 해설 원문〕 …

   ☞ **역자 주 1:** 해법과 그림 해설에 대한 현대적인 용어와 기호를 이용한 설명과 주석

   ☞ **역자 주 2:** 현대식의 풀이

4. 원문의 주석(작은 글씨에 두 줄로 쓴 부분)은 모두 「…」 안에 넣어 표시했다.

유씨구고술요도해
(劉氏勾股述要圖解)

목차(目次)

유씨구고술요도해 서문
(劉氏勾股述要圖解序)

무릇 구고[1]는 모든 평면과 입체 도형의 기본인 바, 자연의 수가 여기서 생긴다. 그러므로 그 쓰임은 끝이 없고 그 방법은 여러 단초이다. 진실로 더하고(和) 빼고(較) 거듭 곱하고(羃) 모으고(積) 나누고(分) 합하는(合) 이치에 밝으면, 기구를 제작하고 물을 다스리며 천문을 헤아릴 수 있다. 이것이 어찌 대쪽을 조작하고 산대를 잡는 것에 불과하겠는가? 보통 사람이 풀 수 있는 것이겠는가?

지난 번 이지수[2] 군을 만났을 때, 어느 집에 『구고술요』가 있다고 알려주었다. 그래서 소개를 받아 얻어 보았는데, 필사본으로 책이름이 『유씨』였다. 그 때는 시간의 여유가 없었는데, 사람을 시켜 베껴서 여러 상자 안에 넣고 여러 해가 지났다. 요사이 나는 수집한 자료가 소실될까 걱정되어, 찾아 꺼내어 음미하여 해석해보았다. 거기서 세워진 예가 224개인데, 아주 신비롭고 심오하지 않으나 서로 섞이어 혼란스러웠다. 풀이를 위한 계산 방법은 넉넉히 갖추어져 있으나 여러 책에서 아직 말하지 않은 것이 매우 많다.

유씨의 학술의 조예를 보면 산학의 명가에 부끄럽지 않으나, 완운대[3]의 『주인전』 모음에도 빠져있다. 그 풍요로움을 보지 못했으니, 그것을 캐내는 게 가능하겠는가? 근대 중국의 유학자가 여러 문집에서 수의 이치가 격물치지의 선행 과제라고 명백하게 드러낸 경우가 많은데, 어째서 한 사람도 이것을 위해 널리 펴낸 자가 없단 말인가?

우리 동쪽 나라에는 문헌이 부족하니 수학에 이르면 더욱 실마리를 알 수가 없다. 어쩌다 우리나라 사람은 연기처럼 사라져서 부를 이름도 없

---

1) 구고(勾股)는 직각 삼각형을 뜻한다.
2) '지수(志叟)'는 이상혁(李尙爀, 1810~?)의 자(字)임.
3) 완원(阮元, 1764~1849), 중국 청나라의 정치가·학자로 강소성(江蘇省) 의징현(儀徵縣) 태생이며, 자는 백원(伯元), 호는 운대(雲臺)이다. 학자로서는 송학(宋學)을 배격하고 한학(漢學)을 숭상하여 직접적으로는 대진(戴震)의 학문을 계승하여 언어와 문자의 연구를 통해서 고대의 제도와 사상을 해명하려고 하였다. 그의 학문 영역은 매우 넓은데, 사학(史學)과 관련된 저서로 『주인전』이 있다. 여기서 '주인'(疇人)은 대대로 부조(父祖)의 가업을 계승하는 사람을 뜻한다.

단 말인가? 강희 연대에 중국의 하국주가 와서 빈관에 머무를 때, 학자 유수석이 그와 더불어 산학을 토론했다. 그러나 저술한 것이 있었는지는 알 수 없다. 사람이 비록 책을 전하지 않았어도 반드시 전해졌을 것이다. 그래서 이에 그림과 해설로 사람들이 깨닫기 쉽게 했다. 그것〔그림과 해설〕을 붙여서 인쇄하니, 비록 유씨의 뜻을 밝히는 데는 부족하지만 함께 즐거워하고자 한다.

夫勾股者 面體諸形之所宗 而自然之數生焉 故其用無涯 其法多端 苟能明乎和較冪積分合之理 則可以制器 可以治水 可以揆日 是豈操觚握算者夫 夫之可解者耶

往者李君志叟會見 某家有勾股述要云 故紹介得見 乃寫本而編名以劉氏焉 時適無暇 倩人影寫 置諸篋中 亦數年矣 適來余善病聊爲消受之資搜出玩繹 其設例二百二十有四 則不甚秘奥 而參互錯綜爲術賅備算方諸書所未道者甚多

顧劉氏之以若精詣無愧算學名家 而玩阮芸臺疇人傳蒐羅 頗富未見採入何哉 近代華儒諸集 以數理爲格致之先務多所闡揚 而何無一人之爲此鋪張者耶

我東素乏文獻 至於數學尤不知可禎 豈或東人之湮滅無稱者耶 康熙中何國柱來留賓舘時 有劉生壽錫與之論算 無乃其所著述者耶未可知也人雖不傳書不可不傳 故玆具圖解使人易曉付之 活印雖不足以發明劉氏 聊以共同好云爾

☞ **역자 주:** 구고(勾股) 또는 구고형(勾股形)은 직각 삼각형을 뜻한다. 여기서 구는 밑변(직각을 낀 짧은 변), 고는 높이(직각을 낀 긴 변)는 나타낸다. 빗변은 현(弦)이라고 한다.

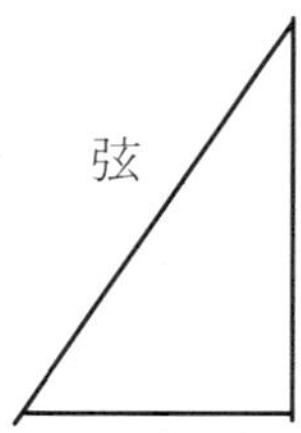

구, 고, 현은 도형으로서의 변(선분)뿐만 아니라, 해당하는 각 변의 길이를 나타내는 데 사용하겠다.

편의를 위해, 구고와 관련된 다음과 같은 전통적인 용어는 그대로 사용하겠다. 화(和)는 더한다는 뜻으로 합을, 교(較)는 뺀다는 뜻으로 차를 의미한다. 구고에는 '3화'가 있는데, 구고화 · 구현화 · 고현화가 그것이다. 구고화는 구와 고의 합, 구현화는 구와 현의 합, 고현화는 고와 현의 합을 뜻한다. 또 구고에 '3교'가 있는데, 구고교 · 구현교 · 고현교가 그것이다. 구고교는 고에서 구를 뺀 나머지, 구현교는 현에서 구를 뺀 나머지, 고현교는 현에서 고를 뺀 나머지를 말한다. 이 책에서는 구고교 · 구현교 · 고현교 대신에 각각 구고차 · 구현차 · 고현차를 더 많이 사용하고 있다.

유씨구고술요도해(劉氏勾股述要圖解)

구고현율 구하기(求勾股弦率)

먼저 어떤 수를 놓고 모수라 하고, 다음에 어떤 수를 놓고 자수라고 하자.「나중에 선택한 수는 먼저 선택한 수보다 작고, 만일 모수가 홀수이면 자수는 짝수를 취한다. 자수와 모수는 홀수와 짝수라는 면에서 반드시 서로 반대이다.」자수와 모수를 보고 약분할 스 있으면 곧 이를 약분한다. 이에 자수와 모수를 각각 제곱하여 서로 더하면 현이 되고, 또 자수와 모수를 각각 제곱하여 서로 빼면 구가 되며, 또 자수와 모수를 서로 곱하고 이를 2배로 하면 고가 된다.

先任置若干數 爲母數 次任置若干數 爲子數「取次數稍小於先數 而母數若爲奇 則子數取偶 以子母數奇偶必相反」視子母之數 可約 則約之 乃子母數各自乘 相併 爲弦 又子母數各自乘 相較 爲勾 又子母數相乘倍之 爲股也

☞ **역자 주 1:** 직각 삼각형의 세 변의 길이를 구하는 기본 원리를 말하고 있다. 모수와 자수를 각각 m과 n이라 하고, $m>n$이며 m과 n은 서로 소이고, 한 수는 홀수이고 다른 수는 짝수라고 하자. 그러면 위에서는 직각 삼각형의 세 변 구, 고, 현의 길이 x, y, z를 다음과 같이 정할 수 있다고 말하고 있다.

구: $x=m^2-n^2$, 고: $y=2mn$, 현: $z=m^2+n^2$ ……①

실제로, 다음이 성립한다.

$$x^2+y^2=(m^2-n^2)^2+(2mn)^2=(m^2+n^2)^2=z^2 \quad \cdots\cdots ②$$

여기서 부등식 $m^2-n^2<2mn$이 항상 성립하지는 않음을 밝혀둔다. 그러므로 m^2-n^2이 고가 되고 $2mn$이 구가 되는 경우도 있다. 그리고 임의의 m과 n에 대해 식 ①과 정의된 x, y, z는 식 ②를 만족시킨다.

한편, 직각 삼각형의 세 변의 길이 x, y, z가 모두 자연수이고 $x<y<z$이며 x와 y가 서로 소이면, 위의 조건을 만족시키는 자연수 m과 n이 존재한다. [김응태 · 박승안 저, 정수론 제3판(경문사, 1991, pp. 225-231) 참조]

그림 해설 무릇 서로 연속 비례하는 삼률〔연비례 삼률〕이 있으면, 이를 이용해서 구·고·현을 구하는 방법이 있다. 중률을 제곱하고 수율로 나누면 말률을 얻는다. 이에 수율과 말률을 서로 빼고 반으로 자르면 구가 되고, 수율과 말률을 서로 더하고 반으로 자르면 현이 된다. 중률은 고가 된다.

圖解 凡有相連比例三率 求勾股弦法 中率自乘 以首率除 得末率 乃首率末率相減 折半爲勾 首率末率相加 折半爲弦 以中率爲股也

☞ **역자 주 2:** 세 수 a, b, c가 '연비례 삼률'이란 것은 이 순서대로 등비 수열을 이룰 때를 말한다. 그러므로 중률 b는 수율 a와 말률 c의 등비 중항이고, 비례식 $a : b = b : c$가 성립한다. 즉 $b^2 = ac$가 성립한다.

위에서는 연비례 삼률 a, b, c로 [$a < b < c$일 때] 직각 삼각형의 세 변 구, 고, 현의 길이 x, y, z를 다음과 같이 구하고 있다.

$$x = \frac{c-a}{2}, \qquad y = b, \qquad z = \frac{c+a}{2}$$

실제로, 다음이 성립한다.

$$x^2 + y^2 = \left(\frac{c-a}{2}\right)^2 + b^2 = \left(\frac{c+a}{2}\right)^2 = z^2$$

한편, 연비례 삼률 a, b, c로 [$a < b < c$일 때] 직각 삼각형의 세 변 구, 고, 현의 길이 x, y, z를 다음과 같이 구할 수도 있다.

$$x = c - a, \qquad y = 2b, \qquad z = c + a$$

실제로, 다음이 성립한다.

$$x^2 + y^2 = (c-a)^2 + (2b)^2 = c^2 - 2ac + a^2 + 4ac = (c+a)^2 = z^2$$

이제, 연비례 삼률의 수가 없다고 하자. 그러면 임시로 자수와 모수의 두 수를 설정하여, 자수의 제곱을 수율이라 하고 모수의 제곱을 말률이라 하며 자수와 모수를 서로 곱하여 중률이라고 하자. 항상 중률의 2배를 고라고 하면, 수율과 말률의 차를 취하면 반드시 구가 되고 수율과 말률의 합을 취하면 현이 된다. 그러므로 자수와 모수를 서로 곱하여 이를 2배로 하면 고가 되고, 자수와 모수를 각각 제곱하여 빼면 구가 되고 더하면 현이 된다.

今無連比例三率之數 故任設子母兩數 以子數自乘 爲首率 母數自乘 爲末率 子母數相乘 爲中率 而盖倍中率 爲股者 必取首率末率之較 爲勾 首率末率之和 爲弦 故以子母數相乘 倍之 爲股 子母數各自乘 相減 爲勾 相加 爲弦也

☞ **역자 주 3**: 여기서는 연비례 삼률이 없는 경우에, 직각 삼각형의 세 변의 길이를 정하는 방법을 말하고 있다. 첫째 단락에서 자수와 모수를 택해서 직각 삼각형의 세 변의 길이를 구하는 과정을 둘째 단락의 결과를 이용해서 밝히고 있다. 그 과정은 아래와 같다. 자수와 모수를 각각 n과 m이라 하면($n < m$), 수율, 중률, 말률을 다음과 같이 정하면 연비례 삼률을 이룬다.

수율 : n^2, 중률 : nm, 말률 : m^2

그러므로 직각 삼각형의 세 변 구, 고, 현의 길이 x, y, z를 다음과 같이 구할 수도 있다.

$$x = m^2 - n^2, \quad y = 2mn, \quad z = m^2 + n^2$$

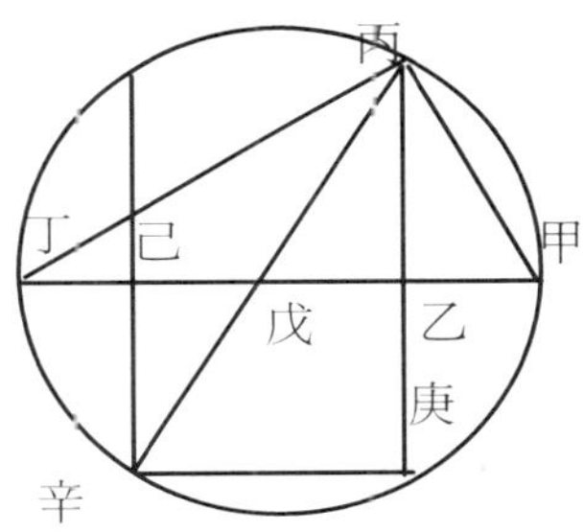

〔그림에서〕 갑을을 수율이라 하고, 을정을 말률이라 하며, 병을을 중률이라고 하자. 갑을과 을정의 서로 더한 합은 갑정이고, 병을을 선분 갑정이 서로 더해지는 곳인 을에 세운다. 이에 갑정이 절반으로 나누어지는 점 무를 중심이라 하고, 갑병정을 경계로 하는 원을 그린다. 병에서 두 점 갑과 정까지 두 선분 병갑과 병정을 만들면, 드디어 직각 삼각형 갑병정이 이루어진다. 그 꼭지각 병은 원 둘레의 반 위에 서 있으므로 곧 반드시 직각이 되고 병을은 수선이 된다. 즉 구고형 갑병정은 두 개의 구고형 갑을병과 병을정으로 나누어지는데, 원래의 도형과 서로 닮았다. 그 갑을과 병을의 비가 병을과 을정의 비와 같아서 연비례 삼률이 된다. 그러므로 중률 병을을 고라고 하면, 수율 갑을「기정과 서로 같음」과 말률 을정을 서로 뺀 나머지 을기를 반으로 잘라서 얻은 을무는 구가 되고 또 수율 갑을과 말률 을정을 서로 더한 갑정을 반으로 잘라서 얻는 2개의 반지름 갑무와 무정은 병무와 같고 현이 된다.

이제 중률 병을을 2배로 하여 얻은 병경을 고라고 하자. 그러면 수율 갑을과 말률 을정을 서로 뺀 나머지 을기는 경신을 서로 같고 구가 되며, 또 수율 갑을과 말률 을정을 서로 더하여 얻은 지름 갑정은 병신과 서로 같고 현이 된다.

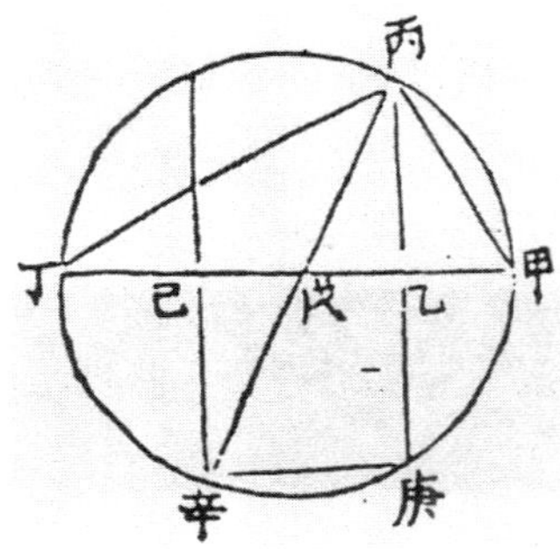

如甲乙爲首率 乙丁爲末率 丙乙爲中率 甲乙與乙丁相和爲甲丁 而以丙乙立於甲丁線相和之乙處 乃以甲丁折半于戊爲心 甲丙丁爲界作圜 自丙至甲丁二處作丙甲丙丁二線 遂成甲丙丁勾股形 其丙角立於圜界之正一半 則必爲直角 而丙乙爲垂線 卽將甲丙丁勾股形 分爲甲乙丙丙乙丁兩勾股形 而與原形爲同式矣 其甲乙與丙乙之比 同於丙乙與乙丁之比 爲連比例三率 故以中率丙乙爲股 而首率甲乙「與己丁等」末率乙丁 相減 餘乙己 折半 得乙戊 爲勾 又首率甲乙 末率乙丁 相加之 甲丁 折半 得甲戊戊丁二半徑 與丙戊等 爲弦也

今將中率丙乙倍之 得丙庚 爲股 故以首率甲乙 末率乙丁 相減 餘乙己與 庚辛等 爲勾 又首率甲乙 末率乙丁 相加 得甲丁全徑 與丙辛等 爲弦也

☞ **역자 주 4:** 여기서는 수율, 중률, 말률의 연비례 삼률을 이루는 세 개의 선분 갑을(a), 병을(b), 을정(c)을 이용해서 원의 내부에 다음과 같이 여러 가지 구고형(직각 삼각형)을 만들고 있다.

△갑병정 ∽ △갑을병 ∽ △병을정,

△을병무 구 : 을무$=(c-a)/2$, 고 : 병을$=b$, 현 : 병무$=(c+a)/2$

△갑을병 구 : 경신$=c-a$, 고 : 병경$=2b$, 현 : 병신$=c+a$

☞ **역자 주 5:** 그림 해설에서 그림에 나타나는 한자는 음을 달지 않았다. 자주 나오는 한자는 천간(天干)의 갑을병정무기경신임계(甲乙丙丁戊己庚辛壬癸), 지지(地支)의 자축인묘진사오미신유술해(子丑寅卯辰巳午未申酉戌亥), 팔괘(八卦)의 건태이진손감간곤(乾兌離震巽坎艮坤), 기타로 천지일월동서남북산천조석주청금천범심(天地日月東西南北山川朝夕朱青金泉泛心) 등이다.

대기율 구하기(求帶畸率)

자수와 모수를 각각 제곱하고 서로 더하여 실이라고 하자. 자수를 2배로 하여 법이라고 하자. 실을 나누어 수를 얻는다. 이때 나머지가 있으면, 그 분수를 현으로 한다. 자수와 모수를 각각 제곱하여 서로 빼서 실이라고 하자. 자수를 2배로 하여 법이라고 하자. 실을 나누어 수를 얻는다. 이때 나머지가 있으면, 그 분수를 구로 한다. 모수는 고로 한다.

子母數各自乘 相倂 爲實 倍子數 爲法 除實 得數 又有奇零 乃命分 爲弦 子母數各自乘 相減 爲實 倍子數 爲法 除實 得數 又有奇零 乃命分 爲勾 以母數 爲股也

해설 이미 자수와 모수의 두 수를 각각 제곱하여 서로 더하면 현이 되고, 빼면 구가 된다. 자수와 모수의 두 수를 서로 곱하여 2배로 하면 고가 된다. 나머지를 지닐 필요가 있다고 하자. 그러면 반드시 한 수를 늘어놓고 구·고·현을 두루 나누어 나머지가 있으면, 분수로 나타낸다. 지금 자수의 2배로 구·고·현을 두루 나누었으므로, 곧 구와 현은 각각 나머지를 얻는다. 이에 구와 현이 된다. 그런데 고는 본래 이 자수의 2배를 모수에 곱한 것이다. 그러므로 이에 모수를 얻어 고가 된다.

解 旣以子母兩數 各自乘 相加 爲弦 相減 爲勾 子母兩數 相乘 倍之 爲股 而要帶奇零 故必設一數 徧除勾股弦 不盡則可 以命分矣 今用倍子數 徧除勾股弦 則勾弦各得奇零 仍爲勾弦 而股則原是倍子數乘母數者 故仍得母數 爲股也

☞ **역자 주:** 직각 삼각형의 세 변의 길이가 정수가 아닌 경우를 고려하고 있다. 모수와 자수를 각각 m과 n이라고 할 때($m > n$), 다음과 같이 [분수로 표현되는] 구·고·현을 구하고 있다.

$$\text{구}: x = \frac{m^2 - n^2}{2n}, \quad \text{고}: y = \frac{2mn}{2n} = m, \quad \text{현}: z = \frac{m^2 + n^2}{2n}$$

실제로, 다음이 성립한다.

$$x^2+y^2=\left(\frac{m^2-n^2}{2n}\right)^2+m^2=\left(\frac{m^2+n^2}{2n}\right)^2=z^2$$

여기서도 부등식 $\frac{m^2-n^2}{2n}<m$이 항상 성립하지는 않음을 밝혀둔다. 그러므로 $\frac{m^2-n^2}{2n}$이 고가 되고 m이 구가 되는 경우도 있다.

유씨구고술요도해(劉氏勾股述要圖解)

의령 남병길 도해(宜寧 南秉吉 圖解)

【1】 구는 67자 2치이고, 고는 75자 4치이다. 현을 묻는다.
勾六十七尺二寸 股七十五尺四寸 問弦

답 현 101자
答 弦一百零一尺

해법 구와 고를 서로 곱하여 2배로 하고 구고차의 제곱을 더하여 실이라고 하자. 제곱근을 구하면 곧 현이다.
고법 구와 고를 각기 제곱하여 더하고 제곱근을 구하면 곧 현이다.
術曰 勾股相乘 倍之 加入勾股差自乘 爲實 平方除1) 卽弦
古法曰 勾股各自乘 併之 平方除 卽弦

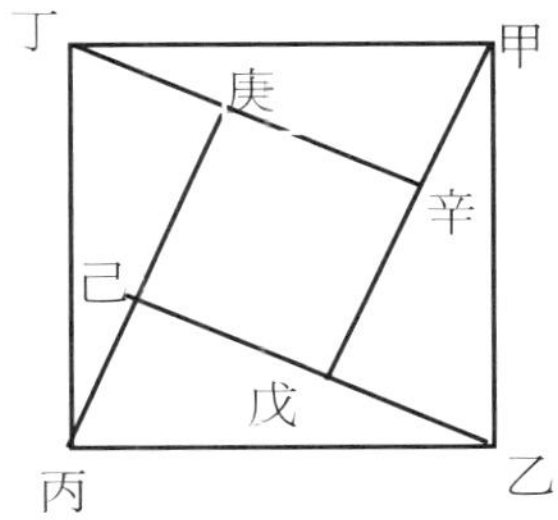

그림 해설 정사각형 갑을병정의 넓이는 현의 제곱인데, 이는 네 개의 구고 갑무을, 을기병, 병경정, 정신갑의 넓이「즉 구와 고를 서로 곱한 적2)의 2배」와 정사각형 무기경신의 넓이, 즉 구고차를 제곱한 적의 합이다. 그러므로 구와 고를 서로 곱한 적을 2배로 하고 또 구고차를 제곱한 적을 더하면 현을 제곱한 적이 된다.
고법의 그림 해설 갑을병은 구고형이고, 정사각형 갑을계자의 넓이는

---

1) 평방제(平方除), 평방개(平方開), 개평방(開平方)은 제곱근(평방근) 풀이를 뜻한다. a의 제곱근은 이차 방정식 $x^2=a$의 해이고, 전통적인 제곱근 풀이 방법은 이차 방정식의 풀이에 그대로 적용된다. 평방(平方)은 이차 방정식을 나타내기도 하며, 이때 평방개(平方開)와 개평방(開平方)은 이차 방정식의 풀이를 뜻한다.
2) 적(積)은 수들의 '곱'을 나타내는 옛 용어이다. 여기서는 편의를 위해 곱 대신에 적을 사용하겠다.

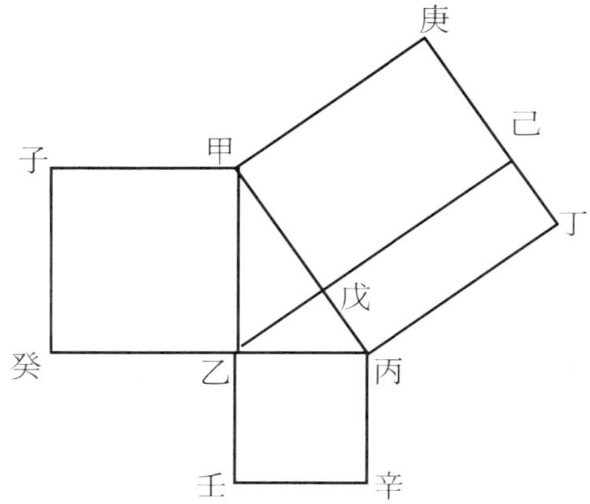

고의 제곱, 정사각형 을병신임의 넓이는 구의 제곱, 정사각형 갑병정경의 넓이는 현의 제곱이다. 을에서 현 갑병과 직각으로 만나는 직선 을무기를 그리면, 곧 정사각형 갑병정경은 2개의 직사각형 갑무기경과 무병정기로 나누어진다. 그리고 구고형 갑을병은 서로 닮은 2개의 구고형 갑을무와 을병무로 나누어진다. 갑무와 갑을의 비는 갑을과 갑병의 비와 같아서 연비례 삼률이 된다. 그러므로 중율 갑을이 만드는 정사각형 갑을계자의 넓이는 수율 갑무와 말률 갑경「갑병과 서로 같음」이 만드는 직사각형 갑무기경의 넓이와 서로 같다. 또 무병과 을병의 비는 을병과 갑병의 비와 같아서 연비례 삼률이 된다. 그러므로 중율 을병이 만드는 정사각형 을병신임의 넓이는 수율 무병과 말률 병정「갑병과 서로 같음」이 만드는 직사각형 무병정기의 넓이와 서로 같다. 현의 제곱은 2개의 직사각형의 넓이로 나누어지는데, 각각 구의 제곱 및 고의 제곱과 서로 같다. 즉 구의 제곱과 고의 제곱을 서로 더하면 반드시 현의 제곱과 같다.

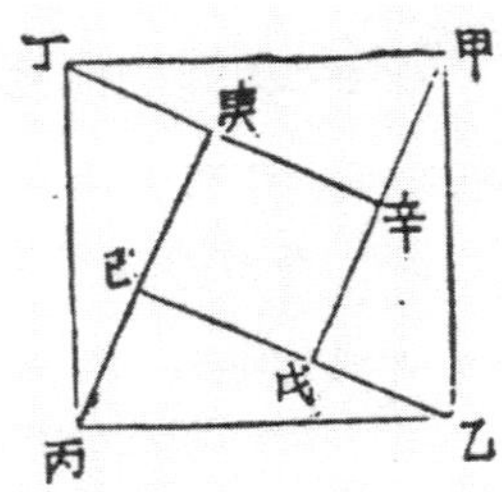

圖解 甲乙丙丁 爲弦自乘方 内容 甲戊乙 乙己丙 丙庚丁 丁辛甲 四勾股積「卽勾股相乘積二段」 戊己庚辛 一勾股差自乘方 故勾股相乘積倍之 又加勾股差自乘積 爲弦自乘積也

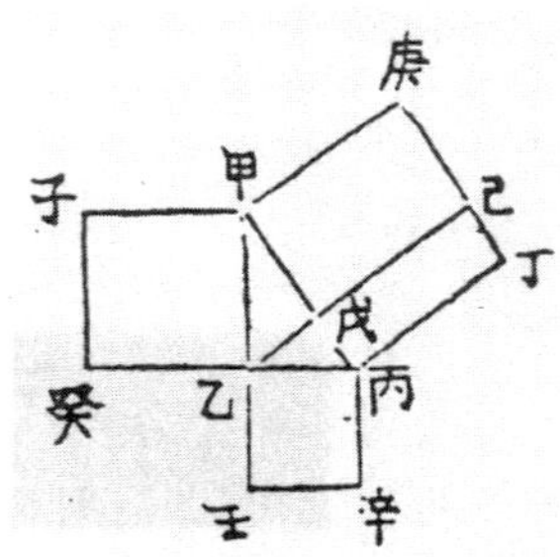

古法圖解 甲乙丙勾股形 甲乙癸子爲股羃 乙丙辛壬爲勾羃 甲丙丁庚爲弦羃 自乙直角過甲丙弦 作乙戊己線 則將 甲丙丁庚正方形分 爲甲戊己庚 戊丙丁己 二長方形 而甲乙丙勾股形分 爲甲乙戊 乙丙戊 同式 兩勾股形 其甲戊與甲乙 若甲乙與甲丙 爲連比例三率 故甲乙中率所作甲乙癸子正方積 與甲戊首率甲庚「與甲丙等」末率所作甲戊己庚長方積 相等也

又戊丙與乙丙 若乙丙與甲丙 爲連比例三率 故乙丙中率所作乙丙辛壬正方積 與戊丙首率丙丁「與甲丙等」末率所作戊丙丁己長方積 相等也 弦冪所分之二長方 旣與勾冪股冪各自相等 則勾冪股冪相併 必與弦冪等也

☞ **역자 주 1:** 구, 고, 현을 각각 x, y, z라고 하면, '해법'에서 현 z를 구한 과정을 다음과 같은 식으로 나타낼 수 있다.

$$z=\sqrt{2xy+(y-x)^2}$$

'그림 해설'에서는 이 과정의 정당성을 도형을 이용해서 밝히고 있다. 그 설명을 다음과 같이 요약할 수 있다.

□갑을병정＝(△갑무을＋△을기병＋△병경정＋△정신갑)＋□무기경신,
현^2＝2×구×고＋구고차^2,
$$z^2=2xy+(y-x)^2$$

☞ **역자 주 2:** 구, 고, 현을 각각 x, y, z라고 하면, '고법'에서 현 z를 구한 과정을 다음과 같은 식을 나타낼 수 있다.

$$z=\sqrt{x^2+y^2}$$

'고법의 그림 해설'에서는 이 과정의 정당성을 도형을 이용해서 밝히고 있다. 직각 삼각형 갑을병의 각 변을 한 변으로 하는 정사각형을 그리고, 꼭지점 을에서 현 갑병에 수선 을무기를 내린 다음에 아래와 같이 진행하고 있다.

△갑을병 ∽ △갑무을 ∽ △을무병,
갑무 : 갑을＝갑을 : 갑병,
갑을×갑을＝갑무×갑병＝갑무×갑경,
□갑을계자＝□갑무기경 ……①

무병 : 을병＝을병 : 갑병,
을병×을병＝무병×갑병＝무병×병정,
□을병신임＝□무병정기 ……②

①,② ⇒:
□갑을계자＋□을병신임＝□갑무기경＋□무병정기＝□갑병정경,

$$고^2+구^2=현^2,$$
$$y^2+x^2=z^2$$

실제로 $x=67.2$(자)이고 $y=75.4$(자)이므로[1자=10치], 다음을 얻는다.

$$z^2=67.2^2+75.4^2=10,201=101^2, \quad z=101(자)$$

【2】 고는 65자 1치이고, 현은 70자 1치이다. 구를 묻는다
股六十五尺一寸 弦七十尺一寸 問勾

답 구 26자
答 勾二十六尺

해법 고와 현을 각기 제곱하여 서로 뺀〔현의 제곱에서 고의 제곱을 뺀〕 나머지를 실이라고 하자. 제곱근을 구하면 곧 구가 된다.
術曰 股弦各自乘 相減 餘爲實 平方除 卽勾

그림 해설 제1문을 보라.
圖解 見第一問

☞ **역자 주:** 구, 고, 현을 각각 x, y, z라고 하면, '해법'에서 구를 구한 과정은 다음과 같다.

$$z^2-y^2=70.1^2-65.1^2=4,914.01-4,238.01=676,$$
$$x=\sqrt{z^2-y^2}=\sqrt{676}=26(자)$$

【3】 현은 62자 9치이고, 구는 42자 9치이다. 고를 묻는다.
弦六十二尺九寸 勾四十二尺九寸 問股

답 고 46자
答 股四十六尺

해법 구와 현을 각기 제곱하고 서로 뺀〔현의 제곱에서 구의 제곱을 뺀〕

나머지의 제곱근을 구하면 곧 고가 된다.
術曰 勾弦各自乘 相減 餘平方除 卽股

그림 해설 제1문을 보라.
圖解 見第一問

☞ **역자 주:** 구, 고, 현을 각각 x, y, z라고 하면, '해법'에서 고를 구한 과정은 다음과 같다.

$$z^2-x^2=62.9^2-42.9^2=3,956.41-1,840.41=2,116,$$

$$y=\sqrt{z^2-x^2}=\sqrt{2,116}=46(\text{자})$$

【4】 구는 30자이고, 고현화는 125자이다. 고와 현을 묻는다.
勾三十尺 股弦和一百二十五尺 問股弦

답 고 58자 9치, 현 66자 1치
答 股五十八尺九寸 弦六十六尺一寸

해법 구를 제곱하여 실이라 하고, 고현화로 이를 나누면 고현차를 얻는다. 나아가 고현차를 고현화에 더하여 반으로 하면 곧 현이고, 화에서 빼서 이를 반으로 하면 곧 고이다.
術曰 勾自乘爲實 以和除之 得股弦差 就以差加和半之 卽弦 減和半之 卽股

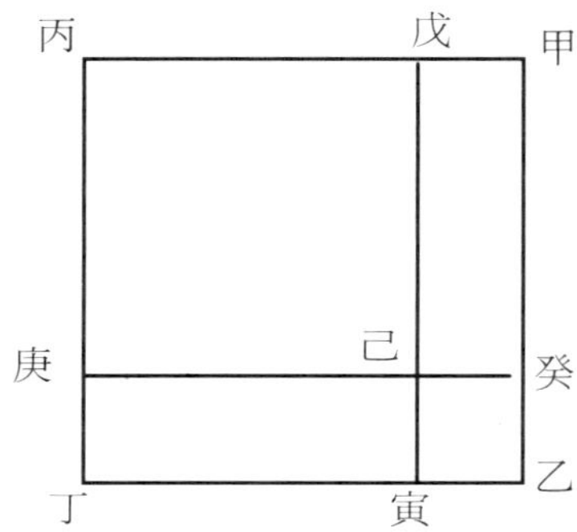

그림 해설 정사각형 갑을병정의 넓이는 현을 제곱이고 정사각형 무기경병의 넓이는 고의 제곱이라고 하자. 그러면 꺾쇠 모양[3] 을정경기무갑의 넓이는 구의 제곱과 서로 같다. 그리고 갑계와 계경의 합을 길이라고 하면 곧 고현화이고, 갑무 혹은 계을을 너비라고 하면 곧 고현교이다. 그러므로 구를 제곱한 수를 고현화로 나누면 고현교를 얻는다. 또 〔고현〕화와 〔고현〕교를 서로 더하면 큰 수〔즉 현〕의 2배가 되고, 서로 빼면 작은 수〔즉 고〕의 2배가 된다. 나머지는 모두 이와 비슷하다.

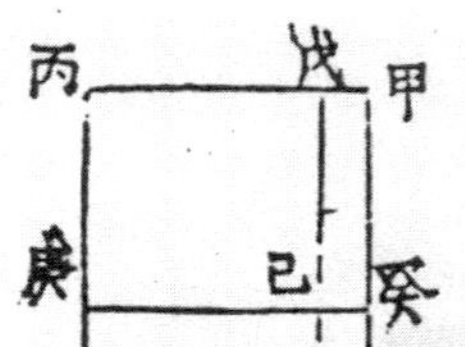

圖解 甲乙丙丁爲弦自乘方 戊己庚丙爲股自乘方 則乙丁庚己戊甲磬折形 與勾自乘方相等 而甲癸及癸庚共爲長 卽股弦和 甲戊或癸乙爲闊 卽股弦較 故勾自乘數 以股弦和除之 得股弦較也 且和較相加 爲大數二倍 相減爲小數二倍 餘皆倣此

☞ **역자 주 1:** '해법'에서는 구와 고현화로부터 먼저 고현차를 구하고 이를 이용해서 고와 현을 구하고 있다. 구, 고, 현을 각각 x, y, z라고 하면 이 과정을

---

3) 磬折形, 경쇠는 옥이나 돌로 만든 악기의 한 가지이고, 경절(磬折)은 경쇠 모양으로 몸을 굽거나 굽힘을 뜻한다. 그러므로 경절형(꺾쇠 모양)은 곱자와 같은 모양의 도형을 뜻한다.

다음과 같은 식으로 나타낼 수 있다.

$$\frac{x^2}{z+y}=z-y, \quad \frac{(z+y)+(z-y)}{2}=z, \quad \frac{(z+y)-(z-y)}{2}=y$$

'그림 해설'에서는 이 과정의 정당성을 도형을 이용해서 밝히고 있다. 현과 고를 각각 한 변으로 하는 정사각형 갑을병정과 무기경병을 함께 그린 다음에 아래와 같이 진행하고 있다.

□갑을병정 − □무기경병 = ▟을정경기무갑,
현^2 − 고^2 = 구^2 = (갑계 + 계경) × 갑무,
구^2 = 고현화 × 고현교,

$$x^2=(z+y)\times(z-y),$$

$$\frac{x^2}{z+y}=z-y,$$

$$(z+y)+(z-y)=2z, \quad (z+y)-(z-y)=2y,$$

실제로 $x=30$(자)이고 $z+y=125$(자)이므로 다음을 얻는다.

$$z-y=\frac{x^2}{z+y}=\frac{900}{125}=7.2\text{(자)},$$

$$z=\frac{(z+y)+(z-y)}{2}=\frac{125+7.2}{2}=66.1\text{(자)},$$

$$y=\frac{(z+y)-(z-y)}{2}=\frac{125-7.2}{2}=58.9\text{(자)}$$

☞ **역자 주 2:** 구, 고, 현을 각각 x, y, z라고 하면 다음 관계가 성립한다.

$x=30$ ……①, $z+y=125$ ……②, $z^2=x^2+y^2$ ……③

①,②→③: $(125-y)^2=15,625-250y+y^2=30^2+y^2$.

$250y=14,725$, $y=58.9$ ……④

④ → ②: $z=125-y=66.1$

【5】 고는 70자이고, 구현화는 125자이다. 구와 현을 묻는다.
股七十尺 勾弦和一百二十五尺 問勾弦

답 구 42자 9치, 현 82자 1치
答 勾四十二尺九寸 弦八十二尺一寸

해법 고를 제곱하여 실이라 하고, 구현화로 나누면 구현차를 얻는다. 구현차를 구현화에 더하고 이를 반으로 하면 곧 현이오, 구현화에서 빼고 이를 반으로 하면 곧 구이다.

術曰 股自乘爲實 以和除得勾弦差 以差加和半之 卽弦 減和半之 卽勾

그림 해설 제4문과 더불어 같다.

圖解 與第四問同

☞ **역자 주 1:** 구, 고, 현을 각각 x, y, z라고 하면, '해법'에서 설명한 과정은 다음과 같다.

$$\frac{y^2}{z+x}\left[=\frac{z^2-x^2}{z+x}=\frac{(z+x)(z-x)}{z+x}\right]=z-x,$$

$$\frac{(z+x)+(z-x)}{2}=z, \quad \frac{(z+x)-(z-x)}{2}=x$$

실제로 $y=70$(자)이고 $z+x=125$(자)이므로 다음을 얻는다.

$$z-x=\frac{y^2}{z+x}=\frac{4900}{125}=39.2(\text{자}),$$

$$z=\frac{(z+x)+(z-x)}{2}=\frac{125+39.2}{2}=82.1(\text{자}),$$

$$x=\frac{(z+x)-(z-x)}{2}=\frac{125-39.2}{2}=42.9(\text{자})$$

☞ **역자 주 2:** 구, 고, 현을 각각 x, y, z라고 하면 다음 관계가 성립한다.

$y=70$ ……①, $z+x=125$ ……②, $z^2=x^2+y^2$ ……③

◯,②→③: $(125-x)^2=15,625-250x+x^2=x^2+70^2$

$250x=10,725$, $x=42.9$(자) ……④

ⓒ → ②: $z=125-x=82.1$(자)

【6】 현은 41자이고, 구고화는 54자 2치이다. 구와 고를 묻는다.

弦四十一尺 勾股和五十四尺二寸 問勾股

답 구 16자 8치, 고 37자 4치

荅 勾十六尺八寸 股三十七尺四寸

해법 현을 제곱하여 이를 2배로 하고, 그것에서 구고화의 제곱을 뺀 나머지를 실이라고 하자. 제곱근을 구하면 구고차를 얻는다. 구고화에 더하고 이를 반으로 하면 곧 고이고, 구고화에서 빼서 이를 반으로 하면 곧 구이다.

術曰 弦自乘倍之 內減和自乘 餘爲實 平方開 得勾股差 加和半之 卽股 減和半之 卽勾

그림 해설 정사각형 갑을병정의 넓이는 구고화의 제곱인데, 그 안에는 갑무기와 같은 8개의 구고의 넓이와 정사각형 임계자축의 넓이인 1개의 구고교의 제곱이 있다. 현을 제곱한 넓이는 원래 이런 4개의 구고의 넓이와 1개의 구고교의 제곱을 합한 수이다. 「제1문을 보라.」 이를 2배로 하면 곧 8개의 구고의 넓이와 2개의 구고차의 제곱을 합한 수이다. 그러므로 구고화의 제곱을 빼면 구고교의 제곱을 얻는다.

圖解 甲乙丙丁爲勾股和自乘方 內容甲戊己類八勾股積 壬癸子丑一勾股較冪也 弦自乘方 原是四勾股積 一勾股較冪之共數 「見第一問」 倍之則爲八勾股積 二勾股較冪之 共數 故減去和冪 得較冪也

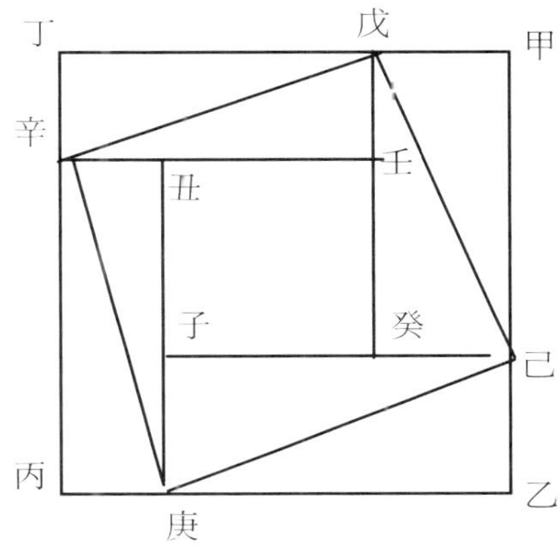

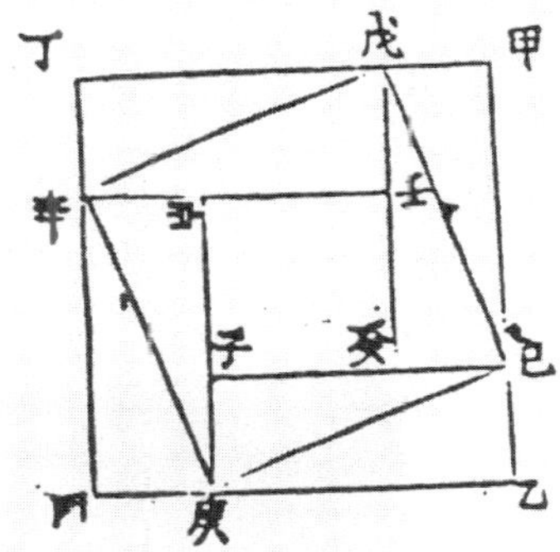

☞ **역자 주 1:** '해법'에서는 현과 구고화로부터 먼저 구고차를 구하고 이를 이용해서 구와 고를 구하고 있다. 구, 고, 현을 각각 x, y, z라고 하면 이 과정을 다음과 같이 식으로 나타낼 수 있다.

$$\sqrt{2z^2-(y+x)^2}=y-x,\quad \frac{(y+x)+(y-x)}{2}=y,\quad \frac{(y+x)-(y-x)}{2}=x$$

'그림 해설'에서는 이 과정의 정당성을 도형을 이용해서 밝히고 있다. 고구화를 한 변으로 하는 정사각형 갑을병정을 8개의 구고와 구고교를 한 변으로 하는 정사각형으로 나누고, 제1문에서 이용한 현을 한 변으로 하는 (4개의 구고와 구고교를 한 변으로 하는 정사각형으로 분할되는) 정사각형을 이용한다. 위의 그림에서 구(甲戊=丁辛=丙庚=乙己=己癸=戊壬=辛丑=庚子), 고(甲己=乙庚=丙辛=丁戊=戊癸=己子=庚丑=辛壬), 현(戊己=己庚=庚辛=辛戊)을 각각 x, y, z라고 하면 그 설명을 다음과 같이 정리할 수 있다.

□갑을병정=8×△갑무기+□임계자축

$$(y+x)^2=4yx+(y-x)^2 \quad \cdots\cdots ①$$

□무기경신=4×△갑무기+□임계자축

$$z^2=2yx+(y-x)^2 \quad \cdots\cdots ②$$

②×2−①: $2z^2-(y+x)^2=(y-x)^2$

실제로 $z=41$(자)이고 $y+x=54.2$(자)이므로 다음을 얻는다.

$$y-x=\sqrt{2z^2-(y+x)^2}=\sqrt{3,362-2,937.64}=\sqrt{424.36}=20.6\text{(자)},$$

$$y=\frac{(y+x)+(y-x)}{2}=\frac{54.2+20.6}{2}=37.4\text{(자)},$$

$$x=\frac{(y+x)-(y-x)}{2}=\frac{54.2-20.6}{2}=16.8\text{(자)}$$

☞ **역자 주 2:** 구, 고, 현을 각각 x, y, z라고 하고 다음 관계가 성립한다.

$z=41 \cdots\cdots ①$, $y+x=54.2 \cdots\cdots ②$, $z^2=x^2+y^2 \cdots\cdots ③$

①,②→③: $41^2=x^2+(54.2-x)^2=2x^2-108.4x+2,937.64$,

$x^2-54.2x+628.32=0$, $x=16.8 \cdots\cdots ④$

④ → ②: $y=54.2-x=37.4$

[7] 구는 24자이고, 고현차는 5자이다. 고와 현을 묻는다.
勾二十四尺 股弦差五尺 問股弦

답 고 55자 1치, 현 60자 1치
答 股五十五尺一寸 弦六十尺一寸

해법 구를 제곱하여 실이라 하고, 고현차로 나누면 고현화를 얻는다.

「고현차를 더하고 이를 반으로 하면 곧 현이고, 고현차를 빼서 이를 반으로 하면 곧 고이다.」
術曰 勾自乘爲實 以差除 得股弦和「加差半之 卽弦 (4))減差半之 卽股」

그림 해설 제4문을 보라.
圖解 見第四問

☞ **역자 주 1:** 구, 고, 현을 각각 x, y, z라고 하면, '해법'에서 제시한 과정은 다음과 같다.

$$\frac{x^2}{z-y}\left[=\frac{z^2-y^2}{z-y}=\frac{(z+y)(z-y)}{z-y}\right]=z+y,$$
$$\frac{(z+y)+(z-y)}{2}=z,\quad \frac{(z+y)-(z-y)}{2}=y$$

실제로 $x=24$(자)이고 $z-y=5$(자)이므로 다음을 얻는다.

$$z+y=\frac{x^2}{z-y}=\frac{576}{5}=115.2(\text{자}),$$
$$z=\frac{(z+y)+(z-y)}{2}=\frac{115.2+5}{2}=60.1(\text{자}),$$
$$y=\frac{(z+y)-(z-y)}{2}=\frac{115.2-5}{2}=55.1(\text{자})$$

☞ **역자 주 2:** 구, 고, 현을 각각 x, y, z라고 하면 다음 관계가 성립한다.

$x=24$ ……①, $z-y=5$ ……②, $z^2=x^2+y^2$ ……③

①,②→③: $(y+5)^2=24^2+y^2$, $y^2+10y+25=576+y^2$,

$10y=551$, $y=55.1$ ……④

④ → ②: $z=y+5=60.1$

【8】 고는 78자이고, 구현차는 45자이다. 구와 현을 묻는다.
股七十八尺 勾弦差四十五尺 問勾弦

답 구 45자 1치, 현 90자 1치

---

4) '內' 낙자

答 勾四十五尺一寸 弦九十尺一寸

해법 고를 제곱하여 실이라 하고, 구현차로 나누면 구현화를 얻는다. 「구현차를 더하고 이를 반으로 하면 곧 현이고, 구현차를 빼서 이를 반으로 하면 곧 구를 얻는다.」

術曰 股自乘爲實 以差除 得勾弦和「加差半之 卽弦 (5))減差半之 卽勾」

그림 해설 제4문을 보라.

圖解 見第四問

☞ **역자 주:** 구, 고, 현을 각각 x, y, z라고 하면, '해법'에서 제시한 과정은 다음과 같다.

$$\frac{y^2}{z-x}\left[=\frac{z^2-x^2}{z-y}=\frac{(z+x)(z-x)}{z-x}\right]=z+x,$$

$$\frac{(z+x)+(z-x)}{2}=z, \quad \frac{(z+x)-(z-x)}{2}=x$$

실제로 $y=78$(자)이고 $z-x=45$(자)이므로 다음을 얻는다.

$$z+x=\frac{y^2}{z-x}=\frac{6,084}{45}=135.2\text{(자)},$$

$$z=\frac{(z+x)+(z-x)}{2}=\frac{135.2+45}{2}=90.1\text{(자)},$$

$$x=\frac{(z+x)-(z-x)}{2}=\frac{135.2-45}{2}=45.1\text{(자)}$$

☞ **역자 주 2:** 구, 고, 현을 각각 x, y, z라고 하면 다음 관계가 성립한다.

$y=78$ ……①, $z-x=45$ ……②, $z^2=x^2+y^2$ ……③

①,②→③: $(x+45)^2=x^2+90x+2,025=x^2+78^2,$

$90x=4,059, \quad x=45.1$ ……④

④ → ②: $z=x+45=90.1$

【9】 현은 65자이고, 구고차는 9자 8치이다. 구와 고를 묻는다.

5) '內' 낙자

弦六十五尺 勾股差九尺八寸 問勾股

답 구 40자 8치, 고 50자 6치
答 勾四十尺八寸 股五十尺六寸

해법 현을 제곱하여 이를 2배로 하고, 그 안에서 구고차를 제곱하여 뺀 나머지를 실이라고 하자. 제곱근을 구하면 구고화를 얻는다.「구고차를 빼고 이를 반으로 하면 곧 구를 얻고, 구고차를 더하여 이를 반으로 하면 곧 고를 얻는다.」
術曰 弦自乘倍之 内減差自乘 餘爲實 平方除 得勾股和「(6))減差半之 卽勾 加差半之 卽股」

그림 해설 제6문을 보라.
圖解 見第六問

☞ **역자 주 1:** 구, 고, 현을 각각 x, y, z라고 하면, '해법'에서 제시한 과정은 다음과 같다.

$$\sqrt{2z^2-(y-x)^2}=y+x,\quad \frac{(y+x)-(y-x)}{2}=x,\quad \frac{(y+x)+(y-x)}{2}=y$$

실제로 $z=65$(자)이고 $y-x=9.8$(자)이므로 다음을 얻는다.

$$y+x=\sqrt{2z^2-(y-x)^2}=\sqrt{8,450-96.04}=\sqrt{8,353.96}=91.4\text{(자)},$$

$$x=\frac{(y+x)-(y-x)}{2}=\frac{91.4-9.8}{2}=40.8\text{(자)},$$

$$y=\frac{(y+x)+(y-x)}{2}=91.4+9.8=50.6\text{(자)}$$

☞ **역자 주 2:** 구, 고, 현을 각각 x, y, z라고 하면 다음 관계가 성립한다.

$z=65$ ……①, $y-x=9.8$ ……②, $z^2=x^2+y^2$ ……③

①,②→③: $65^2=x^2+(x+9.8)^2=2x^2+19.6x+96.04$,

$x^2+9.8x-2,064.48=0$, $x=40.8$ ……④

④ → ②: $y=x+9.8=50.6$

---

6) '內' 낙자

【10】 구는 28자이고, 고와 현을 서로 곱한 적은 6,140자 31치[7]이다. 고와 현을 묻는다.
勾二十八尺 股弦相乘 積六千一百四十尺三十一寸 問股弦

답 고 75자 9치, 현 80자 9치
答 股七十五尺九寸 弦八十尺九寸

해법 적을 제곱하여 실이라 하고, 구를 제곱하여 상렴이라 하며, 1을 우라고 하자. 삼승방[8]을 풀면 고를 얻는다. 고로 적을 나누면 곧 현이다.

별해 적의 제곱을 실이라 하고, 구의 제곱을 종방이라 하며, 1을 우라고 하자. 평방[9]을 풀면 고의 제곱을 얻고, 또 제곱근을 구하면 고이다. 뒤로는 이와 비슷하다.

術曰 積自乘爲實 勾自乘爲上廉 以一爲隅 三乘方開之 得股 以股除積 卽弦
又術曰 積冪爲實 勾冪爲從方 以一爲隅 平方開 得股冪 又開方 卽股 後倣此

해설 고와 현을 서로 곱한 적을 제곱하면 곧 고의 제곱과 현의 제곱을 서로 곱한 적이 된다. 구의 제곱을 종상렴이라 하고 1을 우, 곧 상렴이라 하면 현의 제곱을 얻는다.「우를 고에 곱하면 하렴이 되고 이에 고를 곱하면 상렴 곧 고의 제곱이 된다. 그러므로 이에 구의 제곱을 더하면 현의 제곱이 된다.」그러므로 삼승방을 풀면 고를 얻는다.「상렴은 현의 제곱이 되고 이에 고를 곱하면 방법이 된다. 이에 고를 곱하면 역시 고의 제곱과 현의 제곱을 서로 곱한 적이 된다. 그러므로 실에서 빼면 꼭 맞게 다한다.」무릇 우라는 것은 곱함으로써 구하는 수를 얻는 바이고, 재승[10]은 곧 구하는 수

---

7) 고와 현을 곱한 값의 단위는 제곱자 또는 제곱치 또는 제곱푼이어야 한다. 여기서 '6,140자 31치'는 '6,140.31제곱자' 또는 '614,031제곱치'를을 나타낸다. 마찬가지로, 제11문의 '6자 63치 51푼'은 '6.6351제곱자' 또는 '663.51제곱치' 또는 '66,351제곱푼'을 나타낸다.

8) 삼승방(三乘方)은 사차 방정식을 뜻한다. 삼승방에서 상수항을 실(實)이라 하고, 일차, 이차, 삼차, 사차 항의 계수를 차례로 방(方), 상렴(上廉), 하렴(下廉), 우(隅)라고 한다.

9) 여기서 평방(平方)은 이차 방정식을 뜻한다. 평방에서 상수항을 실(實)이라 하고, 일차와 이차 항의 계수를 각각 방(方)과 우(隅)라고 한다. 종방(從方)에서 '종'은 정(正), 즉 양수를 나타낸다.

와 그 제곱의 적을 얻는 바이며 삼승은 곧 구하는 수의 제곱을 다시 이에 곱한 적을 얻은 것이다. 뒤로는 이와 비슷하다.

별해의 해설 삼승방의 적은 곧 평방의 적을 제곱한 수이다. 그러므로 삼승방의 종상렴을 종방이라 하고 평방을 풀면 삼승방을 풀어 얻는 수의 제곱을 얻는다.

解　股弦相乘積自乘 則爲股冪弦冪相乘之積也 以勾冪爲從上廉 一爲隅 則上廉 得弦冪「以隅乘股爲下廉 仍以股乘之爲上廉 則股冪 故勾冪從之爲弦冪」故開三乘方 得股「上廉爲弦冪 以股乘之爲方法 仍以股乘之則亦爲股冪弦冪相乘積 故減實恰盡」凡隅者所以乘得所求之數 而再乘則得所求數自乘之積 三乘則得所求數自乘再乘之積 後倣此

又術解 三乘方積 卽平方積自乘數 故以三乘方之從上廉爲從方 開平方 得三乘方所得數之自乘冪

☞ **역자 주 1:** 구, 고, 현을 각각 x, y, z라고 하면, '해설'의 내용을 다음과 같이 나타낼 수 있다.

$$y^2z^2 = y^2(x^2+y^2) = x^2y^2 + y^4 \quad \cdots\cdots(*)$$

그러므로 주어진 조건에 의해 $(yz)^2 = 37,703,406.8961$을 실(상수항), $x^2 = 784$를 종상렴(이차 항의 양의 계수), 1을 우(사차 항의 계수)라고 하면, '해법'에서 제시한 다음과 같은 y(고)에 관한 삼승방(사차 방정식)을 얻는다.

$$37,703,406.8961 = 784y^2 + y^4, \text{ 즉 } y^4 + 784y^2 - 37,703,406.8961 = 0$$

이를 풀면 $y = 75.9$(자)를 얻는다. 그리고 이것으로 주어진 yz의 값을 나누면 $z = \dfrac{6,140.31}{y} = 80.9$(자)를 얻는다.

☞ **역자 주 2:** $w = y^2$이라고 하면, 식 (*)으로부터 '별해의 해설'과 같이 다음을 얻는다.

$$y^2z^2 = y^2(x^2+y^2) = x^2w + w^2 \quad \cdots\cdots(*)$$

그러므로 주어진 조건에 의해 $(yz)^2 = 37,703,406.8961$을 실(상수항), $x^2 = 784$를 종방(일차 항의 양의 계수), 1을 우(이차 항의 계수)라고 하면, '별해'에서 제

10) 자승(自乘)은 제곱, 재승(再乘)은 세제곱, 삼승(三乘)은 네제곱을 뜻한다.

시한 다음과 같은 w에 관한 평방(이차 방정식)을 얻는다.

$$37,703,406.8961 = 784w + w^2,\ \text{즉}\quad w^2 + 784w - 37,703,406.8961 = 0$$

이를 풀면 $w = y^2 = 5,760.81$이므로, 제곱근을 구하여 $y = 75.9$(자)를 얻는다.

☞ **역자 주 3:** 구, 고, 현을 각각 x, y, z라고 하면 다음 관계가 성립한다.

$x = 28$ ……①, $yz = 6,140.31$ ……②, $z^2 = x^2 + y^2$ ……③

①,②→③: $\left(\frac{6,140.31}{y}\right)^2 = 28^2 + y^2$,

$y^4 + 784y^2 - 37,703,406.8961 = 0$, $y = 75.9$ ……④

④ → ②: $z = 80.9$

【11】 고는 13자이고, 구와 현을 서로 곱한 적은 6자 63치 51푼이다. 구와 현을 묻는다

股十三尺 勾弦相乘 積六尺六十三寸五十一分 問勾弦

답 구 5치 1푼, 현 13자 1푼

答 勾五寸一分 弦十三尺一分

해법 적을 제곱하여 실이라 하고, 고를 제곱하여 상렴이라 하며, 1을 우라고 하자. 이 삼승방을 풀면 구를 얻는다. 구로 적을 나누면 곧 현이다.

術曰 積自乘爲實 股自乘爲上廉 以一爲隅 三乘方開 得勾 以勾除積 卽弦

해설 제10문과 더불어 동일하다.

解 與第十問同

☞ **역자 주 1:** 구, 고, 현을 각각 x, y, z라고 하면, 제10문과 비슷하게 다음 관계를 얻는다.

$$x^2z^2 = x^2(x^2 + y^2) = y^2x^2 + x^4$$

그러므로 주어진 조건에 의해 $(xz)^2 = 44.02455201$을 실(상수항), $y^2 = 169$를

상렴(이차 항의 계수), 1을 우(사차 항의 계수)라고 하면, '해법'에서 제시한 다음과 같은 x(구)에 관한 삼승방(사차 방정식)을 얻는다.

$$44.02455201 = 169x^2 + x^4, \quad \text{즉} \quad x^4 + 169x^2 - 44.02455201 = 0$$

이를 풀면 $x = 0.51$(자)를 얻는다. 그리고 이것으로 주어진 xz의 값을 나누면 $z = \dfrac{6.6351}{x} = 13.01$(자)를 얻는다.

☞ **역자 주 2:** 구, 고, 현을 각각 x, y, z라고 하면 다음 관계가 성립한다.

$$y = 13 \;\cdots\cdots①, \quad xz = 6.6351 \;\cdots\cdots②, \quad z^2 = x^2 + y^2 \;\cdots\cdots③$$

①,②→③: $\left(\dfrac{6.6351}{x}\right)^2 = x^2 + 13^2,$

$$x^4 + 169x^2 - 44.02455201 = 0, \quad x = 0.51 \;\cdots\cdots④$$

④ → ②: $z = \dfrac{6.6351}{x} = 13.01$

【12】 현은 109자이고, 구와 고를 서로 곱한 적은 3,775자 68치이다. 구와 고를 묻는다.

弦一百九尺 勾股相乘 積三千七百七十五尺六十八寸 問勾股

답 구 36자 8치, 고 102자 6치

答 勾三十六尺八寸 股一百二尺六寸

해법 적을 제곱하여 실이라 하고, 현을 제곱하여 상렴이라 하며, 1을 부우라고 하자. 이 삼승방을 풀면 구를 얻는다. 구로 적을 나누면 곧 고이다.

별해 적을 2배로 하여 현의 제곱에서 뺀 나머지를 실이라고 하자. 제곱근을 구하면, 구고차를 얻는다.

별해 적을 2배로 하고 현의 제곱을 더하여 실이라고 하자. 제곱근을 구하면, 구고화를 얻는다.

術曰 積自乘爲實 弦自乘爲上廉 以一爲負隅 三乘方開 得勾 以勾除積 卽股

又術 倍積減弦冪 餘爲實 開平方 得勾股差

又術 倍積 以倂弦冪 爲實 開平方 得勾股和

해설 제10문과 서로 같다. 현의 제곱은 종상렴이 된다. 그러므로 1은 부우[11]가 된다. 「고의 제곱을 빼기 때문이다.」 상렴에서 구의 제곱을 얻는다.

별해의 그림 해설 제1문을 보라.[12]

별해의 그림 해설 제6문을 보라.

解　與第十問同 而弦冪爲從上廉 故一爲負隅「所以減股冪」得勾冪於上廉也

又術圖解 見第一問

又術圖解 見第六問

☞ **역자 주 1:** 구, 고, 현을 각각 x, y, z라고 하면, '해설'의 내용을 다음과 같이 나타낼 수 있다.

$$x^2y^2 = x^2(z^2 - x^2) = z^2x^2 - x^4$$

그러므로 주어진 조건에 의해 $(xy)^2 = 14,255,759.4624$를 실(상수항), $z^2 = 11.881$을 종상렴(이차 항의 양의 계수), -1을 부우(사차 항의 음의 계수)라고 하면, '해법'에서 제시한 다음과 같은 x(구)에 관한 삼승방(사차 방정식)을 얻는다.

$$14,255,759.4624 = 11,881x^2 - x^4,$$

$$\text{즉 } -x^4 + 11,881x^2 - 14,255,759.4624 = 0$$

이를 풀면 $x = 36.8$(자)를 얻는다. 그리고 이것으로 주어진 xy의 값을 나누면 $y = \dfrac{3,775.68}{x} = 102.6$(자)를 얻는다.

☞ **역자 주 2:** 구, 고, 현을 각각 x, y, z라고 하면, 첫째 별해에서 이용한 관계는 다음과 같다.

$$z^2 - 2xy[= y^2 + x^2 - 2xy] = (y - x)^2$$

그러므로 주어진 조건에 의해 다음과 같이 구고차를 얻는다.

$$y - x = \sqrt{z^2 - 2xy} = \sqrt{11,881 - 7,551.36}$$

11) 부우(負隅)에서 '부'는 음수를 나타낸다.

12) 별해를 볼 때, 제9문을 참조하는 것이 더 적절한 것으로 보인다.

$$=\sqrt{4,329.64}=65.8(\text{자}) \cdots\cdots ①$$

이제, 현과 구고차를 이용해서 다음과 같이 제9문의 해법으로 진행할 수 있다.

$$y+x=\sqrt{2z^2-(y-x)^2}=\sqrt{23,762-4,329.64}$$
$$=\sqrt{19,432.36}=139.4(\text{자})\cdots\cdots ②$$

(①+②)÷2 에서 $y=102.6$(자), (②−①)÷2 에서 $x=36.8$(자)를 얻는다.

☞ **역자 주 3:** 구, 고, 현을 각각 x, y, z라고 하면, 둘째 별해에서 이용한 관계는 다음과 같다.

$$z^2+2xy(=x^2+y^2+2xy)=(x+y)^2$$

그러므로 주어진 조건에 의해 다음과 같이 구고화를 얻는다.

$$x+y=\sqrt{z^2+2xy}=\sqrt{11,881+7,551.36}=\sqrt{19,432.36}=139.4(\text{자})$$

이제, 현과 구고화를 이용해서 제6문의 해법으로 진행할 수 있다.

☞ **역자 주 4:** 구, 고, 현을 각각 x, y, z라고 하면 다음 관계가 성립한다.

$$z=109 \cdots\cdots ①,\quad xy=3,775.68 \cdots\cdots ②,\quad z^2=x^2+y^2 \cdots\cdots ③$$

①,②→③: $109^2=x^2+\left(\dfrac{3,775.68}{x}\right)^2$,

$$x^4-11,881x^2+14,255,759.4624=0,\quad x=36.8 \cdots\cdots ④$$

④ → ②: $y=102.6$

【13】 구는 88자이고, 고로 현을 나누면 1자 $3\frac{1}{21}$치를 얻는다.[13) 고와 현을 묻는다.

勾八十八尺 股除弦 得一尺三寸二十一分尺[14)]之一 問股弦

---

13) 고로 현을 나누면 비, 즉 단위가 없는 수를 얻는다. 그러므로 여기서 1자 $3\frac{1}{21}$치는 단순히 $1.3+\frac{0.1}{21}=\frac{274}{210}$를 뜻한다. 그리고 제14문의 9치 3푼 6리는 0.936, 제15문의 3자 2치 5리는 3.205를 뜻한다.

14) '尺'은 '寸'의 오기

답 고 105자, 현 137자

答 股一百五尺 弦一百三十七尺

해법 소현「분모와 곱하여 분자를 더한다. 고로 현을 나누어 얻은 바가 바로 소현이다.」을 제곱하면 소현의 제곱이라고 하자. 또, 1을 빌려 소고라 하고「분모와 곱하고」, 제곱하여 소고의 제곱이라고 하자. 이에 제곱한 두 수를 서로 뺀 나머지는 소구의 제곱이 되고 우라고 하자. 원래의 구「분모와 곱한다」를 제곱하여 실이라고 하자. 평방을 풀면 원래의 고를 얻는다. 이에 소현을 곱하면 곧 원래의 현이다.

별해 소구의 제곱으로 원래의 구의 제곱을 나누어 얻은 수를 실이라고 하자. 제곱근을 구하면 곧 원래의 고이다.

術曰 小弦「通分納子 ○股除弦 所得曰小弦」自乘 爲小弦冪 又借一算 爲小股「通分」自乘 爲小股冪 乃兩冪相減 餘爲小勾冪 爲隅 元勾「通分」自乘爲實 平方開 得元股 以乘小弦 卽元弦

又術 以小勾冪除元勾冪 得數 爲實 平方開 卽元股

해설 소현의 제곱은 곧 고의 제곱으로 현의 제곱을 나눈 수이다.「고로 현을 나누어 얻은 수를 제곱하므로, 고의 제곱으로 현의 제곱을 나누는 수가 된다.」 소고는 곧 고로 고를 나누어 얻은 수이고, 소고의 제곱은 곧 고의 제곱으로 고의 제곱을 나누어 얻은 수이다. 그러므로 모두 항상 1이다.「구, 고, 현을 각각 스스로 나누면 모두 1을 얻는다.」 두 소의 제곱을 빼면 소구의 제곱, 즉 고의 제곱으로 구의 제곱을 나눈 수를 얻는다. 그러므로 원래의 구의 제곱을 실이라 하고 소구의 제곱을 우라고 하여, 평방을 풀면 고를 얻는다.「구하는 바 고를 다시 곱하면 우의 소구의 제곱은 곧 또다시 원래의 구의 제곱이 된다. 그러므로 실에서 빼면 꼭 맞게 다한다.」

별해의 해설 고의 제곱으로 원래의 구의 제곱을 나누면 소구의 제곱을 얻는다. 그러므로 소구의 제곱으로 원래의 구의 제곱을 나누면 곧 반드시 고의 제곱을 얻는다. 이로부터 제18문까지는 비록 구하는 바는 다르지만 해법은 서로 같다.

解 小弦冪 卽以股冪除弦冪之數「以股除弦之數自乘 故爲股冪除弦冪之數

」小股 卽以股除股之數 而小股冪 卽以股冪除股冪之數 故皆恒爲一算「勾股弦各自除 則皆得一算也」兩小冪相減 得小勾冪 卽以股冪除勾冪之數 故元勾冪爲實 小勾冪爲隅 開平方 得股「以所求之股再乘隅之小勾冪則亦爲元勾冪 故減實恰盡」

又術解 以股冪除元勾冪 而得小勾冪 故以小勾冪除元勾冪 則必得股冪也 自此至第十八問 所求雖異 解則並同

☞ **역자 주 1:** 구, 고, 현을 각각 x, y, z라고 하면, '해설'의 내용을 다음과 같이 나타낼 수 있다.

$$\frac{z^2}{y^2}-1=\frac{z^2}{y^2}-\frac{y^2}{y^2}=\frac{z^2-y^2}{y^2}=\frac{x^2}{y^2},\ \text{즉}\ \ x^2=\left(\frac{z^2}{y^2}-1\right)y^2$$

그러므로 주어진 조건에 의해 $x^2=7,744$를 실(상수항), $\frac{z^2}{y^2}-1=\frac{750.76}{441}-1$ $=\frac{309.76}{441}$을 우(이차 항의 계수)라고 하면, '해법'과 '해설'에서 제시한 다음과 같은 y(고)에 관한 평방(이차 방정식)을 얻는다.

$$7,744=\frac{309.76}{441}y^2,\quad \text{즉}\quad y^2-11,025=0$$

이를 풀면 $y=105$(자)를 얻는다. 그리고 이것을 주어진 소현, 즉 $\frac{z}{y}$의 값에 곱하면 $z=\frac{27.4}{21}y=137$(자)를 얻는다.

☞ **역자 주 2:** 구, 고, 현을 각각 x, y, z라고 하면, '별해'에서 구한 관계는 다음과 같다.

$$\frac{x^2}{\frac{x^2}{y^2}}=y^2$$

그러므로 주어진 x(구)의 값과 위의 해법에서 구한 $\frac{x^2}{y^2}=\frac{z^2}{y^2}-1$의 값을 이용하면, 다음과 같이 y(고)의 값을 얻는다.

$$y=\sqrt{7,744\div\frac{309.76}{441}}=\sqrt{11,025}=105(\text{자})$$

☞ **역자 주 3:** 구, 고, 현을 각각 x, y, z라고 하면 다음 관계가 성립한다.

$$x = 88 \;\cdots\cdots①, \quad \frac{z}{y} = 1.3\frac{0.1}{21} = \frac{27.4}{21} \;\cdots\cdots②, \quad z^2 = x^2 + y^2 \;\cdots\cdots③$$

$$①,②\to③:\; z^2 = \left(\frac{27.4y}{21}\right)^2 = \frac{750.76y^2}{441} = 88^2 + y^2,$$

$$309.76y^2 = 3,415,104, \quad y^2 = 11,025 = 105^2, \quad y = 105 \;\cdots\cdots④$$

$$④ \to ②:\; z = 137$$

☞ **역자 주 4:** 소구, 소고, 소현은 각각 세 가지씩 있다. 구, 고, 현을 각각 x, y, z라고 하면, 소구는 $\frac{x}{x} = 1$, $\frac{x}{y}$, $\frac{x}{z}$이고, 소고는 $\frac{y}{x}$, $\frac{y}{y} = 1$, $\frac{y}{z}$이며, 소현은 $\frac{z}{x}$, $\frac{z}{y}$, $\frac{z}{z} = 1$이다. 상황에 따라 적절한 값을 이용해야 한다.

【14】 구는 44자이고, 현으로 고를 나누면 9치 3푼 6리이다. 고와 현을 묻는다.
勾四十四尺 弦除股 得九寸三分六釐 問股弦

답 고 117자, 현 125자
答 股一百十七尺 弦一百二十五尺

해법 소고를 제곱하면 소고의 제곱을 얻는다. 또 1을 빌려 소현이라 하고 제곱하면 소현의 제곱을 얻는다. 「1자를 얻는다.」이에서 소고의 제곱을 뺀 나머지는 소구의 제곱이 되는데, 우라고 하자. 원래 구의 제곱을 실이라고 하자. 평방을 풀면 현을 얻는다. 현으로 소고에 곱하면 곧 원래의 고이다.

術曰 小股自乘 得小股羃 又借一算爲小弦 自乘 得小弦羃「得一尺」內減小股羃 餘爲小勾羃 爲隅 元勾自乘爲實 平方開 得弦 以弦乘小股 則元股

☞ **역자 주 1:** 구, 고, 현을 각각 x, y, z라고 하면, '해법'의 내용을 다음과 같이 나타낼 수 있다.

$$1 - \frac{y^2}{z^2} = \frac{z^2}{z^2} - \frac{y^2}{z^2} = \frac{z^2 - y^2}{z^2} = \frac{x^2}{z^2}, \text{ 즉 } x^2 = \left(1 - \frac{y^2}{z^2}\right)z^2$$

그러므로 주어진 조건에 의해 $x^2=1936$을 실(상수항), $1-\frac{y^2}{z^2}=1-0.936^2=1-0.876096=0.123904$를 우(이차 항의 계수)라고 하면, 다음과 같은 z(현)에 관한 평방(이차 방정식)을 얻는다.

$$1,936=0.123904z^2,\quad \text{즉}\quad z^2-15,625=0$$

이를 풀면 $z=125$(자)를 얻는다. 그리고 이것을 주어진 소고, 즉 $\frac{y}{z}$의 값에 곱하면 $y=0.936z=117$(자)를 얻는다.

☞ **역자 주 2:** 구, 고, 현을 각각 x, y, z라고 하면 다음 관계가 성립한다.

$$x=44\ \cdots\cdots①,\quad \frac{y}{z}=0.936\ \cdots\cdots②,\quad z^2=x^2+y^2\ \cdots\cdots③$$

①,②→③: $\left(\frac{y}{0.936}\right)^2=44^2+y^2,\quad 0.123904y^2=1,696.121856,$

$$y^2=13,689=117^2,\quad y=117\ \cdots\cdots④$$

④ → ②: $z=\frac{y}{0.936}=125$

【15】 고는 60자 9치이고, 구로 현을 나누면 3자 2치 5리를 얻는다. 구와 현을 묻는다.
股六十尺九寸 勾除弦 得三尺二寸零五釐 問勾弦

답 구 20자, 현 64자 1치
答 勾二十尺 弦六十四尺一寸

해법 소현을 제곱하고 소구의 제곱「곧 1자」을 뺀 나머지는 소고의 제곱이다. 원래의 고의 제곱을 나누어 얻은 수를 실이라 하고, 1을 우라고 하자. 평방을 풀면 원래의 구를 얻는다. 구를 소현에 곱하면 곧 원래의 현이다.
術曰 小弦自乘 内減小勾冪「卽一尺」餘爲小股冪 以除元股冪 得數 爲實 以一爲隅 平方開 得元勾 以勾乘小弦 卽元弦

☞ **역자 주 1:** 구, 고, 현을 각각 x, y, z라고 하면, '해법'의 내용을 다음과 같

이 나타낼 수 있다.

$$\frac{z^2}{x^2}-1=\frac{z^2}{x^2}-\frac{x^2}{x^2}=\frac{y^2}{x^2},\quad 즉\quad \frac{y^2}{\frac{z^2}{x^2}-1}=x^2$$

이제 주어진 조건에 의해 $\frac{y^2}{\frac{z^2}{x^2}-1}=\frac{60.9^2}{3.205^2-1}=\frac{3708.81}{9.272025}=400$을 실(상수항), 1을 우(이차 항의 계수)라고 하면, 다음과 같은 x(구)에 관한 평방(이차 방정식)을 얻는다.

$$400=x^2,\quad 즉\quad x^2-400=0$$

이를 풀면 $x=20$(자)를 얻는다. 그리고 이것을 주어진 소현, 즉 $\frac{z}{x}$의 값에 곱하면 $z=3.205x=64.1$(자)를 얻는다.

☞ **역자 주:** 구, 고, 현을 각각 x, y, z라고 하면 다음 관계가 성립한다.

$y=60.9$ ……①, $\frac{z}{x}=3.205$ ……②, $z^2=x^2+y^2$ ……③

①,②→③: $(3.205x)^2=x^2+60.9^2$, $9.272025x^2=3,708.81$,

$x^2=400=20^2$, $x=20$ ……④

④ → ②: $z=3.205x=64.1$

【16】 고는 105자 4치이고, 현으로 구를 나누면 5치 3푼 7리 6호를 얻는다. 구와 현을 묻는다.

股一百零五尺四寸 弦除勾 得五寸三分七釐六毫 問勾弦

답 구 67자 2치, 현 125자

答 勾六十七尺二寸 弦一百二十五尺

해법 소구를 제곱하고 소현의 제곱에서 빼자. 원래의 고의 제곱을 나누어 얻은 수를 실이라 하고, 1을 우라고 하자. 평방을 풀면 현을 얻는다. 현을 소구에 곱하면 곧 원래의 구이다.

術曰 小勾自乘 以減小弦冪 以除元股冪 得數爲實 以一爲隅 平方開 得弦 以弦乘小勾 卽元勾

☞ **역자 주 1:** 구, 고, 현을 각각 x, y, z라고 하면, '해법'의 내용을 다음과 같이 나타낼 수 있다.

$$1-\frac{x^2}{z^2}=\frac{z^2-x^2}{z^2}=\frac{y^2}{z^2}, \quad \text{즉} \quad \frac{y^2}{1-\frac{x^2}{z^2}}=z^2$$

이제 주어진 조건에 의해 $\frac{y^2}{1-\frac{x^2}{z^2}}=\frac{105.4^2}{1-0.5376^2}=\frac{11,109.16}{0.71098624}=15,625$를 실(상수항), 1을 우(이차 항의 계수)라고 하면, 다음과 같은 z(현)에 관한 평방(이차 방정식)을 얻는다.

$$15,625=z^2, \quad \text{즉} \quad z^2-15,625=0$$

이를 풀면 $z=125$(자)를 얻는다. 그리고 이것을 소구, 즉 $\frac{x}{z}$의 값에 곱하면 $x=0.5376z=67.2$(자)를 얻는다.

☞ **역자 주 2:** 구, 고, 현을 각각 x, y, z라고 하면 다음 관계가 성립한다.

$$y=105.4 \cdots\cdots①, \quad \frac{x}{z}=0.5376 \cdots\cdots②, \quad z^2=x^2+y^2 \cdots\cdots③$$

①,②→③: $\left(\frac{x}{0.5376}\right)^2=x^2+105.4^2, \quad 0.71098624x^2=3,210.7001020416,$

$$x^2=4,515.84=67.2^2, \quad x=67.2 \cdots\cdots④$$

④ → ②: $z=\frac{x}{0.5376}=125$

【17】 현은 25자 7치이고, 구로 고를 나누면 7자 9치 6푼 8리 7호 5사를 얻는다. 구와 고를 묻는다.
弦二十五尺七寸 勾除股 得七尺九寸六分八釐七毫五絲 問勾股

답 구 3자 2치, 고 25자 5치
答 勾三尺二寸 股二十五尺五寸

해법 소고를 제곱하고 소구의 제곱을 더한다. 원래의 현의 제곱을 나누어 얻은 수를 얻어 실이라 하고, 1을 우라고 하자. 평방을 풀면 구를 얻는다. 구를 소고에 곱하면 곧 원래의 고이다.

術曰 小股自乘 加小勾冪 以除元弦冪 得數爲實 以一爲隅 平方開 得勾 以勾乘小股 卽元股

☞ **역자 주 1:** 구, 고, 현을 각각 x, y, z라고 하면, '해법'의 내용을 다음과 같이 나타낼 수 있다.

$$\frac{y^2}{x^2}+1=\frac{y^2}{x^2}+\frac{x^2}{x^2}=\frac{z^2}{x^2},\quad \text{즉}\quad \frac{z^2}{\frac{y^2}{x^2}+1}=x^2$$

이제 주어진 조건에 의해 $\frac{z^2}{\frac{y^2}{x^2}+1}=\frac{25.7^2}{7.96875^2+1}=\frac{660.49}{64.5009765625}=10.24$

를 실(상수항), 1을 우(이차 항의 계수)라고 하면, 다음과 같은 x(구)에 관한 평방(이차 방정식)을 얻는다.

$$10.24=x^2,\ \text{즉}\ \ x^2-10.24=0$$

이를 풀면 $x=3.2$(자)를 얻는다. 그리고 이것을 주어진 소고, 즉 $\frac{y}{x}$의 값에 곱하면 $y=7.96875x=25.5$(자)를 얻는다.

☞ **역자 주 2:** 구, 고, 현을 각각 x, y, z라고 하면 다음 관계가 성립한다.

$$z=25.7\ \cdots\cdots①,\quad \frac{y}{x}=7.96875\ \cdots\cdots②,\quad z^2=x^2+y^2\ \cdots\cdots③$$

①,②→③: $25.7^2=x^2+7.96875^2x^2=64.5009765625x^2=660.49,$

$x^2=10.24=3.2^2,\quad x=3.2\ \cdots\cdots④$

④ → ②: $y=7.96875x=25.5$

【18】 현은 16자 9치이고, 고로 구를 나누면 9치 9$\frac{1}{6}$푼을 얻는다. 구와 고를 묻는다.

弦十六尺九寸 股除勾 得九寸九分六分分之一 問勾股

답 구 11자 9치, 고 12자

答 勾十一尺九寸 股十二尺

해법 소구를 「분모와 곱하여 분자를 더하고」 제곱하고, 또 소고를 「분모와 곱하여 6자를 얻고」 제곱한다. 이에 두 소의 제곱을 서로 더하여 우라 하고, 원래의 현을 「분모와 곱하고」 제곱하여 실이라고 하자. 평방을 풀면 고를 얻는다. 고를 소구에 곱하면 곧 원래의 구이다.

術曰 小勾「通分納子」自乘 又小股「通分得六尺」自乘 乃兩小冪相倂爲隅 元弦「通分」自乘爲實 平方開 得股 以股乘小勾 卽元勾

☞ **역자 주 1:** 우선 9치 $9\frac{1}{6}$푼 $=0.99\frac{0.01}{6}=\frac{5.95}{6}$이다. 구, 고, 현을 각각 x, y, z라고 하면, '해법'의 내용을 다음과 같이 나타낼 수 있다.

$$\frac{x^2}{y^2}+1=x^2+\frac{y^2}{y^2}=\frac{z^2}{y^2},\quad 즉\quad z^2=\left(\frac{x^2}{y^2}+1\right)y^2$$

이제 주어진 조건에 의해 $z^2=285.61$을 실(상수항), $\frac{x^2}{y^2}+1=\frac{71.4025}{36}$를 우(이차 항의 계수)라고 하면, 다음과 같은 y(고)에 관한 평방(이차 방정식)을 얻는다.

$$285.61=\frac{71.4025}{36}y^2,\quad 즉\quad y^2-144=0$$

이를 풀면 $y=12$(자)를 얻는다. 그리고 이것을 주어진 소구, 즉 $\frac{x}{y}$의 값에 곱하면 $x=\frac{5.95}{6}y=11.9$(자)를 얻는다.

☞ **역자 주 2:** 구, 고, 현을 각각 x, y, z라고 하면 다음 관계가 성립한다.

$$z=16.9\ \cdots\cdots①,\quad \frac{x}{y}=\frac{5.95}{6}\ \cdots\cdots②,\quad z^2=x^2+y^2\ \cdots\cdots③$$

①,②→③: $16.9^2=285.61=x^2+\frac{36x^2}{35.4025},\quad 71.4025x^2=10,111.408025,$

$$x^2=141.61=11.9^2,\quad x=11.9\ \cdots\cdots④$$

④ → ②: $y=\frac{6x}{5.95}=12$

【19】 구현화는 136자 9치이고, 고현화는 168자 2치이다. 구, 고, 현을 묻는다.
勾弦和一百三十六尺九寸 股弦和一百六十八尺二寸 問勾股弦

답 구 46자 4치, 고 77자 7치, 현 90자 5치
答 勾四十六尺四寸 股七十七尺五[15]寸 弦九十尺五寸

해법 양화[구현화와 고현화]를 서로 곱하고 이를 2배로 하여 실이라고 하자. 제곱근을 구하면 현화화를 얻고, 그것으로부터 고현화를 뺀 나머지는 구가 되고 구현화를 빼면 고가 된다. 고를 고현화에서 뺀 나머지는 현이 된다.

별해 양화[구현화와 고현화]를 각각 제곱하고 서로 더하여 실이라 하고, 양화를 서로 더하고 2배로 하여 정렴이라 하며, 1을 부우라고 하자. 평방을 풀면 현을 얻는다.

術曰 兩和相乘 倍之 爲實 平方開 得弦和和 内減股弦和 餘爲勾也 減勾弦和 餘爲股也 以股減股弦和 餘爲弦

又術 兩和各自乘 併之 爲實 兩和相併倍之爲正廉 以一爲負隅 平方開 得弦

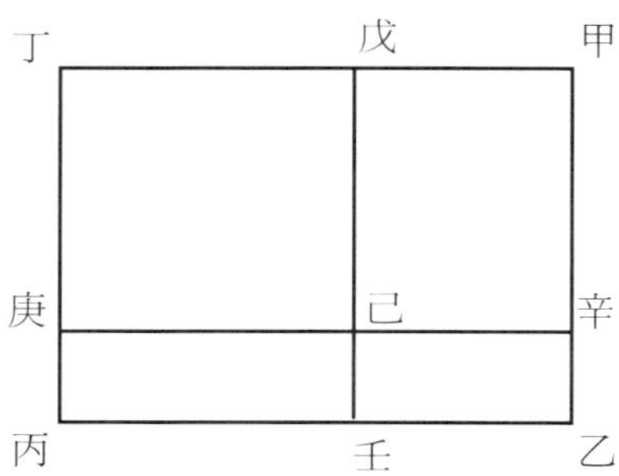

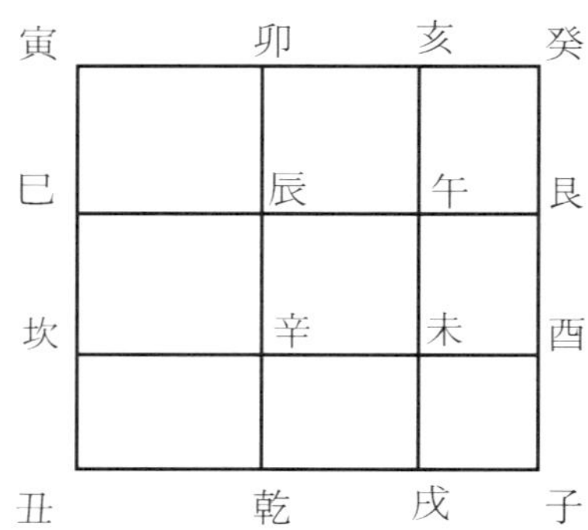

그림 해설 갑을을 구현화라 하고 갑정은 고현화라 하여 서로 곱하면 직사각형 갑을병정을 얻는데, 그 안에 있는 무기경정은 현을 제곱한 정사각형이고, 신을임기는 구와 고를 서로 곱한 직사각형이며, 갑신기무는 고와 현을 서로 곱한 직사각형이고, 기임병경은 구와 현을 서로 곱한 직사각형이다.

15) '五'는 '七'의 오기

구, 고, 현 전체의 합을 제곱하면 한 개의 큰 정사각형 계자축인을 얻는다. 그것에서 묘진사인은 현을 제곱한 정사각형이고, 오미신진은 고를 제곱한 정사각형이며, 유자술미는 구를 제곱한 정사각형인데, 두 정사각형을 서로 더하면 또다시 현을 제곱한 정사각형이 된다. 간유미오는 미술건신과 더불어 구와 고를 서로 곱한 2개의 직사각형이고, 해오진묘는 진신감사와 더불어 고와 현을 서로 곱한 2개의 직사각형이며, 계간오해는 신건축감과 더불어 구와 현을 서로 곱한 2개의 직사각형이다.

직사각형 갑을병정과 비교하면, 각 도형이 모두 1배씩 더 많다. 그러므로 양화를 서로 곱하고 2배로 하여 개방하면 계자와 같은 종류의 1변을 얻어 총화[구, 고, 현 전체의 합]가 된다.

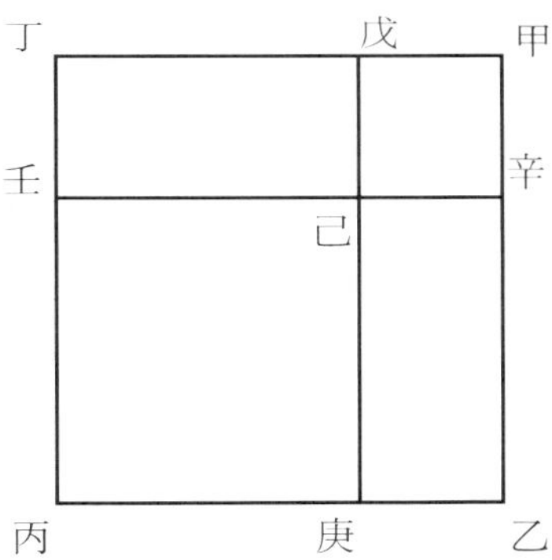

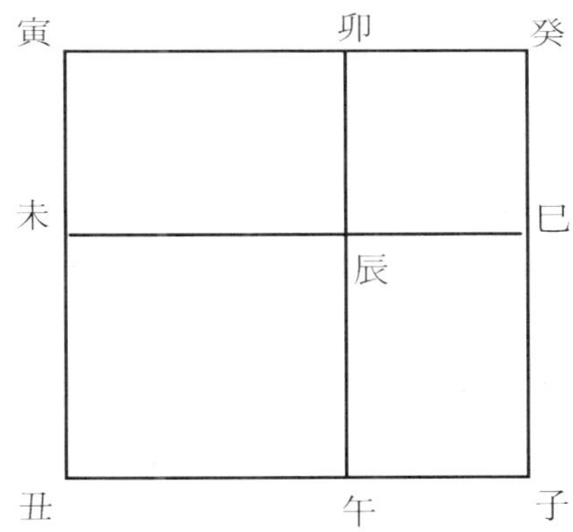

별해의 그림 해설 갑을병정은 구현화를 제곱한 정사각형인데, 그 안에 포함되는 갑신기무는 구를 제곱한 정사각형이고, 기경병임는 현을 제곱한 정사각형이며, 신을경기는 무기임정과 더불어 구와 현을 서로 곱한 2개의 직사각형이다.

또 계자축인은 고현화의 제곱한 정사각형인데, 그 안에 있는 계사진묘의 고를 제곱한 정사각형이고, 진오축미는 현을 제곱한 정사각형이며, 사자오진은 묘진미인과 더불어 고와 현을 서로 곱한 2개의 직사각형이다.

이를 더하여 실이라고 하면, 곧 그 넓이는 현을 제곱한 정사각형 3단 「구를 제곱한 정사각형과 고를 제곱한 정사각형의 합은 현을 제곱한 정사각형과 같다. 그러므로 현을 제곱한 정사각형이 3단이다.」 및 고와 현을 서로 곱한 직사각형과 구와 현을 서로 곱한 직사각형이 각각 2단이 된다. 만일 현이 너비인 직사각형을 만들면 곧 그 길이는 3배의 현과 2배의 고 및 2배의 구의 합이 된다. 그러므로 양화를 2배로 하여 얻은 4배의 현과 2배의 고 및 2배의 구를 정렴이라 하고「즉 길이와 너비의 합이다.」1을 부우라고 하여 평방을 풀면 현을 얻는다.

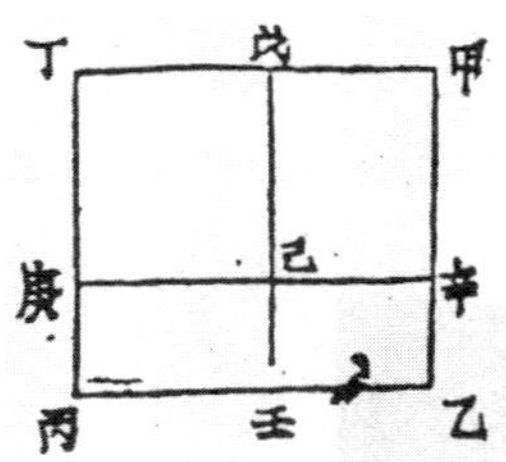

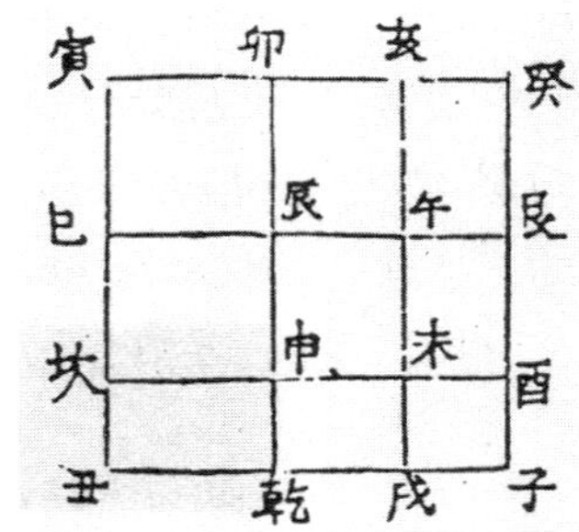

圖解 甲乙爲勾弦和 甲丁爲股弦和 相乘 得甲乙丙丁長方形 内戊己庚丁爲弦自乘之正方　辛乙壬己爲勾股相乘之長方　甲辛己戊爲股弦相乘之長方 己壬丙庚 爲勾弦相乘之長方也

勾股弦總和自乘　得癸子丑寅一大正方　則其卯辰巳寅爲弦自乘之正方 午未申辰爲股自乘之正方 酉子戌未爲勾自乘之正方 兩方相併又爲弦自乘之正方 艮酉未午與未戌乾申爲勾股相乘之二長方 亥午辰卯與辰申坎巳爲股弦相乘之二長 方癸艮午亥與申乾丑坎爲勾弦相乘之二長方

比甲乙丙丁長方每一形俱多一倍 故兩和相乘倍之開方 得癸子類每一邊爲總和也

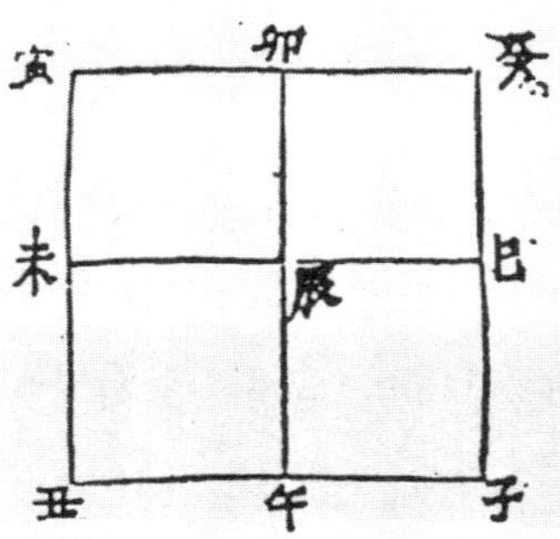

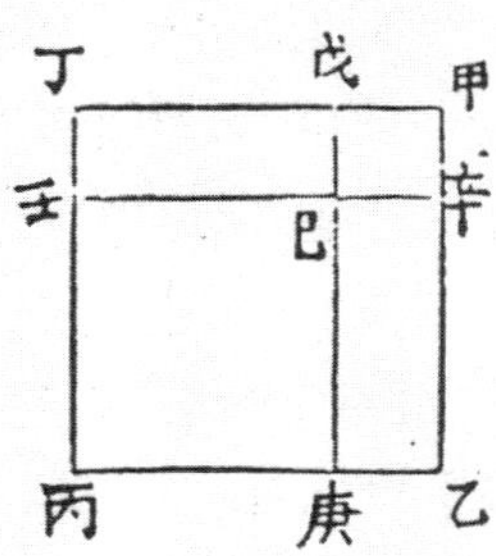

又術圖解 甲乙丙丁勾弦和自乘正方 内函甲辛己戊勾自乘方 己庚丙壬弦自乘方 辛乙庚己與戊己壬丁勾弦相乘二方

又癸子丑寅股弦和自乘正方 內函癸巳辰卯股自乘方 辰午丑未弦自乘方 巳子午辰與卯辰未寅股弦相乘二方
併之爲實 則其積爲弦自乘方三段「勾自乘方股自乘方共爲弦自乘方 故得弦自乘方三段」股弦相乘方 勾弦相乘方 各二段 若以弦爲闊作長方形則其長爲三弦二股二勾共 故倍兩和 得四弦二股二勾共爲正廉「卽長闊和」以一爲負隅 開平方 得弦

☞ **역자 주 1:** 이 문제에서는 현과 나머지 두 변과의 합(화)이 주어진 경우에 세 변의 길이를 구하고 있다. 이와 같이 두 변의 길이의 합이 두 가지 주어지고 세 변의 길이를 구하는 방법을 양화술(兩和術)이라고 한다. 제20문과 21문에서도 주어진 조건이 다른 양화술을 다룬다.

여기서 '현화화'(弦和和)는 세 변 구, 고, 현의 길이의 합을 뜻한다.

☞ **역자 주 2:** 구, 고, 현을 각각 x, y, z라고 하면, '해법'에서는 다음과 같이 먼저 현화화, 즉 $x+y+z$의 값을 구한다.

$$\sqrt{2(z+x)(z+y)}=z+y+x \quad \cdots\cdots①$$

그리고 각 변의 길이를 다음과 같이 구하고 있다.

구: $(z+y+x)-(z+y)=x$

고: $(z+y+x)-(z+x)=y$

현: $(z+y)-y=z$

'그림 해설'에서는 이 방법의 정당성을 두 도형의 넓이를 이용해서 밝히고 있다. 그림 해설의 왼쪽 그림에서는 각 선분의 길이를 다음과 같이 놓는다.

갑신＝정경＝무기＝정무＝경기＝병임＝z,
갑무＝신기＝을임＝y,　신을＝기임＝경병＝x

그러므로 다음을 얻는다.

□갑을병정＝□무기경정＋□갑신기무＋□기임병정＋□신을임기,

$$(z+y)(z+x)=z^2+zy+zx+xy \quad \cdots\cdots②$$

한편, 오른쪽 그림에서는 각 선분의 길이를 다음과 같이 놓는다.

인묘＝사진＝감신＝축건＝인사＝묘진＝해오＝계간＝z,
묘해＝진오＝신미＝건술＝사감＝진신＝오미＝간유＝y,
해계＝오간＝미유＝술자＝감축＝신건＝미술＝유자＝x

그러므로 다음을 얻는다.

$$\square 계자축인 = \square 묘진사인 + \square 오미신진 + \square 유자술미 + \square 간유미오 + \square 미술건신 + \square 해오진묘 + \square 진신감사 + \square 계간오해 + \square 신건축감,$$

$$(z+y+x)^2 = z^2 + y^2 + x^2 + 2xy + 2yz + 2xz$$
$$= 2z^2 + 2xy + 2yz + 2xz = 2(z^2 + xy + yz + xz) \cdots\cdots ③$$

식 ②와 ③에서 다음이 성립함을 알 수 있다.

$$2(z+x)(z+y) = (z+y+x)^2$$

따라서 식 ①을 얻는다.

실제로 계산하면 다음과 같다.

$x+z = 136.9$ ……④, $y+z = 168.2$ ……⑤

2×④×⑤: $2(z+x)(z+y) = (z+y+x)^2 = 46{,}053.16$ ……⑥

√⑥: $x+y+z = 214.6$ ……⑦

⑦－⑤: $x = 46.4$, ⑦－④: $y = 77.7$ ……⑧

⑤－⑧: $z = 90.5$

☞ **역자 주 3:** 구, 고, 현을 각각 x, y, z라고 하면, '별해'에서는 $(z+x)^2 + (z+y)^2$을 실, $2\{(z+x)+(z+y)\}$를 정렴, 1을 부우로 한 평방을 풀어 z(현)를 구하고 있다. 즉, z에 관한 다음과 같은 이차 방정식을 풀고 있다.

$$(z+x)^2 + (z+y)^2 = 2\{(z+x)+(z+y)\}z - z^2 \cdots\cdots ①$$

'별해의 그림 해설'에서는 이 방법의 정당성을 한 변의 길이가 각각 구현화와 고현화인 두 도형의 넓이를 이용해서 밝히고 있다. 별해의 그림 해설의 왼쪽 그림에서는 각 선분의 길이를 다음과 같이 놓는다.

갑신＝무기＝정임＝갑무＝신기＝을경＝x,
신을＝기경＝임병＝무정＝기임＝경병＝z

그러면 다음을 얻는다.

$$\square 갑을병정 = \square 갑신기무 + \square 기경병임 + \square 신을경기 + \square 무기임정,$$
$$(z+x)^2 = x^2 + z^2 + xz + xz \cdots\cdots ②$$

한편, 오른쪽의 그림에서는 각 선분의 길이를 다음과 같이 놓는다.

계사＝묘진＝인미＝계묘＝사진＝자오＝y,
사자＝진오＝미축＝묘인＝미진＝축오＝z

그러면 다음을 얻는다.

□계자축인 = □계사진묘 + □진오축미 + □사자오진 + □묘진미인,

$$(z+y)^2 = y^2 + z^2 + yz + yz \quad \cdots\cdots ③$$

그러므로 ②와 ③을 합해서 다음을 얻는다.

$$\begin{aligned} □갑을병정 + □계자축인 &= (z+x)^2 + (z+y)^2 \\ &= 3z^2 + 2zx + 2zy \\ &= z(3z+2x+2y) \\ &= z(4z+2x+2y) - z^2 \\ &= z(2z+2x+2z+2y) \\ &\quad - z^2 \end{aligned}$$

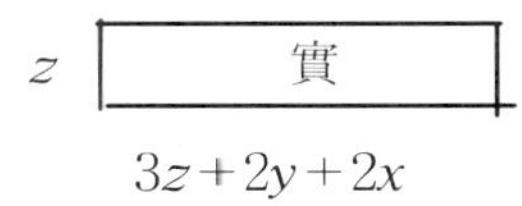

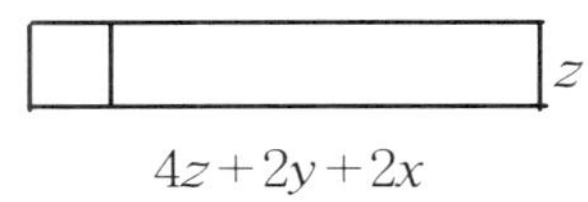

따라서 식 ①이 성립한다.

실제로 계산하면 다음과 같다.

실 : $(z+x)^2 + (z+y)^2 = 47,032.85$

정렴 : $2\{(z+x)+(z+y)\} = 610.2$

부우 : 1

$$-z^2 + 610.2z - 47,032.85 = 0, \quad z = 90.5$$

☞ **역자 주 4:** 구, 고, 현을 각각 x, y, z라고 하면, 다음 관계가 성립한다.

$$x+z = 136.9 \cdots\cdots ①, \quad y+z = 168.2 \cdots\cdots ②, \quad z^2 = x^2 + y^2 \cdots\cdots ③$$

①,②→③: $z^2 = (136.9-z)^2 + (168.2-z)^2$

$$z^2 - 610.2z + 47,032.85 = 0, \quad z = 90.5 \cdots\cdots ④$$

④→①,②: $x = 136.9 - z = 46.4, \quad y = 168.2 - z = 77.7$

【20】 구고화는 112자 7치이고, 구현화는 135자 2치이다. 구, 고, 현을 묻는다.

勾股和一百十二尺七寸 勾弦和一百三十五尺二寸 問勾股弦

답 구 55자 5치, 고 57자 2치, 현 79자 7치

答 勾五十五尺五寸 股五十七尺二寸 弦七十九尺七寸

해법 양화〔구고화와 구현화〕를 각각 제곱하고 큰 수에서 작은 수를 뺀 나머지를 실이라고 하자. 양화 중 큰 수에서 작은 수를 뺀 나머지를 2배로 하여 종이라 하고, 1을 우라고 하자. 평방을 풀면 구를 얻는다. 구를 구고화에서 뺀 나머지는 고이고, 고를 고현화에서 빼면 나머지는 현이다.

術曰 兩和各自乘 相減 餘爲實 兩和相減 倍之 爲從 以一 爲隅 平方開 得勾 以勾減勾股和 餘爲股 以股減股弦和 餘爲弦

그림 해설 갑을병정은 구고화를 제곱한 정사각형으로, 그 안의 무을경기는 구를 제곱한 정사각형이고 신기임정은 고를 제곱한 정사각형이며 갑무기신은 기경병임과 더불어 구와 고를 서로 곱한 2개의 직사각형이라고 하자.

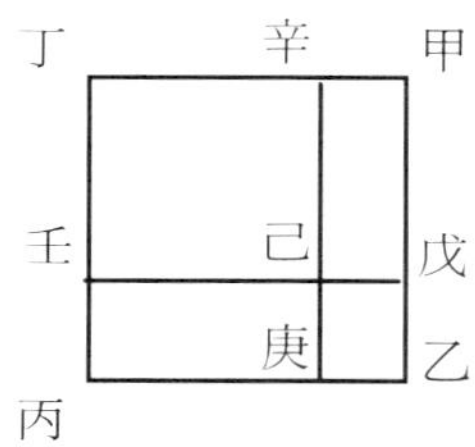

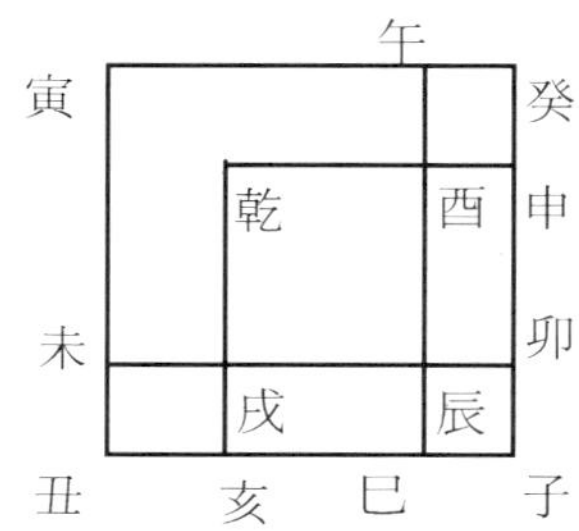

또, 계자축인은 구현화를 제곱한 정사각형으로, 그 안의 묘자사진은 구를 제곱한 정사각형이고 오진미인은 현을 제곱한 정사각형이며 계묘진오는 진사축미와 더불어 구와 현을 서로 곱한 2개의 직사각형이라고 하자.

서로 빼서 실이라고 하면, 곧 그 넓이는 구의 제곱 1단과 구를 고현교에 곱한 적 2단이 된다.「뺀 나머지는 곧 꺾쇠 모양 계신건해축인인데, 그 가운데 꺾쇠 모양 오유건술미인은 곧 현의 제곱에서 고의 제곱을 뺀 나머지이므로 구의 제곱이 되고 계신유오와 술해축미의 2개의 직사각형은 각각 구를 고현교에 곱한 적이다.」만일 구를 너비라고 하여 직사각형을 만들면 곧 그 길이는 1배의 구와 2배의 고현교의 합이 된다. 그러므로 양화를 서로 빼고 2배로 하여 얻는 2배의 2 고현교를「곧 길이와 너비의 차를」종이라 하고 1을 우라고 하여, 평방을 풀면 구를 얻는다.

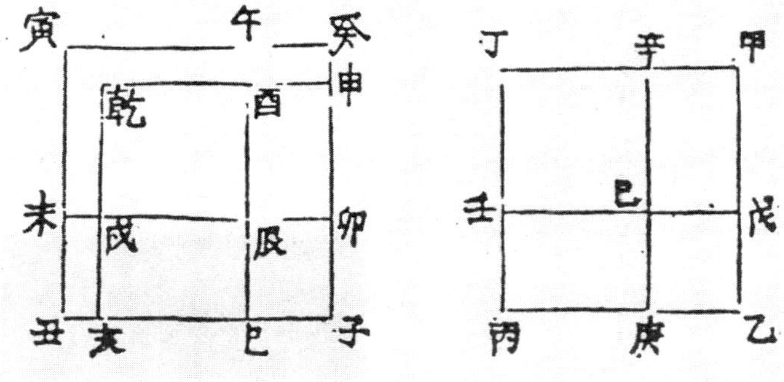

圖解 甲乙丙丁勾股和自乘方　內戊乙庚己爲勾自乘方　辛己壬丁爲股自乘方
甲戊己辛與己庚丙壬 爲勾股相乘二方
又癸子丑寅勾弦和自乘方 內卯子巳辰爲勾自乘方 午辰未寅爲弦自乘方
癸卯辰午與辰巳丑未 爲勾弦相乘二方
相減爲實 則其積爲勾冪一段 勾乘股弦較積二段「減餘卽癸申乾亥丑寅磬折形 而其中午酉乾戌未寅磬折形 卽弦冪內減股冪之餘故爲勾冪 而癸申酉午與戌亥丑未二長方 各爲勾乘股弦較積也」若以勾爲闊作長方形 則其長爲一勾二股弦較之共 故兩和相減倍之 得二股弦較「卽長闊較」爲從 以一爲隅 開平方 得勾

☞ **역자 주 1:** 구, 고, 현을 각각 x, y, z라고 하면, '해법'에서는 $(z+x)^2-(y+x)^2$을 실, $2\{(z+x)-(y+x)\}$를 종, 1을 우로 한 평방을 풀어 x(구)를 구하고 있다. 즉, x에 관한 다음과 같은 이차 방정식을 풀고 있다.

$$(z+x)^2-(y+x)^2=2\{(z+x)-(y+x)\}x+x^2 \quad \cdots\cdots①$$

그리고 고와 현은 다음과 같이 구하고 있다.

고 : $(y+x)-x=y$

현 : $(z+x)-x=z$

'그림 해설'에서는 이 방법을 정당성을 한 변의 길이가 각각 구고화와 구현화인 두 도형의 넓이를 이용해서 밝히고 있다. 그림 해설의 왼쪽의 그림에서는 각 선분의 길이를 다음과 같이 놓는다.

무을 = 기경 = 임병 = 을경 = 무기 = 갑신 = x,

갑무 = 신기 = 정임 = 경병 = 기임 = 신정 = y

그러면 다음을 얻는다.

□갑을병정＝□무을경기＋□신기임정＋□갑무기신＋□기경병임,

$(x+y)^2 = x^2 + y^2 + 2xy$ ……②

한편, 오른쪽의 그림에서 각 선분의 길이는 다음과 같다.

묘자＝진사＝술해＝미축＝사자＝진묘＝유신＝오계＝x,

묘계＝진오＝미인＝사축＝진미＝오인＝z

그러면 다음을 얻는다.

□계자축인＝□묘자사진＋□오진미인＋□계묘진오＋□진사축미,

$(x+z)^2 = x^2 + z^2 + 2xz$ ……③

그러므로 식 ②와 ③에 의해 다음이 성립한다.

□계자축인－□신자해건(즉 □갑을병정)＝ $(z+x)^2-(y+x)^2$,

꺾쇠 계신건해축인＝▟오유건술미인＋□계신유오＋□술해축미

$= z^2 - y^2 + \{(z+x)-(y+x)\}x + \{(z+x)-(y+x)\}x$

$= x^2 + 2\{(z+x)-(y+x)\}x$

따라서 식 ①을 얻는다.

실제로 계산하면, 우는 1이고 실과 종은 다음과 같다.

실 : $(z+x)^2-(y+x)^2=5{,}577.75$

종 : $2\{(z+x)-(y+x)\}=45$

$x^2+45x-5{,}577.75=0,\quad x=55.5,$

$y=112.7-x=57.2,\quad z=135.2-x=79.7$

☞ **역자 주 2:** 구, 고, 현을 각각 x, y, z라고 하면, 다음 관계가 성립한다.

$x+y=112.7$ ……①, $x+z=135.2$ ……②, $z^2=x^2+y^2$ ……③

①,②→③: $(135.2-x)^2=x^2+(112.7-x)^2$,

$x^2+45x-5{,}577.75=0,\quad x=55.5$ ……④

④→①,②: $y=112.7-x=57.2,\quad z=135.2-x=79.7$

【21】 고현화는 184.9자이고, 구고화는 127.1자이다. 구, 고, 현을 묻는다.

股弦和一百八十四尺九寸 勾股和一百二十七尺一寸 問勾股弦

답 구 38자 7치, 고 88자 4치, 현 96자 5치
答 勾三十八尺七寸 股八十八尺四寸 弦九十六尺五寸

해법 양화〔고현화와 구고화〕를 각각 제곱하고 큰 수에서 작은 수를 빼서 실이라고 하자. 양화를 빼고 이를 2배로 하여 종이라 하고, 1을 우라고 하자. 평방을 풀면 고를 얻는다. 고를 구고화에서 빼면 곧 구이고, 고를 고현화에서 빼면 곧 현이다.
術曰 兩和各自乘 相減爲實 兩和相減 倍之爲從 以一爲隅 平方開 得股 以股減勾股和 卽勾 以股減股弦和 卽弦

그림 해설 제20문과 더불어 같다.
圖解 與第二十問同

☞ **역자 주 1:** 구, 고, 현을 각각 x, y, z라고 하면, '해법'에서는 $(z+y)^2-(y+x)^2$을 실, $2\{(z+y)-(y+x)\}$를 종, 1을 우로 한 평방을 풀어 y(고)를 구하고 있다. 즉, y에 관한 다음과 같은 이차 방정식을 풀고 있다.

$$(z+y)^2-(y+x)^2=2\{(z+y)-(y+x)\}y+y^2 \quad \cdots\cdots ①$$

그리고 구와 현은 다음과 같이 구하고 있다.

구 : $(y+x)-y=x$

현 : $(z+y)-y=z$

식 ①이 성립하는 이유는 제20문의 그림을 이용해서 밝힐 수 있는데, 거기의 오른쪽 그림에서 묘자=진사=술해=미축=사자=진묘=유신=오계=y로 두면 x와 y의 역할이 바뀐다.

실제로 계산하면 다음과 같다.

실 : $(z+y)^2-(y+x)^2=18{,}033.6$

종 : $2\{(z+y)-(y+x)\}=115.6$

우 : 1

$$y^2+115.6y-18{,}033.6=0, \quad y=88.4,$$
$$z=184.9-y=96.5, \quad x=127.1-y=38.7$$

☞ **역자 주 2:** 구, 고, 현을 각각 x, y, z라고 하면, 다음 관계가 성립한다.

$z+y=184.9$ ……①, $y+x=127.1$ ……②, $z^2=x^2+y^2$ ……③

①,②→③: $(184.9-y)^2=(127.1-y)^2+y^2$,

$y^2+115.6y-18{,}033.6=0$, $y=88.4$ ……④

④→①,②: $z=184.9-y=96.5$, $x=127.1-y=38.7$

【22】 구현화는 16자 8치 2푼이고, 구고차는 3자 4치 3푼이다. 구, 고, 현을 묻는다.
勾弦和十六尺八寸二分 勾股差三尺四寸三分 問勾股弦

답 구 5자 8치 5푼, 고 9자 2치 8푼, 현 10자 9치 7푼
答 勾五尺八寸五分 股九尺二寸八分 弦十尺九寸七分

해법 구고차를 구현화에 더하면 고현화가 된다. 이에 양화술을 이용한다.「아래의 다섯 문제는 모두 이와 비슷하다.」
術曰 以差加和 爲股弦和 乃用兩和術「下五題皆倣此」

해설 구와 구고차를 더하면 고가 된다. 그러므로 구고차를 구현화에 더하면 고현화가 된다.
解 勾得勾股差 爲股 故以差加和 爲股弦和

☞ **역자 주 1:** 구, 고, 현을 각각 x, y, z라고 하면 다음 관계가 성립한다.

$z+x=16.82$ ……①, $y-x=3.43$ ……②

식 ①과 ②를 더하면 다음과 같다.

$(z+x)+(y-x)=z+y=20.25$ ……③

이에 따라 ①과 ③에서 양화, 즉 구현화와 고현화를 얻는다. 그러므로 제19문의 해법'과 같은 양화술을 이용하여 다음과 같이 구, 고, 현을 구할 수 있다.

$z+y+x=\sqrt{2(z+x)(z+y)}=\sqrt{681.21}=26.1$,

구: $x=(z+y+x)-(z+y)=26.1-20.25=5.85$,

고: $y=(z+y+x)-(z+x)=26.1-16.82=9.28$

현: $z=(z+y)-y=20.25-9.28=10.97$

☞ **역자 주 2:** 구, 고, 현을 각각 x, y, z라고 하면, 제19문의 별해와 같이 $(z+x)^2+(z+y)^2$을 실, $2\{(z+x)+(z+y)\}$를 정렴, 1을 부우로 한 평방을 풀어 z(현)를 구할 수 있다. 즉, z에 관한 다음과 같은 이차 방정식을 풀 수 있다.

$$(z+x)^2+(z+y)^2=2\{(z+x)+(z+y)\}z-z^2,$$
$$692.9749=74.14z-z^2, \quad z=10.97,$$
$$x=16.82-z=5.85, \quad y=x+3.43=9.28$$

☞ **역자 주 3:** 구, 고, 현을 각각 x, y, z라고 하면, 다음이 성립한다.

$z+x=16.82$ ……①, $y-x=3.43$ ……②, $z^2=x^2+y^2$ ……③

①,②→③: $(16.82-x)^2=x^2+(x+3.43)^2$,

$x^2+40.5x-271.1475=0$, $x=5.85$ ……④

④→①,②: $z=16.82-x=10.97$, $y=x+3.43=9.28$

【23】 고현화는 18자 4치 9푼이고, 구현차는 3자 9치 2푼이다. 구, 고, 현을 묻는다.

股弦和十八尺四寸九分 勾弦差三尺九寸二分 問勾股弦

답 구 6자 4치 5푼, 고 8자 1치 2푼, 현 10자 3치 7푼

答 勾六尺四寸五分 股八尺一寸二分 弦十尺三寸七分

해법 구현차를 고현화에서 빼면 구고화가 된다.

術曰 以差減和 爲勾股和

해설 현에서 구현차를 빼면 구가 된다. 그러므로 구현차를 고현화에서 빼면 구고화가 된다.

解 弦去勾弦差 爲勾 故以差減和 爲勾股和

☞ **역자 주 1:** 구, 고, 현을 각각 x, y, z라고 하면 다음 관계가 성립한다.

$z+y=18.49$ ……①, $z-x=3.92$ ……②

식 ①에서 ②를 빼면 다음과 같다.

$(z+y)-(z-x)=y+x=14.57$ ……③

이에 따라 ①과 ③에서 양화, 즉 고현화와 구고화를 얻는다. 그러므로 제21문의 '해법'과 같은 양화술을 이용하여 다음과 같이 고를 구할 수 있다.

$(z+y)^2-(y+x)^2=2\{(z+y)-(y+x)\}y+y^2$,
$129.5952=7.84y+y^2$, $y=8.12$

그리고 구와 현은 다음과 같이 구하고 있다.

구: $x=(y+x)-y=14.57-8.12=6.45$
현: $z=(z+y)-y=18.49-8.12=10.37$

☞ **역자 주 2:** 구, 고, 현을 각각 x, y, z라고 하면 다음 관계가 성립한다.

$z+y=18.49$ ……①, $z-x=3.92$ ……②, $z^2=x^2+y^2$ ……③

①,②→③: $z^2=(z-3.92)^2+(18.49-z)^2$,
$z^2-44.82z+357.2465=0$, $z=10.37$ ……④

④→①,②: $y=18.49-z=8.12$, $x=z-3.92=6.45$

【24】 구고화는 13자 9치 3푼이고, 고현차는 2자 8치 8푼이다. 구, 고, 현을 묻는다.
勾股和十三尺九寸三分 股弦差二尺八寸八分 問勾股弦

답 구 6자 9치 6푼, 고 6자 9치 7푼, 현 9자 8치 5푼
答 勾六尺九寸六分 股六尺九寸七分 弦九尺八寸五分

해법 고현차를 구고화에 더하면 구현화가 된다.
術曰 以差加和 爲勾弦和

해설 고와 고현차를 더하면 현이 된다. 그러므로 고현차를 구고화에 더하면 구현화가 된다.
解 股得股弦差 爲弦 故以差加和 爲勾弦和

☞ **역자 주 1:** 구, 고, 현을 각각 x, y, z라고 하면 다음 관계가 성립한다.

$$y+x=13.93 \cdots\cdots ①, \quad z-y=2.88 \cdots\cdots ②$$

식 ①과 ②를 더하면 다음과 같다.

$$(y+x)+(z-y)=z+x=16.81 \cdots\cdots ③$$

이에 따라 ①과 ③에서 양화, 즉 구고화와 구현화를 얻는다. 그러므로 제20문의 '해법'과 같은 양화술을 이용해서 다음과 같이 구를 구할 수 있다.

$$(z+x)^2-(y+x)^2=2\{(z+x)-(y+x)\}x+x^2,$$
$$88.5312=5.76x+x^2, \quad x=6.96,$$

그리고 고와 현은 다음과 같이 구하고 있다.

고: $y=(y+x)-x=13.93-6.96=6.97$

현: $z=(z+x)-x=16.81-6.96=9.85$

☞ **역자 주 2:** 구, 고, 현을 각각 x, y, z라고 하면 다음 관계가 성립한다.

$$y+x=13.93 \cdots\cdots ①, \quad z-y=2.88 \cdots\cdots ②, \quad z^2=x^2+y^2 \cdots\cdots ③$$

①,②→③: $(y+2.88)^2=(13.93-x)^2+y^2,$

$y^2-33.62y+185.7505=0, \quad y=6.97 \cdots\cdots ④$

④→①,②: $x=13.93-y=6.96, \quad z=y+2.88=9.85$

【25】 구현화는 16자 8치 2푼이고, 고현차는 1자 2치 1푼이다. 구, 고, 현을 묻는다.
勾弦和十六尺八寸二分 股弦差一尺二寸一分 問勾股弦

답 구 5자 1치 7푼, 고 10자 4치 4푼, 현 11자 6치 5푼
答 勾五尺一寸七分 股十尺四寸四分 弦十一尺六寸五分

해법 고현차를 구현화에서 빼면 구고화가 된다.
術曰 以差減和 爲勾股和

해설 현에서 고현차를 빼면 고가 된다. 그러므로 고현차를 구현화에서 빼면 구고화가 된다.

解　弦去股弦差 爲股 故以差減和 爲勾股和

☞ **역자 주 1:** 구, 고, 현을 각각 x, y, z라고 하면 다음 관계가 성립한다.

$$z+x=16.82 \quad \cdots\cdots ①, \qquad z-y=1.21 \quad \cdots\cdots ②$$

식 ①에서 ②를 빼면 다음과 같다.

$$(z+x)-(z-y)=y+x=15.61 \quad \cdots\cdots ③$$

이에 따라 ①과 ③에서 양화, 즉 구현화와 구고화를 얻는다. 이에 따라 제20문의 '해법'과 같은 양화술을 이용해서 다음과 같이 구를 구할 수 있다.

$$(z+x)^2-(y+x)^2=2\{(z+x)-(y+x)\}x+x^2,$$
$$39.2403=2.42x+x^2, \quad x=5.17$$

그리고 고와 현은 다음과 같이 구하고 있다.

고 : $y=(y+x)-x=15.61-5.17=10.44$

현 : $z=(z+x)-x=16.82-5.17=11.65$

☞ **역자 주 2:** 구, 고, 현을 각각 x, y, z라고 하면 다음 관계가 성립한다.

$$z+x=16.82 \quad \cdots\cdots ①, \qquad z-y=1.21 \quad \cdots\cdots ②, \qquad z^2=x^2+y^2 \quad \cdots\cdots ③$$

①,②→③: $z^2=(16.82-z)^2+(z-1.21)^2,$

$z^2-36.06z+284.3765=0, \quad z=11.65 \quad \cdots\cdots ④$

④→①,②: $x=16.82-z=5.17, \quad y=z-1.21=10.44$

【26】 고현화는 24자 1푼이고, 구고차는 7자 1치 9푼이다. 구, 고, 현을 묻는다.
股弦和二十四尺零一分 勾股差七尺一寸九分 問勾股弦

답 구 4자 4치 1푼, 고 11자 6치, 현 12자 4치 1푼
答　勾四尺四寸一分　股十一尺六寸　弦十二尺四寸一分

해법 구고차를 고현화에서 빼면 구현화가 된다.
術曰 以差減和 爲勾弦和

해설 고에서 구고차를 빼면 구가 된다. 그러므로 구고차를 고현화에서

빼면 구현화가 된다.

解 股去勾股差 爲勾 故以差減和 爲勾弦和

☞ **역자 주 1:** 구, 고, 현을 각각 x, y, z라고 하면 다음 관계가 성립한다.

$$z+y=24.01 \cdots\cdots ①, \quad y-x=7.19 \cdots\cdots ②$$

식 ①에서 ②를 빼면 다음과 같다.

$$(z+y)-(y-x)=z+x=16.82 \cdots\cdots ③$$

이에 따라 ①과 ③에서 양화, 즉 구현화와 고현화를 얻는다. 그러므로 제19문의 '해법'과 같은 양화술을 이용하여 다음과 같이 구, 고, 현을 구할 수 있다.

$$z+y+x=\sqrt{2(z+x)(z+y)}=\sqrt{807.6964}=28.42,$$

구: $x=(z+y+x)-(z+y)=28.42-24.01=4.41,$

고: $y=(z+y+x)-(z+x)=28.42-16.82=11.6$

현: $z=(z+y)-y=24.01-11.6=12.41$

☞ **역자 주 2:** 구, 고, 현을 각각 x, y, z라고 하면, 제19문의 별해와 같이 $(z+x)^2+(z+y)^2$을 실, $2\{(z+x)+(z+y)\}$를 정렴, 1을 부우로 한 평방을 풀어 z(현)를 구할 수 있다. 즉, z에 관한 다음 이차 방정식을 풀 수 있다.

$$(z+x)^2+(z+y)^2=2\{(z+x)+(z+y)\}z-z^2,$$

$$859.3925=81.66z-z^2, \quad z=12.41,$$

$$y=24.01-12.41=11.6, \quad x=11.6-7.19=4.41$$

☞ **역자 주 3:** 구, 고, 현을 각각 x, y, z라고 하면 다음 관계가 성립한다.

$$z+y=24.01 \cdots\cdots ①, \quad y-x=7.19 \cdots\cdots ②, \quad z^2=x^2+y^2 \cdots\cdots ③$$

①,②→③: $(24.01-y)^2=(y-7.19)^2+y^2,$

$y^2+33.64y-524.784=0, \quad y=11.6 \cdots\cdots ④$

④→①,②: $z=24.01-y=12.41, \quad x=y-7.19=4.41$

【27】 구고화는 103자 1치이고, 구현차는 33자 8치이다. 구, 고, 현을 묻는다.

勾股和一百三尺一寸 勾弦差三十三尺八寸 問勾股弦

답 구 40자 7치, 고 62자 4치, 현 74자 5치
答 勾四十尺七寸 股六十二尺四寸 弦七十四尺五寸

해법 구현차를 구고화에 더하면 고현화가 된다.
術曰 以差加和 爲股弦和

해설 구와 구현차를 더하면 현이 된다. 그러므로 구현차를 구고화에 더하면 고현화가 된다.
解 勾得勾弦差 爲弦 故以差加和 爲股弦和

☞ **역자 주 1:** 구, 고, 현을 각각 x, y, z라고 하면 다음 관계가 성립한다.

$y+x=103.1$ ……①, $z-x=33.8$ ……②

식 ①과 ②를 더하면 다음과 같다.

$(y+x)+(z-x)=z+y=136.9$ ……③

이에 따라 ①과 ③에서 양화, 즉 고현화와 구고화를 얻는다. 그러므로 제21문의 '해법'과 같은 양화술을 이용하여 다음과 같이 고를 구할 수 있다.

$(z+y)^2-(y+x)^2=2\{(z+y)-(y+x)\}y+y^2$,

$8{,}112=67.6y+y^2$, $y=62.4$

그리고 구와 현은 다음과 같이 구하고 있다.

구: $x=(y+x)-y=103.1-62.4=40.7$

현: $z=(z+y)-y=136.9-62.4=74.5$

☞ **역자 주 2:** 구, 고, 현을 각각 x, y, z라고 하면 다음 관계가 성립한다.

$y+x=103.1$ ……①, $z-x=33.8$ ……②, $z^2=x^2+y^2$ ……③

①,②→③: $(x+33.8)^2=x^2+(103.1-x)^2$,

$x^2-237.8x+9{,}487.17=0$, $x=40.7$ ……④

④→①,②: $y=103.1-x=62.4$, $z=x+33.8=74.5$

【28】 구고화는 129자 7치이고, 구와 고를 서로 곱한 적은 3,441자이다. 구, 고, 현을 묻는다.
今股和一百二十九尺七寸 勾股相乘 積三千四百四十一尺 問勾股弦

답 구 37자 2치, 고 92자 5치, 현 99자 7치

答 勾三十七尺二寸 股九十二尺五寸 弦九十九尺七寸

해법 적을 실이라 하고 구고화를 종이라 하며 1을 부우라고 하자. 평방을 풀면 구를 얻는다.

術曰 積爲實 和爲從 以一爲負隅 平方開 得勾

해설 구고화에서 구를 뺀 나머지는 곧 고이다. 고를 구에 곱하면 곧 구와 고를 서로 곱한 적을 이룬다. 그러므로 적을 실이라 하고 구고화를 종이라 하며 1을 부우라고 하여, 평방을 풀면 구를 얻는다. 이것부터 제30문까지는 비록 구하는 바는 다르지만 해법은 서로 같다.

解 勾股和 内減勾 則餘爲股也 以股乘勾 卽成勾股相乘積 故積爲實 和爲從 以一爲負隅 開平方 得勾也 自此至第三十問 所求雖異 解則並同

☞ **역자 주 1:** 구, 고, 현을 각각 x, y, z라고 하면, '해법'에서는 실이 yx이고 종이 $y+x$이며 부우가 1인 평방을 풀어 x(구)를 구하고 있다. 즉, x에 관한 다음 이차 방정식을 풀고 있다.

$$yx=(y+x)x-x^2 \quad \cdots\cdots①$$

'해법'에서는 식 ①의 정당성을 다음과 같이 밝히고 있다.

$$yx=\{(y+x)-x\}x$$

실제로 $xy=3,441$이고 $y+x=129.7$이므로, 다음을 얻는다.

$$3,441=129.7x-x^2, \quad \text{즉} \quad -x^2+129.7x-3,441=0,$$
$$x=37.2, \quad y=129.7-x=92.5,$$
$$z^2=x^2+y^2=9,940.09, \quad z=99.7$$

☞ **역자 주 2:** 구, 고, 현을 각각 x, y, z라고 하면 다음 관계가 성립한다.

$$y+x=129.7 \ \cdots\cdots①, \quad xy=3,441 \ \cdots\cdots②, \quad z^2=x^2+y^2 \ \cdots\cdots③$$

① → ②: $x(129.7-x)=3,441, \quad x^2-129.7x+3,441=0, \quad x=37.2$ ……④

④ → ①: $y=129.7-x=92.5$ ……⑤

④,⑤→③: $z^2=37.2^2+92.5^2=9,940.09=99.7^2, \quad z=99.7$

【29】 구현화는 122자 5치이고, 구와 현을 서로 곱한 적은 2,422자 96치이다. 구, 고, 현을 묻는다.

勾弦和一百二十二尺五寸 勾弦相乘 積二千四百二十二尺九十六寸 問勾股弦

답 구 24자 8치, 고 94자 5치, 현 97자 7치

答 勾二十四尺八寸 股九十四尺五寸 弦九十七尺七寸

해법 적을 실이라 하고 구현화를 종이라 하며 1을 부우라고 하자. 평방을 풀면 구를 얻는다.

術曰 積爲實 和爲從 以一爲負隅 平方開 得勾

☞ **역자 주 1:** 구, 고, 현을 각각 x, y, z라고 하면, '해법'에서는 실이 zx이고 종이 $z+x$이며 부우가 1인 평방을 풀어 x(구)를 구하고 있다. 즉, x에 관한 다음 이차 방정식을 풀고 있다.

$$zx=(z+x)x-x^2$$

실제로 $zx=2,422.96$이고 $z+x=122.5$이므로, 다음을 얻는다.

$$2,422.96=122.5x-x^2,\ 즉\ -x^2+122.5x-2,422.96=0,$$

$$x=24.8,\quad z=122.5-x=97.7$$

$$y^2=z^2-x^2=8,930.25,\quad y=94.5$$

☞ **역자 주 2:** 구, 고, 현을 각각 x, y, z라고 하면 다음 관계가 성립한다.

$$z+x=122.5\ \cdots\cdots①,\quad zx=2,422.96\ \cdots\cdots②,\quad z^2=x^2+y^2\ \cdots\cdots③$$

① → ②: $x(122.5-x)=2,422.96,\quad x^2-122.5x+2,422.96=0,$

$x=24.8\ \cdots\cdots④$

④ → ①: $z=122.5-x=97.7\ \cdots\cdots⑤$

④,⑤→③: $y^2=z^2-x^2=9,545.29-615.04=8,930.25=94.5^2,\quad y=94.5$

【30】 고현화는 240자 1치이고, 고와 현을 서로 곱한 적은 14,340자 60치이다. 구, 고, 현을 묻는다.

股弦和二百四十尺一寸 股弦相乘 積一萬四千三百四十尺六十寸 問勾股弦

답 구 63자 7치, 고 111자 6치, 현 128자 5치
答 勾六十三尺七寸 股一百十一尺六寸 弦一百二十八尺五寸

해법 적을 실이라 하고 고현화를 종이라 하며 1을 부우라고 하자. 평방을 풀면 고를 얻는다.
術曰 積爲實 和爲從 以一爲負隅 平方開 得股

☞ **역자 주 1**: 구, 고, 현을 각각 x, y, z라고 하면, '해법'에서는 실이 zy이고 종이 $z+y$이며 부우가 1인 평방을 풀어 y(구)를 구하고 있다. 즉, y에 관한 다음 이차 방정식을 풀고 있다.

$$zy=(z+y)y-y^2$$

실제로 $zy=14,340.6$이고 $z+y=240.1$이므로, 다음을 얻는다.

$$14,340.6=240.1y-y^2, \quad 즉 \quad -y^2+240.1y-14,340.6=0$$
$$y=111.6, \quad z=240.1-y=128.5,$$
$$x^2=z^2-y^2=4,057.69, \quad x=63.7$$

☞ **역자 주 2**: 구, 고, 현을 각각 x, y, z라고 하면 다음 관계가 성립한다.

$$z+y=240.1 \cdots\cdots ①, \quad zy=14,340.6 \cdots\cdots ②, \quad z^2=x^2+y^2 \cdots\cdots ③$$

① → ②: $y(240.1-y)=14,340.60, \quad y^2-240.1y+14,340.6=0,$
$y=111.6 \cdots\cdots ④$

④ → ①: $z=240.1-y=128.5 \cdots\cdots ⑤$

④,⑤→③: $x^2=z^2-y^2=128.5^2-111.6^2=4,057.69=63.7^2, \quad x=63.7$

【31】 구현화는 62자 5치이고, 구와 고를 서로 곱한 적은 483자이다. 구, 고, 현을 묻는다.
勾弦和六十二尺五寸 勾股相乘 積四百八十三尺 問勾股弦

답 구 9자 2치, 고 52자 5치, 현 53자 3치
答 勾九尺二寸 股五十二尺五寸 弦五十三尺三寸

해법 적과 구현화를 서로 곱하고 이를 2배로 하여 부실이라고 하자. 구

현화를 제곱하여 정종방이라 하고 1을 부우라고 하자. 입방 번적술로 이를 풀면 고를 얻는다. 고로 적을 나누면 구를 얻고, 구와 고를 각기 제곱하고 서로 더하여 제곱근을 풀면 현을 얻는다.

術曰 積和相乘 倍之 爲負實 和自乘爲正從方 以一爲負隅 立方飜積術開之 得股 以股除積 得勾 勾股各自乘 相倂 開方 得弦

해설 구와 고를 서로 곱한 적과 구현화를 서로 곱하면, 곧 구의 제곱에 구와 현을 서로 곱한 적을 더하고 다시 이에 고를 곱한 수가 된다. 「구를 구와 고를 서로 곱한 것에 곱하는 것은 곧 고를 구의 제곱에 곱하는 것이다. 현을 구와 고를 서로 곱한 적에 곱하는 것은 곧 고로 구와 현을 서로 곱한 적에 곱한 것이다.」 구현화를 제곱하고 고의 제곱을 빼면 곧 구의 제곱에 구와 현을 서로 곱한 적을 더한 수의 2배이다. 「구현화를 제곱하면 곧 구의 제곱 1단과 현의 제곱 1단과 구와 현을 서로 곱한 적 2단이 된다. 나아가 현의 제곱으로부터 고의 제곱을 뺀 나머지는 또다시 구의 제곱이 된다.」 그러므로 적과 화를 서로 곱하고 이를 2배로 하여 부실이라 하고 구현화의 제곱을 정종이라 하며 1을 부우라고 하자. 「고의 제곱을 빼었으므로」 입방을 풀면 고를 얻는다. 제32문은 이와 같다.

解 勾股相乘積 與勾弦和 相乘 則爲勾冪加勾弦相乘積 仍以股乘之之數也 「勾乘勾股相乘積 卽股乘勾冪也 弦乘勾股相乘積 卽股乘勾弦相乘積也」 勾弦和自乘 内減股冪 則爲勾冪加勾弦相乘積之數二段也 「勾弦和自乘 則爲勾冪一段 弦冪一段 勾弦相乘積二段 就弦冪中減股冪 所餘又爲勾冪也」 故積和相乘倍之爲負實 勾弦和自乘爲正從 以一爲負隅 「所以減股冪」 開立方 得股 第三十二問同

☞ **역자 주 1:** 구, 고, 현을 각각 x, y, z라고 하면, 해법에서는 $2xy(z+x)$이 실이고 $(z+x)^2$이 정종방이며 1이 부우인 입방을 풀어 y(고)를 구하고 있다. 즉, y에 관한 다음 삼차 방정식을 풀고 있다.

$ax^3+bx^2+cx+d=0$
d …… 실
c …… 방
b …… 염
a …… 우

$$2xy(z+x)=(z+x)^2y-y^3 \quad \cdots\cdots ①$$

'허설'에서는 식 ①의 정당성을 다음과 같이 밝히고 있다.

우선 $xy(x+z)=(x^2+xz)y$이다. 한편, 다음이 성립한다.

$$(x+z)^2-y^2=(x^2+z^2+2xz)-y^2=x^2+(z^2-y^2)+2xz$$
$$=2x^2+2xz=2(x^2+xz)$$

그러므로 다음이 성립한다.

$$2xy(z+x)=\{(z+x)^2-y^2\}y$$

따라서 식 ①이 성립한다.

실제로 계산하면 실은 $2xy(z+x)=60,375$이고 정종방은 $(z+x)^2=3,906.25$이므로, 다음을 얻는다.

$$60,375=3,906.25y-y^3, \quad \text{즉} \quad -y^3+3,906.25y-60,375=0$$

$$y=52.5, \quad x=\frac{483}{y}=9.2, \quad z=62.5-x=53.3$$

☞ **역자 주:** 구, 고, 현을 각각 x, y, z라고 하면 다음 관계가 성립한다.

$$z+x=62.5 \cdots\cdots ①, \quad xy=483 \cdots\cdots ②, \quad z^2=x^2+y^2 \cdots\cdots ③$$

①②→③: $(62.5-x)^2=x^2+\left(\frac{483}{x}\right)^2$

$$125x^3-3,906.25x^2+233,289=0, \quad x=9.2 \cdots\cdots ④$$

④→①,②: $z=62.5-x=53.3, \quad y=\frac{483}{x}=52.5$

【32】 고현화는 180자이고, 구와 고를 서로 곱한 적은 3,574자 20치이다. 구, 고, 현을 묻는다.
股弦和一百八十尺 勾股相乘 積三千五百七十四尺二十寸 問勾股弦

답 구 42자, 고 85자 1치, 현 94자 9치
答 勾四十二尺 股八十五尺一寸 弦九十四尺九寸

해법 적과 고현화를 곱하고 이를 2배로 하여 실이라 하고, 고현화를 제곱하여 정종방이라 하며, 1을 부우라고 하자. 입방을 풀면 구를 얻는다. 구로 적을 나누면 고를 얻고, 구와 고의 제곱을 더하여 제곱근을 구하면 현을 얻는다.
術曰 積和相乘倍之爲實 和自乘爲正從方 以一爲負隅 立方開 得勾 以勾除

積 得股 併勾股冪而開方 得弦

☞ **역자 주 1:** 구, 고, 현을 각각 x, y, z라고 하면, '해법'에서는 $2xy(z+y)$가 실이고 $(z+y)^2$이 정종방이며 1인 부우인 입방을 풀어 x(구)를 구하고 있다. 즉, x에 관한 다음 삼차 방정식을 풀고 있다.

$$2xy(z+y)=(z+y)^2x-x^3 \quad \cdots\cdots ①$$

제31문과 마찬가지로, 식 ①의 정당성을 우변으로부터 출발해서 다음과 같이 밝힐 수 있다.

$$\begin{aligned}(z+y)^2x-x^3&=\{(z+y)^2-x^2\}x=(z^2+y^2+2zy-x^2)x\\&=(2y^2+2zy)x=2(z+y)yx\end{aligned}$$

실제로 계산하면 실은 $2xy(z+y)=1,286,712$이고 정종방은 $(z+y)^2=32,400$이므로, 다음을 얻는다.

$$1,286,712=32,400x-x^3, \quad \text{즉} \quad -x^3+32,400x-1,286,712=0$$

$$x=42, \quad y=\frac{3,574.2}{x}=85.1, \quad z=180-y=94.9$$

☞ **역자 주 2:** 구, 고, 현을 각각 x, y, z라고 하면 다음 관계가 성립한다.

$$z+y=180 \ \cdots\cdots ①, \quad xy=3,574.20 \ \cdots\cdots ②, \quad z^2=x^2+y^2 \ \cdots\cdots ③$$

①,②→③: $(180-y)^2=\left(\frac{3,574.2}{y}\right)^2+y^2$,

$$90y^3-8,100y^2+3,193,726.41=0, \quad y=85.1 \ \cdots\cdots ④$$

④ → ①: $z=180-y=94.9 \ \cdots\cdots ⑤$

④,⑤→③: $x^2=z^2-y^2=94.9^2-85.1^2=1,764=42^2, \quad x=42$

【33】 구현화는 18자이고, 고와 현을 서로 곱한 적은 143자 75치 40푼이다. 구, 고, 현을 묻는다.
勾弦和十八尺 股弦相乘 積一百四十三尺七十五寸四十分 問勾股弦

답 구 5자 3치 9푼, 고 11자 4치, 현 12자 6치 1푼
答 勾五尺三寸九分 股十一尺四寸 弦十二尺六寸一分

해법 적과 구현화를 서로 곱하고 2배로 하여 실이라 하고, 구현화의 제곱은 정종방이라 하며, 1을 정우라고 하자. 입방을 풀면 고를 얻는다.

術曰 積和相乘倍之 爲實 和自乘 爲正從方 以一 爲正隅 立方開 得股

해설 고와 현을 서로 곱한 적과 구현화를 서로 곱하고 이를 2배로 하여 실이라고 한 것은 곧 현의 제곱에 구와 현을 서로 곱한 적을 더하고 이에 고를 곱한 수의 2배이다.「현으로 고와 현을 서로 곱한 적에 곱한 것은 곧 고를 현의 제곱에 곱한 것이고, 구로 고와 현을 서로 곱한 적에 곱한 것은 곧 고로 구와 현의 서로 곱한 적에 곱한 것이다.」구현화를 제곱하고 또 고의 제곱을 더하여 정종방이라고 한 것은 곧 현의 제곱에 구와 현을 서로 곱한 적을 더한 수의 2단이다.「구현화의 제곱은 곧 구의 제곱 1단과 현의 제곱 1단 및 구와 현을 서로 곱한 적 2단이다. 고의 제곱을 더하면 곧 구의 제곱과 함께 또한 현의 제곱이 된다.」그러므로 1은 정우가 된다.「고의 제곱을 더했기 때문이다.」입방을 풀면 고를 얻는다. 제34문은 이와 같다.

解 股弦相乘積 與勾弦和相乘倍之爲實者 卽弦冪加勾弦相乘積 仍以股乘之之數二段也「弦乘股弦相乘積 卽股乘弦冪也 勾乘股弦相乘積 卽股乘勾弦相乘積也」勾弦和自乘 又加股冪爲正從方 則爲弦冪加勾弦相乘積之數二段也「勾弦和自乘 則爲勾冪一段 弦冪一段 勾弦相乘積二段 加股冪 則勾冪亦爲弦冪」故一爲正隅「所以加股冪」開立方 得股 第三十四問同

☞ **역자 주 1:** 구, 고, 현을 각각 x, y, z라고 하면, '해법'에서는 $2yz(z+x)$가 실이고 $(z+x)^2$이 정종방이며 1인 정우인 입방을 풀어 y(고)를 구하고 있다. 즉, y에 관한 다음 삼차 방정식을 풀고 있다.

$$2yz(z+x)=(z+x)^2y+y^3 \quad \cdots\cdots ①$$

'해설'에서는 식 ①의 정당성은 다음과 같이 밝히고 있다.

먼저 실은 다음과 같이 표현된다.

$$2zy(z+x)=2y(z^2+zx)$$

한편, 다음이 성립한다.

$$(z+x)^2+y^2=2y^2+2x^2+2zx=2(z^2+zx)$$

따라서 다음을 얻는다.

$$2yz(z+x)=\{(z+x)^2+y^2\}y$$

실제로 계산하면 실은 $2yz(z+x)=5,175.144$이고 정종방은 $(z+x)^2=324$이므로, 다음을 얻는다.

$$5,175.144=324y+y^3,\quad 즉\quad y^3+324y-5,175.144=0$$

$$y=11.4,\quad z=\frac{143.754}{y}=12.61,\quad x=18-z=5.39$$

☞ **역자 주 2:** 구, 고, 현을 각각 x, y, z라고 하면 다음 관계가 성립한다.

$$z+x=18 \ \cdots\cdots ①,\quad yz=143.7540 \ \cdots\cdots ②,\quad z^2=x^2+y^2 \ \cdots\cdots ③$$

①,②→③: $z^2=(18-z)^2+\left(\frac{143.754}{z}\right)^2,$

$$36z^3-324z^2-20,665.21251=0,\quad z=12.61 \ \cdots\cdots ④$$

④→①,②: $x=18-z=5.39,\quad y=\frac{143.7540}{z}=11.4$

【34】 고현화는 32자이고, 구와 현을 서로 곱한 적은 121자 3치 20푼이다. 구, 고, 현을 묻는다.

股弦和三十二尺 勾弦相乘 積一百二十一尺三寸二十分 問勾股弦

답 구 7자 2치, 고 15자 1치 9푼, 현 16자 8치 1푼

答 勾七尺二寸 股十五尺一寸九分 弦十六尺八寸一分

해법 적과 고현화를 서로 곱하고 이를 2배로 하여 실이라 하고, 고현화를 제곱하여 정종방이라 하며, 1을 정우라고 하자. 입방을 풀면 구를 얻는다.

術曰 積和相乘倍之 爲實 和自乘 爲正從方 以一 爲正隅 立方開 得勾

☞ **역자 주 1:** 구, 고, 현을 각각 x, y, z라고 하면, '해법'에서는 $2xz(z+y)$이

실이고 $(z+y)^2$이 정종방이며 1인 정우인 입방을 풀어 x(구)를 구하고 있다. 즉, x에 관한 다음 삼차 방정식을 풀고 있다.

$$2xz(z+y)=(z+y)^2x+x^3 \quad \cdots\cdots ①$$

第33문과 마찬가지로, 식 ①의 정당성을 우변으로부터 출발해서 다음과 같이 밝힐 수 있다.

$$\begin{aligned}(z+y)^2x+x^3 &= \{(z+y)^2+x^2\}x=(z^2+y^2+2zy+x^2)x \\ &= (2z^2+2zy)x=2(z+y)zx\end{aligned}$$

실제로 계산하면 실은 $2xz(z+y)=7,746.048$이고 정종방은 $(z+y)^2=1,024$이므로, 다음을 얻는다.

$$7,746.048=1,024x+x^3, \quad \text{즉} \quad x^3+1,024x-7,746.048=0$$

$$x=7.2, \quad z=\frac{121.032}{x}=16.81, \quad y=32-z=15.19$$

☞ **역자 주 2:** 구, 고, 현을 각각 x, y, z라고 하면 다음 관계가 성립한다.

$$z+y=32 \ \cdots\cdots ①, \quad xz=121.032 \ \cdots\cdots ②, \quad z^2=x^2+y^2 \ \cdots\cdots ③$$

①,②→③: $z^2=\left(\frac{121.032}{z}\right)^2+(32-z)^2$,

$$z^3-16z^2-228.886641=0, \quad z=16.81 \ \cdots\cdots ④$$

④→①,②: $y=32-z=15.19, \quad x=\frac{121.032}{z}=7.2$

【35】 구고화는 76자 9치이고, 구와 현을 서로 곱한 적은 1,559자 40치이다. 구, 고, 현을 묻는다.
勾股和七十六尺九寸 勾弦相乘 積一千五百五十九尺四十寸 問勾股弦

답 구 27자 6치, 고 49자 3치, 현 56자 5치
答 勾二十七尺六寸 股四十九尺三寸 弦五十六尺五寸

해법 적을 제곱하여 실이라 하고, 구고화를 제곱하여 정상렴이라 하며, 구고화를 2배로 하여 부하렴이라 하고, 2를 정우라고 하자. 삼승방을 풀면 구를 얻는다.

術曰 積自乘 爲實 和自乘 爲正上廉 倍和爲 負下廉 以二 爲正隅 三乘方開 得勾

해설 구와 현을 서로 곱한 적을 제곱하여 실로 한 것은 곧 구의 제곱과 현의 제곱을 서로 곱한 적이다. 구고화의 제곱을 정상렴이라고 한는 것은 현의 제곱 1단 및 구와 고를 서로 곱한 적 2단이다.「제6문을 보라.」구고화를 2배로 하여 부하렴이라 하고 2를 정우로 하여, 같으면 빼고 다르면 더하면 곧 상렴은 현의 제곱을 얻는다.「구하려는 구에 구고화의 2배를 곱한 것은 곧 구의 제곱 2단과 구와 고를 서로 곱한 적 2단이 되고, 또 구를 우 2에 거듭 곱하면 곧 구의 제곱 2단이 된다. 서로 빼면 구와 고를 서로 곱한 적 2단을 얻는다. 이에 상렴에서 빼면 곧 나머지가 현의 제곱이 된다.」그러므로 삼승방을 풀면 구를 얻는다. 제36문은 이와 같다.

解 勾弦相乘積自乘爲實者 卽勾冪弦冪相乘積也 勾股和自乘爲正上廉者 爲弦冪一段勾股相乘積二段「見第六問」倍和爲負下廉 以二爲正隅 同減異加 則上廉得弦冪「以所求之勾乘倍和 則爲勾冪二段 勾股相乘積二段 又以勾連乘二隅 則爲勾冪二段 相減得勾股相乘積二段 仍減上廉 則餘爲弦冪」故開三乘方 得勾 第三十六問同

☞ **역자 주 1:** 구, 고, 현을 각각 x, y, z라고 하면, '해법'에서는 z^2x^2이 실이고 $(y+x)^2$이 정상렴이며 $2(y+x)$가 부하렴이고 2가 정우인 삼승방을 풀어 x(구)를 구하고 있다. 즉, x에 관한 다음 사차 방정식을 풀고 있다.

$$(zx)^2=(y+x)^2x^2-2(y+x)x^3+2x^4$$

$ax^4+bx^3+cx^2+dx+e=0$
e …… 실
d …… 방
c …… 상렴
b …… 하렴
a …… 우

'해법'에서는 위 식의 정당성을 다음과 같이 밝히고 있다.

먼저 실은 $(zx)^2=z^2x^2$이고 정상렴은 $(y+x)^2=z^2+2yx$이다. 그리고 부하렴과 정우로부터 $-2(y+x)x+2x^2=-2yx$를 얻는다. 그러므로 정상렴, 부하렴, 정우로부터 다음이 성립한다.

$$(y+x)^2-2(y+x)x+2x^2=z^2+2yx-2yx=z^2$$

따라서 다음과 같이 식 ①을 얻는다.

$$z^2x^2 = \{(y+x)^2 - 2(y+x)x + 2x^2\}x^2$$

실제로 계산하면 실은 $(xz)^2 = 2,431,728.36$이고 정상렴은 $(y+x)^2 = 5,913.61$이며 부하렴은 $2(y+x) = 153.8$이므로, 다음을 얻는다.

$$2,431,728.36 = 5,913.6x^2 - 153.8x^3 + 2x^4,$$

$$\text{즉 } 2x^4 - 153.8x^3 + 5,913.6x^2 - 2,431,728.36 = 0,$$

$$x = 27.6, \quad y = 76.9 - x = 49.3, \quad z = \frac{1,559.4}{x} = 56.5$$

☞ **역자 주 2:** 구, 고, 현을 각각 x, y, z라고 하면 다음 관계가 성립한다.

$$y + x = 76.9 \cdots\cdots ①, \quad xz = 1,559.40 \cdots\cdots ②, \quad z^2 = x^2 + y^2 \cdots\cdots ③$$

①,②→③: $\left(\frac{1,559.4}{x}\right)^2 = x^2 + (76.9 - x)^2,$

$$2x^4 - 153.8x^3 + 5,913.61x^2 - 2,431,728.36 = 0, \quad x = 27.6 \cdots\cdots ④$$

④→①,②: $y = 76.9 - x = 49.3, \quad z = \frac{1,559.4}{x} = 56.5$

【36】 구고화는 104자 9치이고, 고와 현을 서로 곱한 적은 8,546자 80치이다. 구, 고, 현을 묻는다.

勾股和一百四尺九寸 股弦相乘 積八千五百四十六尺八十寸 問勾股弦

답 구 12자 9치, 고 92자, 현 92자 9치

答 勾十二尺九寸 股九十二尺 弦九十二尺九寸

해법 적을 제곱하여 실이라 하고, 구고화를 제곱하여 정상렴이라 하며, 구고화를 2배로 하여 부하렴이라 하고, 2를 정우라고 하자. 삼승방을 풀면 고를 얻는다.

術曰 積自乘爲實 和自乘爲正上廉 倍和爲負下廉 以二爲正隅 三乘方開 得股

☞ **역자 주 1:** 구, 고, 현을 각각 x, y, z라고 하면, '해법'에서는 $(yz)^2$이 실이고 $(y+x)^2$이 정상렴이며 $2(y+x)$이 부하렴이고 2가 정우인 삼승방을 풀어

y(고)를 구하고 있다. 즉, y에 관한 다음 사차 방정식을 풀고 있다.

$$(zy)^2=(y+x)^2y^2-2(y+x)y^3+2y^4 \quad \cdots\cdots ①$$

제35문과 마찬가지로, 식 ①의 정당성을 우변으로부터 출발해서 다음과 같이 밝힐 수 있다.

$$\begin{aligned}(y+x)^2y^2-2(y+x)y^3+2y^4 &= \{(y+x)^2-2(y+x)y+2y^2\}y^2 \\ &= \{(z^2+2yx)-(2y^2+2xy)+2y^2\}y^2 \\ &= z^2y^2=(zy)^2\end{aligned}$$

실제로 계산하면 실은 $(zy)^2=73,047,790.24$이고 정상렴은 $(y+x)^2=11,004.01$이며 부하렴은 $2(y+x)=209.8$이므로, 다음을 얻는다.

$$73,047,790.24=11,004.01y^2-209.8y^3+2y^4,$$

$$\text{즉 } 2y^4-209.8y^3+11,004.01y^2-73,047,790.24=0,$$

$$y=92, \quad x=104.9-y=12.9, \quad z=\frac{8,546.8}{y}=92.9$$

☞ **역자 주 2:** 구, 고, 현을 각각 x, y, z라고 하면 다음 관계가 성립한다.

$$y+x=104.9 \cdots\cdots ①, \quad yz=8,546.80 \cdots\cdots ②, \quad z^2=x^2+y^2 \cdots\cdots ③$$

①,②→③: $\left(\dfrac{8,546.8}{y}\right)^2=(104.9-y)^2+y^2,$

$$2y^4-209.8y^3+11,004.01y^2-13,047,790.24=0, \quad y=92 \cdots\cdots ④$$

④→①,②: $x=104.9-y=12.9, \quad z=\dfrac{8,546.8}{y}=92.9$

【37】 구고화는 33자 7치이고, 구로 고를 나누면 12자 4치 8푼을 얻는다. 구, 고, 현을 묻는다.

勾股和三十三尺七寸 勾除股 得十二尺四寸八分 問勾股弦

답 구 2자 5치, 고 31자 2치, 현 31자 3치

答 勾二尺五寸 股三十一尺二寸 弦三十一尺三寸

해법 원래의 구고화를 실이라 하고, 소고에 소구「1자」를 더하여 얻은

소화 13자 4치 8푼을 법이라고 하자. 법으로 실을 나누면 원래의 구를 얻는다.

術曰 元和爲實 小股加小勾「一尺」 得小和十三尺四寸八分爲法 除之 得元勾

해설 소화는 곧 구로 구고화의 수를 나눈 것이다. 그러므로 원래의 〔구고〕화를 나누면 돌아가서 원래의 구를 얻는다. 이것부터 제42문까지는 비록 구하는 바는 다르지만 해법은 서로 같다.

解 小和 卽以勾除和之數 故以除元和 還得元勾 自此至第四十二問 所求雖異 解則並同

☞ **역자 주 1:** 구, 고, 현을 각각 x, y, z라고 하면, '해법'에서는 다음과 같이 x(구)를 구하고 있다.

$$(y+x)\div\left(\frac{y}{x}+1\right)=x \quad \cdots\cdots ①$$

'해설'에서는 식 ①의 정당성을, 나누는 수가 $\frac{y}{x}+1=(y+x)\div x$이기 때문이라고 밝히고 있다.

실제로 계산하면 실은 $y+x=33.7$이고 법은 $\frac{y}{x}+1=13.48$이므로, 다음을 얻는다.

$$x=(y+x)\div\left(\frac{y}{x}+1\right)=\frac{33.7}{13.48}=2.5,$$

$$y=33.7-x=31.2, \quad z^2=x^2+y^2=979.69, \quad z=31.3$$

☞ **역자 주 2:** 구, 고, 현을 각각 x, y, z라고 하면 다음 관계가 성립한다.

$$y+x=33.7 \ \cdots\cdots ①, \quad \frac{y}{x}=12.48 \ \cdots\cdots ②, \quad z^2=x^2+y^2 \ \cdots\cdots ③$$

① → ②: $y=12.48(33.7-y), \quad 13.48y=420.576, \quad y=31.2 \ \cdots\cdots ④$

④ → ②: $x=\frac{y}{12.48}=2.5 \ \cdots\cdots ⑤$

④,⑤→③: $z^2=2.5^2+31.2^2=979.69=31.3^2, \quad z=31.3$

【38】 구고화는 62자 3치이고, 고로 구를 나누면 $8\frac{8}{23}$푼을 얻는다.

구, 고, 현을 묻는다.
勾股和六十二尺三寸 股除勾 得八分二十三分分之八 問勾股弦

답 구 4자 8치, 고 57자 5치, 현 57자 7치
答 勾四尺八寸 股五十七尺五寸 弦五十七尺七寸

☞ **역자 주 1:** 구, 고, 현을 각각 x, y, z라 하고, 제37문의 해법에 따라 답을 구하면 다음과 같다.

고 : $y=(y+x)\div\left(1+\frac{x}{y}\right)=62.3\div\left(1+\frac{1.92}{23}\right)=57.5$

구 : $x=62.3-y=4.8$

현 : $z=\sqrt{x^2+y^2}=\sqrt{3,329.29}=57.7$

☞ **역자 주 2:** 구, 고, 현을 각각 x, y, z라고 하면 다음 관계가 성립한다.

$y+x=62.3$ ……①, $\frac{x}{y}=0.08\frac{0.08}{23}=\frac{1.92}{23}$ ……②, $z^2=x^2+y^2$ ……③

① → ② : $x=\frac{1.92}{23}(62.3-x)$, $24.92x=119.616$, $x=4.8$ ……④

④ → ① : $y=62.3-x=57.5$ ……⑤

④,⑤→③: $z^2=4.8^2+57.5^2=3,329.29=57.7^2$, $z=57.7$

【39】 구현화는 105자 8치이고, 구로 현을 나누면 4자 1 $\frac{25}{41}$ 치를 얻는다. 구, 고, 현을 묻는다.
勾弦和一百五尺八寸 勾除弦 得四尺一寸四十一分寸之二十五 問勾股弦

답 구 20자 5치, 고 82자 8치, 현 85자 3치
答 勾二十尺五寸 股八十二尺八寸 弦八十五尺三寸

☞ **역자 주 1:** 구, 고, 현을 각각 x, y, z라 하고, 제37문의 해법에 따라 답을 구하면 다음과 같다.

구 : $x=(z+x)\div\left(\frac{z}{x}+1\right)=105.8\div\left(4.1\frac{2.5}{41}+1\right)=20.5$

현 : $z=105.8-x=85.3$

고 : $y=\sqrt{z^2-x^2}=\sqrt{6,855.84}=82.8$

☞ **역자 주 2:** 구, 고, 현을 각각 x, y, z라고 하면 다음 관계가 성립한다.

$$z+x=105.8 \cdots\cdots①,\quad \frac{z}{x}=4.1\frac{2.5}{41}=\frac{170.6}{41} \cdots\cdots②,\quad z^2=x^2+y^2 \cdots\cdots③$$

① → ② : $z=4.1\frac{2.5}{41}x=\frac{170.6}{41}(105.8-z)$, $211.6z=18,049.48$,

$z=85.3 \cdots\cdots④$

④ → ① : $x=105.8-z=20.5 \cdots\cdots⑤$

④,⑤→③ : $y^2=z^2-x^2=85.3^2-20.5^2=6,855.84=82.8^2$, $y=82.8$

【40】 구현화는 36자 1치이고, 현으로 구를 나누면 1치 $1\frac{1}{13}$ 푼을 얻는다. 구, 고, 현을 묻는다.

勾弦和三十六尺一寸 弦除勾 得一寸一分十三分分之一 問勾股弦

답 구 3자 6치, 고 32자 3치, 현 32자 5치

答 勾三尺六寸 股三十二尺三寸 弦三十二尺五寸

☞ **역자 주 1:** 구, 고, 현을 각각 x, y, z라 하고, 제37문의 해법에 따라 답을 구하면 다음과 같다.

현 : $z=(z+x)\div\left(1+\frac{x}{z}\right)=36.1\div\left(1+0.11\frac{0.01}{13}\right)=32.5$

구 : $x=36.1-z=3.6$

고 : $y=\sqrt{z^2-x^2}=\sqrt{1,043.29}=32.3$

☞ **역자 주 2:** 구, 고, 현을 각각 x, y, z라고 하면 다음 관계가 성립한다.

$$z+x=36.1 \cdots\cdots①,\quad \frac{x}{z}=0.11\frac{0.01}{13}=\frac{1.44}{13} \cdots\cdots②,\quad z^2=x^2+y^2 \cdots\cdots③$$

① → ② : $x=\frac{1.44z}{13}=\frac{1.44}{13}(36.1-x)$, $14.44x=51.984$, $x=3.6 \cdots\cdots④$

④ → ① : $z=36.1-x=32.5 \cdots\cdots⑤$

④,⑤→③: $y^2=z^2-x^2=32.3^2$, $y=32.3$

【41】 고현화는 96자 1치이고, 고로 현을 나누면 1자 1치 8 $\frac{9}{22}$ 푼을 얻는다. 구, 고, 현을 묻는다.
股弦和九十六尺一寸 股除弦 得一尺一寸八分二十二分分之九 問勾股弦

답 구 27자 9치, 고 44자, 현 52자 1치
答 勾二十七尺九寸 股四十四尺 弦五十二尺一寸

☞ **역자 주 1:** 구, 고, 현을 각각 x, y, z라 하고, 제37문의 해법과 같이 답을 구하면 다음과 같다.

고: $y=(z+y)\div\left(\frac{z}{y}+1\right)=96.1\div\left(1.18\frac{0.09}{22}+1\right)=44$

현: $z=96.1-y=52.1$

구: $x=\sqrt{z^2-y^2}=\sqrt{778.41}=27.9$

☞ **역자 주 2:** 구, 고, 현을 각각 x, y, z라고 하면 다음 관계가 성립한다.

$z+y=96.1$ ……①, $\frac{z}{y}=1.18\frac{0.09}{22}=\frac{26.05}{22}$ ……②, $z^2=x^2+y^2$ ……③

① → ②: $z=1.18\frac{0.09}{22}y=\frac{26.05y}{22}=\frac{26.05}{22}(96.1-z)$,

$48.05z=2,503.405$, $z=52.1$ ……④

④ → ①: $y=96.1-z=44$ ……⑤

④,⑤→③: $x^2=z^2-y^2=52.1^2-44^2=778.41=27.9^2$, $x=27.9$

【42】 고현화는 136자 9치이고, 현으로 고를 나누면 8치 8 $\frac{24}{29}$ 푼을 얻는다. 구, 고, 현을 묻는다.
股弦和一百三十六尺九寸 弦除股 得八寸八分二十九分分之二十四 問勾股弦

답 구 33자 3치, 고 64자 4치, 현 72자 5치

答　勾三十三尺三寸　股六十四尺四寸　弦七十二尺五寸

「무릇 구로 고와 현을 나누는 것은 구를 구하는 것이고, 고로 구와 현을 나누는 것은 고를 구하는 것이며, 현으로 구와 고를 나누는 것은 현을 구하는 것이다.」

「凡以勾除股與弦者 求勾 以股除勾弦者 求股 以弦除勾股者 求弦也」

☞ **역자 주 1:** 구, 고, 현을 각각 x, y, z라 하고, 제37문의 해법에 따라 답을 구하면 다음과 같다.

현 : $z=(z+y)\div\left(1+\dfrac{y}{z}\right)=136.9\div\left(1+0.88\dfrac{0.24}{29}\right)=72.5$

고 : $y=136.9-z=64.4$

구 : $x=\sqrt{z^2-y^2}=\sqrt{1,108.89}=33.3$

☞ **역자 주 2:** 구, 고, 현을 각각 x, y, z라고 하면 다음 관계가 성립한다.

$z+y=136.9$ ……①, $\dfrac{y}{z}=0.88\dfrac{0.24}{29}=\dfrac{25.76}{29}$ ……②, $z^2=x^2+y^2$ ……③

① → ② : $y=0.88\dfrac{0.24}{29}z=\dfrac{25.76}{29}(136.9-y)$, $y=64.4$ ……④

④ → ① : $z=136.9-y=72.5$ ……⑤

④,⑤→③ : $x^2=z^2-y^2=1,108.89=33.3^2$, $x=33.3$

【43】 구현화는 108자 9치이고, 구로 고를 나누면 1자 4치 2리 5호를 얻는다. 구, 고, 현을 묻는다.

勾弦和一百八尺九寸 勾除股 得一尺四寸零二釐五毫 問勾股弦

답 구 40자, 고 56자 1치, 현 68자 9치

答　勾四十尺　股五十六尺一寸　弦六十八尺九寸

해법 구현화를 제곱하여 실이라 하고, 구현화를 2배로 하여 종이라 하며 소고를 제곱하여 우라 하자. 평방을 풀면 원래의 구를 얻는다.

術曰 和自乘爲實 倍和爲從 小股自乘爲隅 平方開 得元勾

해설 구현화를 제곱하여 실이라고 한 것은 곧 구와 현을 서로 곱한 적 2단과 구의 제곱 2단 및 고의 제곱 1단이다. 「원래는 구와 현을 서로 곱한 적 2단 및 구의 제곱과 현의 제곱 각 1단이다. 그런데 현의 제곱은 구의 제곱과 고의 제곱으로 나누어지므로 곧 구의 제곱 2단과 고의 제곱 1단이 된다.」 구현화를 2배로 하여 종이라고 한 것은 곧 다만 현의 2배와 구의 2배이다. 그러므로 이에 소고의 제곱을 우라고 한다. 「소고의 제곱은 곧 구의 제곱으로 고의 제곱을 나눈 수이다. 그러므로 이에 구로 곱하면 구로 고의 제곱을 나눈 수를 얻는다. 아울러 종방을 더하고 이에 구를 곱하면 곧 고의 제곱이 된다. 원래의 종에서 현의 2배와 구의 2배는 구와 현을 서로 곱한 적 2단과 구의 제곱 2단이다. 그러므로 실에서 빼면 꼭 맞게 다한다.」 평방을 풀면 구를 얻는다. 제44문은 이와 같다.

解　勾弦和自乘爲實者 卽勾弦相乘積二段 勾冪二段 股冪一段也「原爲勾弦相乘積二段 及勾冪弦冪各一段 而又以弦冪分爲勾冪股冪 則爲勾冪二段股冪一段」 倍和爲從 則只有二弦二勾 故以小股冪爲隅 「小股冪卽以勾冪除股冪之數 故以勾乘之 得以勾除股冪之數 以加從方並 以勾乘之 則爲股冪 而原從之二弦二勾 爲勾弦相乘積二段 勾冪二段 故減實恰盡」開平方 得勾 第四十四問同

☞ **역자 주 1:** 구, 고, 현을 각각 x, y, z라고 하면, '해법'에서는 $(z+x)^2$이 실이고 $2(z+x)$가 종이며 $\left(\frac{y}{x}\right)^2$이 우인 평방을 풀어 x(구)를 구하고 있다. 즉, x에 관한 다음 이차 방정식을 풀고 있다.

$$(z+x)^2 = 2(z+x)x + \left(\frac{y}{x}\right)^2 x^2 \quad \cdots\cdots ①$$

'해설'에서는 식 ①의 정당성을 다음과 같이 다음과 같이 밝히고 있다.

$$\begin{aligned}(z+x)^2 &= x^2+z^2+2xz = x^2+x^2+y^2+2xz \\ &= 2xz+2x^2+y^2 = 2(z+x)x+\frac{y^2}{x^2}x^2\end{aligned}$$

실제로 계산하면 실은 $(z+x)^2 = 11,859.21$이고 종은 $2(z+x) = 217.8$이며 우는 $\left(\frac{y}{x}\right)^2 = 1.96700625$이므로, 다음을 얻는다.

$11,859.21 = 217.8x + 1.96700625x^2$,

즉 $1.96700625x^2 + 217.8x - 11,859.21 = 0$

$x = 40$, $z = 108.9 - x = 68.9$,

$y^2 = z^2 - x^2 = 3,147.21$, $y = 56.1$

☞ **역자 주 2:** 구, 고, 현을 각각 x, y, z라고 하면 다음 관계가 성립한다.

$z + x = 108.9$ ……①, $\frac{y}{x} = 1.4025$ ……②, $x^2 - y^2 = z^2$ ……③

①,②→③: $(108.9 - x)^2 = x^2 + (1.4025x)^2$,

$1.96700625x^2 + 217.8x - 11,859.21 = 0$, $x = 40$ ……④

④→①,②: $z = 108.9 - x = 68.9$, $y = 1.4025x = 56.1$

【44】 고현화는 168자 1치이고, 고로 구를 나누면 8치 4푼 4 $\frac{71}{91}$ 리를 얻는다. 구, 고, 현을 묻는다.

股弦和一百六十八尺一寸 股除勾 得八寸四分四釐九十一分釐之七十一 問勾股弦

답 구 61자 5치, 고 72자 8치, 현 95자 3치

答 勾六十一尺五寸 股七十二尺八寸 弦九十五尺三寸

해법 분모「91」의 제곱을 고현화의 제곱에 곱하여 실이라 하고, 분모의 제곱을 고현화에 곱하고 이를 2배로 하여 종이라 하며, 소구를 분모와 곱하여 분자를 더하고 제곱하여 우라고 하자. 평방을 풀면 원래의 고를 얻는다.

術曰 以分母「九十一」(16))乘和自之爲實 分母自之以乘和而倍之爲從 小勾通分納子自之爲隅 平方開 得元股

☞ **역자 주 1:** 구, 고, 현을 각각 x, y, z라고 하면, '해법'에서는 [분모 91의 제곱을 모든 항에 곱하는 것을 무시하면] $(z+y)^2$이 실이고 $2(z+y)$가 종이며

16) '自之' 落字

$\left(\frac{x}{y}\right)^2$이 우인 평방을 풀어 y(고)를 구하고 있다. 즉, y에 관한 다음 이차 방정식을 풀고 있다.

$$(z+y)^2=2(z+y)y+\left(\frac{x}{y}\right)^2y^2$$

위 식이 성립하는 이유는 제43문과 같이 확인할 수 있다.

실제로 계산하면 실은 $91^2(z+y)^2=234,001,288.41$이고 종은 $91^2(z+y)\times 2=2,784,072.2$이며 우는 $91^2\left(\frac{x}{y}\right)^2=76.875^2=5,909.765625$이므로, 다음을 얻는다.

$$234,001,268.41=2,784,072.2y+5,909.765625y^2,$$

$$\text{즉, } 5,909.765625y^2+2,784,072.2y-234,001,268.41=0,$$

$$y=72.8,\quad z=168.1-y=95.3,$$

$$x^2=z^2-y^2=3,782.25,\quad x=61.5$$

☞ **역자 주 2:** 구, 고, 현을 각각 x, y, z라고 하면 다음 관계가 성립한다.

$$z+y=168.1\ \cdots\cdots①,\quad \frac{x}{y}=0.844\frac{0.071}{91}=\frac{76.875}{91}\ \cdots\cdots②,$$

$$z^2=x^2+y^2\ \cdots\cdots③$$

①,②→③: $(168.1-y)^2=\dfrac{5,909.765625y^2}{8,281}+y^2,$

$$5,909.765625y^2+2,784,072.2y-234,001,268.41=0,$$

$$y=72.8\ \cdots\cdots④$$

㉡→①,②: $z=168.1-y=95.3,\quad x=\dfrac{76.875y}{91}=61.5$

【45】 고현화는 80자이고, 구로 고를 나누면 9자 9치 7푼 5리를 얻는다. 구, 고, 현을 묻는다.

股弦和八十尺 勾除股 得九尺九寸七分五釐 問勾股弦

답 구 4자, 고 39자 9치, 현 40자 1치

荅 勾四尺 股三十九尺九寸 弦四十尺一寸

해법 고현화를 제곱하여 실이라 하고, 고현화의 2배를 소고에 곱하여 종이라 하며 1을 우라고 하자. 평방을 풀면 원래의 구를 얻는다.

별해 고현화의 제곱을 소고의 제곱에 곱하여 실이라 하고, 고현화의 2배를 소고의 제곱에 곱하여 종이라 하며 1을 우라고 하자. 평방을 풀면 원래의 고를 얻는다.

術曰 和自乘爲實 倍和以乘小股爲從 以一爲隅 平方開 得元勾

又術 和冪乘小冪爲實 倍和以乘小冪爲從 以一爲隅 平方開 得元股

해설 고현화의 제곱을 실이라고 한 것은 곧 고와 현을 서로 곱한 적 2단 및 고의 제곱 2단과 구의 제곱 1단이다. 「원래는 고와 현을 서로 곱한 적 2단 및 구의 제곱과 현의 제곱 각 1단이다. 그런데 현의 제곱은 구의 제곱과 고의 제곱으로 나누어지므로 곧 고의 제곱 2단과 구의 제곱 1단이 된다.」 고현화의 2배를 소고에 곱하여 종이라고 한 것은 곧 구로 고의 제곱 및 고와 현을 서로 곱한 적 각 2단을 나눈 것이다. 「고현화의 2배는 곧 고의 2배와 현의 2배의 합이다. 소고는 곧 구로 고를 나눈 수이다. 서로 곱하는 것은 곧 고의 2배와 현의 2배를 놓고 고로 이에 곱하고 구로 이를 나누는 것이다.」 그러므로 1을 우라고 하여 평방을 풀면 구를 얻는다. 「종방은 고와 현을 서로 곱한 적과 고의 제곱 각 2단을 빼는 바이다. 1우는 구의 제곱을 빼는 바이다.」

별해의 해설 고현화의 제곱에 소고의 제곱을 곱하여 실이라 한 것은 곧 고와 현을 서로 곱한 적과 고의 제곱 각 2단에 고의 제곱을 곱하고 구의 제곱으로 이를 나누고 또 고의 제곱 1단을 더한 것이다. 「소고의 제곱은 곧 구의 제곱으로 고의 제곱을 나눈 수이다. 그러므로 실수에 곱하면 곧 모든 수에 고의 제곱을 곱하고 구의 제곱으로 나누게 된다. 그 가운데 구의 제곱 1단이 변하여 고의 제곱 1단이 된다.」 고현화의 2배를 소고의 제곱에 곱하면 곧 고의 2배와 현의 2배에 고의 제곱을 곱하고 구의 제곱으로 나누게 된다. 그러므로 종이 된다. 「이에 고를 곱하고 실에서 빼면 곧 고와 현을 서로 곱한 적과 고의 제곱에 고의 제곱을 곱하고 구의 제곱으로 이를 나눈 수 2단을 빼게 된다.」 1을 우라고 하자. 「실에서 고를 거듭 곱해서 빼면 곧 고의 제곱을 빼게 된다.」 평방을 풀면 고를 얻는다. 제46문은 이와 같다. 「원래의 해법도 또한 별해와 서로 같다.」

解　股弦和自乘爲實者 卽股弦相乘積二段 股冪二段 勾冪一段也「原爲股弦相乘積二段 及股冪弦冪各一段 而又以弦冪分爲勾冪股冪 則爲股冪二段勾冪一段」倍和以乘小股爲從者 卽勾除股冪 股弦相乘積 各二段「倍和 卽二股二弦也 小股 卽勾除股之數也 相乘 則便是置二股二弦以股乘之 以勾除之也」故以一爲隅 開平方 得勾「從方 所以減股弦相乘積股冪 各二段也 一隅所以減勾冪也」

又術解 和冪乘小冪爲實者 卽以股冪乘 股弦相乘積 股冪 各二段 以勾冪除之 又加股冪一段也「小冪 卽以勾冪除股冪之數 故以乘實數 則諸數皆爲以股冪乘之勾冪除之之數 而其中勾冪一段變爲股冪一段也」倍和 以乘小冪卽以股冪乘二股二弦以勾冪除之 故爲從「以股乘之減實 則去以股冪乘股弦相乘積 及股冪以勾冪除之數二段也」以一爲隅「以股連乘減實則去股冪也」開平方 得股 第四十六問同「元術又術解並同」

☞ **역자 주 1:** 구, 고, 현을 각각 x, y, z라고 하면, '해법'에서는 $(z+y)^2$이 실이고 $2(z+y)\dfrac{y}{x}$가 종이며 1이 우인 평방을 풀어 x(구)를 구하고 있다. 즉, x에 관한 다음 이차 방정식을 풀고 있다.

$$(z+y)^2=\frac{2(z+y)y}{x}x+x^2 \quad \cdots\cdots①$$

'해설'에서는 식 ①의 정당성을 다음과 같이 밝히고 있다.

실과 종은 각각 다음과 같이 표현된다.

실: $(z+y)^2=z^2+y^2+2zy=x^2+2y^2+2zy,$

종: $2(z+y)\dfrac{y}{x}=\dfrac{2y^2+2zy}{x}$

그러므로 1을 우라고 하면 식 ①이 성립한다.

실제로 계산하면 실은 $(z+y)^2=6,400$이고 종은 $2(z+y)\dfrac{y}{x}=1,596$으므로, 다음을 얻는다.

$$6,400=1,596x+x^2, \quad 즉 \quad x^2+1,596x-6,400=0,$$

$$x=4,\quad y=9.975x=39.9,\quad z=80-y=40.1$$

☞ **역자 주 2:** 구, 고, 현을 각각 x, y, z라고 하면, '별해'에서는 $(z+y)^2\left(\frac{y}{x}\right)^2$이 실이고 $2(z+y)\left(\frac{y}{x}\right)^2$이 종이며 1이 우인 평방을 풀어 y(고)를 구하고 있다. 즉, y에 관한 다음 이차 방정식을 풀고 있다.

$$(z+y)^2\left(\frac{y}{x}\right)^2=2(z+y)\left(\frac{y}{x}\right)^2y+y^2 \cdots\cdots ②$$

'별해의 해설'에서는 식 ②의 정당성을 다음과 같이 밝히고 있다.

실과 종은 각각 다음과 같이 표현된다.

$$\text{실}:\ (z+y)^2\left(\frac{y}{x}\right)^2=(x^2+2y^2+2zy)\frac{y^2}{x^2}=(2y^2+2zy)\frac{y^2}{x^2}+y^2$$

$$\text{종}:\ 2(z+y)\left(\frac{y}{x}\right)^2=(2y+2z)\frac{y^2}{x^2}$$

그러므로 1을 우라고 하면 식 ②가 성립한다.

실제로 계산하면 실은 $(z+y)^2\left(\frac{y}{x}\right)^2=636,804$이고 종은 $2(z+y)\left(\frac{y}{x}\right)^2=15,920.1$이므로, 다음을 얻는다.

$$636,804=15,920.1y+y^2,\quad \text{즉}\quad y^2+15,920.1y-636,804=0,$$
$$y=39.9,\quad z=80-y=40.1,$$
$$x^2=z^2-y^2=16,\quad x=4$$

☞ **역자 주 3:** 구, 고, 현을 각각 x, y, z라고 하면 다음 관계가 성립한다.

$$z+y=80 \cdots\cdots ①,\quad \frac{y}{x}=9.975 \cdots\cdots ②,\quad z^2=x^2+y^2 \cdots\cdots ③$$

①,②→③: $(80-y)^2=\left(\frac{y}{9.975}\right)^2+y^2,$

$$y^2+15,920.1y-636,804=0,\quad y=39.9 \cdots\cdots ④$$

④ → ①: $z=80-y=40.1 \cdots\cdots ⑤$

④,⑤→③: $x^2=z^2-y^2=40.1^2-39.9^2=16=4^2,\quad x=4$

【46】 구현화는 180자이고, 고로 구를 나누면 9치 $3\frac{28}{39}$푼을 얻는다. 구, 고, 현을 묻는다.

勾弦和一百八十尺 股除勾 得九寸三分三十九分分之二十八 問勾股弦

답 구 73자 1치, 고 78자, 현 106자 9치

答 勾七十三尺一寸 股七十八尺 弦一百六尺九寸

해법 구현화의 제곱을 「분모와 곱하여」 실이라 하고, 소구는 「분모와 곱하여 분자를 더하고」 구현화의 2배에 곱하여 종방이라 하며, 1을 「분모와 곱하여」 우라고 하자. 평방을 풀면 원래의 고를 얻는다.

별해 소구를 「분모와 곱하여 분자를 더하고」 제곱하여 소구의 제곱을 얻고, 구현화의 제곱에 곱하여 실이라고 하자. 구현화의 2배를 소구의 제곱에 곱하여 종방이라 하고, 1을 「이에 분모의 제곱을 곱하여」 우라고 하자. 평방을 풀면 원래의 구를 얻는다.

術曰 和自乘「通分」爲實 小勾「通分納子」以乘倍和 爲從方 以一「通分」爲隅 平方開 得元股

又術 小勾「通分納子」自之得小冪 以乘和冪爲實 倍和乘小冪 爲從方 以一「分母冪乘之」爲隅 平方開 得元勾

☞ **역자 주 1:** 구, 고, 현을 각각 x, y, z라고 하면, '해법'에서는 $(z+x)^2$이 실이고 $2(z+x)\frac{x}{y}$가 종방이고 1이 우인 평방을 풀어 y(고)를 구하고 있다. 즉, y에 관한 다음 이차 방정식을 풀고 있다.

$$(z+x)^2=2(z+x)\frac{x}{y}y+y^2 \quad \cdots\cdots ①$$

제45문의 '해설'과 마찬가지로, 식 ①의 정당성을 다음과 같이 밝힐 수 있다.

$$\begin{aligned}(z+x)^2&=z^2+x^2+2zx=y^2+2x^2+2zx\\&=2(z+x)x+y^2=2(z+x)\frac{x}{y}y+y^2\end{aligned}$$

실제로 계산하면 실은 $(z+x)^2=32,400$이고 종방은 $2(z+x)\frac{x}{y}=337.3846\dot{1}$이므로, 다음을 얻는다.

$$32,400 = 337.38461y + y^2, \quad 즉 \quad y^2 + 337.38461y - 32,400 = 0$$

$$y = 78, \quad x = \frac{36.55}{39}y = 73.1,$$

$$z^2 = x^2 + y^2 = 11,427.61, \quad z = 106.9$$

☞ **역자 주 2:** 구, 고, 현을 각각 x, y, z라고 하면, '별해'에서는 실이 $(z+x)^2\left(\frac{x}{y}\right)^2$이고 종방이 $2(z+x)\left(\frac{x}{y}\right)^2$이며 우가 1인 평방을 풀어 x(구)를 구하고 있다. 즉, x에 관한 다음 이차 방정식을 풀고 있다.

$$(z+x)^2\left(\frac{x}{y}\right)^2 = 2(z+x)\left(\frac{x}{y}\right)^2 x + x^2 \quad \cdots\cdots ②$$

第45문의 '별해의 해설'과 마찬가지로 식 ②의 정당성을 다음과 같이 밝힐 수 있다.

$$(z+x)^2\left(\frac{x}{y}\right)^2 = (z^2 + x^2 + 2zx)\left(\frac{x}{y}\right)^2 = (y^2 + 2x^2 + 2zx)\left(\frac{x}{y}\right)^2$$

$$= (2x^2 + 2zx)\left(\frac{x}{y}\right)^2 + y^2\left(\frac{x}{y}\right)^2 = 2(x+z)\left(\frac{x}{y}\right)^2 x + x^2$$

실제로 계산하면 실은 $(z+x)^2\left(\frac{x}{y}\right)^2 = 28,457.094675$, 종방은 $2(z+x)\left(\frac{x}{y}\right)^2 = 316.189994$이므로, 다음을 얻는다.

$$28,457.094675 = 316.18994x + x^2,$$

$$즉 \quad x^2 + 316.18994x - 28,457.094675 = 0$$

$$x = 73.1, \quad z = 180 - x = 106.9,$$

$$y^2 = z^2 - x^2 = 6,084, \quad y = 78$$

☞ **역자 주 3:** 구, 고, 현을 각각 x, y, z라고 하면 다음 관계가 성립한다.

$$z + x = 180 \quad \cdots\cdots ①, \quad \frac{x}{y} = 0.93\frac{0.28}{39} = \frac{36.55}{39} \quad \cdots\cdots ②, \quad z^2 = x^2 + y^2 \quad \cdots\cdots ③$$

①,②→③: $(180 - x)^2 = x^2 + \left(\frac{39x}{36.55}\right)^2,$

$$1,521x^2 + 480,924.9x - 43,283,241 = 0, \quad x = 73.1 \quad \cdots\cdots ④$$

④→①,②: $z = 180 - x = 106.9, \quad y = \frac{39x}{36.55} = 78$

【47】 고현화는 192자 2치이고, 현으로 구를 나누면 4치 8 $\frac{16}{41}$ 푼을 얻는다. 구, 고, 현을 묻는다.
股弦和一百九十二尺二寸 弦除勾 得四寸八分四十一分分之十六 問勾股弦

답 구 49자 6치, 고 89자 7치, 현 102자 5치
答 勾四十九尺六寸 股八十九尺七寸 弦一百二尺五寸

해법 고현화의 제곱을 「이에 분모의 제곱을 곱하고」 실이라 하고, 고현화를 2배로 하여 「이에 분모의 제곱을 곱하고」 정종이라 하며, 소고를 「분모와 곱하여 분자를 더하고」 제곱하여 부우라고 하자. 평방을 풀면 현을 얻는다.
術曰 和冪「分母冪乘之」爲實 倍和「分母冪乘之」爲正從 小勾「通分納子」自之 爲負隅 平方開 得弦

해설 고현화의 제곱을 실이라고 한 것은 곧 고와 현을 서로 곱한 적과 현의 제곱 각 2단 내에서 구의 제곱 1단을 뺀 것이다. 「원래는 고와 현을 서로 곱한 적 2단 및 고의 제곱과 현의 제곱 각 1단인데, 고의 제곱은 현의 제곱에서 구의 제곱을 뺀 것이다. 그래서 현의 제곱 2단에서 구의 제곱 1단을 뺀 것이라고 했다.」 그러므로 고현화를 2배로 하여 정종이라고 하면 곧 고의 2배와 현의 2배이다. 소구의 제곱은 부우가 되고 구의 제곱 1단을 보충하는 바이다. 「소구의 제곱은 곧 현의 제곱으로 구의 제곱을 나눈 수이다. 그러므로 현을 거듭 곱하면 구의 제곱을 얻고, 부우를 실에 더하는 바이다.」 제48문은 이와 같다.
解 股弦和自乘爲實者 卽股弦相乘積弦冪各二段 内小勾冪一段也「原爲股弦相乘積二段 及股冪弦冪各一段 而股冪比弦冪少勾冪 故曰弦冪二段少勾冪一段也」故倍和爲正從 卽二股二弦 而小勾冪爲負隅 所以補勾冪一段也「小勾冪 卽以弦冪除勾冪之數 故以弦連乘 得勾冪 而負隅所以益實也」第四十八問同

☞ **역자 주 1:** 구, 고, 현을 각각 x, y, z라고 하면, '해법'에서는 $(z+y)^2$이 실

이고 $2(z+y)$가 정종이며 $\left(\frac{x}{z}\right)^2$이 부우인 평방을 풀어 z(현)를 구하고 있다. 즉, z에 관한 다음 이차 방정식을 풀고 있다.

$$(z+y)^2=2(z+y)z-\left(\frac{x}{z}\right)^2 z^2 \cdots\cdots ①$$

'해설'에서는 식 ①의 정당성을 다음과 같이 밝히고 있다.

$$(z+y)^2=z^2+y^2+2zy=z^2+z^2-x^2+2zy$$
$$=2z^2+2zy-x^2=2(z+y)z-\left(\frac{x}{z}\right)^2 z^2$$

실제로 계산하면 실은 $(z+y)^2=36,940.84$이고 정종은 $2(z+y)=384.4$이며 부우는 $\left(\frac{x}{z}\right)^2=\frac{393.6256}{1,681}$이므로, 다음을 얻는다.

$$36,940.84=384.4z-\frac{393.6256}{1,681}z^2,$$
$$\text{즉}\quad -393.6256/1,681z^2+384.4z-36,940.84=0$$
$$z=102.5,\quad y=192.2-z=89.7,$$
$$x^2=z^2-y^2=2,460.16,\quad x=49.6$$

☞ **역자 주 2:** 구, 고, 현을 각각 x, y, z라고 하면 다음 관계가 성립한다.

$$z+y=192.2\cdots\cdots①,\quad \frac{x}{z}=0.48\frac{0.16}{41}=\frac{19.84}{41}\cdots\cdots②,\quad z^2=x^2+y^2\cdots\cdots③$$

①,②→③: $z^2=\left(\frac{19.84z}{41}\right)^2+(192.2-z)^2$

$$393.6256z^2-646,176.4z+62,097,552.04=0,\quad z=102.5\cdots\cdots④$$

④→①,②: $y=192.2-z=89.7,\quad x=\frac{19.84z}{41}=49.6$

【48】 구현화는 108자 9치이고, 현으로 고를 나누면 8치 $6\frac{14}{29}$푼을 얻는다. 구, 고, 현을 묻는다.
勾弦和一百八尺九寸 弦除股 得八寸六分二十九分分之十四 問勾股弦

답 구 36자 4치, 고 62자 7치, 현 72자 5치

答　勾三十六尺四寸　股六十二尺七寸　弦七十二尺五寸

해법 구현화의 제곱을 「이에 분모의 제곱을 곱하고」 실이라 하고, 구현화를 2배로 하여 「이에 분모의 제곱을 곱하고」 정종이라 하며, 소고를 「분모와 곱하여 분자를 더하고」 제곱하여 부우라고 하자. 평방을 풀면 원래의 현을 얻는다.

術曰 和冪「分母冪乘之」爲實 倍和「分母冪乘之」爲正從 小股「通分納子」自之 爲負隅 平方開 得元弦

☞ **역자 주 1:** 구, 고, 현을 각각 x, y, z라고 하면, '해법'에서는 $(z+x)^2$이 실이고 $2(z+x)$가 정종이며 $\left(\frac{y}{z}\right)^2$이 부우인 평방을 풀어 z(현)를 구하고 있다. 즉, z에 관한 다음 이차 방정식을 풀고 있다.

$$(z+x)^2=2(z+x)z-\left(\frac{y}{z}\right)^2 z^2 \cdots\cdots①$$

제47문과 같이 식 ①의 정당성을 다음과 같이 밝힐 수 있다.

$$\begin{aligned}(z+x)^2&=z^2+x^2+2zx=z^2+z^2-y^2+2zx\\&=2z^2+2zx-y^2=2(z+x)z-\left(\frac{y}{z}\right)^2 z^2\end{aligned}$$

실제로 계산하면 실은 $(z+x)^2=11,859.21$이고 정종은 $2(z+x)=217.8$이며 부우는 $\left(\frac{y}{z}\right)^2=\frac{629.0064}{841}$이므로, 다음을 얻는다.

$$11,859.21=217.8z-\frac{629.0064}{841}z^2,$$

$$\text{즉}\ \frac{629.0064}{841}z^2-217.8z+11,859.21=0,$$

$$z=72.5,\quad x=108.9-z=36.4,$$

$$y^2=z^2-x^2=3,931.29,\quad y=62.7$$

☞ **역자 주 2:** 구, 고, 현을 각각 x, y, z라고 하면 다음 관계가 성립한다.

$$z+x=108.9\cdots\cdots①,\quad \frac{y}{z}=0.86\frac{0.14}{29}=\frac{25.08}{29}\cdots\cdots②,\quad z^2=x^2+y^2\cdots\cdots③$$

①,②→③: $z^2=(108.9-z)^2+\left(\frac{25.08z}{29}\right)^2$,

$629.0064z^2-183,169.8z+9,973,595.61=0$, $z=72.5$ ……④

④→①,②: $x=108.9-z=36.4$, $y=\frac{25.08z}{29}=62.7$

【49】 구고화는 32자 2치이고, 현으로 구를 나누면 3치 5푼 2리를 얻는다. 구, 고, 현을 묻는다.
勾股和三十二尺二寸 弦除勾 得三寸五分二釐 問勾股弦

답 구 8자 8치, 고 23자 4치, 현 25자
答 勾八尺八寸 股二十三尺四寸 弦二十五尺

해법 구고화의 제곱을 실이라 하고, 구고화의 2배를 소구에 곱하여 정종이라고 하자. 소구의 제곱을 2배로 하여 부라 하고 1을 정이라고 하여 이에 정과 부 중에서 큰 수에서 작은 수를 뺀 나머지를 정우라고 하자. 평방을 풀면 원래의 현을 얻는다.

별해 소구의 제곱을 구고화의 제곱에 곱하여 실이라 하고, 소구의 제곱을 구고화에 곱하고 이를 2배로 하여 종이라 하며, 소구의 제곱을 2배로 하여 1에서 뺀 나머지를 정우라고 하자. 평방을 풀면 원래의 구를 얻는다.

術曰 和冪 爲實 倍和以小勾乘之 爲正從 倍小勾冪 爲負 以一爲正 乃正負相減餘 爲正隅 平方開 得元弦

又術 小冪乘和冪 爲實 以小冪乘和倍之 爲從 倍小冪以減於一算 餘爲正隅 平方開 得元勾

해설 구고화의 제곱을 실이라고 한 것은 곧 구와 고를 서로 곱한 적 2단과 현의 제곱 1단이다. 「제6문을 보라.」 구고화를 2배로 하여 소구에 이에 곱하여 정종이라고 한다. 곧 현으로 구와 고를 서로 곱한 적과 구의 제곱 각 2단을 나눈다. 「구고화의 2배는 곧 고의 2배와 구의 2배이다. 소구는 곧 현으로 구를 나눈 수이다. 서로 곱하는 것은 곧 고의 2배와 구의 2배를 놓고 구로 이에 곱하고

현으로 이를 나누는 것이다.」 그러므로 소현의 제곱 1에서 소구의 제곱을 2배로 하여 빼면 정우가 된다. 「소현의 제곱은 곧 현의 제곱으로 현의 제곱을 나눈 것이므로 1이다. 소구의 제곱은 곧 현의 제곱으로 구의 제곱을 나눈 것이다. 현으로 소현의 제곱에 곱하면 현으로 현의 제곱 1단을 나눈 것을 얻는다. 이에 종방을 더하고 또 현을 소구의 제곱을 2배로 하여 곱하면, 현으로 구의 제곱 2단을 나눈 것이 된다. 종방을 빼면 곧 종방은 현으로 구와 고를 서로 곱한 적 2단과 현의 제곱 1단을 나누는 수이다. 그러므로 현을 이에 곱하여 실을 빼면 꼭 맞게 다한다.」

별해의 해설 구고화의 제곱을 소구의 제곱에 곱하여 실이라고 한 것은 곧 구와 고를 서로 곱한 적 2단을 놓고 구의 제곱을 곱하고 이를 현의 제곱으로 나눈 것에 또 구의 제곱 1단을 더한 것이다. 「소구의 제곱을 실수에 곱한 것은 곧 모든 수에 구의 제곱을 이에 곱하고 현의 제곱으로 이를 나눈 수이므로, 그 가운데 현의 제곱 1단이 변하여 구의 제곱 1단이 된다.」 소구의 제곱을 구고화의 2배에 곱하여 정종이 된다. 곧 구의 제곱으로 고의 2배와 구의 2배에 곱하고 현의 제곱으로 이를 나누는 수이다. 그러므로 1은 정우가 되고 실적에서 구의 제곱을 빼는 바이다. 소구의 제곱을 2배로 하여 부우가 됨은 종방에서 구의 2배를 제거하는 바이다. 제50문은 이와 같다.

解　勾股和自乘爲實者　卽勾股相乘積二段弦冪一段也「見第六問」 倍和以小勾乘之爲正從　卽弦除勾股相乘積勾冪各二段「倍和　卽二股二勾也 小勾　卽弦除勾之數也　相乘則便是置二股二勾　以勾乘之　以弦除之也」 故小弦冪一算　內減倍小勾冪爲正隅也「小弦冪　卽以弦冪除弦冪　故爲一算　小勾冪　卽以弦冪除勾冪也　以弦乘小弦冪　得弦除弦冪一段　以加從方　又以弦乘倍小勾冪爲弦除勾冪二段　以減從方則從方爲弦除勾股相乘積二段弦冪一段之數　故以弦乘之減實恰盡也」

又術解　和冪乘小勾冪爲實者卽　置勾股相乘積二段　以勾冪乘之以弦冪除之又加勾冪一段也「小勾冪乘實數 則諸數皆爲以勾冪乘之　以弦冪除之之數　而其中弦冪一段變爲勾冪一段」以小冪乘倍和爲正從 卽以勾冪乘二股二勾　以弦冪除之之數　故一爲正隅者 所以減實積之勾冪也 倍小冪爲負隅者 所以去從方之二勾也 第五十問同

☞ **역자 주 1:** 구, 고, 현을 각각 x, y, z라고 하면, '해법'에서는 $(y+x)^2$이 실이고 $2(y+x)\frac{x}{z}$이 정종이며 $1-2\left(\frac{x}{z}\right)^2$이 정우인 평방을 풀어 z(현)을 구하고 있다. 즉, z에 관한 다음 이차 방정식을 풀고 있다.

$$(y+x)^2 = 2(y+x)\frac{x}{z}z + \left(1-2\frac{x^2}{z^2}\right)z^2 \quad \cdots\cdots①$$

'해설'에서는 식 ①의 정당성을 다음과 같이 밝히고 있다.

$$\begin{aligned}(y+x)^2 &= y^2+x^2+2yx = 2yx+z^2 = 2yx+2x^2+z^2-2x^2\\ &= 2(y+x)x+\left(\frac{z^2}{z^2}-2\frac{x^2}{z^2}\right)z^2 = 2(y+x)\frac{x}{z}z+\left(1-2\frac{x^2}{z^2}\right)z^2\end{aligned}$$

실제로 계산하면 실은 $(y+x)^2 = 1,036.84$이고 정종은 $2(y+x)\frac{x}{z} = 22.6688$이며 정우는 $1-2\left(\frac{x}{z}\right)^2 = 0.752192$이므로, 다음을 얻는다.

$$1,036.84 = 22.6688z + 0.752192z^2,$$

$$\text{즉} \quad 0.752192z^2 + 22.6688z - 1,036.84 = 0$$

$$z = 25, \quad x = 0.352z = 8.8, \quad y = 32.2 - x = 23.4$$

☞ **역자 주 2:** 구, 고, 현을 각각 x, y, z라고 하면, '별해'에서는 실이 $(y+x)^2\left(\frac{x}{z}\right)^2$이고 종이 $2(y+x)\left(\frac{x}{z}\right)^2$이며 $1-2\left(\frac{x}{z}\right)^2$이 정우인 평방을 풀어 x(구)를 구하고 있다. 즉, x(구)에 관한 다음 이차 방정식을 풀고 있다.

$$(y+x)^2\left(\frac{x}{z}\right)^2 = 2(y+x)\left(\frac{x}{z}\right)^2 x + \left(1-2\frac{x^2}{z^2}\right)x^2 \quad \cdots\cdots②$$

'해설'에서는 식 ②의 정당성을 다음과 같이 밝히고 있다.

$$\begin{aligned}(y+x)^2\left(\frac{x}{z}\right)^2 &= (2yx+y^2+x^2)\left(\frac{x}{z}\right)^2 = (2yx+2x^2+y^2+x^2-2x^2)\left(\frac{x}{z}\right)^2\\ &= (2yx+2x^2)\left(\frac{x}{z}\right)^2 + (z^2-2x^2)\left(\frac{x}{z}\right)^2\\ &= 2(y+x)\left(\frac{x}{z}\right)^2 x + \left(1-2\frac{x^2}{z^2}\right)x^2\end{aligned}$$

실제로 계산하면 실은 $(y+x)^2\left(\frac{x}{z}\right)^2 = 128.4686\,2336$이고 종은 $2(y+x)\left(\frac{x}{z}\right)^2$

$=7.9794176$이며 정우는 $1-2\left(\frac{x}{z}\right)^2=1-0.247808=0.752192$이므로, 다음을 얻는다.

$$128.46862336=7.9794176x+0.752192x^2,$$
$$\text{즉}\ \ 0.752192x^2+7.9794176x-128.46862336=0$$
$$x=8.8,\quad y=32.2-x=23.4,$$
$$z^2=x^2+y^2=625,\quad z=25$$

☞ **역자 주 3:** 구, 고, 현을 각각 x, y, z라고 하면 다음 관계가 성립한다.

$$y+x=32.2\ \cdots\cdots①,\quad \frac{x}{z}=0.352\ \cdots\cdots②,\quad z^2=x^2+y^2\ \cdots\cdots③$$

①,②→③: $\left(\frac{x}{0.352}\right)^2=x^2+(32.2-x)^2,$

$$0.752192x^2+7.9794176x-128.46862336=0,\quad x=8.8\ \cdots\cdots④$$

④→①,②: $y=32.2-x=23.4,\quad z=\frac{x}{0.352}=25$

【50】 구고화는 28자 9치이고, 현으로 고를 나누면 $7\frac{25}{41}$치를 얻는다. 구, 고, 현을 묻는다.
勾股和二十八尺九寸 弦除股 得七寸四十一分寸之二十五 問勾股弦

답 구 13자 3치, 고 15자 6치, 현 20자 5치
答 勾十三尺三寸 股十五尺六寸 弦二十尺五寸

해법 구고화의 제곱을「이에 분모의 제곱을 곱하고」실이라 하고, 소고를「분모와 곱하여 분자를 더하고」구고화의 2배에 곱하여「분모와 곱하고」정종이라고 하자. 소고를「분모와 곱하여 분자를 더하고」제곱한 것의 2배를 부라 하고 1을「이에 분모의 제곱을 곱하여」정이라 하여, 이에 정과 부를 서로 뺀 나머지를 부우라고 하자.「정이 적고 부가 많으므로 나머지는 부가 된다. 그러므로 부우라고 한다.」평방을 풀면 원래의 현을 얻는다.

별해 소고를 「분모와 곱하여 분자를 더하고」 제곱하면 소고의 제곱이 되고, 구고화의 제곱에 곱하여 실이라고 하자. 소고의 제곱을 구고화의 2배에 곱하여 정종이라고 하자. 소고의 제곱을 2배로 하여 부라 하고 1을 「이에 분모의 제곱을 곱하여」 정이라 하여, 이에 정과 부를 서로 뺀 나머지를 부우라고 하자. 평방을 풀면 원래의 고를 얻는다.

術曰 和冪「分母冪乘之」爲實 小股「通分納子」以乘和倍之「通分」爲正從 小股「通分納子」自乘倍之爲負 以一「分母冪乘之」爲正 乃正負相減 餘爲負隅「正少負多所餘爲負 故爲負隅」平方開 得元弦

又術 小股「通分納子」自之爲小股冪 以乘和冪爲實 以小股冪乘和倍之爲正從 倍小股冪爲負 以一「分母冪乘之」爲正 乃正負相減 餘爲負隅 平方開 得元股

☞ **역자 주 1:** 구, 고, 현을 각각 x, y, z라고 하면, '해법'에서는 $(y+x)^2$이 실이고 $2(y+x)\frac{y}{z}$가 정종이고 $1-2\left(\frac{y}{z}\right)^2$이 부우인 평방을 풀어 z(현)를 구하고 있다. 즉, z에 관한 다음 이차 방정식을 풀고 있다.

$$(y+x)^2=2(y+x)\frac{y}{z}z+\left(1-2\frac{y^2}{z^2}\right)z^2 \quad \cdots\cdots ①$$

제49문의 '해설'과 마찬가지로, 식 ①의 정당성을 다음과 같이 밝힐 수 있다.

$$\begin{aligned}(y+x)^2&=y^2+x^2+2yx=2yx+z^2=2yx+2y^2+z^2-2y^2\\&=2(y+x)y+\left(\frac{z^2}{z^2}-2\frac{y^2}{z^2}\right)z^2=2(y+x)\frac{y}{z}z+\left(1-2\frac{y^2}{z^2}\right)z^2\end{aligned}$$

실제로 계산하면 실은 $(y+x)^2=835.21$이고 정종은 $2(y+x)\left(\frac{y}{z}\right)=43.98439$이며 부우는 $1-2\left(\frac{y}{z}\right)^2=-0.158167757$이므로, 다음을 얻는다.

$$835.21=43.98439z-0.158167757z^2,$$

$$\text{즉} \quad -0.158167757z^2+43.98439z-835.21=0$$

$$z=20.5, \quad y=\frac{31.2}{41}z=15.6,$$

$$x^2=z^2-y^2=176.89, \quad x=13.3$$

☞ **역자 주 2:** 구, 고, 현을 각각 x, y, z라고 하면, '별해'에서는 $(y+x)^2\left(\frac{y}{z}\right)^2$이 실이고 $2(y+x)\left(\frac{y}{z}\right)^2$이 정종이며 $1-2\left(\frac{y}{z}\right)^2$이 부우인 평방을 풀어 y(고)를 구하고 있다. 즉, y에 관한 다음 이차 방정식을 풀고 있다.

$$(y+x)^2\left(\frac{y}{z}\right)^2=2(y+x)\left(\frac{y}{z}\right)^2+\left(1-2\frac{y^2}{z^2}\right)y^2 \quad \cdots\cdots ②$$

제49문의 '별해의 해설'과 마찬가지로, 식 ②의 정당성을 다음과 같이 밝힐 수 있다.

$$\begin{aligned}(y+x)^2\left(\frac{y}{z}\right)^2&=(2yx+y^2+x^2)\left(\frac{y}{z}\right)^2=(2yx+2y^2+y^2+x^2-2y^2)\left(\frac{y}{z}\right)^2\\&=(2yx+2y^2)\left(\frac{y}{z}\right)^2+(z^2-2y^2)\left(\frac{y}{z}\right)^2\\&=2(y+x)\left(\frac{y}{z}\right)^2y+\left(1-2\frac{y^2}{z^2}\right)y^2\end{aligned}$$

실제로 계산하면 실은 $(y+x)^2\left(\frac{y}{z}\right)^2=483.656646$이고 정종은 $2(y+x)\left(\frac{y}{z}\right)^2=33.471$이며 부우는 $1-2\left(\frac{y}{z}\right)^2=-0.158167757$이므로, 다음을 얻는다.

$$483.656646=33.471y-0.158167757y^2,$$

즉 $-0.158167757y^2+33.471y-483.656646=0$

$$y=15.6, \quad x=28.9-y=13.3$$

$$z^2=x^2+y^2=420.25, \quad z=20.5$$

☞ **역자 주 3:** 구, 고, 현을 각각 x, y, z라고 하면 다음 관계가 성립한다.

$$y+x=28.9 \cdots\cdots ①, \quad \frac{y}{z}=0.7\frac{2.5}{41}=\frac{31.2}{41} \cdots\cdots ②, \quad z^2=x^2+y^2 \cdots\cdots ③$$

①,②→③: $(28.9-y)^2+y^2=\left(\frac{41y}{31.2}\right)^2,$

$$265.88y^2-56,264.832y+813,026.8224=0, \quad y=15.6 \cdots\cdots ④$$

④→①,②: $x=28.9-y=13.3, \quad z=\frac{41y}{31.2}=20.5$

【51】 구고화는 105자 7치이고, 구로 현을 나누면 22자 $5\frac{1}{9}$치를 얻는다. 구, 고, 현을 묻는다.
勾股和一百五尺七寸 勾除弦 得二十二尺五寸九分寸之一 問勾股弦

답 구 4자 5치, 고 101자 2치, 현 101자 3치
答 勾四尺五寸 股一百一尺二寸 弦一百一尺三寸

해법 구고화의 제곱을「이에 분모의 제곱을 곱하여」실이라 하고, 구고화의 2배를「이에 분모의 제곱을 곱하여」정종이라고 하자. 소현을「분모와 곱하여 분자를 더하고」제곱하여 정이라 하고 2를「이에 분모의 제곱을 곱하고」부라고 하여, 이에 정과 부를 큰 수에서 작은 수를 뺀 나머지를 우라고 하자.「정의 나머지는 정우가 되고 부의 나머지는 부우가 된다.」평방을 풀면 원래의 구를 얻는다.
術曰 和冪「分母冪乘之」爲實 倍和「分母冪乘之」爲正從 小弦「通分納子」自乘爲正 以二「分母冪乘之」爲負 乃正負相減 餘爲隅「正餘爲正隅 負餘爲負隅」平方開 得元勾

해설 구고화의 제곱을 실이라고 하는 것은 곧 구와 고를 서로 곱한 적 2단과 현의 제곱 1단이다.「제6문을 보라.」구고화의 2배를 정종이라고 하는데, 고의 2배와 구의 2배의 합이다. 그러므로 소현의 제곱은 정우가 되는데, 실적의 현의 제곱을 뺀 바이다. 소구의 제곱의 2배는 부우가 된다. 종방에서 구의 2배를 뺀 바이다. 제52문은 이와 같다.
解 和冪爲實者 卽勾股相[17])積二段弦冪一段也「見第六問」倍和爲正從 卽二股二勾之共 故小弦冪爲正隅 所以減實積之弦冪也 小勾冪二爲負隅 所以去從方之二勾也 第五十二問同

☞ **역자 주 1:** 구, 고, 현을 각각 x, y, z라고 하면, '해법'에서는 $(y+x)^2$이 실이고 $2(y+x)$이 정종이며 $\left(\frac{z}{x}\right)^2-2$가 우인 평방을 풀어 x(구)를 구하고 있다. 즉, x에 관한 다음 이차 방정식을 풀고 있다.

---

17) '乘' 落字

$$(y+x)^2=2(y+x)x+\left(\frac{z^2}{x^2}-2\right)x^2 \cdots\cdots ①$$

'해설'에서는 식 ①의 정당성을 다음과 같이 밝히고 있다.

$$(y+x)^2=y^2+x^2+2xy=z^2+2yx=2yx+2x^2+z^2-2x^2$$
$$=2(y+x)x+\left(\frac{z^2}{x^2}-2\right)x^2$$

실제로 계산하면 실은 $(y+x)^2=11,172.49$이고 정종은 $2(y+x)=211.4$이며 정우는 $\left(\frac{z}{x}\right)^2-2 = \frac{40,884.76}{81}$이므로, 다음을 얻는다.

$$11,172.49=211.4x+\frac{40,884.76}{81}x^2,$$
$$\text{즉 } 40,884.76/81x^2+211.4x-11,172.49=0,$$
$$x=4.5, \quad y=105.7-x=101.2,$$
$$z^2=x^2+y^2=10,261.69, \quad z=101.3$$

☞ **역자 주 2:** 구, 고, 현을 각각 x, y, z라고 하면 다음 관계가 성립한다.

$$y+x=105.7 \cdots\cdots ①, \quad \frac{z}{x}=22.5\frac{0.1}{9}=\frac{202.6}{9} \cdots\cdots ②, \quad z^2=x^2+y^2 \cdots\cdots ③$$

①,②→③: $z^2=\left(22.5\frac{0.1x}{9}\right)^2=x^2+(105.7-x)^2,$

$$40,884.76x^2+17,123.4x-904,971.69=0, \quad x=4.5 \cdots\cdots ④$$

④→①,②: $y=105.7-x=101.2, \quad z=\frac{202.6x}{9}=101.3$

【52】 구고화는 83자 3치이고, 고로 현을 나누면 1자 2$\frac{70}{93}$치를 얻는다. 구, 고, 현을 묻는다.

勾股和八十三尺三寸 股除勾[18] 得一尺二寸九十三分寸之七十 問勾股弦

답 구 36자 8치, 고 46자 5치, 현 59자 3치

答 勾三十六尺八寸 股四十六尺五寸 弦五十九尺三寸

---

18) '勾'는 '弦'의 오기

해법 구고화의 제곱을 「이에 분모의 제곱을 곱하여」 실이라 하고, 구고화의 2배를 「이에 분모의 제곱을 곱하여」 정종이라 하자. 소현을 「분모와 곱하여 분자를 더하고」 제곱하여 정이라 하고 2를 「이에 분모의 제곱을 곱하여」 부라고 하여, 이에 정과 부를 큰 수에서 작은 수를 뺀 나머지를 우라 하자. 평방을 풀면 원래의 고를 얻는다.

術曰 和冪「分母冪乘之」爲實 倍和「分母冪乘之」爲正從 小弦「通分納子」自乘爲正 以二「分母冪乘之」爲負 乃正負相減 餘爲隅 平方開 得元股

☞ **역자 주 1:** 구, 고, 현을 각각 x, y, z라고 하면, '허법'에서는 $(y+x)^2$이 실이고 $2(y+x)$가 정종이며 $\left(\frac{z}{y}\right)^2-2$가 우인 평방을 풀어 y(고)를 구하고 있다. 즉, y에 관한 다음 이차 방정식을 풀고 있다.

$$(y+x)^2=2(y+x)y+\left(\frac{z^2}{y^2}-2\right)y^2 \quad \cdots\cdots①$$

제51문의 '해설'과 마찬가지로, 식 ①의 정당성을 다음과 같이 밝힐 수 있다.

$$(y+x)^2=y^2+x^2+2xy=z^2+2yx=2yx+2y^2+z^2-2y^2$$
$$=2(y+x)y+\left(\frac{z^2}{y^2}-2\right)y^2$$

실제로 계산하면 실은 $(y+x)^2=6,938.89$이고 정종은 $2(y+x)=166.6$이며 부우는 $\left(\frac{z}{y}\right)^2-2=-0.373689$이므로, 다음을 얻는다.

$$6,938.89=166.6y-0.373689y^2,$$
$$\text{즉} \quad -0.373689y^2+166.6y-6,938.89=0,$$
$$y=46.5, \quad x=83.3-y=36.8,$$
$$z^2=x^2+y^2=3,516.49, \quad z=59.3$$

☞ **역자 주 2:** 구, 고, 현을 각각 x, y, z라고 하면 다음 관계가 성립한다.

$$y+x=83.3 \cdots\cdots①, \quad \frac{z}{y}=1.2\frac{7}{93}=\frac{118.6}{93} \cdots\cdots②, \quad z^2=x^2+y^2 \cdots\cdots③$$

$$①,②\to③: \quad \left(1.2\frac{7}{93}y\right)^2=(83.3-y)^2+y^2,$$

$$3,232.04y^2-1,440,923.4y+60,014,459.61=0,\quad y=46.5\ \cdots\cdots④$$

④→①,②: $x=83.3-y=36.8,\quad z=\dfrac{118.6y}{93}=59.3$

【53】 고현화는 122자 5치이고, 구로 현을 나누면 1자 $7\frac{37}{77}$치를 얻는다. 구, 고, 현을 묻는다.

股弦和一百二十二尺五寸 勾除弦 得一尺七寸七十七分寸之三十七 問勾股弦

답 구 38자 5치, 고 55자 2치, 현 67자 3치

答 勾三十八尺五寸 股五十五尺二寸 弦六十七尺三寸

해법 고현화의 제곱을 「분모와 곱하여」 실이라 하고, 고현화의 2배를 소현에 곱하여 「분모와 곱하고 분자를 더하여」 정종이라 하며, 1을 「분모와 곱하여」 부우라 하자. 평방을 풀면 원래의 구를 얻는다.

術曰 和冪「通分」爲實 倍和乘小弦「通分納子」爲正從 以一「通分」爲負隅 平方開 得元勾

해설 고현화의 제곱을 실이라고 하는 것은 곧 고와 현을 서로 곱한 적과 현의 제곱 각 2단에서 구의 제곱 1단을 뺀 것이다. 「제47문을 보라.」 고현화의 2배를 소현에 곱한 것은 곧 구로 고와 현을 서로 곱한 적과 현의 제곱 각 2단을 나눈 수이다. 그러므로 정종이라 하고, 1을 부우라고 한다. 실적에 구의 제곱을 더하는 바이다. 제54문은 이와 같다.

解 和冪爲實者 卽股弦相乘積弦冪各二段 内少勾冪一段也「見第四十七問」 倍和乘小弦 卽以勾除股弦相乘積弦冪各二段之數 故爲正從 而以一爲負隅 所以益實積之勾冪也 第五十四問同

☞ **역자 주 1:** 구, 고, 현을 각각 x, y, z라고 하면, '해법'에서는 $(z+y)^2$이 실이고 $2(z+y)\left(\dfrac{z}{x}\right)$이 정종이며 1이 부우인 평방을 풀어 x(구)를 구하고 있다. 즉, x에 관한 다음 이차 방정식을 풀고 있다.

$$(z+y)^2=2(z+y)\left(\frac{z}{x}\right)x-x^2 \quad \cdots\cdots①$$

'해설'에서는 식 ①의 정당성을 다음과 같이 밝히고 있다.

$$(z+y)^2=z^2+y^2+2zy=2z^2+2zy+y^2-z^2=2(z+y)z-x^2$$
$$=2(z+y)\left(\frac{z}{x}\right)x-x^2$$

실제로 계산하면 실은 $(z+y)^2=15,006.25$이고 정종은 $2(z+y)\left(\frac{z}{x}\right)=428.2727$이므로, 다음을 얻는다.

$$15,006.25=428.2727x-x^2, \quad \text{즉} \quad -x^2+428.2727x-15,006.25=0$$
$$x=38.5, \quad z=\frac{134.6}{77}x=67.3,$$
$$y^2=z^2-x^2=3,047.04, \quad y=55.2$$

☞ **역자 주 2:** 구, 고, 현을 각각 x, y, z라고 하면 다음 관계가 성립한다.

$$z+y=122.5 \quad \cdots\cdots①, \quad \frac{z}{x}=1.7\frac{3.7}{77}=\frac{134.6}{77} \quad \cdots\cdots②, \quad z^2=x^2+y^2 \quad \cdots\cdots③$$

①,②→③: $z^2=\left(\dfrac{z}{1.7\frac{3.7}{77}}\right)^2+(122.5-z)^2,$

$$5,929z^2-4,438,704.2z+271,870,632.25=0, \quad z=67.3 \quad \cdots\cdots④$$

④→①,②: $y=122.5-z=55.2, \quad x=\dfrac{77z}{134.6}=38.5$

【54】 구현화는 125자이고, 고로 현을 나누면 1자 $5\frac{4}{9}$푼을 얻는다. 구, 고, 현을 묻는다.

勾弦和一百二十五尺 股除弦 得一尺零五分九分分之四 問勾股弦

답 구 30자 1치, 고 90자, 현 94자 9치

答 勾三十尺一寸 股九十尺 弦九十四尺九寸

해법 구현화의 제곱을 「분모와 곱하여」 실이라 하고, 구현화의 2배를

소현에 곱하여「분모와 곱하고 분자를 더하여」정종이라 하며, 1을「분모와 곱하여」부우라 하자. 평방을 풀면 원래의 고를 얻는다.

術曰 和冪「通分」爲實 倍和乘小弦「通分納子」爲正從 以一「通分」爲負隅 平方開 得元股

☞ **역자 주 1:** 구, 고, 현을 각각 x, y, z라고 하면, '해법'에서는 $(z+x)^2$이 실이고 $2(z+x)\left(\frac{z}{y}\right)$가 정종이고 1이 부우인 평방을 풀어 y(고)를 구하고 있다. 즉, y에 관한 다음 이차 방정식을 풀고 있다.

$$(z+x)^2 = 2(z+x)\frac{z}{y}y - y^2 \quad \cdots\cdots ①$$

제53문의 '해설'과 마찬가지로, 식 ①의 정당성을 다음과 같이 밝힐 수 있다.

$$\begin{aligned}(z+x)^2 &= z^2 + x^2 + 2zx = 2z^2 + 2zx + x^2 - z^2 = 2(z+x)z - y^2 \\ &= 2(z+x)\left(\frac{z}{y}\right)y - y^2\end{aligned}$$

실제로 계산하면 실은 $(z+x)^2 = 15,625$이고 정종은 $2(z+x)\left(\frac{z}{y}\right) = 263.611$이므로, 다음을 얻는다.

$$15,625 = 263.611y - y^2, \quad \text{즉 } -y^2 + 263.611y - 15,625 = 0,$$

$$y = 90, \quad z = \frac{9.49}{9}y = 94.9,$$

$$x^2 = z^2 - y^2 = 906.01, \quad x = 30.1$$

☞ **역자 주 2:** 구, 고, 현을 각각 x, y, z라고 하면 다음 관계가 성립한다.

$$z + x = 125 \ \cdots\cdots ①, \quad \frac{z}{y} = 1.05\frac{0.04}{9} = \frac{9.49}{9} \ \cdots\cdots ②, \quad z^2 = x^2 + y^2 \ \cdots\cdots ③$$

①,②→③: $z^2 = (125-z)^2 + \left(\frac{9z}{9.49}\right)^2,$

$$81z^2 - 22,515.025z + 1,407,189.0625 = 0, \quad z = 94.9 \ \cdots\cdots ④$$

④→①,②: $x = 125 - z = 30.1, \quad y = \frac{9z}{9.49} = 90$

【55】 구현차는 4자 5치이고, 고현차는 3자 6치 1푼이다. 구, 고, 현을 묻는다.
勾弦差四尺五寸 股弦差三尺六寸一分 問勾股弦

답 구 9자 3치 1푼, 고 10자 2치, 현 13자 8치 1푼
答 勾九尺三寸一分 股十尺二寸 弦十三尺八寸一分

해법 양차〔구현차와 고현차〕를 서로 곱하여 이를 2배로 하고 평방을 풀어 수를 얻는다. 양차에 더하면 곧 현이다. 「구현차에 더하면 곧 고이고, 고현차에 더하면 곧 구가 된다.」
術曰 兩差相乘 倍之 平方開 得數 加兩差卽弦 「內減勾弦差餘爲勾 內減股弦差餘爲股[19]」[20]

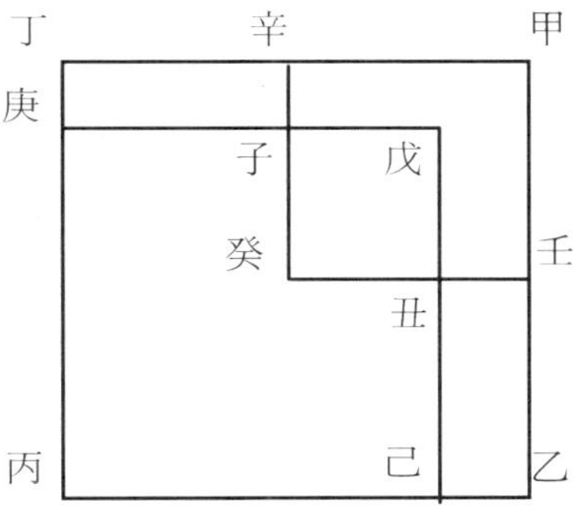

그림 해설 갑을병정은 현을 제곱한 정사각형이다. 그 안에서 고를 제곱한 정사각형인 무기병경을 빼고 남은 남는 바는 꺾쇠 모양 갑을기무경정인데, 곧 구를 제곱한 정사각형인 갑임계신의 넓이와 같다. 을기와 정경은 모두 고현교이고, 임을과 신정은 모두 구현교이다. 임을기축과 신자경정은 더불어 고현교와 구현교에 곱한 적 2단으로, 현화교의 제곱인 무축계자의 넓이와 같다. 「꺾쇠 모양 갑을기무경정 안에서 꺾쇠 모양 갑임축무자신을 뺀 나머지인 임을기축과 신자경정의 2개의 직사각형은 정사각형 갑임계신 안에서 꺾쇠 모양 갑임축무자신을 뺀 나머지인 정사각형 무축계자와 넓이가 서로 같다. 이렇게 구를 제곱한 적 안에서 이미 같은 것을 뺀 나머지는 반드시 서로 같다.」 그러므로 양차〔즉 구현교와 고현교〕를 서로 곱하고 2배로

---

19) "內減勾弦差餘爲勾 內減股弦差餘爲股"는 "加勾弦差卽股 加股弦差卽勾"로 바꾸어야 한다. 이와 관련해서 『주비산경』에는 다음과 같이 기록되어 있다. "兩差相乘 倍而開之 所得 以股弦差增之爲勾 以勾弦差增之爲股 兩差增之爲弦"

20) 원래의 주석을 번역하면 다음과 같다. "그 안에서 구현차를 뺀 나머지는 구가 되고, 고현차를 뺀 나머지는 고가 된다." 이는 그 앞의 현(弦)을 주어로 생각해야 뜻이 통한다. 즉, $z-(z-x)=x$이고 $z-(z-y)=y$이다.

하여 평방을 풀면 현화교를 얻는다. 기축의 구현교 및 신자의 고현교를 더하면 현이 된다. 이것부터 제57문까지는 서로 같다.

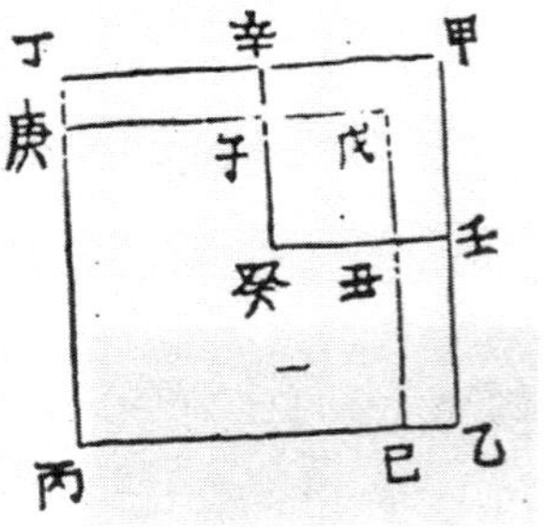

圖解　甲乙丙丁弦自乘方　内減戊己丙庚股自乘方所餘甲乙己戊庚丁磬折形　卽與甲壬癸辛勾自乘方等　乙己與丁庚皆爲股弦較　壬乙與辛丁皆爲勾弦較　而壬乙己丑與辛子庚丁　爲股弦較乘勾弦較積二段　與戊丑癸子弦和較冪等「甲乙己戊庚丁磬折形　内減甲壬丑戊子辛磬折形　餘爲壬乙己丑辛子庚丁二長方　甲壬癸辛正方形　内減甲壬丑戊子辛磬折形　餘爲戊丑癸子正方形同　是勾自乘積　内所減旣同則所餘必等」故兩差相乘倍之　開平方　得弦和較　加丑己勾弦較及辛子股弦較爲弦也　自此至第五十七問並同

☞ **역자 주 1:** 구, 고, 현을 각각 x, y, z라고 하면, '해법'에서는 먼저 다음과 같이 양차, 즉 구현차와 고현차로부터 현화교 $x+y-z$를 얻는다.

$$\sqrt{2(z-y)(z-x)} = x+y-z$$

그리고 이를 이용해서 다음과 같이 구, 고, 현을 얻는다.

현: $(x+y-z)+(z-x)+(z-y)=z$

고: $(x+y-z)+(z-x)=y$

구: $(x+y-z)+(z-y)=x$

'그림 해설'에서는 한 변의 길이가 현인 정사각형 안에 그린 한 변의 길이가 각각 고와 구인 정사각형을 이용해서 위에서 현화교를 구한 식의 정당성을 밝히고 있다. 그 과정을 요약하면 다음과 같다.

▟갑을기무경정＝□갑을병정－□무기병경＝□갑임계신,

▟갑을기무경정－▟갑임축무자신＝□갑임계신－▟갑임축무자신,

□임을기축＋□신자경정＝□무축계자,

$2(z-y)(z-x)=(x+y-z)^2$

실제로 $z-x=4.5$이고 $z-y=3.61$이므로 다음을 얻는다.

현화교: $x+y-z=\sqrt{2(z-y)(z-x)}=\sqrt{2\times4.5\times3.61}=\sqrt{32.49}=5.7$

현: $z=(x+y-z)+(z-x)+(z-y)=5.7+4.5+3.61=13.81$

구: $x=z-(z-x)=13.81-4.5=9.31$

고: $y=z-(z-y)=13.81-3.61=10.2$

☞ **역자 주 2:** 구, 고, 현을 각각 x, y, z라고 하면 다음 관계가 성립한다.

$z-x=4.5$ ……①, $z-y=3.61$ ……②, $z^2=x^2+y^2$ ……③

①,②→③: $z^2=(z-4.5)^2+(z-3.61)^2$,

$z^2-16.22z+33.2821=0$, $z=13.81$ ……④

④→①,②: $x=z-4.5=9.31$, $y=z-3.61=10.2$

【56】 구고차는 17자 5치 1푼이고, 구현차는 18자이다. 구, 고, 현을 묻는다.
勾股差十七尺五寸一分 勾弦差十八尺 問勾股弦

답 구 4자 6치 9푼, 고 22자 2치, 현 22자 6치 9푼
答 勾四尺六寸九分 股二十二尺二寸 弦二十二尺六寸九分

해법 양차를 서로 빼고〔구현차에서 구고차를 빼고〕 이를 2배로 하며 이에 구현차를 곱하여 실이라고 하자. 평방을 풀어 얻은 수〔현화고〕에 구현차를 더하면 곧 고이다. 고에서 구고차를 빼면 곧 구이다. 구에 구현차를 더하면 곧 현이다.「양차의 큰 수에서 작은 수를 빼면〔구현차에서 구고차를 빼면〕 곧 고현차를 얻는다.」
術曰 兩差相減倍之 以勾弦差乘之爲實 平方開 得數 加勾弦差 卽股 股(21))減勾股差 卽勾 勾加勾弦差 卽弦「兩差相減 卽得股弦差」

☞ **역자 주 1:** 구, 고, 현을 각각 x, y, z라고 하면, '해법'에서는 다음과 같이 먼저 양차를 서로 빼서, 즉 구현차에서 구고차를 빼서 고현차를 얻는다.

$(z-x)-(y-x)=z-y$

이제, 구현차와 고현차를 얻었으므로 제55문과 같이 진행할 수 있다.

'해법'의 과정을 실제로 계산하면, $y-x=17.51$이고 $z-x=18$이므로 다음과 같다.

21) '內' 낙자

고현차: $z-y=(z-x)-(y-x)=18-17.51=0.49$

현화교: $x+y-z=\sqrt{2(z-y)(z-x)}=\sqrt{2\times0.49\times18}=\sqrt{17.64}=4.2$

고: $y=(x+y-z)+(z-x)=4.2+18=22.2$

구: $x=y-(y-x)=22.2-17.51=4.69$

현: $z=x+(z-x)=4.69+18=22.69$

☞ **역자 주 2:** 구, 고, 현을 각각 x, y, z라고 하면 다음 관계가 성립한다.

$y-x=17.51$ ……①, $z-x=18$ ……②, $z^2=x^2+y^2$ ……③

①,②→③: $(x+18)^2=x^2+(x+17.51)^2$,

$x^2-0.98x-17.3999=0$, $x=4.69$ ……④

④→①,②: $y=x+17.51=22.2$, $z=x+18=22.69$

【57】 구고차는 5자 2치 9푼이고, 고현차는 2자이다. 구, 고, 현을 묻는다.

勾股差五尺二寸九分 股弦差二尺 問勾股弦

답 구 7자 4치, 고 12자 6치 9푼, 현 14자 6치 9푼

答 勾七尺四寸 股十二尺六寸九分 弦十四尺六寸九分

해법 양차〔구고차와 고현차〕를 서로 더하고 이 2배로 하여 이에 고현차를 곱하여 실이라고 하자. 평방을 풀어 얻은 수에 고현차를 더하면 곧 구이다. 구를 구고차에 더하면 곧 고이고, 고를 고현차에 더하면 곧 현이다.「양차를 서로 더하면 곧 구현차를 얻는다.」

術曰 兩差相倂 倍之 以股弦差乘之 爲實 平方開 得數 以加股弦差 卽勾 勾加勾股差 卽股 股加股弦差 卽弦「兩差相倂 卽得勾弦差」

☞ **역자 주 1:** 구, 고, 현을 각각 x, y, z라고 하면, 해법에서는 다음과 같이 먼저 양차, 즉 구고차와 고현차를 더해서 구현차를 구한다.

$(y-x)+(z-y)=z-x$

이제, 구현차와 고현차를 얻었으므로 제55문과 같이 진행할 수 있다.

'해법'의 과정을 실제로 계산하면, $y-x=5.29$이고 $z-y=2$이므로 다음과 같다.

구현차: $z-x=(y-x)+(z-y)=5.29+2=7.29$

현화교: $x+y-z=\sqrt{2(z-y)(z-x)}=\sqrt{2\times2\times7.29}=\sqrt{29.16}=5.4$

구: $x=(x+y-z)+(z-y)=5.4+2=7.4$

고: $y=x+(y-x)=7.4+5.29=12.69$

현: $z=y+(z-y)=12.69+2=14.69$

☞ **역자 주 2:** 구, 고, 현을 각각 x, y, z라고 하면 다음 관계가 성립한다.

$y-x=5.29$ ……①, $z-y=2$ ……②, $z^2=x^2+y^2$ ……③

①,②→③: $(y+2)^2=(y-5.29)^2+y^2$,

$y^2-14.58y+23.9841=0$, $y=12.69$ ……④

④→①,②: $x=y-5.29=7.4$, $z=y+2=14.69$

【58】 구고차는 4자 7치이고, 구와 고를 서로 곱한 적은 4,084자 8푼이다. 구, 고, 현을 묻는다.
勾股差四尺七寸 勾股相乘 積四千零八十四尺八寸[22] 問勾股弦

답 구 61자 6치, 고 66자 3치, 현 90자 5치
答 勾六十一尺六寸 股六十六尺三寸 弦九十尺五寸

해법 적을 실이라 하고 구고차를 종이라 하며 1을 우라고 하자. 평방을 풀면 구를 얻는다.
術曰 以積爲實 以差爲從 以一爲隅 平方開 得勾

해설 구를 구고차에 더하면 고이다. 고를 구에 곱하면 곧 구와 고를 서로 곱한 적이 된다. 그러므로 적을 실이라 하고 구고차를 종이라고 하며 1을 우라고 하자. 평방을 풀면 구를 얻는다. 이것부터 제60문까지는 비록 구하는 바는 다르지만 해법은 서로 같다.
解 勾倂勾股差爲股也 以股乘勾 卽成勾股相乘積 故積爲實 差爲從 以一爲隅 開平方 得勾也 自此至第六十問 所求雖異 解則並同

---

22) 寸은 分의 오기

☞ **역자 주 1:** 구, 고, 현을 각각 x, y, z라고 하면, '해법'에서는 실이 yx이고 종이 $y-x$이며 우가 1인 평방을 풀어서 구(x)를 구하고 있다. 즉 x에 관한 다음 이차 방정식을 풀고 있다.

$yx=(y-x)x+x^2$ ……①

$4,084.08=4.7x+x^2,\quad x^2+4.7x-4,084.08=0,\quad x=61.6,$

$y=x+4.7=66.3,\quad z^2=x^2+y^2=8,190.25,\quad z=90.5$

'해설'에서는 식 ①의 정당성을 "구를 구고차에 더하면 고"라는 말로 다음과 같이 밝히고 있다.

$yx=\{(y-x)+x\}x$

☞ **역자 주 2:** 구, 고, 현을 각각 x, y, z라고 하면 다음 관계가 성립한다.

$y-x=4.7$ ……①, $yx=4,084.08$ ……②, $z^2=x^2+y^2$ ……③

① → ②: $x(x+4.7)=4,084.8,$

$x^2+4.7x-4,084.8=0,\quad x=61.6$ ……④

④ → ①: $y=x+4.7=66.3$ ……⑤

④,⑤→③: $z^2=61,6^2+66.3^2=8,190.25=90.5^2,\quad z=90.5$

【59】 구현차는 5자 2치 9푼이고, 구와 현을 서로 곱한 적은 137자 12치 40푼이다. 구, 고, 현을 묻는다.
勾弦差五尺二寸九分 勾弦相乘 積一百三十七尺十二寸四十分 問勾股弦

답 구 9자 3치 6푼, 고 11자 2치 7푼, 현 14자 6치 5푼
答 勾九尺三寸六分 股十一尺二寸七分 弦十四尺六寸五分

☞ **역자 주 1:** 구, 고, 현을 각각 x, y, z라고 하면, 第58문의 해법에 따라 실이 zx이고 종이 $z-x$이며 우가 1인 평방, 즉 x(구)에 관한 다음과 같은 이차 방정식을 만들어 문제를 해결할 수 있다.

$zx=\{(z-x)+x\}x=(z-x)x+x^2,$

$137.1240=5.29x+x^2,\quad x^2+5.29x-137.1240=0,\quad x=9.36,$

$z=x+5.29=14.65,\quad y^2=z^2-x^2=127.0129,\quad y=11.27$

☞ **역자 주 2:** 구, 고, 현을 각각 x, y, z라고 하면 다음 관계가 성립한다.

$z-x=5.29$ ……①, $zx=137.1240$ ……②, $z^2=x^2+y^2$ ……③

① → ②: $x(x+5.29)=137.1240$,

$x^2+5.59x-137.1240=0$, $x=9.36$ ……④

④ → ①: $z=x+5.29=14.65$ ……⑤

④,⑤→③: $y^2=14.65^2-9.36^2=127.0129=11.27^2$, $y=11.27$

【60】 고현차는 3자 6치 1푼이고, 고와 현을 서로 곱한 적은 194자 40푼이다. 구, 고, 현을 묻는다.

股弦差三尺六寸一分 股弦相乘 積一百九十四尺零四十分 問勾股弦

답 구 10자 7푼, 고 12자 2치 4푼, 현 15자 8치 5푼

答 勾十尺七分, 股十二尺二寸四分, 弦十五尺八寸五分

☞ **역자 주 1:** 구, 고, 현을 각각 x, y, z라고 하면, 제58문의 해법에 따라 실이 zy이고 종이 $z-y$이며 우가 1인 평방, 즉 y(고)에 관한 다음 이차 방정식을 만들어 문제를 해결할 수 있다.

$zy=\{(z-y)+y\}y=(z-y)y+y^2$,

$194.0040=3.61y+y^2$, $y^2+3.61y-194.0040=0$

$y=12.24$, $z=y+3.61=15.85$,

$x^2=z^2-y^2=114.49$, $x=10.7$

☞ **역자 주 2:** 구, 고, 현을 각각 x, y, z라고 하면 다음 관계가 성립한다.

$z-y=3.61$ ……①, $zy=194.0040$ ……②, $z^2=x^2+y^2$ ……③

① → ②: $y(y+3.61)=194.0040$,

$y^2+3.61y-194.0040=0$, $y=12.24$ ……④

④ → ①: $z=y+3.61=15.85$ ……⑤

④,⑤→③: $x^2=z^2-y^2=101.4049=10.07^2$, $x=10.07$

【61】 구현차는 7자 2치 2푼이고, 구와 고를 서로 곱한 적은 80자

62치 8푼이다. 구, 고, 현을 묻는다.
勾弦差七尺二寸二分 勾股相乘 積八十尺六十二寸八分 問勾股弦

답 구 6자 6치 3푼, 고 12자 1치 6푼, 현 13자 8치 5푼
答 勾六尺六寸三分 股十二尺一寸六分 弦十三尺八寸五分

해법 적을 제곱하여 실이라 하고, 구현차를 제곱하여 하렴이라 하며, 구현차의 2배를 우라고 하자. 입방을 풀면 구를 얻는다.
術曰 積自乘爲實 差自乘爲下廉 倍差爲隅 立方開 得勾

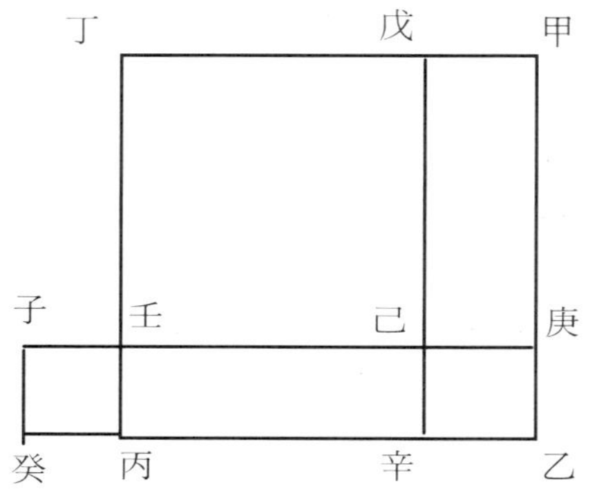

그림 해설 정사각형 갑을병정의 넓이는 현의 제곱인데, 직사각형 무기임정의 넓이인 구의 제곱을 뺀 나머지는 꺾쇠 모양 갑을병임기무의 넓이인 고의 제곱이다. 그리고 작은 정사각형 경을신기의 넓이는 곧 구현차의 제곱이며, 갑경기무와 기신병임의 넓이는 모두 구를 구현차에 곱한 적 2단이다. 그러므로 고의 제곱에서 구현차의 제곱「작은 정사각형 경을신기」을 뺀 나머지를 반으로 자르고 구현차「갑무」로 이를 나누면 구「무기」를 얻는다. 만일 구현차의 제곱「작은 정사각형 임병계자」을 〔고의 제곱에서 구현차의 제곱을 뺀〕 나머지의 절반에 더하고 이를 구현차로써 나누면 현「갑을」을 얻는다. 「구의 제곱이 고현차의 제곱 1단과 고를 고현차에 곱한 적 2단의 합이 되는 이치와 같다.」 이제 적의 제곱을 실이라고 하는 것은 곧 구의 제곱과 고의 제곱을 서로 곱한 적이다. 차의 제곱이 종하렴이 되고 구현차의 2배가 우가 되면 곧 하렴은 고의 제곱을 얻는다. 「우의 2배에 구를 곱하면 구를 구현차에 곱한 적 2단과 구현차의 제곱을 얻는다. 그러므로 고의 제곱이 된다.」 그러므로 입방을 풀면 구를 얻는다. 제 62문은 이와 같다.
圖解 甲乙丙丁弦自乘方 內減戊己壬丁勾自乘方 餘甲乙丙壬己戊磬折形 爲

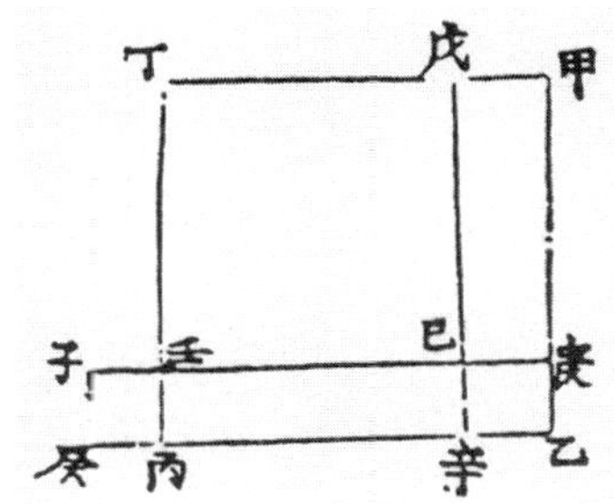

股冪 而庚乙辛己小方 卽勾弦差冪 甲庚己戊與己辛丙壬 爲勾乘勾弦差積二段 故股冪內減勾弦差冪「庚乙辛己小方」餘折半 以勾弦差 「甲戊」除之 得勾「戊己」也 若加勾弦差冪 「壬丙癸子小方」 餘折半以勾弦差除之 得弦「甲乙」也 「勾冪爲股弦差冪一段 股乘股弦差積二段之理同」今積自乘爲實者 卽勾冪股冪相乘積也 以差冪從下廉 倍差爲隅 則下廉得股冪「勾乘二隅 得勾乘勾弦差積二段 倂勾弦差冪 故爲股冪」故開立方 得勾 第六十二問同

☞ **역자 주 1:** 구, 고, 현을 각각 x, y, z라고 하면, '해법'에서는 $(yx)^2$이 실이고 $(z-x)^2$이 하렴이며 $2(z-x)$가 우인 입방을 풀어 x(구)를 구하고 있다. 즉, x에 관한 다음 삼차 방정식을 풀고 있다.

$$(yx)^2=(z-x)^2x^2+2(z-x)x^3 \quad \cdots\cdots ①$$

'그림 해설'에서는 식 ①의 정당성을 밝히기 위하여 한 변의 길이가 현과 구인 두 개의 정사각형을 함께 그리고 다음을 확인했다.

□갑을병정－□무기임정＝꺾쇠 갑을병임기무

＝□경을신기＋□갑경기무＋□기신병임,

$$z^2-x^2=y^2=(z-x)^2+2(z-x)x$$

그러므로 다음과 같이 식 ①이 성립한다.

$$(yx)^2=y^2x^2=\{(z-x)^2+2(z-x)x\}x^2=(z-x)^2x^2+2(z-x)x^3$$

실제로 계산하면 실은 $(yx)^2=6,499.71339264$이고 하렴은 $(z-x)^2=52.1284$이며 우는 $2(z-x)=14.44$이므로, 다음을 얻는다.

$$6,499.71339264=52.1284x^2+14.44x^3,$$

$$\text{즉}\ \ 14.44x^3+52.1284x^2-6,499.71339264=0,$$

$$x=6.63, \quad z=x+7.22=13.85,$$

$$y^2=z^2-x^2=12.16^2, \quad y=12.16$$

☞ **역자 주 2:** 구, 고, 현을 각각 x, y, z라고 하면 다음 관계가 성립한다.

$$z-x=7.22 \cdots\cdots①, \quad yx=80.6208 \cdots\cdots②, \quad z^2=x^2+y^2 \cdots\cdots③$$

①,②→③: $(x+7.22)^2=x^2+\left(\dfrac{80.6208}{x}\right)^2,$

$$3.61x^3+13.0321x^2-1,624.92834816=0, \quad x=6.63 \cdots\cdots④$$

④ → ①: $z=x+7.22=13.85 \cdots\cdots⑤$

④,⑤→③: $y^2=z^2-x^2=12.16^2, \quad y=12.16$

【62】 고현차는 5자이고, 구와 고를 서로 곱한 적은 239자 40치이다. 구, 고, 현을 묻는다.
股弦差五尺 勾股相乘 積二百三十九尺四十寸 問勾股弦

답 구 14자, 고 17자 1치, 현 22자 1치
答 勾十四尺 股十七尺一寸 弦二十二尺一寸

해법 적을 제곱하여 실이라 하고, 고현차를 제곱하여 하렴이라 하며, 고현차의 2배를 우라고 하자. 입방을 풀면 고를 얻는다. 고로 적을 나누면 구를 얻고, 고를 고현차에 더하면 현을 얻는다.
術曰 積自乘爲實 差自乘爲下廉 倍差爲隅 立方開 得股 股除積 得勾 股加差 得弦

☞ **역자 주 1:** 구, 고, 현을 각각 x, y, z라고 하면, '해법'에서는 $(yx)^2$이 실이고 $(z-y)^2$이 하렴이며 $2(z-y)$가 우인 입방을 풀어 y(고)를 구하고 있다. 즉, y에 관한 다음 삼차 방정식을 풀고 있다.

$$(yx)^2=(z-y)^2y^2+2(z-y)y^3 \cdots\cdots①$$

제61문의 '그림 해설'과 같이, 식 ①의 정당성을 다음과 같이 밝힐 수 있다.

$$(yx)^2=x^2y^2=\{(z-y)^2+2(z-y)y\}y^2=(z-y)^2y^2+2(z-y)y^3$$

실제로 계산하면 실은 $(yx)^2=57,312.36$이고 하렴은 $(z-y)^2=25$이며 우는 $2(z-y)=10$이므로, 다음을 얻는다.

$$57,312.36=25y^2+10y^3, \quad 즉 \quad 10y^3+25y^2-57,312.36=0$$

$y = 17.1$, $z = y + 5 = 22.1$,
$x^2 = z^2 - y^2 = 196$, $x = 14$

☞ **역자 주 2:** 구, 고, 현을 각각 x, y, z라고 하면 다음 관계가 성립한다.

$z - x = 5$ ……①, $yx = 239.40$ ……②, $z^2 = x^2 - y^2$ ……③

①,②→③: $(y+5)^2 = y^2 + \left(\dfrac{239.4}{y}\right)^2$,

$10y^3 + 25y^2 - 57,312.36 = 0$, $y = 17.1$ ……④

④ → ①: $z = y + 5 = 22.1$ ……⑤

④,⑤→③: $x^2 = z^2 - y^2 = 14^2$, $x = 14$

【63】 고현차는 1치 8푼이고, 구와 현을 서로 곱한 적은 23자 76치 60푼이다. 구, 고, 현을 묻는다.
股弦差一寸八分 勾弦相乘 積二十三尺七十六寸六十分 問勾股弦

답 구 2자 4푼, 고 11자 4치 7푼, 현 11자 6치 5푼
答 勾二尺零四分 股十一尺四寸七分 弦十一尺六寸五分

해법 적의 제곱을 실이라 하고, 고현차의 제곱을 부하렴이라 하며, 고현차의 2배를 정우라고 하자. 입방을 풀면 현을 얻는다.
術曰 積自乘爲實 差自乘爲負下廉 倍差爲正隅 立方開 得弦

해설 구와 현을 서로 곱한 적을 제곱하여 실이라고 한 것은 곧 구의 제곱과 현의 제곱을 서로 곱한 적이다. 현을 고현차에 곱한 적을 2배로 하고 그 안에서 고현차의 제곱에서 뺀 나머지는 구의 제곱이다. 「제61문을 보라.」 이제 고현차의 제곱을 부하렴으로 하고 고현차의 2배를 정우로 하면 곧 하렴은 구의 제곱을 얻는다. 「현을 우의 2배에 곱하면 현을 고현차에 곱한 적 2단을 얻는데, 그 안에서 고현차의 제곱을 빼므로로 구의 제곱이 된다.」 그러므로 입방을 풀면 현을 얻는다. 제64문은 이와 같다.
解 勾弦相乘積自乘爲實者 卽勾冪弦冪相乘積也 弦乘股弦差積倍之 內減股弦差冪 餘爲勾冪 「見第六十一問」 今以差冪爲負下廉 倍差爲正隅

則下廉 得勾冪「弦乘二隅 得弦乘股弦差積二段 内減股弦差冪 故爲勾冪」故開立方 得弦 第六十四問同

☞ **역자 주 1:** 구, 고, 현을 각각 x, y, z라고 하면, '해법'에서는 $(zx)^2$이 실이고 $(z-y)^2$이 부하렴이며 $2(z-y)$가 정우인 입방을 풀어 z(현)을 구하고 있다. 즉, z에 관한 다음 삼차 방정식을 풀고 있다.

$$(zx)^2 = -(z-y)^2 z^2 + 2(z-y)z^3 \cdots\cdots ①$$

'해설'에서는 식 ①이 정당함을 제61문을 참조하여 다음과 같이 밝히고 있다.

$$(zx)^2 = x^2 z^2 = \{2(z-y)z - (z-y)^2\} z^2$$

실제로 계산하면 실은 $(zx)^2 = 564.822756$이고 부하렴은 $(z-y)^2 = 0.0324$이며 정우는 $2(z-y) = 0.36$이므로, 다음을 얻는다.

$$564.822756 = -0.0324z^2 + 0.36z^3,$$

$$\text{즉} \quad 0.36z^3 - 0.0324z^2 - 564.822756 = 0,$$

$$z = 11.65, \quad y = z - 0.18 = 11.47,$$

$$x^2 = z^2 - y^2 = 4.1616, \quad x = 2.04$$

☞ **역자 주 2:** 구, 고, 현을 각각 x, y, z라고 하면 다음 관계가 성립한다.

$$z - x = 0.18 \cdots\cdots ①, \quad zx = 23.766 \cdots\cdots ②, \quad z^2 = y^2 + x^2 \cdots\cdots ③$$

①,②→③: $z^2 = \left(\dfrac{23.766}{z}\right)^2 + (z - 0.18)^2,$

$$0.36z^3 - 0.0324z^2 - 564.822756 = 0, \quad z = 11.65 \cdots\cdots ④$$

④→①,②: $y = z - 0.18 = 11.47, \quad x = 2.04$

【64】 구현차는 8자이고, 고와 현을 서로 곱한 적은 261자 81치 20푼이다. 구, 고, 현을 묻는다.
勾弦差八尺 股弦相乘 積二百六十一尺八十一寸二十分 問勾股弦

답 구 9자 6치 9푼, 고 14자 8치, 현 17자 6치 9푼
答 勾九尺六寸九分 股十四尺八寸 弦十七尺六寸九分

해법 적의 제곱을 실이라 하고, 구현차의 제곱을 부하렴이라 하며 구현차의 2배를 정우라고 하자. 입방을 풀면 현을 얻는다. 현으로 적을 나누면 곧 고이고, 현에서 차를 빼면 구를 얻는다.

術曰 積自乘爲實 差自乘爲負下廉 倍差爲正隅 立方開 得弦 弦除積 卽股弦(23))減差 卽勾

☞ **역자 주 1:** 구, 고, 현을 각각 x, y, z라고 하면, '해법'에서는 $(zy)^2$이 실이고 $(z-x)^2$이 부하렴이며 $2(z-x)$가 정우인 입방을 풀어 z(현)을 구하고 있다. 즉, z에 관한 다음 삼차 방정식을 풀고 있다.

$$(zy)^2 = -(z-x)^2z^2 + 2(z-x)z^3 \quad \cdots\cdots ①$$

제63문의 '해설'과 마찬가지로 식 ①이 정당함을 다음과 같이 밝힐 수 있다.

$$(zy)^2 = y^2z^2 = \{2(z-x)z - (z-x)^2\}z^2$$

실제로 계산하면 실은 $(zy)^2 = 68,545.523344$이고 부하렴은 $(z-x)^2 = 64$이며 정우는 $2(z-x) = 16$이므로, 다음을 얻는다.

$$68,545.523344 = -64z^2 + 16z^3, \quad 즉 \quad 16z^3 - 64z^2 - 68,545.523344 = 0,$$
$$z = 17.69, \quad x = z - 8 = 9.69,$$
$$y^2 = z^2 - x^2 = 219.04, \quad y = 14.8$$

☞ **역자 주 2:** 구, 고, 현을 각각 x, y, z라고 하면 다음 관계가 성립한다.

$$z - x = 8 \cdots\cdots ①, \quad zy = 261.8120 \cdots\cdots ②, \quad z^2 = x^2 + y^2 \cdots\cdots ③$$

①,②→③: $z^2 = (z-8)^2 + \left(\frac{261.812}{z}\right)^2,$

$$z^3 - 4z^2 - 4,284.095209 = 0, \quad z = 17.69 \cdots\cdots ④$$

④→①,②: $x = z - 8 = 9.69, \quad y = 14.8$

【65】 구고차는 5자 5치 3푼이고, 구와 현을 서로 곱한 적은 179자 58치이다. 구, 고, 현을 묻는다.

勾股差五尺五寸三分 勾弦相乘 積一百七十九尺零五十八分[24]) 問勾股弦

23) '內' 낙자
24) '零五十八分'은 '五十八寸'의 오기

답 구 9자 8치 4푼, 고 15자 3치 7푼, 현 18자 2치 5푼
答 勾九尺八寸四分 股十五尺三寸七分 弦十八尺二寸五分

해법 적의 제곱을 실이라 하고, 구고차의 제곱을 상렴이라 하며, 구고차의 2배를 하렴이라 하고, 2를 우라고 하자. 삼승방을 풀면 구를 얻는다.
術曰 積自乘爲實 差自乘爲上廉 倍差爲下廉 以二爲隅 三乘方開 得勾

해설 구와 현을 서로 곱한 적을 제곱하여 실이라고 한 것은 곧 구의 제곱과 현의 제곱을 서로 곱한 적이다. 구와 고를 서로 곱한 적 2단 및 구고차의 제곱의 합은 현의 제곱이다.「제1문을 보라.」그러므로 2를 우라 하고 구를 이에 곱하고 구고차의 2배「즉 종하렴」를 더하면 고의 2배를 얻는다. 이에 구를 곱하고 또 구고차의 제곱「즉 종상렴」을 더하면 현의 제곱을 얻는다. 이에 구를 거듭 곱하고 실을 빼면 꼭 맞게 다한다.
解 勾弦相乘積自乘爲實者 卽勾冪弦冪相乘積也 勾股相乘積二段 及勾股差冪共爲弦冪「見第一問」故以二爲隅 以勾乘之加倍差「卽從下廉」得二股 仍以勾乘之又加差冪「卽從上廉」得弦冪 乃以勾連乘減實恰盡

☞ **역자 주 1:** 구, 고, 현을 각각 x, y, z라고 하면, '해법'에서는 $(zx)^2$이 실이고 $(y-x)^2$이 상렴이며 $2(y-x)$가 하렴이고 2가 우인 삼승방을 풀어 x(구)를 구하고 있다. 즉, x에 관한 다음 사차 방정식을 풀고 있다.

$$(zx)^2=(y-x)^2x^2+2(y-x)x^3+2x^4 \quad \cdots\cdots ①$$

'해설'에서는 식 ①의 정당성을 다음과 같이 밝히고 있자.

$$(zx)^2=z^2x^2=\{(y-x)^2+2yx\}x^2=\{(y-x)^2+2(y-x)x+2x^2\}x^2$$
$$=(y-x)^2x^2+2(y-x)x^3+2x^4$$

실제로 계산하면 실은 $(zx)^2=32,248.9764$이고 상렴은 $(y-x)^2=30.5809$이며 하렴은 $2(y-x)=11.06$이고 우는 2이므로, 다음을 얻는다.

$$32,248.9764=30.5809x^2+11.06x^3+2x^4,$$
$$\text{즉 } 2x^4+11.06x^3+30.5809x^2-32,248.9764=0,$$

$x=9.84,\quad y=x+5.58=15.37,\quad z=\dfrac{179.58}{x}=18.25,$

$z^2=x^2+y^2=333.0625\,z=18.25$

☞ **역자 주 2:** 구, 고, 현을 각각 x, y, z라고 하면 다음 관계가 성립한다.

$y-x=5.53$ ……①, $zx=179.58$ ……②, $z^2=x^2+y^2$ ……③

①,②→③: $\left(\dfrac{179.58}{x}\right)^2=x^2+(x+5.53)^2,$

$2x^4+11.06x^3+30.5809x^2-32,248.9764=0,\quad x=9.84$ ……④

④→①,②: $y=x+5.53=15.37,\quad z=18.25$

【66】 구고차는 7자 3치이고, 고와 현을 서로 곱한 적은 3,680자 16치이다. 구, 고, 현을 묻는다.
勾股差七尺三寸 股弦相乘 積三千六百八十尺十六寸 問勾股弦

답 구 45자 5치, 고 52자 8치, 현 69자 7치
答 勾四十五尺五寸 股五十二尺八寸 弦六十九尺七寸

해법 적의 제곱을 실이라 하고, 구고차의 제곱을 정상렴이라 하며, 구고차의 2배를 부하렴이라 하고, 2를 정우라고 하자. 삼승방을 풀면 고를 얻는다.
術曰 積自乘爲實 差自乘爲正上廉 倍差爲負下廉 以二爲正隅 三乘方開 得股

해설 제65문과 서로 같다. 「고를 우의 2배에 곱한다. 그러므로 구고차의 2배로 한 것은 부하렴이 되어 서로 빼면 구의 2배를 얻는다.」
解 與第六十五問同「以股乘二隅 故倍差爲負下廉 相減 得二勾也」

☞ **역자 주 1:** 구, 고, 현을 각각 x, y, z라고 하면, 해법'에서는 $(zy)^2$이 실이고 $(y-x)^2$이 정상렴이며 $2(y-x)$가 부하렴이고 2가 정우인 삼승방을 풀어 y(고)를 구하고 있다. 즉 y에 관한 다음 사차 방정식을 풀고 있다.

$$(zy)^2 = (y-x)^2 y^2 - 2(y-x)y^3 + 2y^4 \quad \cdots\cdots ①$$

제65문의 '해설'과 마찬가지로, 식 ①의 정당성을 다음과 같이 밝힐 수 있다.

$$(zy)^2 = z^2y^2 = \{(y-x)^2 + 2yx\}y^2 = \{(y-x)^2 - 2(y-x)y + 2y^2\}x^2$$
$$= (y-x)^2y^2 - 2(y-x)y^3 + 2y^4$$

실제로 계산하면 실을 $(zy)^2 = 13,543,577.6256$이고 정상렴은 $(y-x)^2 = 53.29$이며 부하렴은 $2(y-x) = 14.6$이고 정우는 2이므로, 다음을 얻는다.

$$13,543,577.6256 = 53.29y^2 - 14.6y^3 + 2y^4,$$
$$\text{즉}\quad 2y^4 - 14.6y^3 + 53.29y^2 - 13,543,577.6256 = 0,$$
$$y = 52.8, \quad x = y - 7.3 = 45.5, \quad z = \frac{3,680.16}{y} = 69.7$$

☞ **역자 주 2:** 구, 고, 현을 각각 x, y, z라고 하면 다음 관계가 성립한다.

$$y - x = 7.3 \quad \cdots\cdots ①, \qquad zy = 3,680.16 \quad \cdots\cdots ②, \qquad z^2 = x^2 + y^2 \quad \cdots\cdots ③$$

①,②→③: $\left(\frac{3,680.16}{y}\right)^2 = (y-7.3)^2 + y^2,$

$$2y^4 - 14.6y^3 + 53.29y^2 - 13,543,577.6256 = 0, \qquad y = 52.8 \quad \cdots\cdots ④$$

④ → ①: $x = y - 7.3 = 45.5$

④ → ②: $z = \frac{3,680.16}{y} = 69.7$

【67】 구고차는 76자 8치 7푼이고, 구로 고를 나누면 62자 4치 9푼 6리이다. 구, 고, 현을 묻는다.

勾股差七十六尺八寸七分 勾除股 得六十二尺四寸九分六釐 問勾股弦

답 구 1자 2치 5푼, 고 78자 1치 2푼, 현 78자 1치 3푼

答 勾一尺二寸五分 股七十八尺一寸二分 弦七十八尺一寸三分

해법 구고차를 실이라 하고, 소고에서 소구「1자」를 뺀 나머지를 소차라고 하자. 소차를 법이라 하여 나누면 원래의 구를 얻는다.

術曰 差爲實 小股內減小勾「一尺」 餘爲小差 爲法 除 得元勾

해설 소차는 곧 구로 구고차를 나눈 수이다. 그러므로 소차로 원래의 구고차를 나누면 구를 얻는다. 이것부터 제72문까지는 비록 구하는 바는 다르지만, 해법은 서로 같다.

解 小差 卽以勾除差之數 故以小差除元差 得勾 自此至第七十二問 所求雖異 解則並同

☞ **역자 주 1:** 구, 고, 현을 각각 x, y, z라고 하면, '해법'에서는 실 $y-x$를 법 $\frac{y}{x}-1$로 나누어 x(구)를 구하고 있다. 즉, x에 관한 다음 일차 방정식을 풀고 있다.

$$y-x=\left(\frac{y}{x}-1\right)x$$

'해설'에서는 $\frac{y}{x}-1=\frac{y-x}{x}$이므로 위의 식이 정당하다고 밝히고 있다.

실제로 실은 $y-x=76.87$이고 법은 $\frac{y}{x}-1=61.496$이므로, 다음을 얻는다.

$$x=(y-x)\div\left(\frac{y}{x}-1\right)=1.25, \quad y=x+76.87=78.12,$$

$$z^2=x^2+y^2=6,104.2969, \quad z=78.13$$

☞ **역자 주 2:** 구, 고, 현을 각각 x, y, z라고 하면 다음 관계가 성립한다.

$$y-x=76.87 \cdots\cdots①, \quad \frac{y}{x}=62.492 \cdots\cdots②, \quad z^2=x^2+y^2 \cdots\cdots③$$

① → ②: $x+76.87=62.496x, \quad 61.496x=76.87, \quad x=1.25 \cdots\cdots④$

④ → ①: $y=x+76.87=78.12 \cdots\cdots⑤$

④,⑤→③: $z^2=x^2+y^2=6,104.2969=78.13^2, \quad z=78.13$

【68】 구고차는 4자 6치 3푼이고, 고로 구를 나누면 5치 $6\frac{40}{43}$푼을 얻는다. 구, 고, 현을 묻는다.

勾股差四尺六寸三分 股除勾 得五寸六分四十三分分之四十 問勾股弦

답 구 6자 1치 2푼, 고 10자 7치 5푼, 현 12자 3치 7푼

答 勾六尺一寸二分 股十尺七寸五分 弦十二尺三寸七分

해법 구고차를 「분모와 곱하여」 실이라 하고, 소구와 「분모와 곱하여 분자를 더하고」 소고를 「분모와 곱하여」 큰 수에서 작은 수를 빼서 소차라고 하자. 소차를 법이라 하여 실을 나누면 원래의 고를 얻는다. 고에서 구고차를 빼면 곧 구이다.

術曰 差「通分」爲實 小勾「通分納子」小股「通分」相減爲小差 爲法 除實 得元股 (25))減差 卽勾

☞ **역자 주 1:** 구, 고, 현을 각각 x, y, z라고 하면, '해법'에서는 실 $y-x$를 법 $1-\frac{x}{y}$로 나누어 y(고)를 구하고 있다. 즉, y에 관한 다음 일차 방정식을 풀고 있다.

$$y-x=\left(1-\frac{x}{y}\right)y$$

실제로 실은 $y-x=4.63$이고 법은 $1-\frac{x}{y}=\frac{18.52}{43}$이므로, 다음을 얻는다.

$$y=(y-x)\div\left(1-\frac{x}{y}\right)=10.75,\quad x=y-4.63=6.12,$$

$$z^2=x^2+y^2=153.0169,\quad z=12.37$$

☞ **역자 주 2:** 구, 고, 현을 각각 x, y, z라고 하면 다음 관계가 성립한다.

$$y-x=4.63 \cdots\cdots①,\quad \frac{x}{y}=0.56\frac{0.4}{43}=\frac{24.48}{43} \cdots\cdots②,\quad z^2=x^2+y^2 \cdots\cdots③$$

① → ②: $x=\frac{24.48}{43}(x+4.63),\quad 43x-24.48x=113.3424,\quad x=6.12 \cdots\cdots④$

④ → ①: $y=x+4.63=10.75 \cdots\cdots⑤$

④,⑤→③: $z^2=x^2+y^2=153.0169=12.37^2,\quad z=12.37$

【69】 구현차는 72자 2치이고, 구로 현을 나누면 4자 3$\frac{25}{43}$치를 얻는다. 구, 고, 현을 묻는다.

勾弦差七十二尺二寸 勾除弦 得四尺三寸四十三分寸之二十五 問勾股弦

답 구 21자 5치, 고 91자 2치, 현 93자 7치

25) '內' 낙자

答　勾二十一尺五寸　股九十一尺二寸　弦九十三尺七寸

☞ **역자 주 1:** 구, 고, 현을 각각 x, y, z라고 하면, 다음이 성립한다.

$$z-x=\left(\frac{z}{x}-1\right)x$$

실제로 [실은] $z-x=72.2$이고 [법은] $\frac{z}{x}-1=\frac{144.4}{43}$이므로 다음을 얻는다.

$$x=(z-x)\div\left(\frac{z}{x}-1\right)=21.5,\quad z=x+72.2=93.7,$$

$$y^2=z^2-x^2=8,317.44,\quad y=91.2$$

☞ **역자 주 2:** 구, 고, 현을 각각 x, y, z라고 하면 다음 관계가 성립한다.

$$z-x=72.2\ \cdots\cdots①,\quad \frac{z}{x}=4.3\frac{2.5}{43}=\frac{187.4}{43}\ \cdots\cdots②,\quad z^2=x^2+y^2\ \cdots\cdots③$$

① → ②: $x+72.2=4.3\frac{2.5}{43}x=\frac{187.4x}{43}$, $144.4x=3,104.6$, $x=21.5$ ……④

④ → ①: $z=x+72.2=93.7$ ……⑤

④,⑤→③: $y^2=z^2-x^2=93.7^2-21.5^2=8,317.44=91.2^2$, $y=91.2$

【70】 구현차는 39자 2치이고, 현으로 고를 나누면 5치 7$\frac{23}{37}$푼을 얻는다. 구, 고, 현을 묻는다.

勾弦差三十九尺二寸 弦除勾 得五寸七分三十七分分之二十三 問勾股弦

답 구 53자 3치, 고 75자 6치, 현 92자 5치

答　勾五十三尺三寸　股七十五尺六寸　弦九十二尺五寸

☞ **역자 주 1:** 구, 고, 현을 각각 x, y, z라고 하면, 다음이 성립한다.

$$z-x=\left(1-\frac{x}{z}\right)z$$

실제로 [실은] $z-x=39.2$이고 [법은] $1-\frac{x}{z}=\frac{15.68}{37}$이므로 다음을 얻는다.

$$z=(z-x)\div\left(1-\frac{x}{z}\right)=92.5,\quad x=z-39.2=53.3,$$

$y^2 = z^2 - x^2 = 5,715.36, \quad y = 75.6$

☞ **역자 주 2:** 구, 고, 현을 각각 x, y, z라고 하면 다음 관계가 성립한다.

$$z - x = 39.2 \cdots\cdots①, \quad \frac{x}{z} = 0.57\frac{0.23}{37} = \frac{21.32}{37} \cdots\cdots②, \quad z^2 = x^2 + y^2 \cdots\cdots③$$

① → ②: $x = \left(0.57\frac{0.23}{37}\right)(x + 39.2) = \frac{21.32}{37}(x + 39.2)$,

$15.68x = 835.744, \quad x = 53.3 \cdots\cdots④$

④ → ①: $z = x + 39.2 = 92.5 \cdots\cdots⑤$

④,⑤→③: $y^2 = z^2 - x^2 = 5,715.36 = 75.6^2, \quad y = 75.6$

【71】 고현차는 8치이고, 고로 현을 나누면 1자 1 $\frac{3}{29}$ 푼을 얻는다. 구, 고, 현을 묻는다.

股弦差八寸 股除弦 得一尺零一分二十九分分之三 問勾股弦

답 구 10자 8치, 고 72자 5치, 현 73자 3치

答 勾十尺八寸 股七十二尺五寸 弦七十三尺三寸

☞ **역자 주 1:** 구, 고, 현을 각각 x, y, z라고 하면, 다음이 성립한다.

$$z - y = \left(\frac{z}{y} - 1\right)y$$

실제로 [실은] $z - y = 0.8$이고 [법은] $\frac{z}{y} - 1 = \frac{0.32}{29}$ 이므로 다음을 얻는다.

$y = (z - y) \div \left(\frac{z}{y} - 1\right) = 2.5 \times 29 = 72.5$,

$z = y + 0.8 = 73.3$,

$x^2 = z^2 - y^2 = 116.64, \quad x = 10.8$

☞ **역자 주 2:** 구, 고, 현을 각각 x, y, z라고 하면 다음 관계가 성립한다.

$$z - y = 0.8 \cdots\cdots①, \quad \frac{z}{y} = 1.01\frac{0.03}{29} = \frac{29.32}{29} \cdots\cdots②, \quad z^2 = x^2 + y^2 \cdots\cdots③$$

① → ②: $z = 1.01\frac{0.03}{29}y = \frac{29.32}{29}(z - 0.8)$,

$$29z = 29.32z - 23.456, \quad 0.32z = 23.456, \quad z = 73.3 \quad \cdots\cdots④$$

④ → ①: $y = z - 0.8 = 72.5 \cdots\cdots⑤$

④,⑤→③: $x^2 = z^2 - y^2 = 73.3^2 - 72.5^2 = 116.64 = 10.8^2, \quad x = 10.8$

【72】 고현차는 12자 1치이고, 현으로 고를 나누면 $7\frac{13}{85}$치를 얻는다. 구, 고, 현을 묻는다.
股弦差十二尺一寸 弦除股 得七寸八十五分寸之十三 問勾股弦

답 구 29자 7치, 고 30자 4치, 현 42자 5치
答 勾二十九尺七寸 股三十尺四寸 弦四十二尺五寸

☞ **역자 주 1:** 구, 고, 현을 각각 x, y, z라고 하면, 다음이 성립한다.

$$z - y = \left(1 - \frac{y}{z}\right)z$$

실제로 [실은] $z - y = 12.1$이고 [법은] $1 - \frac{y}{z} = \frac{24.2}{85}$이므로 다음을 얻는다.

$$z = (z - y) \div \left(1 - \frac{y}{z}\right) = 42.5, \quad y = z - 12.1 = 30.4,$$

$$x^2 = z^2 - y^2 = 882.09, \quad x = 29.7$$

☞ **역자 주 2:** 구, 고, 현을 각각 x, y, z라고 하면 다음 관계가 성립한다.

$$z - y = 12.1 \cdots\cdots①, \quad \frac{y}{z} = 0.7\frac{1.3}{85} = \frac{60.8}{85} \cdots\cdots②, \quad z^2 = x^2 + y^2 \cdots\cdots③$$

① → ②: $y = \frac{60.8}{85}(y + 12.1), \quad 24.2y = 735.68, \quad y = 30.4 \cdots\cdots④$

④ → ①: $z = y + 12.1 = 42.5 \cdots\cdots⑤$

④,⑤→③: $x^2 = z^2 - y^2 = 882.09 = 29.7^2, \quad x = 29.7$

【73】 고현차는 1치이고, 구로 고를 나누면 12자 4치 8푼을 얻는다. 구, 고, 현을 묻는다.
股弦差一寸 勾除股 得十二尺四寸八分 問勾股弦

답 구 2자 5치, 고 31자 2치, 현 31자 3치
答 勾二尺五寸 股三十一尺二寸 弦三十一尺三寸

해법 고현차의 제곱을 실이라 하고, 고현차의 2배를 소고에 곱하여 부종이라 하며 1을 정우라고 하자. 평방을 풀면 원래의 구를 얻는다.
術曰 差自乘爲實 倍差乘小股爲負從 以一爲正隅 平方開 得元勾

해설 고현차의 제곱 1단 및 고와 차의 곱 2단을 서로 더하면 구의 제곱과 같다.「제61문을 보라.」그러므로 고현차의 제곱은 실이 되고, 고현차의 2배와 소고의 곱하면 부종이 되며 부종은 실에서 빼는 바이다.「고현차의 2배와 소고의 곱은 곧 고를 고현차에 곱하고 구로 그것을 나누어 얻은 수이다. 그러므로 구를 이에 곱하면 고와 차의 곱 2단을 얻고 실에 더하면 구의 제곱을 얻는다.」이것부터 제76문까지는 비록 구하는 바는 다르지만 해법은 서로 같다.
解 差冪一段股乘差二段相併 與勾冪等「見第六十一問」故差冪爲實 倍差乘小股爲負從 負從所以益實也「倍差乘小股 卽以股乘差 以勾除之之數 故以勾乘之 得股乘差二段 益實得勾冪」自此至第七十六問 所求雖異 解則並同

☞ **역자 주 1:** 구, 고, 현을 각각 x, y, z라고 하면, '해법'에서는 $(z-y)^2$이 실이고 $2(z-y)\frac{y}{x}$가 부종[방]이며 1이 우인 평방을 풀어 x(구)를 구하고 있다. 즉, x에 관한 다음 이차 방정식을 풀고 있다.

$$(z-y)^2=-2(z-y)\frac{y}{x}x+x^2 \quad \cdots\cdots①$$

'해설'에서는 식 ①의 정당성을 밝히기 위해서, 먼저 제61문으로부터 다음 결과를 인용했다.

$$(z-y)^2+2y(z-y)=x^2$$

그러므로 다음과 같이 식 ①이 성립한다.

$$(z-y)^2=-2y(z-y)+x^2=-2(z-y)\frac{y}{x}x+x^2$$

실제로 계산하면 실은 $(z-y)^2=0.01$이고 부종은 $2(z-y)\frac{y}{x}=2.496$이며

우는 1이므로, 다음을 얻는다.

$$0.01 = -2.496x + x^2, \quad \text{즉} \quad x^2 - 2.496x - 0.01 = 0,$$
$$x = 2.5, \quad y = 12.48x = 31.2,$$
$$z = (z-y) + y = 0.1 + 31.2 = 31.3$$

☞ **역자 주 2:** 구, 고, 현을 각각 x, y, z라고 하면 다음 관계가 성립한다.

$$z - y = 0.1 \;\cdots\cdots①, \quad \frac{y}{x} = 12.48 \;\cdots\cdots②, \quad z^2 = x^2 + y^2 \;\cdots\cdots③$$

①,②→③: $(y+0.1)^2 = \left(\frac{y}{12.48}\right)^2 + y^2,$

$y^2 - 31.15008y - 1.557504 = 0, \quad y = 31.2 \;\cdots\cdots④$

④ → ①: $z = y + 0.1 = 31.3 \cdots\cdots⑤$

④,⑤→③: $x^2 = z^2 - y^2 = 2.5^2, \quad x = 2.5$

【74】 구현차는 62자 5치이고, 고로 구를 나누면 2치 8 $\frac{4}{33}$ 푼을 얻는다. 구, 고, 현을 묻는다.

勾弦差六十二尺五寸 股除勾 得二寸八分三十三分分之四 問勾股弦

답 구 23자 2치, 고 82자 5치, 현 85자 7치

答 勾二十三尺二寸 股八十二尺五寸 弦八十五尺七寸

여기서는 고를 구한다.「소구를 분모와 곱하여 분자를 더하고 구현차의 2배에 곱하면 부종방이 된다.」

此求股也「小勾通分納子 乘倍差 爲負從方」

☞ **역자 주 1:** 구, 고, 현을 각각 x, y, z라고 하면, 실이 $(z-x)^2$이고 부종방이 $2(z-x)\frac{x}{y}$이며 우가 1인 다음과 같은 평방을 풀어 y(고)를 구할 수 있다.

$$(z-x)^2 = -2(z-x)\frac{x}{y}y + y^2$$

실제로 계산하면 실은 $(z-x)^2 = 3{,}906.25$이고 부종방은 $2(z-x)\frac{x}{y} = 35.15$

이며 우가 1이므로, 다음을 얻는다.

$$3,906.25=-35.15y+y^2, \quad \text{즉} \quad y^2-35.15y-3,906.25=0,$$

$$y=82.5, \quad x=\frac{9.28}{33}y=23.2,$$

$$z=x+62.5=85.7$$

☞ **역자 주 2:** 구, 고, 현을 각각 x, y, z라고 하면 다음 관계가 성립한다.

$$z-x=62.5 \ \cdots\cdots ①, \quad \frac{x}{y}=0.28\frac{0.04}{33}=\frac{9.28}{33} \ \cdots\cdots ②, \quad z^2=x^2+y^2 \ \cdots\cdots ③$$

①,②→③: $(x+62.5)^2=x^2+\left(\dfrac{x}{\dfrac{9.28}{33}}\right)^2,$

$$1,089x^2-10,764.8x-336,400=0, \quad x=23.2 \ \cdots\cdots ④$$

④→①,②: $z=x+62.5=85.7, \quad y=\dfrac{33x}{9.28}=82.5$

【75】 구현차는 57자 8치이고, 고로 현을 나누면 1자 6 $\frac{1}{204}$ 푼을 얻는다. 구, 고, 현을 묻는다.
勾弦差五十七尺八寸 股除弦 得一尺零六分二百零四分分之一 問勾股弦

답 구 28자 7푼, 고 81자 6치, 현 86자 5치
答 勾二十八尺七寸 股八十一尺六寸 弦八十六尺五寸

이 번적에서는 고를 구한다. 「1을 분모와 곱하여 부우가 된다.」
此飜積求股也「以一通分爲負隅」

☞ **역자 주 1:** 구, 고, 현을 각각 x, y, z라고 하면, 실이 $(z-x)^2$이고 정종이 $2(z-x)\frac{z}{y}$이며 부우가 1인 다음과 같은 평방을 풀어 y(고)를 구할 수 있다.

$$(z-x)^2=2(z-x)\frac{z}{y}y-y^2$$

실제로 계산하면 실은 $(z-x)^2=3,340.84$이고 정종은 $2(z-x)\frac{z}{y}=122.54166$이며 부우는 1이므로 다음을 얻는다.

$3,340.84 = 122.54166y - y^2$, 즉 $-y^2 + 122.54166y - 3,340.84 = 0$,

$y = 81.6$, $z = \dfrac{216.25}{204} y = 86.5$,

$x^2 = z^2 - y^2 = 823.69$, $x = 28.7$

☞ **역자 주 2:** 구, 고, 현을 각각 x, y, z라고 하면 다음 관계가 성립한다.

$$z - x = 57.8 \cdots\cdots ①,\ \frac{z}{y} = 1.06\frac{0.01}{204} = \frac{216.25}{204} \cdots\cdots ②,\ z^2 = x^2 + y^2 \cdots\cdots ③$$

①,②→③: $z^2 = (z - 57.8)^2 + \left(\dfrac{z}{1.06\frac{0.01}{204}} \right)^2$,

$10,404z^2 - 1,351,481.40625z + 39,057,812.640625 = 0$,

$z = 86.5 \cdots\cdots ④$

④→①,②: $x = z - 57.8 = 28.7$, $y = \dfrac{204z}{216.25} = 81.6$

【76】 고현차는 1자 8치이고, 구로 현을 나누면 4자 $3\frac{71}{78}$치를 얻는다. 구, 고, 현을 묻는다.

股弦差一尺八寸 勾除弦 得四尺三寸七十八分寸之七十一 問勾股弦

답 구 15자 6치, 고 66자 7치, 현 68자 5치

答 勾十五尺六寸 股六十六尺七寸 弦六十八尺五寸

이 번적에서는 구를 구한다.「분모와 곱하여 부우가 된다.」

此飜積求勾也「以通分爲負隅」

☞ **역자 주 1:** 구, 고, 현을 각각 x, y, z라고 하면, 실이 $(z-y)^2$이고 종이 $2(z-y)\frac{z}{x}$이며 부우가 1인 다음과 같은 평방을 풀어 x(고)를 구할 수 있다.

$$(z-y)^2 = 2(z-y)\frac{z}{x}x - x^2$$

실제로 계산하면 실은 $(z-y)^2 = 3.24$이고 종은 $2(z-y)\frac{z}{x} = 15.807692$이며 부우는 1이므로, 다음을 얻는다.

$$3.24 = 15.807692x - x^2, \quad \text{즉} \quad -x^2 + 15.807692x - 3.24 = 0,$$

$$x = 15.6, \quad z = \frac{342.5}{78}x = 68.5,$$

$$y^2 = z^2 - x^2 = 4,448.89, \quad y = 66.7$$

☞ **역자 주 2:** 구, 고, 현을 각각 x, y, z라고 하면 다음 관계가 성립한다.

$$z - y = 1.8 \cdots\cdots①, \quad \frac{z}{x} = 4.3\frac{71.}{78} = \frac{342.5}{78} \cdots\cdots②, \quad z^2 = x^2 + y^2 \cdots\cdots③$$

①,②→③: $z^2 = \left(\dfrac{z}{4.3\frac{7.1}{78}}\right)^2 + (z - 1.8)^2,$

$$1,521z^2 - 105,575.625z + 95,018.0625 = 0, \quad z = 68.5 \cdots\cdots④$$

④→①,②: $y = z - 1.8 = 66.7, \quad x = \dfrac{78z}{342.5} = 15.6$

【77】 고현차는 4치 9푼이고, 현으로 구를 나누면 2치 6$\frac{50}{53}$푼을 얻는다. 구, 고, 현을 묻는다.

股弦差四寸九分 弦除勾 得二寸六分五十三分分之五十 問勾股弦

답 구 3자 5치 7푼, 고 12자 7치 6푼, 현 13자 2치 5푼

答 勾三尺五寸七分 股十二尺七寸六分 弦十三尺二寸五分

해법 고현차의 제곱을「이에 분모의 제곱을 곱하여」실이라 하고, 고현차의 2배를「이에 분모의 제곱을 곱하고」정종이라 하며, 소구를「분모와 곱하여 분자를 더하고」제곱하여 부우라고 하자. 평방번적을 풀면 현을 얻는다.

術曰 差自乘「分母冪乘之」爲實 倍差「分母冪乘之」爲正從 小勾「通分納子」自乘 爲負隅 平方飜積開 得弦

해설 구의 제곱에 고현차의 제곱을 더하여 실이라 하고 고현차의 2배를 법이라 하여 이를 나누면 현을 얻는다.「제61문을 보라.」그러므로 고현차의 제곱을 실이라 하고 소구의 제곱을 부우라고 하여 실

로 삼자.「소구의 제곱은 곧 현의 제곱으로 구의 제곱을 나눈 것이다. 그러므로 현을 거듭 곱하면 구의 제곱을 얻어 실에 더한다.」 고현차의 2배를 정종이라고 하여 실을 나누면 현을 얻는다. 제78문은 이와 같다.

解　勾冪加股弦差冪爲實 以倍股弦差爲法 除之得弦「見第六十一問」故以差冪爲實 小勾冪爲負隅爲實「小勾冪 卽弦冪除勾冪 故以弦連乘得勾冪益實也」以倍差爲正從 除實 得弦 第七十八問同

☞ **역자 주 1:** 구, 고, 현을 각각 x, y, z라고 하면, '해법'에서는 $(z-y)^2$이 실이고 $2(z-y)$가 정종이며 $\left(\frac{x}{z}\right)^2$이 부우인 평방을 풀어 z(현)을 구하고 있다. 즉, z에 관한 다음 이차 방정식을 풀고 있다.

$$(z-y)^2=2(z-y)z-\left(\frac{x}{z}\right)^2 z^2 \quad \cdots\cdots ①$$

'해설'에서는 식 ①의 정당성을 밝히기 위해서, 먼저 제61문으로부터 다음 결과를 인용했다.

$$\frac{x^2+(z-y)^2}{2(z-y)}=z$$

따라서 다음과 같이 식 ①이 성립한다.

$$(z-y)^2=2(z-y)z-x^2=2(z-y)z-\left(\frac{x}{z}\right)^2 z^2$$

실제로 계산하면 실은 $(z-y)^2=0.2401$이고 정종은 $2(z-y)=0.98$이며 부우는 $\left(\frac{x}{z}\right)^2=\frac{203.9184}{2,809}$이므로, 다음을 얻는다.

$$0.2401=0.98z-\frac{203.9184}{2,809}z^2, \quad 즉 \quad -\frac{203.9184}{2,809}z^2+0.98z-0.2401=0,$$

$$z=13.25, \quad x=\frac{14.28}{53}z=3.57,$$

$$y^2=z^2-x^2=162.8176, \quad y=12.76$$

☞ **역자 주 2:** 구, 고, 현을 각각 x, y, z라고 하면 다음 관계가 성립한다.

$$z-y=0.49 \quad \cdots\cdots ①, \quad \frac{x}{z}=0.26\frac{0.5}{33}=\frac{14.28}{53} \quad \cdots\cdots ②, \quad z^2=x^2+y^2 \quad \cdots\cdots ③$$

①,②→③: $z^2=\left(0.26\frac{0.5}{53}z\right)^2+(z-0.49)^2$,

$203.9184z^2-2,752.82z+674.4409=0$, $z=13.25$ ……④

④→①,②: $y=z-0.49=12.76$, $x=\frac{14.28z}{53}=3.57$

【78】 구현차는 4자 4치 1푼이고, 현으로 고를 나누면 7치 $4\frac{23}{53}$푼을 얻는다. 구, 고, 현을 묻는다.
勾弦差四尺四寸一分 弦除股 得七寸四分五十三分分之二十六 問勾股弦

답 구 8자 8치 4푼, 고 9자 8치 7푼, 현 13자 2치 5푼
答 勾八尺八寸四分 股九尺八寸七分 弦十三尺二寸五分

이 번적에서는 현을 구한다.「소고는 분모와 곱하여 분자와 더하고 제곱하여 부우가 된다.」
此飜積求弦也「小股通分納子 自乘爲負隅」

☞ **역자 주 1**: 구, 고, 현을 각각 x, y, z라고 하면, 실이 $(z-x)^2$이고 종이 $2(z-x)$이며 부우가 $\left(\frac{y}{z}\right)^2$인 다음과 같은 평방을 풀어 z(현)을 구할 수 있다.

$$(z-x)^2=2(z-x)z-\left(\frac{y}{z}\right)^2z^2$$

실제로 계산하면 실은 $(z-x)^2=19.4481$이며 종은 $2(z-x)=8.82$이며 부우는 $\left(\frac{y}{z}\right)^2=1,558.670\frac{4}{2,809}$이므로, 다음을 얻는다.

$$19.4481=8.82z-1,558.670\frac{4}{2,809}z^2,$$

$$\text{즉} \quad -1,558.67\frac{04}{2,809}z^2+8.82z-19.4481=0,$$

$z=13.25$, $y=\frac{39.48}{53}z=9.87$,

$x^2=z^2-y^2=78.1456$, $x=8.84$

☞ **역자 주 2:** 구, 고, 현을 각각 x, y, z라고 하면 다음 관계가 성립한다.

$$z-x=4.41 \cdots\cdots ①,\quad \frac{y}{z}=0.74\frac{0.26}{53}=\frac{39.48}{53} \cdots\cdots ②,\quad z^2=x^2+y^2 \cdots\cdots ③$$

①,②→③: $z^2=(z-4.41)^2+\left(0.74\frac{0.26}{53}\right)^2,$

$$1,558.6704z^2-24,775.38z+54,629.7129=0,\quad z=13.25 \cdots\cdots ④$$

④→①,②: $x=z-4.41=8.84,\quad y=\frac{39.48z}{53}=9.87$

【79】 구고차는 6자 7치 3푼이고, 구로 현을 나누면 3자 2 $\frac{58}{63}$치를 얻는다. 구, 고, 현을 묻는다.
勾股差六尺七寸三分 勾除弦 得三尺二寸六十三分寸之五十八 問勾股弦

답 구 3자 1치 5푼, 고 9자 8치 8푼, 현 10자 3치 7푼
答 勾三尺一寸五分 股九尺八寸八分 弦十尺三寸七分

해법 구고차의 제곱을「이에 분모의 제곱을 곱하여」실이라 하고, 구고차의 2배를「이에 분모의 제곱을 곱하여」부종이라고 하자. 소현을「분모와 곱하여 분자를 더하고」제곱하여 정이라 하고 2를「이에 분모의 제곱을 곱하여」부라고 하여, 이에 정과 부를 서로 뺀 나머지를 우라고 하자.「정의 나머지는 정이 되고 부의 나머지는 부가 된다.」평방번적을 풀면 구를 얻는다.
術曰 差冪「分母冪乘之」爲實 倍差「分母冪乘之」爲負從 小弦「通分納子」自乘 爲正 以二「分母冪乘之」爲負 乃正負相減 餘爲隅「正餘爲正負餘爲負」平方飜積開 得勾

해설 구와 고를 서로 곱한 적 2단과 구고차의 제곱 1단의 합은 현의 제곱이다.「제1문을 보라.」그러므로 구고차의 제곱을 실이라 하고 구고차의 2배를 부종이라 하며 2를 부우라고 하여 실에서 빼면 현의 제곱을 얻는다.「구를 우의 2배에 곱하여 구고차의 2배를 더하면 고의 2배를 얻는다. 또 이에 구를 곱하면 구와 고를 서로 곱한 적 2단을 얻고 구고차의 제곱에 더하므로 현의 제곱이 된다.

」소현의 제곱은 정우가 되고 현의 제곱을 개방하면 구를 얻는다. 「소현의 제곱은 곧 구의 제곱으로 현의 제곱을 나눈 수이다. 그러므로 구를 거듭 곱하면 다시 현의 제곱을 얻는다.」

解　勾股相乘積二段 勾股差冪一段 共爲弦冪「見第一問」故以差冪爲實 而倍差爲負從 二爲負隅 所以益實 得弦冪也「勾乘二隅加倍差 得二股 又以勾乘之 得勾股相乘積二段 加於差冪 故爲弦冪」小弦冪爲正隅 所以開弦冪 得勾也「小弦冪 卽以勾冪除弦冪之數 故以勾連乘 還 得弦冪也」

☞ **역자 주 1:** 구, 고, 현을 각각 x, y, z라고 하면, '해법'에서는 $(y-x)^2$이 실이고 $2(y-x)$가 부종이며 $\left(\frac{z}{x}\right)^2-2$가 우인 평방을 풀어 x(구)를 얻는다. 즉, x에 관한 다음 이차 방정식을 풀고 있다.

$$(y-x)^2=-2(y-x)x+\left(\frac{z^2}{x^2}-2\right)x^2 \quad \cdots\cdots ①$$

'해설'에서는 식 ①의 정당성을 밝히기 위해서 제1문에서 얻은 다음 결과를 이용했다.

$$2yx+(y-x)^2=z^2$$

그리고 다음과 같이 식 ①을 유도했다.

$$(y-x)^2=-2yx+z^2=-2(y-x)x+z^2-2x^2=-2(y-x)x+\left(\frac{z^2}{x^2}-2\right)x^2$$

실제로 계산하면 실은 $(y-x)^2=45.2929$이고 부종은 $2(y-x)=13.46$이며 우는 $\left(\frac{z}{x}\right)^2-2=\frac{35,076.76}{3,969}$이므로, 다음을 얻는다.

$$45.2929=-13.46x+\frac{35,076.76}{3,969}x^2,$$

즉 $35,076.76/3,969x^2-13.46x-45.2929=0,$

$$x=3.15, \quad y=x+6.73=9.88,$$

$$z^2=x^2+y^2=107.5369, \quad z=10.37$$

☞ **역자 주 2:** 구, 고, 현을 각각 x, y, z라고 하면 다음 관계가 성립한다.

$$y-x=6.73 \cdots\cdots ①, \quad \frac{z}{x}=3.2\frac{5.8}{63}=\frac{207.4}{63} \cdots\cdots ②, \quad z^2=x^2+y^2 \cdots\cdots ③$$

①,②→③: $\left(3.2\frac{5.8}{63}x\right)^2=x^2+(x+6.73)^2$,

$$35,076.76x^2-53,422.74x-179,767.5201=0, \quad x=3.15 \cdots\cdots ④$$

④→①,②: $y=x+6.73=9.88, \quad z=\frac{207.4x}{63}=10.37$

【80】 구고차는 10자 9푼이고, 고로 현을 나누면 1자 $3\frac{38}{69}$푼을 얻는다. 구, 고, 현을 묻는다.

勾股差十尺九分 股除弦 得一尺三分六十九分分之三十八 問勾股弦

답 구 3자 7치 1푼, 고 13자 8치, 현 14자 2치 9푼

答 勾三尺七寸一分 股十三尺八寸 弦十四尺二寸九分

해법 구고차의 제곱을「이에 분모의 제곱을 곱하고」실이라 하고, 구고차의 2배를「이에 분모의 제곱을 곱하고」정종이라고 하자. 소현을「분모와 곱하여 분자를 더하고」제곱하여 정이라 하고 2를「이에 분모의 제곱을 곱하고」부라고 하여, 이에 정과 부를 서로 뺀 나머지를 우라고 하자. 평방번적을 풀면 고를 얻는다

術曰 差冪「分母冪乘之」爲實 倍差「分母冪乘之」爲正從 小弦「通分納子」自乘 爲正 以二「分母冪乘之」爲負 乃正負相減 餘爲隅 平方飜積開 得股

해설 제79문과 서로 같다.「고를 부우의 2배에 곱한다. 그러므로 구고차의 2배를 정종이라 하여 서로 빼면 구의 2배를 얻는다.」

解 與第七十九問同「以股乘二負隅 故倍差爲正從 相減 得二勾也」

☞ **역자 주 1:** 구, 고, 현을 각각 x, y, z라고 하면, '허법'에서는 $(y-x)^2$이 실이고 $2(y-x)$가 정종이며 $\left(\frac{z}{y}\right)^2-2$가 부우인 평방을 풀어 y(고)를 구하고 있다. 즉, y에 관한 다음 이차 방정식을 풀고 있다.

$$(y-x)^2=2(y-x)y+\left(\frac{z^2}{y^2}-2\right)y^2 \quad \cdots\cdots ①$$

第79문의 '해설'과 마찬가지로, 식 ①의 정당성을 다음과 같이 밝힐 수 있다.

$$(y-x)^2=-2yx+z^2=2y^2-2yx+z^2-2y^2=2(y-x)y+\left(\frac{z^2}{y^2}-2\right)y^2$$

실제로 계산하면 실은 $(y-x)^2=101.8081$이고 정종은 $2(y-x)=20.18$ 이며 부우는 $\left(\frac{z}{y}\right)^2-2=\frac{5,105.1025-9,522}{4,761}=\frac{4,416.8975}{4,761}$이므로, 다음을 얻는다.

$$101.8081=20.18y-\frac{4,416.8975}{4,761}y^2,$$

$$\text{즉} \quad -\frac{4,416.8975}{4,761}y^2+20.18y-101.8081=0,$$

$$y=13.8, \quad x=y-10.09=3.71,$$

$$z^2=x^2+y^2=204.2041, \quad z=14.29$$

☞ **역자 주 2:** 구, 고, 현을 각각 x, y, z라고 하면 다음 관계가 성립한다.

$$y-x=10.09 \cdots\cdots ①, \quad \frac{z}{y}=1.03\frac{0.38}{69}=\frac{71.45}{69} \cdots\cdots ②, \quad z^2=x^2+y^2 \cdots\cdots ③$$

①,②→③: $z^2=\left(1.03\frac{0.38}{69}y\right)^2=(y-10.09)^2+y^2,$

$$4,416.8975y^2-96,076.98y+484,708.3641=0, \quad y=13.8 \cdots\cdots ④$$

④→①,②: $x=13.8-10.09=3.71, \quad z=\frac{71.45y}{69}=14.29$

【81】 구현차는 10자 5치 8푼이고, 구로 고를 나누면 2자 9 $\frac{73}{99}$치를 얻는다. 구, 고, 현을 묻는다.
勾弦差十尺五寸八分 勾除股 得二尺九寸九十九分寸之七十三 問勾股弦

답 구 4자 9치 5푼, 고 14자 7치 2푼, 현 15자 5치 3푼
答 勾四尺九寸五分 股十四尺七寸二分 弦十五尺五寸三分

여기서는 구를 구한다. 「구고차의 2배를 부종이라 한다.」
此求勾也「以倍差乘分母冪26) 爲負從也」

☞ **역자 주 1:** 구, 고, 현을 각각 x, y, z라고 하면, $(z-x)^2$이 실이고 $2(z-x)$가 부종이고 $\left(\frac{y}{x}\right)^2$이 우인 다음 평방을 풀어 x(구)를 구할 수 있다.

$$(z-x)^2 = -2(z-x)x + \frac{y^2}{x^2}x^2 \quad \cdots\cdots①$$

식 ①의 정당성을 다음과 같이 밝힐 수 있다.

$$(z-x)^2 = z^2 + x^2 - 2zx = y^2 + x^2 + x^2 - 2zx = -2(z-x)x + y^2$$
$$= -2(z-x)x + \frac{y^2}{x^2}x^2$$

실제로 계산하면 실은 $(z-x)^2 = 111.9364$이고 부종은 $2(z-x) = 21.16$이며 우는 $\left(\frac{y}{x}\right)^2 = \frac{86,671.36}{9,801}$이므로, 다음을 얻는다.

$$111.9364 = -21.16x + \frac{86,671.36}{9,801}x^2,$$
$$\text{즉}\quad \frac{86,671.36}{9,801}x^2 - 21.16x - 111.9364 = 0,$$
$$x = 4.95, \quad z = x + 10.58 = 15.53,$$
$$y^2 = z^2 - x^2 = 216.6784, \quad y = 14.72$$

☞ **역자 주 2:** 구, 고, 현을 각각 x, y, z라고 하면 다음 관계가 성립한다.

$$z - x = 10.58 \quad \cdots\cdots①, \quad \frac{y}{x} = 2.9\frac{7.3}{99} = \frac{294.4}{99} \quad \cdots\cdots②, \quad z^2 = x^2 + y^2 \quad \cdots\cdots③$$

①,②→③: $z^2 = (x+10.58)^2 = x^2 + \left(2.9\frac{3.7}{99}x\right)^2,$

$$21,667.84x^2 - 51,847.29x - 274,272.1641 = 0, \quad x = 4.95 \quad \cdots\cdots④$$

④→①,②: $z = x + 10.58 = 15.53, \quad y = \frac{294.4x}{99} = 14.72$

26) '乘分母冪' 불필요

【82】 고현차는 1자 6치 9푼이고, 고로 구를 나누면 5치 2$\frac{13}{66}$푼을 얻는다. 구, 고, 현을 묻는다.
股弦差一尺六寸九分 股除勾 得五寸二分六十六分分之十三 問勾股弦

답 구 6자 8치 9푼, 고 13자 2치, 현 14자 8치 9푼
答 勾六尺八寸九分 股十三尺二寸 弦十四尺八寸九分

해법 고현차의 제곱을「이에 분모의 제곱을 곱하고」실이라 하고, 고현차의 2배를「이에 분모의 제곱을 곱하고」부종이라 하며, 소구를「분모와 곱하여 분자를 더하고」제곱하여 정우라고 하자. 평방익적을 풀면 고를 얻는다.
術曰 差冪「分母冪乘之」爲實 倍差「分母冪乘之」爲負從 小勾「通分納子」自乘 爲正隅 平方益積開 得股

해설 고현차의 제곱이 실이다. 고현차의 2배는 부종이 되고 이에 고를 곱하여「고에 고현차의 2를 곱한 것을 얻는다」실에 더하면 곧 구의 제곱이 된다.「제61문을 보라.」그러므로 소구의 제곱은 정우가 되어 실에서 빼면 꼭 맞게 다한다.「소구의 제곱은 고를 거듭 곱하면 곧 원래의 구의 제곱을 얻는다.」앞의 제81문도 또한 이와 같다.
解 差冪爲實 倍差爲負從 以股乘之「得股乘倍差」益實則成勾冪「見第六十一問」故小勾冪爲正隅減實恰盡「小勾冪以股連乘 則亦得元勾冪也」前第八十一問亦同

☞ **역자 주 1:** 구, 고, 현을 각각 x, y, z라고 하면, '해법'에서는 $(z-y)^2$이 실이고 $2(z-y)$가 부종이고 $\left(\frac{x}{y}\right)^2$이 정우인 평방을 풀어 y(고)를 구하고 있다. 즉, y에 관한 다음 이차 방정식을 풀고 있다.

$$(z-y)^2=-2(z-y)y+\frac{x^2}{y^2}y^2 \quad \cdots\cdots①$$

'해설'에서는 식 ①의 정당성을 밝히기 위해서, 먼저 제61문에서 얻는 결과인 다음 결과를 인용했다.

$$(z-y)^2+2(z-y)y=x^2$$

따라서 다음과 같이 식 ①이 유도된다.

$$(z-y)^2=-2(z-y)y+x^2=-2(z-y)y+\frac{x^2}{y^2}y^2$$

실제로 계산하면 실은 $(z-y)^2=2.8561$이고 부종은 $2(z-y)=3.38$이며 정우는 $\left(\frac{x}{y}\right)^2=\frac{1,186.8025}{4,356}$이므로, 다음을 얻는다.

$$\frac{1,186.8025}{4,356}y^2-3.38y-2.8561=0,$$

$$\text{즉}\quad \frac{1,186.8025}{4,356}y^2-3.38y-2.8561=0,$$

$$y=13.2,\quad z=y+1.69=14.89,$$

$$x=\frac{34.45}{66}y=6.89$$

☞ **역자 주 2:** 구, 고, 현을 각각 x, y, z라고 하면 다음 관계가 성립한다.

$$z-y=1.69\ \cdots\cdots①,\quad \frac{x}{y}=0.52\frac{0.13}{66}=\frac{34.45}{66}\ \cdots\cdots②,\quad z^2=x^2+y^2\ \cdots\cdots③$$

①,②→③: $z^2=(y+1.69)^2=\left(\frac{34.45y}{66}\right)^2+y^2$

$$1,186.8025y^2-14,723.28y-12,441.1716=0,\quad y=13.2\ \cdots\cdots④$$

④→①,②: $z=y+1.69=14.89,\quad x=\frac{34.45y}{66}=6.89$

【83】 구고차는 8자 8치 9푼이고, 현으로 구를 나누면 4치 2 $\frac{2}{73}$ 푼을 얻는다. 구, 고, 현을 묻는다.
勾股差八尺八寸九分 弦除勾 得四寸二分七十三分分之二 問勾股弦

답 구 7자 6치 7푼, 고 16자 5치 6푼, 현 18자 2치 5푼
答 勾七尺六寸七分 股十六尺五寸六分 弦十八尺二寸五分

해법 구고차의 제곱을「이에 분모의 제곱을 곱하여」실이라 하고, 구고

차의 2배를「분모와 곱하고」이에 소구를「분모와 곱하여 분자를 더하고」이에 곱하여 부종이라고 하자. 소구를「분모와 곱하여 분자를 더하고」제곱하고 2배로 하여 부라 하고 1을「이에 분모의 제곱을 곱하여」정이라고 하여, 이에 정과 부를 큰 수에서 작은 수를 뺀 나머지는 정우라고 하자. 평방번적을 풀면 현을 얻는다.

術曰 差冪「分母冪乘之」爲實 倍差「通分」乃以小勾「通分納子」乘之 爲負從 小勾「通分納子」自乘倍之 爲負 以一「分母冪乘之」爲正 乃正負相減 餘爲正隅 平方飜積開 得弦

해설 현의 제곱에서 구의 제곱의 2배를 빼면 곧 고의 제곱에서 구의 제곱을 뺀 수가 된다. 또, 구와 구고차의 2배를 곱한 수를 빼고 남는 바는 구고차의 제곱과 같다.「곧 제61문과 같이 고의 제곱에서 구와 구현차의 2배와의 적을 뺀 나머지는 구현차의 제곱이 되는 이치이다.」

解 弦冪内減二勾冪 則爲股冪内減勾冪之數 又[27])減勾乘倍差之數 所餘與差冪等也「卽第六十一問 股冪内減勾乘倍勾弦差積 餘爲勾弦差冪之理也」

☞ **역자 주 1:** 구, 고, 현을 각각 x, y, z라고 하면, '해법'에서는 $(y-x)^2$이 실이고 $2(y-x)\frac{x}{z}$가 부종이며 $1-2\left(\frac{x}{z}\right)^2$이 정우인 평방을 풀어 z(현)을 구하고 있다. 즉, z에 관한 다음 이차 방정식을 풀고 있다.

$$(y-x)^2=-2(y-x)\frac{x}{z}z+\left(1-2\frac{x^2}{z^2}\right)z^2 \quad \cdots\cdots①$$

'해설'에서는 먼저 다음을 밝히고 있다.

$$\begin{aligned}(z^2-2x^2)-2(y-x)x&=(y^2-x^2)-2(y-x)x\\&=y^2+x^2-2yx=(y-x)^2\end{aligned}$$

따라서 다음과 같이 식 ①이 유도된다.

$$(y-x)^2=(z^2-2x^2)-2(y-x)x=-2(y-x)\frac{x}{z}z+\left(1-2\frac{x^2}{z^2}\right)z^2$$

27) '內' 낙자

실제로 계산하면 실은 $(y-x)^2=79.0321$이고 부종은 $2(y-x)\frac{x}{z}=7.4724712$ 이며 정우는 $1-2\left(\frac{x}{z}\right)^2=\frac{3,446.4752}{5,329}$이므로, 다음을 얻는다.

$$79.0321=-7.4724712z+\frac{3,446.4752}{5,329}z^2,$$

$$\text{즉}\quad \frac{3,446.4752}{5,329}z^2-7.4724712z-79.0321=0,$$

$$z=18.25,\quad x=\frac{30.68}{73}z=7.67,\quad y=x+8.89=16.56$$

☞ **역자 주 2:** 구, 고, 현을 각각 x, y, z라고 하면 다음 관계가 성립한다.

$$y-x=8.89\cdots\cdots①,\quad \frac{x}{z}=0.42\frac{0.02}{73}=\frac{30.68}{73}\cdots\cdots②,\quad z^2=x^2-y^2\cdots\cdots③$$

①,②→③: $z^2=\left(\frac{73x}{30.68}\right)^2=x^2+(x+8.89)^2,$

$$3,446.4752x^2-16,735.645472x-74,389.94412304=0,$$

$$x=7.67\ \cdots\cdots④$$

④→①,②: $y=x+8.89=16.56,\quad z=\frac{73x}{30.68}=18.25$

【84】 구고차는 15자 6치 7푼이고, 현으로 고를 나누면 9치 $9\frac{61}{65}$푼을 얻는다. 구, 고, 현을 묻는다.

勾股差十五尺六寸七分 弦除股 (28))九寸八29)分六十五分分之六十一 問勾股弦

답 구 5치 7푼, 고 16자 2치 4푼, 현 16자 2치 5푼

答 勾五寸七分 股十六尺二寸四分 弦十六尺二寸五分

해법 구고차의 제곱을 「이에 분모의 제곱을 곱하고」 실이라 하고, 구고차의 2배를 「분모와 곱하고」 소고를 「분모와 곱하여 분자를 더하

28) '得' 落字

29) '八'은 '九'의 오기

고」이에 곱하여 정종이라고 하자. 소고를「분모와 곱하여 분자를 더하여」제곱하고 이를 2배로 하여 부가 되고 1을「이에 분모의 제곱을 곱하여」정이라고 하여, 이에 정과 부를 큰 수에서 작은 수를 뺀 나머지는 우라고 하자. 평방번적을 풀면 현을 얻는다.

術曰 差冪「分母冪乘之」爲實 倍差「通分」以小股「通分納子」乘之 爲正從 小股「通分納子」自乘倍之 爲負 以一「分母冪乘之」爲正 乃正負相減 餘爲隅 平方飜積開 得弦

해설 고의 제곱의 2배에서 현의 제곱을 빼면 곧 고의 제곱에서 구의 제곱을 뺀 수가 된다. 고를 구고차의 2배에 곱한 수에서 빼고 남은 바는 구고차의 제곱과 서로 같다.「곧 제61문과 같이 현과 구현차의 2배를 곱한 적에서 고의 제곱을 뺀 나머지는 구현차의 제곱이 되는 이치이다.」

解 二股冪内減弦冪 則爲股冪内減勾冪之數 以減股乘倍差之數所餘 與差冪等也「卽第六十一問 弦乘倍勾弦差積 内減股冪 餘爲勾弦差冪之理也」

☞ **역자 주 1:** 구, 고, 현을 각각 x, y, z라고 하면, '해법'에서는 $(y-x)^2$이 실이고 $2(y-x)\frac{y}{z}$이 정종이고 $1-2\left(\frac{y}{z}\right)^2$이 부우인 평방을 풀어 z(현)을 구하고 있다. 즉, z에 관한 다음 이차 방정식을 풀고 있다.

$$(y-x)^2 = 2(y-x)\frac{y}{z}z + \left(1-2\frac{y^2}{z^2}\right)z^2 \quad \cdots\cdots①$$

'해설'에서는 먼저 다음을 밝히고 있다.

$$2y^2 - z^2 = 2y^2 - (x^2 + y^2) = y^2 - x^2,$$
$$2(y-x)y - (2y^2 - z^2) = 2(y-x)y - (y^2 - x^2) = y^2 + x^2 - 2yx = (y-x)^2$$

따라서 다음과 같이 식 ①이 유도된다.

$$(y-x)^2 = 2(y-x)y - (2y^2 - z^2) = 2(y-x)\frac{y}{z}z - (2\frac{y^2}{z^2} - 1)z^2$$

실제로 계산하면 실은 $(y-x)^2 = 245.5489$이고 정종은 $2(y-x)\frac{y}{z} = 31.3207138$

이며 부우는 $1-2\left(\dfrac{y}{z}\right)^2=1-2\times\dfrac{4,219.8016}{4,225}=-\dfrac{4,214.6032}{4,225}$ 이므로, 다음을 얻는다.

$$245.5489=31.32077138z-\frac{4,214.6032}{4,225}z^2,$$

$$\text{즉}\quad -\frac{4,214.6032}{4,225}z^2+31.32077138z-245.5489=0,$$

$$z=16.25,\quad y=\frac{64.96}{65}z=16.24,\quad x=y-15.67=0.57$$

☞ **역자 주 2:** 구, 고, 현을 각각 x, y, z라고 하면 다음 관계가 성립한다.

$$y-x=15.67\cdots\cdots①,\quad \frac{y}{z}=0.99\frac{0.61}{65}=\frac{64.96}{65}\cdots\cdots②,\quad z^2=x^2+y^2\cdots\cdots③$$

①,②→③: $z^2=\left(\dfrac{65y}{64.96}\right)^2=(y-15.67)^2+y^2,$

$$4,214.6032y^2-132,248.582144y+1,036,167.64109824=0,$$

$$y=16.24\ \cdots\cdots④$$

④→①,②: $x=y-15.67=0.57,\quad z=\dfrac{65y}{64.96}=16.25$

【85】 구와 고를 서로 곱한 적은 970자 92치이고, 구와 현을 서로 곱한 적은 980자 20치이다. 구, 고, 현을 묻는다.
勾股相乘 積九百七十尺九十二寸 勾弦相乘 積九百八十尺二十寸 問勾股弦

답 구 11자 6치, 고 83자 7치, 현 84자 5치
答 勾十一尺六寸 股八十三尺七寸 弦八十四尺五寸

해법 양적〔구와 고를 곱한 적 및 구와 현을 곱한 적〕을 각각 제곱하고 큰 수에서 작은 수를 뺀 나머지를 실이라고 하자. 삼승방을 풀면 구를 얻는다.
術曰 兩積各自乘 相減餘爲實 三乘方開 得勾

해설 구와 고를 서로 곱한 적의 제곱은 곧 구의 제곱과 고의 제곱의 서로 곱한 적이다. 구와 현을 서로 곱한 적의 제곱은 구의 제곱과 현의 제곱을 서로 곱한 적이다. 양적의 큰 수에서 작은 수를 빼고 남은 바는 곧 구의 제곱을 제곱한 수이다. 그러므로 삼승방을 풀면 구를 얻는다. 이것부터 제87문까지는 이와 같다.
解 勾股相乘積自乘 則爲勾羃股羃相乘之積也 勾弦相乘積自乘 則爲勾羃弦羃相乘之積也 兩積相減 則所餘爲勾羃自乘數 故開三乘方 得勾 自此至第八十七問並同

☞ **역자 주 1:** 구, 고, 현을 각각 x, y, z라고 하면, '해법'에서는 x(구)를 다음과 같이 구하고 있다.

$$\sqrt[4]{(xz)^2-(xy)^2}=x$$

'해설'에서는 이 과정의 정당성을 다음과 같이 밝히고 있다.

$$(xz)^2-(xy)^2=x^2z^2-x^2y^2=x^2(z^2-y^2)=x^2x^2=x^4$$

실제로 계산하면 다음과 같다.

$$x=\sqrt[4]{(xz)^2-(xy)^2}=\sqrt[4]{980.20^2-970.92^2}$$
$$=\sqrt[4]{18,106.3936}=11.6$$

☞ **역자 주 2:** 구, 고, 현을 각각 x, y, z라고 하면 다음 관계가 성립한다.

$yx=970.92$ ……①, $zx=980.20$ ……②, $z^2=x^2+y^2$ ……③

①,②→③: $\left(\frac{980.20}{x}\right)^2=x^2+\left(\frac{970.92}{x}\right)^2$,

$x^4-18,106.3936=0$, $x=11.6$ ……④

④→①,②: $y=\frac{970.92}{x}=83.7$, $z=\frac{980.20}{x}=84.5$

【86】 구와 고를 서로 곱한 적은 35자 53치 20푼이고, 고와 현을 서로 곱한 적은 121자 93치 20푼이다. 구, 고, 현을 묻는다.
勾股相乘 積三十五尺五十三寸二十分 股弦相乘 積一百二十一尺九十三寸二十分 問勾股弦

답 구 3자 2치 9푼, 고 10자 8치, 현 11자 2치 9푼
答 勾三尺二寸九分 股十尺八寸 弦十一尺二寸九分

☞ **역자 주 1:** 구, 고, 현을 각각 x, y, z라고 하면, 제85문의 해법을 참조하여 다음과 같이 y(고)를 구할 수 있다.

$$(zy)^2-(yx)^2=y^2(z^2-x^2)=y^2y^2=y^4,$$
$$y=\sqrt[4]{(zy)^2-(yx)^2}=\sqrt[4]{121.932^2-35.532^2},$$
$$=\sqrt[4]{13,604.8896}=10.8$$

☞ **역자 주 2:** 구, 고, 현을 각각 x, y, z라고 하면, 다음 관계가 성립한다.

$yx=35.532$ ……①, $zy=121.932$ ……②, $z^2=x^2+y^2$ ……③

①,②→③: $\left(\frac{121.932}{y}\right)^2=\left(\frac{35.532}{y}\right)^2+y^2$,

$y^4-13,604.8896=0$, $y=10.8$ ……④

④→①,②: $z=\frac{121.932}{y}=11.29$, $x=\frac{35.532}{y}=3.29$

【87】 구와 현을 서로 곱한 적은 26.2495자이고, 고와 현을 서로 곱한 적은 121.9764자이다. 구, 고, 현을 묻는다.

勾弦相乘 積二十六尺二四九五 股弦相乘 積一百二十一尺九七六四 問勾股弦

답 구 2자 3치 5푼, 고 10자 9치 2푼, 현 11자 1치 7푼
答 勾二尺三寸五分 股十尺九寸二分 弦十一尺一寸七分

해법 양적을 각각 제곱하고 서로 더하여 실이라고 하자. 삼승방을 풀면 현을 얻는다.
術曰 兩積各自乘 相並爲實 三乘方開 得弦

☞ **역자 주 1:** 구, 고, 현을 각각 x, y, z라고 하면, '해법'에서는 z(현)를 다음과 같이 구하고 있다.

$$\sqrt[4]{(zx)^2+(zy)^2}=\sqrt[4]{z^2(x^2+y^2)}=\sqrt[4]{z^2z^2}=\sqrt[4]{z^4}=z$$

실제로 계산하면 다음과 같다.

$$z=\sqrt[4]{(zx)^2+(zy)^2}=\sqrt[4]{26.2495^2+121.9764^2}$$
$$=\sqrt[4]{15,567.27840721}=11.17$$

☞ **역자 주 2:** 구, 고, 현을 각각 x, y, z라고 하면 다음 관계가 성립한다.

$$zx=26.2495 \cdots\cdots①, \quad zy=121.9764 \cdots\cdots②, \quad z^2=x^2+y^2 \cdots\cdots③$$

①,②→③: $z^2=\left(\frac{26.2495}{z}\right)^2+\left(\frac{121.9764}{z}\right)^2,$

$$z^4-15,567.27840721=0, \quad z=11.17 \cdots\cdots④$$

④→①,②: $x=\frac{26.2495}{z}=2.35, \quad y=\frac{121.9764}{z}=10.92$

【88】 구와 고를 서로 곱한 적은 2,009자 28치이고, 구고화 내에서 현을 뺀 나머지[30]는 22자 4치이다. 구, 고, 현을 묻는다.
勾股相乘 積二千零九尺二十八寸 勾股和內減弦 餘二十二尺四寸 問勾股弦

---

30) 이는 현화교(弦和較)이다. 구, 고, 현을 차례로 x, y, z로 나타내면, 현화교는 $(x+y)-z=x-(z-y)=y-(z-x)$이다.

답 구 27자 3치, 고 73자 6치, 현 78자 5치

答 勾二十七尺三寸 股七十三尺六寸 弦七十八尺五寸

해법 적을 2배로 하고 이를 나머지[현화교]로 나누면, 구·고·현의 총화[곧 현화화]를 얻는다. 현화교를 더하고 이를 반으로 하면 곧 구고화이고, 현화교를 빼서 이를 반으로 하면 곧 현이다.

術曰 倍積 以餘尺除之 得勾股弦總和「卽弦和和」加餘尺半之 卽勾股和 減餘尺半之 卽弦

그림 해설 구와 고를 서로 곱합 적 2단은 곧 구고화의 제곱에서 현의 제곱을 뺀 차이다. 「제6문을 보라.」 갑정무을은 구고화를 제곱한 정사각형이고 병기경을은 현을 제곱한 정사각형이라고 하자. 두 정사각형을 서로 뺀 것이 꺾쇠 모양 갑정무경기병인데, 그 넓이는 구와 고를 서로 곱한 적의 2배와 같다. 그리고 그 너비 갑병은 현화교이고 그 길이인 갑정과 신무의 합은 현화화이다. 그러므 현화교로 꺾쇠 모양의 넓이를 나누면 현화화를 얻는다. 이것부터 제90문까지는 이와 같다. 「구 내에서 고현차를 뺀 것과 고 내에서 구현차를 뺀 것은 모두 현화교이다.」

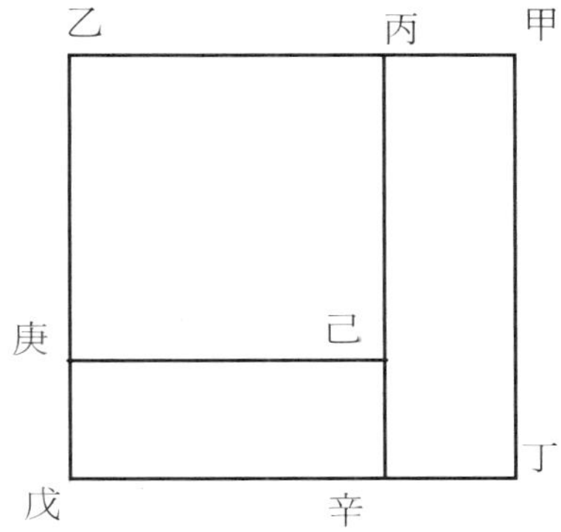

圖解 勾股相乘積二段 卽勾股和冪内減弦冪之較也 「見第六問」 甲丁戊乙爲勾股和自乘方 丙己庚乙爲弦自乘方 兩方相減爲甲丁戊庚己丙磬折形 其積與勾股相乘積二段等 而其闊丙甲爲弦和較 其長甲丁與辛戊共爲弦和和 故以弦和較除 得弦和和 自此至第九十問並同 「勾内減股弦差 股内減勾弦差 皆爲弦和較」

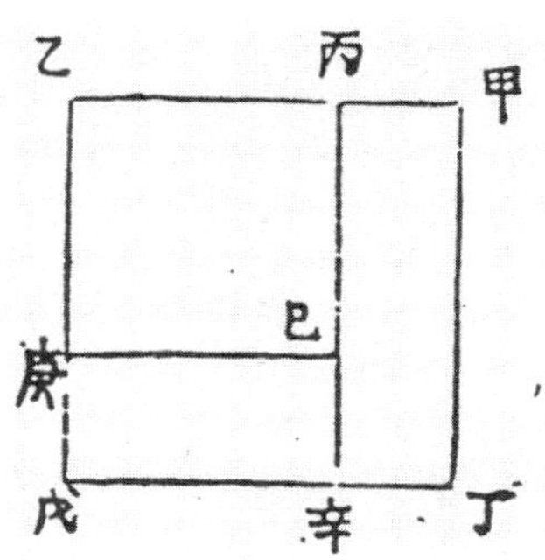

☞ **역자 주 1:** 구, 고, 현을 각각 x, y, z라고 하면, '해법'에서는 다음과 같이 먼저 현화화를 얻는다.

$$\frac{2xy}{x+y-z}=x+y+z \quad \cdots\cdots①$$

그리고 다음과 같이 구고화와 현을 구한다.

$$\text{구고화}: \frac{(x+y+z)+(x+y-z)}{2}=x+y$$

$$\text{현}: \frac{(x+y+z)-(x+y-z)}{2}=z$$

'그림 해설'에서는 식 ①의 정당성을 밝히기 위해서, 먼저 제6문에서 얻은 결과인 $2yx=(x+y)^2-z^2$을 환기하고, 한 변의 길이가 구고화인 정사각형과 한 변이 현인 정사각형을 이용해서 다음을 얻었다.

□갑정무을－□병기경을＝▟갑정무경기병＝□갑정신병＋□신무경기,

$$(x+y)^2-z^2=2xy=(x+y-z)(x+y)+(x+y-z)z$$
$$=(x+y-z)(x+y+z)$$

따라서 식 ①을 얻는다.

실제로 계산하면 다음과 같다.

$$\text{현화화}: x+y+z=\frac{2xy}{x+y-z}=\frac{4,018.56}{22.4}=179.4$$

$$\text{구고화}: x+y=\frac{(x+y+z)+(x+y-z)}{2}=\frac{179.4+22.4}{2}=100.9$$

$$\text{현}: z=\frac{(x+y+z)-(x+y-z)}{2}=\frac{179.4-22.4}{2}=78.5$$

이제, 다음과 같이 $y-x$(구고차)의 값을 구할 수 있다.

$$2z^2-(y+x)^2=(y-x)^2=2,143.69, \quad y-x=46.3$$

그러므로 구고화와 구고차로부터 다음을 얻는다.

$$y=\frac{(x+y)+(y-x)}{2}=73.6, \qquad x=\frac{(x+y)-(y-x)}{2}=27.3$$

☞ **역자 주 2:** 구, 고, 현을 각각 x, y, z라고 하면 다음 관계가 성립한다.

$$yx=2,009.28 \cdots\cdots①, \quad x+y-z=22.4 \cdots\cdots②, \quad z^2=x^2+y^2 \cdots\cdots③$$

② → ③: $z^2=\{(x+y)-22.4\}^2=(x+y)^2-44.8(x+y)+501.76=x^2+y^2$,

$$2xy-44.8(x+y)+501.76=0 \cdots\cdots④$$

① → ④: $x+y=100.9$ ……⑤

⑤ → ①: $x(100.9-x)=2,009.28$,

$x^2-100.9x+2,009.28=0$, $x=27.3$ ……⑥

⑥ → ⑤: $y=100.9-x=73.6$ ……⑦

⑥,⑦→②: $z=x+y-22.4=78.5$

【89】 구와 고를 서로 곱한 적은 2,784자 60치이고, 구 내에서 고현차를 뺀 나머지[31]는 30자 6치이다. 구, 고, 현을 묻는다.
勾股相乘 積二千七百八十四尺六十寸 勾內減股弦差 餘三十尺六十寸 問勾股弦

답 구 46자 8치, 고 59자 5치, 현 75자 7치
答 勾四十六尺八寸 股五十九尺五寸 弦七十五尺七寸

☞ **역자 주 1:** 구 내에서 고현화를 뺀 나머지는 구고화 내에서 현을 뺀 나머지와 같이 모두 현화교이다. 그러므로 제88문과 같은 방법으로 구, 고 현을 구할 수 있다. 구, 고, 현을 각각 x, y, z라고 하면, 다음을 얻는다.

현화화: $x+y+z=\dfrac{2xy}{x+y-z}=\dfrac{5,569.2}{30.6}=182$

구고화: $x+y=\dfrac{(x+y+z)+(x+y-z)}{2}=\dfrac{182+30.6}{2}=106.3$

현: $z=\dfrac{(x+y+z)-(x+y-z)}{2}=\dfrac{182-30.6}{2}=75.7$

이제, 다음과 같이 $y-x$(구고차)의 값을 구할 수 있다.

$$2z^2-(y+x)^2=(y-x)^2=161.29,\quad y-x=12.7$$

그러므로 구고화와 구고차로부터 다음을 얻는다.

$$y=\frac{(x+y)+(y-x)}{2}=59.5,\qquad x=\frac{(x+y)-(y-x)}{2}=46.8$$

☞ **역자 주 2:** 구, 고, 현을 각각 x, y, z라고 하면 다음 관계가 성립한다.

31) 이는 현화교(弦和較)이다.

$yx = 2,784.6$ ……①, $x-(z-y)=30.6$ ……②, $z^2=x^2+y^2$ ……③

② → ③: $z^2=\{(x+y)-30.6\}^2=(x+y)^2+936.36-61.2(x+y)=x^2+y^2$,

$2xy-61.2(x+y)+936.36=0$ ……④

① → ④: $x+y=106.3$ ……⑤

⑤ → ①: $x(106.3-x)=2.784.6$,

$x^2-106.3x+2,784.6=0$, $x=46.8$ ……⑥

⑥ → ⑤: $y=106.3-x=59.5$ ……⑦

⑤ → ②: $z=(x+y)-30.6=75.7$

【90】 구와 고를 서로 곱한 적은 17.5812자이고, 고 내에서 구현차를 뺀 나머지[32]는 1자 3치 8푼이다. 구, 고, 현을 묻는다.
勾股相乘 積十七尺五八一二 股内減勾弦差 餘一尺三寸八分 問勾股弦

답 구 1자 4치 7푼, 고 11자 9치 6푼, 현 12자 5푼
答 勾一尺四寸七分 股十一尺九寸六分 弦十二尺零五分

☞ **역자 주 1:** 고 내에서 구현화를 뺀 나머지는 구고화 내에서 현을 뺀 나머지와 같이 모두 현화교이다. 그러므로 제88문과 같은 방법으로 구, 고, 현을 구할 수 있다. 구, 고, 현을 각각 x, y, z라고 하면, 다음을 얻는다.

현화화: $x+y+z=\dfrac{2xy}{x+y-z}=\dfrac{35.1624}{1.38}=25.48$

구고화: $x+y=\dfrac{(x+y+z)+(x+y-z)}{2}=\dfrac{25.48+1.38}{2}=13.43$

현: $z=\dfrac{(x+y+z)-(x+y-z)}{2}=\dfrac{25.48-1.38}{2}=12.05$

이제, 다음과 같이 $y-x$(구고차)의 값을 구할 수 있다.

$$2z^2-(y+x)^2=(y-x)^2=110.0401,\quad y-x=10.49$$

그러므로 구고화와 구고차로부터 다음을 얻는다.

$$y=\frac{(x+y)+(y-x)}{2}=11.96,\qquad x=\frac{(x+y)-(y-x)}{2}=1.47$$

32) 이는 현화교(弦和較)이다.

☞ **역자 주 2:** 구, 고, 현을 각각 x, y, z라고 하면 다음 관계가 성립한다.

$yx = 17.5812$ ……①, $y-(z-x) = 1.38$ ……②, $z^2 = x^2 + y^2$ ……③

①,②→③: $z^2 = \{(x+y) - 1.38\}^2 = x^2 + y^2$, $x + y = 13.43$ ……④

④ → ②: $z = x + y - 1.38 = 12.05$

④ → ①: $x(13.43 - x) = 17.5812$, $x^2 - 13.43x + 17.5812 = 0$,

$x = 1.47$ ……⑤

⑤ → ④: $y = 13.43 - x = 11.96$

【91】 구와 고를 서로 곱한 적은 2,872자 80치이고, 고현차를 고현화에 곱하면 1,866자 24치를 얻는다. 구, 고, 현을 묻는다.
勾股相乘 積二千八百七十二尺八十寸 股弦差乘股弦和 得一千八百六十六尺二十四寸 問勾股弦

답 구 43자 2치, 고 66자 5치, 현 79자 3치
答 勾四十三尺二寸 股六十六尺五寸 弦七十九尺三寸

해법 〔고현차를 고현화에 곱하여〕 얻는 수를 실이라 하고, 평방을 풀면 구를 얻는다. 구로 적을 나누면 고를 얻는다.
術曰 以得數爲實 平方開 得勾 以勾除積 得股

해설 고현차와 고현화를 서로 곱한 적은 곧 구의 제곱이다. 「제4문을 보라.」
解 股弦差股弦和相乘 積卽勾冪也「見第四問」

☞ **역자 주 1:** 구, 고, 현을 각각 x, y, z라고 하면, '해법'과 '해설'에서는 다음과 같은 방법으로 구와 고를 구하고 있다.

구: $\sqrt{(z-y)(z+y)} = \sqrt{z^2 - y^2} = \sqrt{x^2} = x$

고: $\dfrac{yx}{x} = y$

실제로 계산하면 다음과 같다.

구: $x = \sqrt{(z-y)(z+y)} = \sqrt{1,866.24} = 43.2$

고: $y=\frac{yx}{x}=\frac{2,872.8}{43.2}=66.5$

현: $z=\sqrt{x^2+y^2}=\sqrt{6,288.49}=79.3$

☞ **역자 주 2:** 구, 고, 현을 각각 x, y, z라고 하면 다음 관계가 성립한다.

$yx=2,872.8$ ……①, $(z-y)(z+y)=1,866.24$ ……②,

$z^2=x^2+y^2$ ……③

② → ③: $y^2+1,866.24=x^2+y^2$,

$x^2=1,866.24=43.2^2$, $x=43.2$ ……④

④ → ①: $y=\frac{2,872.8}{43.2}=66.5$ ……⑤

④,⑤→③: $z^2=x^2+y^2=6,288.49=79.3^2$, $z=79.3$

【92】 구와 고를 서로 곱한 적은 4,086.72자이고, 구현차를 구현화에 곱하면 7,464.96자를 얻는다. 구, 고, 현을 묻는다.
勾股相乘 積四千零八十六尺七二 勾弦差乘勾弦和 得七千四百六十四尺九六 問勾股弦

답 구 47자 3치, 고 86자 4치, 현 98자 5치
答 勾四十七尺三寸 股八十六尺四寸 弦九十八尺五寸

해법 〔구현차를 구현화에 곱하여〕 얻은 수를 실이라 하고, 평방을 풀면 고를 얻는다.
術曰 以得數爲實 平方開 得股

해설 구현차와 구현화를 서로 곱하여 얻은 적은 곧 고의 제곱이다. 「제4문을 보라.」
解 勾弦差勾弦和相乘 積卽股冪也「見第四問」

☞ **역자 주 1:** 구, 고, 현을 각각 x, y, z라고 하면, '해법'과 '해설'에서는 다음과 같은 방법으로 고를 구하고 있다.

고: $\sqrt{(z-x)(z+x)}=\sqrt{z^2-x^2}=\sqrt{y^2}=y$

실제로 계산하면 다음과 같다.

고: $y=\sqrt{(z-x)(z+x)}=\sqrt{7,464.96}=86.4$

구: $x=\dfrac{xy}{y}=\dfrac{4,086.72}{86.4}=47.3$

현: $z=\sqrt{x^2+y^2}=\sqrt{9,702.25}=98.5$

☞ **역자 주 2:** 구, 고, 현을 각각 x, y, z라고 하면 다음 관계가 성립한다.

$yx=4,086.72$ ……①, $(z-x)(z+x)=7,464.96$ ……②,

$z^2=x^2+y^2$ ……③

② → ③: $z^2=x^2+7,464.96=x^2+y^2$,

$y^2=7,464.96=86.4^2$, $y=86.4$ ……④

④ → ①: $x=47.3$ ……⑤

④,⑤→③: $z^2=x^2+y^2=9,702.25=98.5^2$, $z=98.5$

【93】 구와 고를 서로 곱한 적은 3,543자 12치이고, 구고차를 구고화에 곱하면 2,401.93자를 얻는다. 구, 고, 현을 묻는다.
勾股相乘 積三千五百四十三尺十二寸 勾股差乘勾股和 得二千四百零一尺九三 問勾股弦

답 구 50자 4치, 고 70자 3치, 현 86자 5치
答 勾五十尺四寸 股七十尺三寸 弦八十六尺五寸

해법 적을 제곱하여 실이라 하고, 〔구고차를 구고화에 곱하여〕 얻은 수를 상렴이라 하며, 1을 우라고 하자. 삼승방을 풀면 구를 얻는다.
術曰 積自乘爲實 以得數爲上廉 以一爲隅 三乘方開 得勾

해설 적을 제곱하여 실이라고 한 것은 곧 구의 제곱과 고의 제곱을 서로 곱한 적이다. 구고차를 구고화에 곱하여 상렴이라고 한 것은 곧 고의 제곱과 구의 제곱의 차이다. 「제4문에서 구현교와 구현화를 서로 곱하여 고의 제곱이 되는 이치와 같다.」 그러므로 삼승방을 풀면 구를 얻는다.

解　積自乘爲實者 卽勾冪股冪相乘積也 勾股差乘勾股和爲上廉 卽股冪勾冪之較「與第四問 勾弦較勾弦和相乘 爲股冪之理同」故開三乘方 得勾

☞ **역자 주 1:** 구, 고, 현을 각각 x, y, z라고 하면, '해법'에서는 $(yx)^2$을 실, $(y-x)(y+x)$를 상렴, 1을 우로 한 삼승방을 풀어 x(구)를 구하고 있다. 즉, x에 관한 다음 사차 방정식을 풀고 있다.

$$(yx)^2=(y-x)(y+x)x^2+x^4$$

'해설'에 의해 위 식의 우변은 다음과 같이 된다.

$$(y-x)(y+x)x^2+x^4=(y^2-x^2)x^2+x^4=y^2x^2-x^2x^2+x^4=(yx)^2$$

실제로 계산하면 다음과 같다.

$$(1,186.68)^2=12,553,699.3344=2,401.93x^2+x^4,$$

$$x=50.4,\quad y=\frac{xy}{x}=\frac{3,543.12}{50.4}=70.3,$$

$$z^2=x^2+y^2=7,482.25,\quad z=86.5$$

☞ **역자 주 2:** 구, 고, 현을 각각 x, y, z라고 하면 다음 관계가 성립한다.

$$yx=3,543.12\ \cdots\cdots①,\quad (y-x)(y+x)=2,401.93\ \cdots\cdots②,$$

$$z^2=x^2+y^2\ \cdots\cdots③$$

① → ②: $y^2=\left(\frac{3,543.12}{x}\right)^2=x^2+2,401.93,$

$$x^4+2,401.93x^2-12,552,699.3344=0,\quad x=50.4\ \cdots\cdots④$$

④ → ①: $y=70.3\ \cdots\cdots⑤$

④,⑤→③: $z^2=x^2+y^2=7,482.25=86.5^2,\quad z=86.5$

【94】 구와 고를 서로 곱한 적은 1,186자 68치이고, 구로 고를 나누면 7자 $7\frac{11}{62}$치를 얻는다. 구, 고, 현을 묻는다.

勾股相乘 積一千一百八十六尺六十八寸 勾除股 得七尺七寸六十二分寸之十一 問勾股弦

답 구 12자 4치, 고 95자 7치, 현 96자 5치
答 勾十二尺四寸 股九十五尺七寸 弦九十六尺五寸

해법 적을 「분모와 곱하여」 실이라 하고, 소고를 「분모와 곱하여 분자를 더하고」 우라고 하자. 평방을 풀면 구를 얻는다.
해법 소고로 「분모와 곱하여 분자를 더하고」 적을 나누어 「분모와 곱하여」 얻은 수를 실이라고 하자. 평방을 풀면 구를 얻는다.
해법 소고를 「분모와 곱하여 분자를 더하고」 적에 곱하여 실이라 하고, 1을 「분모와 곱하여」 우라고 하자. 평방을 풀면 고를 얻는다.
術曰 以積「通分」爲實 小股「通分納子」爲隅 平方開 得勾
又術 以小股「通分納子」除積「通分」得數 爲實 平方開 得勾
又術 以小股「通分納子」乘積 爲實 以一「通分」爲隅 平方開 得股

해설 소고를 우라 하고, 이에 구를 곱하면 다시 원래의 고를 얻는다. 「소고는 곧 구로 고를 나눈 수이다. 그러므로 구로 이에 곱하면 다시 원래의 고를 얻는다.」 그러므로 또다시 구를 곱하고 적을 나누면 꼭 맞게 다한다.
별해의 해설 소고로 적을 나누면 곧 구의 제곱을 얻는다. 「구와 고를 서로 곱한 적을 놓고 구를 이에 곱하고 고로 이를 나누므로, 구의 제곱을 얻는다.」
별해의 해설 소고를 적에 곱하면 곧 고의 제곱을 얻는다. 「구와 고를 서로 곱한 적을 놓고 고를 이에 곱하고 구로 이를 나누므로, 고의 제곱을 얻는다.」 제95문은 이와 같다. 「원래의 해법과 두 가지 별해는 서로 같다.」
解 小股爲隅 以勾乘之還得元股「小股 卽勾除股之數 故以勾乘之還得元股」故又以勾乘除積恰盡
又術解 以小股除積 卽得勾冪「置勾股相乘積 以勾乘之 以股除之 故得勾冪」
又術解 以小股乘積 卽得股冪「置勾股相乘積 以股乘之 以勾除之 故得股冪也」第九十五問同「元術及兩又術解並同」

☞ **역자 주 1:** 구, 고, 현을 각각 x, y, z라고 하면, '해법'과 '해설'에서는 다음과 같이 yx가 실이고 $\frac{y}{x}$가 우인 평방을 풀어 x(구)를 구하고 있다.

$$yx=\left(\frac{y}{x}\right)x^2,\quad 1,186.68=\frac{478.5}{62}x^2,\ x=12.4,$$

$$y=\frac{yx}{x}=\frac{1,186.68}{12.4}=95.7,$$

$$z^2=x^2+y^2=9,312.25,\ z=96.5$$

☞ **역자 주 2:** 구, 고, 현을 각각 x, y, z라고 하면, 첫째 '별해'와 '별해의 해설'에서는 다음과 같이 적을 소고로 나누어 얻은 값의 제곱근으로 x(구)를 구하고 있다.

$$\frac{yx}{\frac{y}{x}}=x^2,\quad x=\sqrt{\frac{1,186.68}{\frac{478.5}{62}}}=\sqrt{153.76}=12.4$$

☞ **역자 주 3:** 구, 고, 현을 각각 x, y, z라고 하면, 둘째 '별해'와 '별해의 해설'에서는 다음과 같이 적과 소고를 곱하여 얻은 평방을 풀어 y(고)를 구하고 있다.

$$yx\times\frac{y}{x}=y^2,\quad y^2=9,158.49=95.7^2,\quad y=95.7$$

☞ **역자 주 3:** 구, 고, 현을 각각 x, y, z라고 하면 다음 관계가 성립한다.

$$yx=1,186.68\ \cdots\cdots①,\quad \frac{y}{x}=\frac{478.5}{62}\ \cdots\cdots②,\quad z^2=x^2+y^2\ \cdots\cdots③$$

$$② \to ①:\ x\left(7.7\frac{1.1}{62}x\right)=\frac{478.5x^2}{62}=1.186.68,$$

$$x^2-153.76=0,\quad x=12.4\ \cdots\cdots④$$

$$④ \to ①:\ y=\frac{1,186.68}{x}=95.7\ \cdots\cdots⑤$$

$$④,⑤\to③:\ z^2=x^2+y^2=9,312.25=96.5^2,\quad z=96.5$$

【95】 구와 고를 서로 곱한 적은 63자 84치이고, 고로 구를 나누면 2치 4.9375푼을 얻는다. 구, 고, 현을 묻는다.

勾股相乘 積六十三尺八十四寸 股除勾 得二寸四分九三七五 問勾股弦

답 구 3자 9치 9푼, 고 16자, 현 16자 4치 9푼
答 勾三尺九寸九分 股十六尺 弦十六尺四寸九分

해법 적을 실이라 하고, 소구를 우라고 하자. 평방을 풀면 고를 얻는다.
별해 소구로 적을 나누어 실이라고 하자. 평방을 풀면 고를 얻는다.
별해 소구를 적에 곱하여 실이라고 하자. 평방을 풀면 구를 얻는다.
術曰 以積爲實 以小勾爲隅 平方開 得股
又術 以小勾除積爲實 平方開 得股
又術 以小勾乘積爲實 平方開 得勾

☞ **역자 주 1:** 구, 고, 현을 각각 x, y, z라고 하면, '해법'에서는 다음과 같이 yx가 실이고 $\frac{x}{y}$가 우인 평방을 풀어 y(고)를 구하고 있다.

$$yx=\left(\frac{x}{y}\right)y^2, \quad 63.84=0.249375y^2, \quad y=16,$$
$$x=\frac{xy}{y}=\frac{63.84}{16}=3.99,$$
$$z^2=x^2+y^2=271.9201, \quad z=16.49$$

☞ **역자 주 2:** 구, 고, 현을 각각 x, y, z라고 하면, 첫째 '별해'에서는 다음과 같이 적을 소구로 나누어 얻은 값의 제곱근으로 y(고)를 구하고 있다.

$$\frac{yx}{\frac{x}{y}}=y^2, \quad y=\sqrt{\frac{63.84}{0.249375}}=\sqrt{256}=16$$

☞ **역자 주 3:** 구, 고, 현을 각각 x, y, z라고 하면, 둘째 '별해'에서는 다음과 같이 적과 소구를 곱하여 얻은 값의 제곱근으로 x(구)를 구하고 있다.

$$yx\times\frac{x}{y}=x^2, \quad x=\sqrt{63.84\times0.249375}=\sqrt{15.9201}=3.99$$

☞ **역자 주 4:** 구, 고, 현을 각각 x, y, z라고 하면 다음 관계가 성립한다.

$$yx=63.84 \ \cdots\cdots ①, \quad \frac{x}{y}=0.249375 \ \cdots\cdots ②, \quad z^2=x^2+y^2 \ \cdots\cdots ③$$

② → ①: $y(0.249375y)=63.84$, $y^2=256=16^2$, $y=16$ ……④

④ → ①: $x=\dfrac{63.84}{16}=3.99$ ……⑤

④,⑤→③: $z^2=x^2+y^2=271.9201=16.49^2$, $z=16.49$

【96】 구와 고를 서로 곱한 적은 621자이고, 구로 현을 나누면 6자 2치 9푼을 얻는다. 구, 고, 현을 묻는다.
勾股相乘 積六百二十一尺 勾除弦 得六尺二寸九分 問勾股弦

답 구 10자, 고 62자 1치, 현 62자 9치
答 勾十尺 股六十二尺一寸 弦六十二尺九寸

해법 적을 제곱하여 실이라 하고, 소현의 제곱에서 소구의 제곱을 「1자를」 뺀 나머지를 우라고 하자. 삼승방을 풀면 구를 얻는다.
별해 소현을 적에 곱하면 고와 현 곱한 적이 된다. 구와 고를 서로 곱한 적과 고와 현을 서로 곱한 적을 이용해서 구, 고, 현을 구하는 방법이다.
術曰 積自乘 爲實 小弦自乘 内減小勾冪「一尺」餘爲隅 三乘方開 得勾
又術 以小弦乘積 爲股弦相乘積 用勾股相乘積 股弦相乘積 求勾股弦法

해설 소현의 제곱에서 소구의 제곱을 빼면 소고의 제곱을 얻는다.
별해의 해설 소현을 적에 곱하는 것은 곧 현을 이에 곱하고 구로 이를 나누는 것이다. 그러므로 변하여 고와 현을 서로 곱한 적이 된다. 이것부터 제111문까지는 비록 구하는 바는 다르지만 해법은 서로 같다.
解 小弦冪去小勾冪 得小股冪
又術解 以小弦乘積 卽以弦乘之 以勾除之 故變爲股弦相乘積也 自此至第一百十一問 所求雖異 解則並同

☞ **역자 주 1:** 구, 고, 현을 각각 x, y, z라고 하면, '해법'과 '해설'에서는 다음과 같이 실이 $(yx)^2$이고 우가 $\left(\dfrac{z}{x}\right)^2-1$인 삼승방을 얻어 x(구)를 구하고 있다.

$$(yx)^2 = y^2x^2 = (z^2 - x^2)x^2 = \left(\frac{z^2}{x^2} - 1\right)x^4,$$

$$621^2 = (6.29^2 - 1)x^4, \quad 385,641 = 38.5641x^4, \quad x = 10$$

$$y = \frac{xy}{x} = \frac{621}{10} = 62.1,$$

$$z^2 = x^2 + y^2 = 3,956.41, \quad z = 62.9$$

☞ **역자 주 2:** 구, 고, 현을 각각 x, y, z라고 하면, '별해'와 '별해의 해설'에서는 먼저 다음 관계를 구했다.

$$yx \times \frac{z}{x} = zy$$

그리고 제86문과 같이 zy와 yx를 이용해서 구, 고, 현을 구한다.

$$y = \sqrt[4]{(zy)^2 - (yx)^2} = \sqrt[4]{3,906.09^2 - 621^2}$$
$$= \sqrt[4]{14,871,898.0881} = 62.1,$$

$$z = \frac{zy}{y} = \frac{3,906.09}{62.1} = 62.9, \quad x = \frac{yx}{y} = \frac{621}{62.1} = 10$$

☞ **역자 주 3:** 구, 고, 현을 각각 x, y, z라고 하면 다음 관계가 성립한다.

$$yx = 621 \cdots\cdots ①, \quad \frac{z}{x} = 6.29 \cdots\cdots ②, \quad z^2 = x^2 + y^2 \cdots\cdots ③$$

①,②→③: $z^2 = (6.29x)^2 = x^2 + \left(\frac{621}{x}\right)^2, \quad x^4 - 10,000 = 0, \quad x = 10 \cdots\cdots ④$

④ → ①: $y = \frac{621}{x} = 62.1 \cdots\cdots ⑤$

④,⑤→③: $z^2 = x^2 + y^2 = 3,956.41 = 62.9^2, \quad z = 62.9$

【97】 구와 고를 서로 곱한 적은 54자 12치이고, 고로 현을 나누면 1자 1치 2$\frac{20}{41}$푼을 얻는다. 구, 고, 현을 묻는다.

勾股相乘 積五十四尺十二寸 股除弦 得一尺一寸二分四十一分分之二十 問勾股弦

답 구 5자 2치 8푼, 고 10자 2치 5푼, 현 11자 5치 3푼

答　勾五尺二寸八分　股十尺二寸五分　弦十一尺五寸三分

해법 적을「분모와 곱하고」제곱하여 실이라 하고, 소현을「분모와 곱하여 분자를 더하고」제곱하여 소고의 제곱을「1자를 분모와 곱하여」뺀 나머지는 우라고 하자. 삼승방을 풀면 고를 얻는다.

별해 소현을「분모와 곱하여 분자를 더하고」적에 곱하여 얻은 수는「분모로 이를 나누고」구와 현을 서로 곱한 적이 된다. 구와 고를 서로 곱한 적 및 구와 현을 서로 곱한 적을 이용해서 구, 고, 현을 구하는 방법이다.

術曰 積「通分」自乘 爲實 小弦「通分納子」自乘 內減小股冪「一尺通分」餘爲隅 三乘方開 得股

又術 以小弦「通分納子」乘積 得數「以分母除之」爲勾弦相乘積 用勾股相乘積 勾弦相乘積 求勾股弦法

☞ **역자 주 1:** 구, 고, 현을 각각 x, y, z라고 하면, '해법'에서는 다음과 같이 실이 $(yx)^2$이고 우가 $\left(\frac{z}{y}\right)^2-1$인 삼승방을 구하여 y(고)를 구하고 있다.

$$(yx)^2=x^2y^2=(z^2-y^2)y^2=\left(\frac{z^2}{y^2}-1\right)y^4,$$

$$54.12^2=\left(\frac{46.12^2}{41^2}-1\right)y^4,\quad 2,928.9744=\frac{446.0544}{1,681}y^4,\quad y=10.25,$$

$$x=\frac{yx}{y}=\frac{54.12}{10.25}=5.28,\quad z=\frac{46.12}{41}y=11.53$$

☞ **역자 주 2:** 구, 고, 현을 각각 x, y, z라고 하면, '별해'에서는 다음과 같이 먼저 zx를 구한다.

$$yx\times\frac{z}{y}=zx$$

이제, 제85문과 같이 yx와 zx를 이용해서 구, 고, 현을 구할 수 있다.

$$x^4=(zx)^2-(yx)^2=777.20518656=5.28^4,\quad x=5.28$$

$$y=\frac{yx}{x}=\frac{54.12}{5.28}=10.25,\quad z=\frac{46.12}{41}y=11.53$$

☞ **역자 주 3:** 구, 고, 현을 각각 x, y, z라고 하면 다음 관계가 성립한다.

$$yx = 54.12 \cdots\cdots①,\quad \frac{z}{y} = \frac{46.12}{41} \cdots\cdots②,\quad z^2 = x^2 + y^2 \cdots\cdots③$$

①,②→③: $z^2 = \left(\frac{46.12}{41}y\right)^2 = \left(\frac{54.12}{y}\right)^2 + y^2,$

$$y^4 = 11,038.12890625 = 10.25^4,\quad y = 10.25 \cdots\cdots④$$

④ → ①: $x = \frac{54.12}{y} = 5.28 \cdots\cdots⑤$

④,⑤→③: $z^2 = x^2 + y^2 = 11.53^2,\quad z = 11.53$

【98】 구와 고를 서로 곱한 적은 1,770자 72치이고, 현으로 구를 나누면 5치 3.76푼을 얻는다. 구, 고, 현을 묻는다.
勾股相乘 積一千七百七十尺七十二寸 弦除勾 得五寸三分七六 問勾股弦

답 구 33자 6치, 고 52자 7치, 현 62자 5치
答 勾三十三尺六寸 股五十二尺七寸 弦六十二尺五寸

해법 소구로 적을 나누면 고와 현을 서로 곱한 적이 된다. 구와 고를 서로 곱한 적 및 고와 현을 서로 곱한 적을 이용해서, 구, 고, 현을 구하는 방법이다.
術曰 以小勾除積 爲股弦相乘積 用勾股相乘積 股弦相乘積 求勾股弦法

☞ **역자 주 1:** 구, 고, 현을 각각 x, y, z라고 하면, '해법'에서는 다음과 같이 먼저 zy를 구한다.

$$yx \div \frac{x}{z} = zy$$

이제, 第86문과 같이 yx와 zy를 이용해서 구, 고, 현을 구할 수 있다.

$$y^4 = (zy)^2 - (yx)^2 = 7,713,339.7441 = 52.7^4,\quad y = 52.7,$$

$$x = \frac{yx}{y} = \frac{1,770.72}{52.7} = 33.6,\quad z = \frac{x}{0.5376} = 62.5$$

☞ **역자 주 2:** 구, 고, 현을 각각 x, y, z라고 하면 다음 관계가 성립한다.

$$yx=1,770.72 \cdots\cdots①, \quad \frac{x}{z}=0.5376 \cdots\cdots②, \quad z^2=x^2+y^2 \cdots\cdots③$$

$$①,②\rightarrow③: \ z^2=\left(\frac{x}{0.5376}\right)^2=x^2+\left(\frac{1,770.72}{x}\right)^2,$$

$$x^4=1,274,550.6866=33.6^4, \quad x=33.6 \cdots\cdots④$$

$$④\rightarrow①,②: \ y=\frac{1,770.72}{x}=52.7, \quad z=\frac{x}{0.5376}=62.5$$

【99】 구와 고를 서로 곱한 적은 131.7792자이고, 현으로 고를 나누면 7치 2 $\frac{56}{65}$ 푼을 얻는다. 구, 고, 현을 묻는다.

勾股相乘 積一百三十一尺七七九二 弦除股 得七寸二分六十五分分之五十六 問勾股弦

답 구 11자 1치 3푼, 고 11자 8치 4푼, 현 16자 2치 5푼

答 勾十一尺一寸三分 股十一尺八寸四分 弦十六尺二寸五分

해법 소고로 「분모와 곱하여 분자를 더하고」 적을 나누면 「분모와 곱하여」 구와 현을 서로 곱한 적을 얻는다. 위의 방법을 이용한다.

術曰 以小股「通分納子」除積「通分」得勾弦相乘積 用上術

☞ **역자 주 1:** 구, 고, 현을 각각 x, y, z라고 하면, '해법'에서는 다음과 같이 먼저 zx를 구하고 있다.

$$yx \div \frac{y}{z}=zx$$

이제, 앞에서와 같이 yx와 zx를 이용해서, 구, 고, 현을 구할 수 있다.

$$x^4=(zx)^2-(yx)^2=15,345.48635361=11.13^4, \quad x=11.13,$$

$$y=\frac{131.7792}{x}=11.84, \quad z=\frac{65}{47.36}y=16.25$$

☞ **역자 주 2:** 구, 고, 현을 각각 x, y, z라고 하면 다음 관계가 성립한다.

$$yx=131.7792 \cdots\cdots①, \quad \frac{y}{z}=0.72\frac{0.56}{65}=\frac{47.36}{65} \cdots\cdots②,$$

$z^2 = x^2 + y^2$ ……③

①,②→③: $z^2 = \left(\frac{65y}{47.36}\right)^2 = \left(\frac{131.7792}{y}\right)^2 + y^2$,

$y^4 - 19.652.0044736 = 0, \quad y = 11.84$ ……④

④→①,②: $x = \frac{131.7792}{y} = 11.13, \quad z = \frac{65y}{47.36} = 16.25$

【100】 구와 현을 서로 곱한 적은 1,609자 20치이고, 구로 현을 나누면 3자 4치 4$\frac{49}{54}$푼을 얻는다. 구, 고, 현을 묻는다.
勾弦相乘 積一千六百九尺二十寸 勾除弦 得三尺四寸四分五十四分分之四十九 問勾股弦

답 구 21자 6치, 고 71자 3치, 현 74자 5치
答 勾二十一尺六寸 股七十一尺三寸 弦七十四尺五寸

해법 소현으로 「분모와 곱하여 분자를 더하고」 적을 나누어 실이라고 하자. 평방을 풀면 구를 얻는다.
별해 소현을 「분모와 곱하여 분자를 더하고」 우라고 하자.
術曰 以小弦「通分納子」除積 爲實 平方開 得勾
又術 小弦「通分納子」爲隅

☞ **역자 주 1:** 구, 고, 현을 각각 x, y, z라고 하면, '해법'에서는 다음과 같이 먼저 평방을 구하고 x(구)를 구하고 있다.

$zx \div \frac{z}{x} = x^2$,

$x^2 = 1,609.20 \div \frac{186.25}{54} = 466.56, \quad x = 21.6$,

$z = \frac{zx}{x} = \frac{1,609.20}{21.6} = 74.5$,

$y^2 = z^2 - x^2 = 5,083.69, \quad y = 71.3$

☞ **역자 주 2:** 구, 고, 현을 각각 x, y, z라고 하면, '별해'에서는 다음과 같이 평방을 구하고, x(구)를 구하고 있다.

$$zx = \frac{z}{x}x^2,$$

$$1,609.20 = \frac{186.25}{54}x^2$$

☞ **역자 주 3:** 구, 고, 현을 각각 x, y, z라고 하면 다음 관계가 성립한다.

$$zx = 1,609.20 \cdots\cdots①, \quad \frac{z}{x} = 3.44\frac{0.49}{54} = \frac{186.25}{54} \cdots\cdots②,$$

$$z^2 = x^2 + y^2 \cdots\cdots③$$

② → ①: $x\left(\frac{186.25x}{54}\right) = 1,609.2, \quad x^2 = 466.56 = 21.6^2, \quad x = 21,6 \cdots\cdots④$

④ → ①: $z = \frac{1,609.2}{x} = 74.5 \cdots\cdots⑤$

④,⑤→③: $y^2 = z^2 - x^2 = 5,083.69 = 71.3^2, \quad y = 71.3$

【101】 고와 현을 서로 곱한 적은 121자 27치 80푼이고, 고로 현을 나누면 1자 1치 6 $\frac{29}{51}$ 푼을 얻는다. 구, 고, 현을 묻는다.

股弦相乘 積一百二十一尺二十七寸八十分 股除弦 得一尺一寸六分五十一分分之二十九 問勾股弦

답 구 6자 1치 1푼, 고 10자 2치, 현 11자 8치 9푼

答 勾六尺一寸一分 股十尺二寸 弦十一尺八寸九分

해법 소현으로 「분모와 곱하여 분자를 더하고」 적을 나누어 「분모와 곱하고」 실이라고 하자. 평방을 풀면 고를 얻는다.

術曰 以小弦「通分納子」除積「通分」爲實 平方開 得股

☞ **역자 주 1:** 구, 고, 현을 각각 x, y, z라고 하면, '해법'에서는 다음과 같이 평방을 구하여 y(고)를 구하고 있다.

$$zy \div \frac{z}{y} = y^2,$$

$$121.278 \div \frac{59.45}{51} = y^2, \quad 104.04 = y^2, \quad y = 10.2$$

$$z = \frac{59.45}{51}y = 11.89, \quad x^2 = z^2 - y^2 = 37.3321, \quad x = 6.11$$

☞ **역자 주 2:** 구, 고, 현을 각각 x, y, z라고 하면 다음 관계가 성립한다.

$$xz = 121.278 \cdots\cdots①, \quad \frac{z}{y} = 1.16\frac{0.29}{51} = \frac{59.45}{51} \cdots\cdots②,$$

$$z^2 = x^2 + y^2 \quad \cdots\cdots③$$

② → ①: $y\left(\frac{59.45y}{51}\right) = 121.278, \quad y^2 = 104.04 = 10.2^2, \quad y = 10.2 \cdots\cdots④$

④ → ②: $z = 11.89 \cdots\cdots⑤$

④,⑤→③: $x^2 = z^2 - y^2 = 37.3321 = 6.11^2, \quad x = 6.11$

【102】 구와 현을 서로 곱한 적은 53자 78치 25푼이고, 현으로 구를 나누면 $8\frac{44}{101}$푼을 얻는다. 구, 고, 현을 묻는다.

勾弦相乘 積五十三尺七十八寸二十五分 弦除勾 得八分一百一分分之四十四 問勾股弦

답 구 2자 1치 3푼, 고 25자 1치 6푼, 현 25자 2치 5푼

答 勾二尺一寸三分 股二十五尺一寸六分 弦二十五尺二寸五分

해법 소구로「분모와 곱하여 분자를 더하고」적을 나누어「분모와 곱하고」실이라고 하자. 평방을 풀면 현을 얻는다.

術曰 以小勾「通分納子」除積「通分」爲實 平方開 得弦

☞ **역자 주 1:** 구, 고, 현을 각각 x, y, z라고 하면, '해법'에서는 다음과 같이 평방을 구하여 z(현)을 구하고 있다.

$$zx \div \frac{x}{z} = z^2, \quad 53.7825 \div \frac{8.52}{101} = z^2,$$

$$z^2 = 637.5625 = 25.25^2, \quad z = 25.25,$$

$$x = \frac{53.7825}{z} = 2.13, \quad y^2 = z^2 - x^2 = 633.0256, \quad y = 25.16$$

☞ **역자 주 2:** 구, 고, 현을 각각 x, y, z라고 하면 다음 관계가 성립한다.

$$zx = 53.7825 \cdots\cdots ①, \quad \frac{x}{z} = 0.08\frac{0.44}{101} = \frac{8.52}{101} \cdots\cdots ②$$

$$z^2 = x^2 + y^2 \cdots\cdots ③$$

② → ①: $x\left(\frac{101x}{8.52}\right) = 53.7825, \quad x^2 = 4.5369 = 2.13^2, \quad x = 2.13 \cdots\cdots ④$

④ → ②: $z = \frac{101x}{8.52} = 25.25, \cdots\cdots ⑤$

④,⑤→③: $y^2 = z^2 - x^2 = 637.5625 - 4.5369, \quad y = 25.6$

【103】 고와 현을 서로 곱한 적은 207.8575자이고, 현으로 고를 나누면 8치 $9\frac{23}{61}$푼을 얻는다. 구, 고, 현을 묻는다.
股弦相乘 積二百七尺八五七五 弦除股 得八寸九分六十一分分之二十三 問勾股弦

답 구 6자 8치 4푼, 고 13자 6치 3푼, 현 15자 2치 5푼
答 勾六尺八寸四分 股十三尺六寸三分 弦十五尺二寸五分

해법 소고로 「분모와 곱하여 분자를 더하고」 적을 나누어 「분모와 곱하고」 실이라고 하자. 평방을 풀하면 현을 얻는다.
術曰 以小股「通分納子」除積「通分」爲實 平方開 得弦

☞ **역자 주 1:** 구, 고, 현을 각각 x, y, z라고 하면, '해법'에서는 다음과 같이 평방을 구하여, z(현)을 구하고 있다.

$$zy \div \frac{y}{z} = z^2, \quad 207.8575 \div \frac{54.52}{61} = z^2,$$

$$z^2 = 232.5625, \quad z = 15.25$$

$$y = \frac{54.52z}{61} = 13.63, \quad x^2 = z^2 - y^2 = 46.7856 = 6.84^2, \quad x = 6.84$$

☞ **역자 주 2:** 구, 고, 현을 각각 x, y, z라고 하면 다음 관계가 성립한다.

$$zy = 207.8575 \cdots\cdots ①, \quad \frac{y}{z} = 0.89\frac{0.23}{61} = \frac{54.52}{61} \cdots\cdots ②,$$

$z^2 = x^2 + y^2$ ……③

② → ①: $z\left(\frac{54.52z}{61}\right) = 207.8575$, $z^2 = 232.5625 = 15.25^2$, $z = 15.25$ ……④

④ → ②: $y = \frac{54.52z}{61} = 13.63$ ……⑤

④,⑤→③: $x^2 = z^2 - y^2 = 46.7856 = 6.84^2$, $x = 6.84$

【104】 구와 현을 서로 곱한 적은 29.7185자이고, 구로 고를 나누면 4자 8 $\frac{24}{49}$치를 얻는다. 구, 고, 현을 묻는다.

勾弦相乘 積二十九尺七一八五 勾除股 得四尺八寸四十九分寸之二十四 問勾股弦

답 구 2자 4치 5푼, 고 11자 8치 8푼, 현 12자 1치 3푼
答 勾二尺四寸五分 股十一尺八寸八分 弦十二尺一寸三分

해법 소고로「분모와 곱하여 분자를 더하고」적에 곱하면「분모와 곱하고」고와 현을 서로 곱한 적이 된다. 구와 현을 서로 곱한 적과 고와 현을 서로 곱한 적을 이용해서 구, 고, 현을 구하는 방법이다.
術曰 以小股「通分納子」乘積「通分」爲股弦相乘積 用勾弦相乘積 股弦相乘積 求勾股弦法

☞ **역자 주 1:** 구, 고, 현을 각각 x, y, z라고 하면, '해법'에서는 다음과 같이 먼저 zy를 구하고 있다.

$$zx \times \frac{y}{x} = zy$$

이제, 제87문과 같이 zx와 zy를 이용해서 다음과 같이 구, 고, 현을 구할 수 있다.

$$z^4 = (zx)^2 + (zy)^2 = 21{,}649.26734161 = 12.13^4, \quad z = 12.13,$$

$$x = \frac{29.7185}{z} = 2.45, \quad y = \frac{144.1044}{z} = 11.88$$

☞ **역자 주 2:** 구, 고, 현을 각각 x, y, z라고 하면 다음 관계가 성립한다.

$$zx = 29.7185 \cdots\cdots①, \quad \frac{y}{x} = 4.8\frac{2.4}{49} = \frac{237.6}{49} \cdots\cdots②,$$

$$z^2 = x^2 + y^2 \cdots\cdots③$$

$$①,②\rightarrow③: \quad z^2 = \left(\frac{29.7185}{x}\right)^2 = x^2 + \left(\frac{237.6x}{49}\right)^2,$$

$$x^4 - 36.03000625 = 0, \quad x = 2.45 \cdots\cdots④$$

$$④\rightarrow①,②: \quad z = \frac{29.7185}{x} = 12.13, \quad y = \frac{237.6x}{49} = 11.88$$

【105】 고와 현을 서로 곱한 적은 168.764자이고, 고로 구를 나누면 4치 5$\frac{15}{62}$푼을 얻는다. 구, 고, 현을 묻는다.

股弦相乘 積一百六十八尺七六四 股除勾 得四寸五分六十二分分之十五 問勾股弦

답 구 5자 6치 1푼, 고 12자 4치, 현 13자 6치 1푼

答 勾五尺六寸一分 股十二尺四寸 弦十三尺六寸一分

해법 소구로 「분모와 곱하여 분자를 더하고」 적에 곱하면 「분모와 곱하고」 구와 현을 서로 곱한 적이 된다. 위의 방법을 이용한다.

術曰 以小勾「通分納子」乘積「通分」爲勾弦相乘積 用上術

☞ **역자 주 1:** 구, 고, 현을 각각 x, y, z라고 하면, '해법'에서는 다음과 같이 먼저 zx를 구한다.

$$zy \times \frac{x}{y} = zx$$

이제, zx와 zy를 이용해서 구, 고, 현을 구한다.

$$z^4 = (zy)^2 + (zx)^2 = 34,310.93087041 = 13.61^4, \quad z = 13.61,$$

$$y = \frac{168.764}{z} = 12.4, \quad x = \frac{28.05}{62}y = 5.61$$

☞ **역자 주 2:** 구, 고, 현을 각각 x, y, z라고 하면 다음 관계가 성립한다.

$$zy = 168.764 \cdots\cdots ①, \quad \frac{x}{y} = 0.45\frac{0.15}{62} = \frac{28.05}{62} \cdots\cdots ②,$$

$$z^2 = x^2 + y^2 \cdots\cdots ③$$

①,②→③: $y^4 - 23,642.1376 = 0, \quad y = 12.4 \cdots\cdots ④$

④→①,②: $z = \frac{168.764}{12.4} = 13.61, \quad x = \frac{28.05y}{62} = 5.61$

【106】 구와 현을 서로 곱한 적은 143.5089자이고, 고로 구를 나누면 8치 6 $\frac{29}{56}$ 푼을 얻는다. 구, 고, 현을 묻는다.
勾弦相乘 積一百四十三尺五〇八九 股除勾 得八寸六分五十六分分之二十九 問勾股弦

답 구 9자 6치 9푼, 고 11자 2치, 현 14자 8치 1푼
答 勾九尺六寸九分 股十一尺二寸 弦十四尺八寸一分

해법 소구로 「분모와 곱하여 분자를 더하고」 적을 나누면 「분모와 곱하고」 고와 현을 서로 곱한 적이 된다. 위의 방법을 이용한다.
術曰 以小勾「通分納子」除積「通分」爲股弦相乘積 用上術

☞ **역자 주 1:** 구, 고, 현을 각각 x, y, z라고 하면, '해법'에서는 다음과 같이 먼저 zy를 구하고 있다.

$$zx \div \frac{x}{y} = zy$$

이제, zx와 zy를 이용해서 구, 고, 현을 구한다.

$$z^4 = (zy)^2 + (zx)^2 = 48,108.32476321 = 14.81^4, \quad z = 14.81,$$

$$x = \frac{143.5089}{z} = 9.69, \quad y = \frac{56}{48.45}x = 11.2$$

☞ **역자 주 2:** 구, 고, 현을 각각 x, y, z라고 하면 다음 관계가 성립한다.

$$zx = 143.5089 \cdots\cdots ①, \quad \frac{x}{y} = 0.86\frac{0.29}{56} = \frac{48.45}{56} \cdots\cdots ②,$$

$$z^2 = x^2 + y^2 \quad \cdots\cdots③$$

①,②→③: $z^2 = \left(\frac{143.5089}{x}\right)^2 = x^2 + \left(\frac{56x}{48.45}\right)^2,$

$$x^4 - 8,816.47759521 = 0, \quad x = 9.69 \quad \cdots\cdots④$$

④→①,②: $z = \frac{143.5089}{x} = 14.81, \quad y = \frac{56x}{48.45} = 11.2$

【107】 고와 현을 서로 곱한 적은 6,145자 75치이고, 구로 고를 나누면 4자 6 $\frac{11}{84}$ 치를 얻는다. 구, 고, 현을 묻는다.

股弦相乘 積六千一百四十五尺七十五寸 勾除股 得四尺六寸八十四分寸之十一 問勾股弦

답 구 16자 8치, 고 77자 5치, 현 79자 3치

答 勾十六尺八寸 股七十七尺五寸 弦七十九尺三寸

해법 소고로 「분모와 곱하여 분자를 더하고」 적을 나누면 「분모와 곱하고」 구와 현을 서로 곱한 적이 된다. 위의 방법을 이용한다.

術曰 以小股「通分納子」除積「通分」爲勾弦相乘積 用上術

☞ **역자 주 1:** 구, 고, 현을 각각 x, y, z라고 하면, '해법'에서는 다음과 같이 먼저 zx를 구하고 있다.

$$zy \times \frac{x}{y} = zx$$

이제, zx와 zy를 이용해서 구, 고, 현을 구한다.

$$z^4 = (zy)^2 + (zx)^2 = 39,545,106.4801 = 79.3^4, \quad z = 79.3,$$

$$y = \frac{6,145.75}{z} = 77.5, \quad x = \frac{1,332.24}{z} = 16.8$$

☞ **역자 주 2:** 구, 고, 현을 각각 x, y, z라고 하면 다음 관계가 성립한다.

$$zy = 6,145.75 \quad \cdots\cdots①, \quad \frac{y}{x} = 4.6\frac{1.1}{84} = \frac{387.5}{84} \quad \cdots\cdots②,$$

$z^2 = x^2 + y^2$ ……③

①,②→③: $\left(\frac{6,145.75}{y}\right)^2 = \left(\frac{84y}{387.5}\right)^2 + y^2,$

$10.061584y^4 - 362,972,035.83065 = 0, \quad y = 77.5$ ……④

④→①,②: $x = \frac{84y}{387.5} = 16.8, \quad z = \frac{6,145.75}{y} = 79.3$

【108】 구와 현을 서로 곱한 적은 23자 79치이고, 현으로 고를 나누면 9치 9 $\frac{29}{61}$ 푼을 얻는다. 구, 고, 현을 묻는다.

勾弦相乘 積二十三尺七十九寸 弦除股 得九寸九分六十一分分之二十九 問勾股弦

답 구 1자 5치 6푼, 고 15자 1치 7푼, 현 15자 2치 5푼

答 勾一尺五寸六分 股十五尺一寸七分 弦十五尺二寸五分

해법 소고로 적에 곱하면 구와 고를 서로 곱한 적이 된다. 구와 현을 서로 곱한 적 및 구와 고를 서로 곱한 적을 이용해서 구, 고, 현을 구하는 방법이다.

術曰 以小股乘積 爲勾股相乘積 用勾弦相乘積 勾股相乘積 求勾股弦法

☞ **역자 주 1:** 구, 고, 현을 각각 x, y, z라고 하면, '해법'에서는 다음과 같이 먼저 yx를 구한다.

$$zx \times \frac{y}{z} = yx$$

이제, yx와 zx를 이용해서 다음과 같이 구, 고, 현을 구할 수 있다

$$x^4 = (zx)^2 - (yx)^2 = 5.92240896 = 1.56^4, \quad x = 1.56,$$

$$z = \frac{23.79}{x} = 15.25, \quad y = \frac{60.68}{61} z = 15.17$$

☞ **역자 주 2:** 구, 고, 현을 각각 x, y, z라고 하면 다음 관계가 성립한다.

$$zx = 23.79 \cdots\cdots ①, \quad \frac{y}{z} = 0.99\frac{0.29}{61} = \frac{60.68}{61} \cdots\cdots ②,$$

$$z^2 = x^2 + y^2 \cdots\cdots ③$$

①,②→③: $z^2 = \frac{23.79^2}{z^2} + \frac{(60.68z)^2}{61^2}$,

$$3,721z^4 = 2,105,952.4161 + 3,682.0624z^4,$$

$$38.9376z^4 - 2,105,952.4161 = 0, \quad z = 15.25 \cdots\cdots ④$$

④→①,②: $y = \frac{60.68z}{61} = 15.17, \quad x = \frac{23.79}{z} = 1.56$

【109】 고와 현을 서로 곱한 적은 339자 15치이고, 현으로 구를 나누면 6치 $6\frac{2}{85}$ 푼을 얻는다. 구, 고, 현을 묻는다.

股弦相乘 積三百三十九尺十五寸 弦除勾 得六寸六分八十五分分之二 問勾股弦

답 구 14자 3푼, 고 15자 9치 6푼, 현 21자 2치 5푼

答 勾十四尺零三分 股十五尺九寸六分 弦二十一尺二寸五分

☞ **역자 주 1:** 구, 고, 현을 각각 x, y, z라고 하면, 다음이 성립한다.

$$yx = zy \times \frac{x}{z} = 223.9188$$

그러므로 다음을 얻는다.

$$y^4 = (zy)^2 - (yx)^2 = 64,883.09350656 = 15.96^4, \quad y = 15.96,$$

$$z = \frac{339.15}{y} = 21.25, \quad x = \frac{223.9188}{y} = 14.03$$

☞ **역자 주 2:** 구, 고, 현을 각각 x, y, z라고 하면 다음 관계가 성립한다.

$$zy = 339.15 \cdots\cdots ①, \quad \frac{x}{z} = 0.66\frac{0.02}{85} = \frac{56.12}{85} \cdots\cdots ②,$$

$$z^2 = x^2 + y^2 \cdots\cdots ③$$

①,②→③: $z^2 = \left(\frac{339.15}{z}\right)^2 + \left(\frac{56.12z}{85}\right)^2$,

$$z^4 - 203,908.69140625 = 0, \quad z = 21.25 \quad \cdots\cdots ④$$

④→①,②: $y = \dfrac{339.15}{z} = 15.96, \quad x = \dfrac{56.12z}{85} = 14.03$

【110】 구와 현을 서로 곱한 적은 139.5649자이고, 고로 현을 나누면 1자 2치 2$\frac{59}{63}$푼을 얻는다. 구, 고, 현을 묻는다.

勾弦相乘 積一百三十九尺五六四九 股除弦 得一尺二寸二分六十三分分之五十九 問勾股弦

답 구 9자 1푼, 고 12자 6치, 현 15자 4치 9푼

答 勾九尺零一分 股十二尺六寸 弦十五尺四寸九分

☞ **역자 주 1:** 구, 고, 현을 각각 x, y, z라고 하면, 다음이 성립한다.

$$yx = zx \div \frac{z}{y} = 113.526$$

그러므로 다음을 얻는다.

$$x^4 = (zx)^2 - (yx)^2 = 6,590.20863601 = 9.01^4, \quad x = 9.01,$$

$$z = \frac{139.5649}{x} = 15.49, \quad y = \frac{113.526}{x} = 12.6$$

☞ **역자 주 1:** 구, 고, 현을 각각 x, y, z라고 하면, 다음 관계가 성립한다.

$$zx = 139.5649 \cdots\cdots ①, \quad \frac{z}{y} = 1.22\frac{0.59}{63} = \frac{77.45}{63} \cdots\cdots ②,$$

$$z^2 = x^2 + y^2 \cdots\cdots ③$$

①,②→③: $z^2 = \left(\dfrac{139.5649}{z}\right)^2 + \left(\dfrac{63z}{77.45}\right)^2,$

$$z^4 = 57,571.25158801 = 15.49^4, \quad z = 15.49 \cdots\cdots ④$$

④→①,②: $x = \dfrac{139.5649}{z} = 9.01, \quad y = \dfrac{63z}{77.45} = 12.6$

【111】 고와 현을 서로 곱한 적은 7,059.85자이고, 구로 현을 나누면

2자 5치 $2\frac{1}{87}$ 푼을 얻는다. 구, 고, 현을 묻는다.

股弦相乘 積七千零五十九尺八五 勾除弦 得二尺五寸二分八十七分分之一 問勾股弦

답 구 34자 8치, 고 80자 5치, 현 87자 7치

答 勾三十四尺八寸 股八十尺五寸 弦八十七尺七寸

☞ **역자 주 1:** 구, 고, 현을 각각 x, y, z라고 하면, 다음이 성립한다.

$$yx = zy \div \frac{z}{x} = 2{,}801.4$$

그러므로 다음을 얻는다,

$$y^4 = (zy)^2 - (yx)^2 = 41{,}993{,}640.0625 = 80.5^4, \quad y = 80.5,$$

$$z = \frac{7{,}059.85}{y} = 87.7, \quad x = \frac{2{,}801.4}{34.8}$$

☞ **역자 주 2:** 구, 고, 현을 각각 x, y, z라고 하면 다음 관계가 성립한다.

$$zy = 7{,}059.85 \quad \cdots\cdots ①, \quad \frac{z}{x} = 2.52\frac{0.01}{87} = \frac{219.25}{87} \quad \cdots\cdots ②,$$

$$z^2 = x^2 + y^2 \quad \cdots\cdots ③$$

①,②→③: $z^2 = \left(\frac{87z}{219.25}\right)^2 + \left(\frac{7{,}059.85}{z}\right)^2,$

$$z^4 - 59{,}155{,}941.864 = 0, \quad z = 87.7 \quad \cdots\cdots ④$$

④→①,②: $y = \frac{7{,}059.85}{87.7} = 80.5, \quad x = \frac{z}{\frac{219.25}{87}} = 34.8$

【112】 구의 제곱과 현의 제곱의 합은 17,745자 61치이고, 구현차는 36자 1치이다. 구, 고, 현을 묻는다.
勾冪弦冪 共一萬七千七百四十五尺六十一寸 勾弦差三十六尺一寸 問勾股弦

답 구 74자 4치, 고 81자 7치, 현 110자 5치
答 勾七十四尺四寸 股八十一尺七寸 弦一百十尺五寸

해법 두 제곱〔구의 제곱과 현의 제곱〕의 합에서 구현차의 제곱을 뺀 나머지를 실이라 하고, 구현차의 2배를 종이라 하며, 2를 우라고 하자. 평방을 풀면 구를 얻는다.
術曰 共冪 內減去差冪 餘爲實 倍差爲從 以二爲隅 平方開 得勾

해설 현의 제곱은 곧 구의 제곱과 고의 제곱의 합이고, 고의 제곱은 구현차의 제곱과 구를 구현차에 곱한 적 2단의 합이다. 「제61문을 보라.」 그러므로 두 제곱〔구의 제곱과 현의 제곱〕의 합에서 구현차의 제곱을 뺀 나머지는 길이가 구의 2배와 구현차의 2배의 합이고 너비가 구의 1배인 직사각형의 넓이다.
解 弦冪 卽勾冪股冪共 而股冪 爲勾弦差冪 及勾乘勾弦差積二段「見第六十一問」故共冪 內減差冪 餘爲二勾二差爲長 一勾爲闊之長方面也

☞ **역자 주 1**: 구, 고, 현을 각각 x, y, z라고 하면, '해법'에서는 실이 $x^2+z^2-(z-x)^2$이고 종이 $2(z-x)$이며 우가 2인 평방을 풀어 x(구)를 구하고 있다. 즉, x에 관한 다음 이차 방정식을 풀고 있다.

$$x^2+z^2-(z-x)^2=2(z-x)x+2x^2 \quad \cdots\cdots ①$$

'해설'에서는 식 ①의 정당성을, 관계 $z^2=x^2+y^2$와 제61문에서 얻은 결과인 $y^2=(z-x)^2+2x(z-x)$를 이용해서 다음과 같이 밝히고 있다.

$$\begin{aligned} x^2+z^2-(z-x)^2 &= x^2+(x^2+y^2)-(z-x)^2=(x^2+x^2)+\{y^2-(z-x)^2\} \\ &= 2x^2+2(z-x)x=\{2x+2(z-x)\}x \end{aligned}$$

실제로 계산하면 실은 $x^2+z^2-(z-x)^2=16,442.4$이고 종은 $2(z-x)=72.2$이며 우는 2이므로, 다음을 얻는다.

$16,442.4 = 72.2x + 2x^2$, 즉 $2x^2 + 72.2x - 16,442.4 = 0$,
$x = 74.4$, $z = x + 36.1 = 110.5$,
$y^2 = z^2 - x^2 = 6.674.89$, $y = 81.7$

☞ **역자 주 2:** 구, 고, 현을 각각 x, y, z라고 하면 다음 관계가 성립한다.

$x^2 + z^2 = 17,745.61$ ……①, $z - x = 36.1$ ……②, $z^2 = x^2 + y^2$ ……③

② → ①: $x^2 + (x+36.1)^2 = 2x^2 + 72.2x + 1,303.21 = 17,745.61$,
$x^2 + 36.1x - 8,221.2 = 0$, $x = 74.4$ ……④

④ → ②: $z = x + 36.1 = 110.5$ ……⑤

④,⑤→③: $y^2 = z^2 - x^2 = 6,674.89 = 81.7^2$, $y = 81.7$

【113】 구의 제곱과 현의 제곱의 합은 19,238.74자이고, 구고차는 10자 3치이다. 구, 고, 현을 묻는다.
勾冪弦冪 共一萬九千二百三十八尺七四 勾股差十尺三寸 問勾股弦

답 구 76자 5치, 고 86자 8치, 현 115자 7치
答 勾七十六尺五寸 股八十六尺八寸 弦一百十五尺七寸

해법 두 제곱[구의 제곱과 현의 제곱]의 합에서 구고차의 제곱을 뺀 나머지를 실이라 하고, 구고차의 2배를 종이라 하며, 3을 우라고 하자. 평방을 풀면 구를 얻는다.
術曰 共冪 内減去差冪 餘爲實 倍差爲從 以三爲隅 平方開 得勾

해설 현의 제곱은 곧 구의 제곱과 고의 제곱의 합이고, 고의 제곱은 구의 제곱과 구고차의 제곱 각 1단 및 구를 구고차에 곱한 적 2단이다. 「제83문을 보라.」 그러므로 두 제곱[구의 제곱과 현의 제곱]의 합에서 구고차의 제곱을 뺀 나머지는 길이가 구의 3배와 구고차의 2배의 합이고 너비가 구의 1배인 직사각형의 넓이이다.
解 弦冪 卽勾冪股冪共 而股冪 爲勾冪差冪各一段 及勾乘勾股差積二段 「見第八十三問」 故共冪内減差冪 餘爲三勾二差爲長 一勾爲闊之長方面也

☞ **역자 주 2:** 구, 고, 현을 각각 x, y, z라고 하면, '해법'에서는 실이 $x^2+z^2-(y-x)^2$이고 종이 $2(y-x)$이며 우가 3인 평방을 풀어 x(구)를 구하고 있다. 즉, x에 관한 다음 이차 방정식을 풀고 있다.

$$x^2+z^2-(y-x)^2=2(y-x)x+3x^2 \quad \cdots\cdots①$$

'해설'에서는 식의 ①의 정당성을, 관계 $z^2=x^2+y^2$과 제83문에서 얻은 결과인 $y^2=x^2+(y-x)^2+2x(y-x)$를 이용해서 다음과 같이 밝히고 있다.

$$\begin{aligned}x^2+z^2-(y-x)^2&=x^2+(x^2+y^2)-(y-x)^2=(x^2+x^2)+\{y^2-(y-x)^2\}\\&=2x^2+\{x^2+2x(y-x)\}=\{3x+2(y-x)\}x\end{aligned}$$

실제로 계산하면 실은 $x^2+z^2-(y-x)^2=19,132.65$이고 종은 $2(y-x)=20.6$이며 우는 3이므로, 다음을 얻는다.

$$19,132.65=20.6x+3x^2, \quad 즉 \quad 3x^2+20.6x-19,132.65=0,$$
$$x=76.5, \quad y=x+10.3=86.8,$$
$$z^2=19,238.74-x^2=13,386.49, \quad z=115.7$$

☞ **역자 주 2:** 구, 고, 현을 각각 x, y, z라고 하면 다음 관계가 성립한다.

$$x^2+z^2=19,238.74 \cdots\cdots①, \quad y-x=10.3 \cdots\cdots②, \quad z^2=x^2+y^2 \cdots\cdots③$$

①,②→③: $z^2=19,238.74-x^2=2x^2+20.6x+106.09,$

$3x^2+20.6x-19,132.65=0, \quad x=76.5 \cdots\cdots④$

④ → ②: $y=x+10.3=86.8$

④ → ①: $z^2=19,238.74-x^2=13,386.49=115.7^2, \quad z=115.7$

【114】 구의 제곱과 현의 제곱의 합은 207자 81치 14푼이고, 고현차는 2치 5푼이다. 구, 고, 현을 묻는다.
勾冪弦冪 共二百七尺八十一寸十四分 股弦差二寸五分 問勾股弦

답 구 2자 6치 5푼, 고 13자 9치 2푼, 현 14자 1치 7푼
答 勾二尺六寸五分 股十三尺九寸二分 弦十四尺一寸七分

해법 고현차를 제곱하고 두 제곱〔구의 제곱과 현의 제곱〕의 합에 더하

여 실이라 하고, 고현차의 2배를 종이라 하며, 1을 우라고 하자. 평방을 풀면 현을 얻는다.

術曰 差自乘 加入共冪爲實 倍差爲從 一爲隅 平方開 得弦

해설 구의 제곱과 고현차의 제곱을 더하면, 현을 고현차에 곱한 적 2단이 된다. 「제61문을 보라.」 그러므로 두 제곱〔구의 제곱과 현의 제곱〕의 합에 고현차의 제곱을 더한 값은, 길이가 현의 1배와 고현차의 2배의 합이고 너비가 현의 1배인 직사각형의 넓이이다.

解　勾冪得股弦差冪 爲弦乘股弦差積二段「見第六十一問」故共冪加差冪爲一弦二差爲長 一弦爲闊之長方面也

☞ **역자 주 1:** 구, 고, 현을 각각 x, y, z라고 하면, '해설'에서는 실이 $x^2+z^2+(z-y)^2$이고 종이 $2(z-y)$이며 우가 1인 평방을 풀어 z(현)를 구하고 있다. 즉, z에 관한 다음 이차 방정식을 풀고 있다.

$$x^2+z^2+(z-y)^2=2(z-y)z+z^2 \quad \cdots\cdots ①$$

'해설'에서는 식 ①의 정당성을, 제61문에서 얻은 결과 $x^2+(z-y)^2=2z(z-y)$를 이용해서 다음과 같이 밝히고 있다.

$$\begin{aligned} x^2+z^2+(z-y)^2 &= z^2+\{x^2+(z-y)^2\}=z^2+2(z-y)z \\ &= \{z+2(z-y)\}z \end{aligned}$$

실제로 계산하면 실은 $x^2+z^2+(z-y)^2=207.8739$이고 종은 $2(z-y)=0.5$이며 우는 1이므로, 다음을 얻는다.

$$207.8739=0.5z+z^2, \quad \text{즉} \quad z^2+0.5z-207.8739=0,$$
$$z=14.17, \quad y=z-0.25=13.92,$$
$$x^2=207.8114-z^2=7.0225, \quad x=2.65$$

☞ **역자 주 2:** 구, 고, 현을 각각 x, y, z라고 하면 다음 관계가 성립한다.

$$x^2+z^2=207.8114 \cdots\cdots ①, \quad z-y=0.25 \cdots\cdots ②, \quad z^2=x^2+y^2 \cdots\cdots ③$$

①,②→③: $z^2=207.8114-z^2+(z-0.25)^2=207.8114-0.5z+0.0625,$

$z^2+0.5z-207.8739=0, \ z=14.17 \cdots\cdots ④$

④ → ②: $y=z-0.25=13.92 \cdots\cdots ⑤$

④,⑤→③: $x^2 = z^2 - y^2 = 7.0225 = 2.65^2$, $x = 2.65$

【115】 구의 제곱과 현의 제곱의 합이 19,781자 14치이고, 구현화는 192자 2치이다. 구, 고, 현을 묻는다.
勾冪弦冪 共一萬九千七百八十一尺十四寸 勾弦和一百九十二尺二寸 問勾股弦

답 구 70자 5치, 고 99자 2치, 현 121자 7치
答 勾七十尺五寸 股九十九尺二寸 弦一百二十一尺七寸

해법 두 제곱〔구의 제곱과 현의 제곱〕의 합을 2배로 하고 구현화의 제곱을 뺀 나머지를 실이라 하고, 평방을 풀면 구현차를 얻는다. 구현화에 더하여 반으로 하면 곧 현이고, 구현화에서 빼서 반으로 하면 곧 구이다.
術曰 倍共冪 內減和冪餘爲實 平方開 得勾弦差 加和半之 卽弦 減和半之 卽勾31)

그림 해설 정사각형 갑을병정의 넓이는 현의 제곱이고, 정무기경의 넓이는 구의 제곱이다. 자임축기의 넓이도 역시 현의 제곱이고, 을신임계의 넓이도 역시 구의 제곱이다. 이를 더하면 두 제곱〔구의 제곱과 현의 제곱〕의 합의 2배이고, 연합하여 이루어진 정사각형 갑신축경의 넓이는 구현화의 제곱이다. 곧 자계병무의 넓이는 구현차의 제곱인데, 서로 겹친다. 그러므로 구현화의 제곱과 구현차의 제곱을 서로 더하면, 두 제곱〔구의 제곱과 현의 제곱〕의 합의 2배와 같다.「구고화의 제곱과 구고교의 제곱을 서로 더하면 현의 제곱의 2배를 얻는 이치와 같다.」

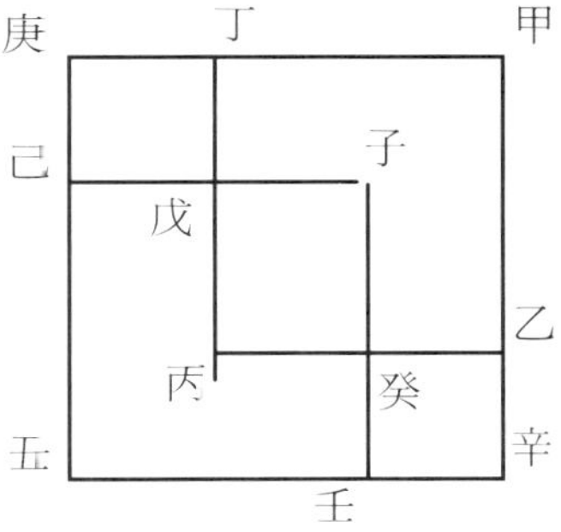

圖解 甲乙丙丁爲弦冪 丁戊己庚爲勾冪 子壬丑己亦爲弦冪 乙辛壬癸亦爲勾

31) '甲加乙'은 '을+갑', '甲減乙'은 '을−갑'을 뜻한다.

冪 併之爲倍共冪 而聯成甲辛丑庚勾弦和冪則子癸丙戊勾弦差冪相疊 故和冪與差冪相加 與倍共冪等也「與勾股和冪較冪相加 得倍弦冪之理同」

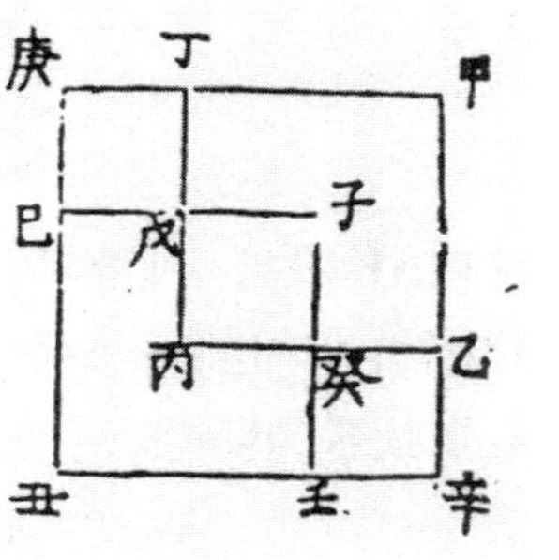

☞ **역자 주 1:** 구, 고, 현을 각각 x, y, z라고 하면, '해법'에서는 다음과 같이 먼저 구현차를 구하고 현과 구를 구하고 있다.

구현차 : $\sqrt{2(z^2+x^2)-(z+x)^2}=z-x$ ……①

현 : $\{(z+x)+(z-x)\}\div 2=z$

구 : $\{(z+x)-(z-x)\}\div 2=x$

'그림 해설'에서는 식 ①이 정당함을, 한 변의 길이가 구현화인 정사각형을 이용해서 다음과 같이 밝히고 있다.

□갑을병정+□정무기경+□자임축기+□을신임계

=□갑신축경+□자계병무,

$2(z^2+x^2)=(z+x)^2+(z-x)^2$ ……②

이는 $(y+x)^2+(y-x)^2=2(y^2+x^2)=2z^2$이 성립하는 이유과 같다고 부연 설명하고 있다. 식 ②로부터 자명하게 식 ①이 유도된다.

실제로 계산하면 다음과 같다.

구현차 : $z-x=\sqrt{2(z^2+x^2)-(z+x)^2}=\sqrt{2,621.44}=\sqrt{51.2^2}=51.2$

현 : $z=\{(z+x)+(z-x)\}\div 2=243.4\div 2=121.7$

구 : $x=\{(z+x)-(z-x)\}\div 2=141\div 2=70.5$

고 : $y=\sqrt{z^2-x^2}=\sqrt{9,840.64}=99.2$

☞ **역자 주 2:** 구, 고, 현을 각각 x, y, z라고 하면 다음 관계가 성립한다.

$x^2+z^2=19,781.14$ ……①, $x+z=192.2$ ……②, $z^2=x^2+y^2$ ……③

② → ① : $x^2+(192.2-x)^2=19,781.14$,

$2x^2-384.4x+17,159.7=0$, $x=70.5$ ……④

④ → ② : $z=192.2-x=121.7$ ……⑤

④,⑤→③ : $y^2=z^2-x^2=99.2^2$, $y=99.2$

【116】 구의 제곱과 현의 제곱의 합은 232.8514자이고, 고현화는 30자 2치 5푼이다. 구, 고, 현을 묻는다.
勾冪弦冪 共二百三十二尺八五一四 股弦和三十尺二寸五分 問勾股弦

답 구 1자 6치 5푼, 고 15자 8푼, 현 15자 1치 7푼
答 勾一尺六寸五分 股十五尺零八分 弦十五尺一寸七分

해법 두 제곱[구의 제곱과 현의 제곱]의 합을 고현화의 제곱에 더하여 실이라 하고, 고현화의 2배를 종이라 하며, 1을 우라고 하자. 평방을 풀면 현을 얻는다.
術曰 共冪加和冪爲實 倍和爲從 一爲隅 平方開 得弦

해설 고현화의 제곱은 곧 고의 제곱과 현의 제곱 각 1단 및 고와 현을 서로 곱한 적 2단이다. 두 제곱[구의 제곱과 현의 제곱]의 합에 더하면 현의 제곱 3단과 「구의 제곱과 고의 제곱의 합은 역시 현의 제곱이므로」 현을 고에 곱한 적 2단이 된다. 그 [직사각형의] 길이는 현의 3배와 고의 2배의 합이고 그 너비는 현의 1배이다. 그 길이와 너비의 차는 현의 2배와 고의 2배이다. 그러므로 고현화의 2배가 종이 된다.
解 股弦和冪 卽股冪弦冪各一段 及股弦相乘積二段 加於共冪 爲弦冪三段 「勾冪得股冪 亦爲弦冪」 弦乘股積二段 其長三弦二股 其闊一弦 其較二弦二股 故倍和爲從也

☞ **역자 주 1:** 구, 고, 현을 각각 x, y, z라고 하면, '해법'에서는 실이 $x^2+z^2+(z+y)^2$이고 종이 $2(z+y)$이며 우가 1인 평방을 풀어 z(현)를 구하고 있다. 즉, z에 관한 다음 이차 방정식을 풀고 있다.

$$z^2+x^2+(z+y)^2=2(z+y)z+z^2 \quad \cdots\cdots ①$$

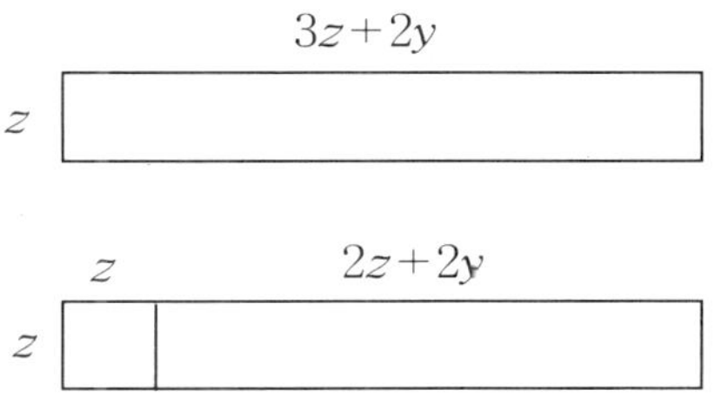

'해법'에서는 관계 $(z+y)^2=z^2+y^2+2zy$를 이용해서, 실이 길이가 $3z+2y$이고 너비가 z인 직사각형의 넓이임을 보이고, 그 직사각형을 오른쪽 그림과 같이 한 변의 길이가 z인 정사각형과 길이와 너비가 각각

$2z+2y$와 z인 직사각형으로 분할한다. 이를 통해 다음과 같이 식 ①이 성립함을 밝히고 있다.

$$z^2+x^2+(z+y)^2=z^2+x^2+(y^2+z^2+2zy)=2z^2+(x^2+y^2)+2zy$$
$$=3z^2+2zy=(3z+2y)z=2(z+y)z+z^2$$

실제로 계산하면 실은 $x^2+z^2+(z+y)^2=1,147.9139$이고 종은 $2(z+y)=60.5$이면 우는 1이므로, 다음을 얻는다.

$$1,147.9139=60.5z+z^2, \quad \text{즉} \quad z^2+60.5z-1,147.9139=0,$$
$$z=15.17, \quad y=30.25-z=15.08,$$
$$x^2=232.8514-z^2=2.7225, \quad x=1.65$$

☞ **역자 주 2:** 구, 고, 현을 각각 x, y, z라고 하면 다음 관계가 성립한다.

$x^2+z^2=232.8514$ ……①, $z+y=30.25$ ……②, $z^2=x^2+y^2$ ……③

①,②→③: $z^2=(232.8514-z^2)+(30.25-z)^2$,

$z^2+60.5z-1,147.139=0$, $z=15.17$ ……④

④ → ②: $y=30.25-z=15.08$ ……⑤

④,⑤→③: $x^2=z^2-y^2=2.7225=1.65^2$, $x=1.65$

【117】 구의 제곱과 현의 제곱의 합은 23,155.54자이고, 구고화는 184자 1치이다. 구, 고, 현을 묻는다.

勾冪弦冪 共二萬三千一百五十五尺五四 勾股和一百八十四尺一寸 問勾股弦

답 구 47자 7치, 고 136자 4치, 현 144자 5치

答 勾四十七尺七寸 股一百三十六尺四寸 弦一百四十四尺五寸

해법 두 제곱〔구의 제곱과 현의 제곱〕의 합을 구고화의 제곱에서 뺀 나머지를 실이라 하고, 구고화의 2배를 종이라 하며, 3을 부우라고 하자. 평방을 풀면 구를 얻는다.

術曰 以共冪減和冪餘爲實 倍和爲從 以三爲負隅 平方開 得勾

해설 구고화의 제곱에서 현의 제곱을 뺀 나머지는 구와 고를 서로 곱한

적 2단이다. 「제6문을 보라.」 또 구의 제곱을 뺀 것이 실이다. 그러므로 구고화의 2배「곧 구의 2배와 고의 2배」를 종이라 하면 3이 부우가 된다. 「우의 2는 종에서 구의 2배를 제거한 바이다. 우의 1은 실에서 구의 제곱의 1배를 더한 바이다.」

解 和冪内減弦冪 餘爲勾股相乘積二段「見第六問」又減勾冪爲實 故倍和「卽二勾二股」爲從 以三爲負隅也「二隅所以去從之二勾也 一隅所以益實之一勾冪也」

☞ **역자 주 1:** 구, 고, 현을 각각 x, y, z라고 하면, '해법'에서는 실이 $(y+x)^2-(x^2+z^2)$이고 종이 $2(y+x)$이며 부우가 3인 평방을 풀어 x(구)를 구하고 있다. 즉, x에 관한 다음 이차 방정식을 풀고 있다.

$$(y+x)^2-(z^2+x^2)=2(y+x)x-3x^2 \quad \cdots\cdots①$$

'해설'에서는 제6문에서 얻은 결과인 $(y+x)^2-z^2=2yx$를 이용해서, 다음과 같이 식 ①의 정당성을 밝히고 있다.

$$(y+x)^2-(z^2+x^2)=2yx-x^2=2yx+2x^2-3x^2=2(y+x)x-3x^2$$

실제로 계산하면 실은 $(y+x)^2-(x^2+z^2)=10,737.27$이고 종은 $2(y+x)=368.2$이며 부우는 3이므로, 다음을 얻는다.

$$10,737.27=368.2x-3x^2, \quad \text{즉} \quad -3x^2+368.2x-10,737.27=0,$$
$$x=47.7, \quad y=184.1-x=136.4,$$
$$z^2=23,155.54-x^2=20,880.25z=144.5$$

☞ **역자 주 2:** 구, 고, 현을 각각 x, y, z라고 하면 다음 관계가 성립한다.

$$x^2+z^2=23,155.54 \cdots\cdots①, \quad y+x=184.1 \cdots\cdots②, \quad z^2=x^2+y^2 \cdots\cdots③$$

①,②→③: $z^2=23,155.54-x^2=x^2+(184.1-x)^2,$

$3x^2-368.2x+10,737.27=0, \quad x=47.7 \cdots\cdots④$

④ → ②: $y=184.1-x=136.4 \cdots\cdots⑤$

④ → ①: $z^2=23,155.54-x^2=144.5^2, \quad z=144.5$

【118】 구의 제곱과 현의 제곱의 합은 251.0594자이고, 구와 현을 서

로 곱한 적은 59.1745자이다. 구, 고, 현을 묻는다.
勾冪弦冪 共二百五十一尺○五九四 勾弦相乘 積五十九尺一七四五 問勾股弦

답 구 3자 8치 5푼, 고 14자 8치 8푼, 현 15자 3치 7푼
答 勾三尺八寸五分 股十四尺八寸八分 弦十五尺三寸七分

해법 적의 제곱을 실이라 하고, 구의 제곱과 현의 제곱의 합을 정상렴이라 하며, 1을 부우라고 하자. 삼승방을 풀면 구를 얻는다.
術曰 積自乘爲實 以共冪爲正上廉 一爲負隅 三乘方開 得勾

해설 적의 제곱은 곧 구의 제곱과 현의 제곱을 곱한 적이다. 두 제곱〔구의 제곱과 현의 제곱〕의 합을 정상렴이라 하고 1을 부우라고 하면, 곧 상렴의 나머지는 현의 제곱이다.「우를 구에 곱하면 하렴이 되고, 이에 구를 곱하여 구의 제곱을 상렴의 두 제곱의 합에서 뺀 나머지는 현의 제곱이다.」그러므로 삼승방을 풀면 구를 얻는다.
解 積自乘 則爲勾冪乘弦冪之積也 以共冪爲正上廉 一爲負隅 則上廉餘弦冪「以隅乘勾爲下廉 仍以勾乘之得勾冪減於上廉共冪 故餘弦冪」故開三乘方得勾

☞ **역자 주 1:** 구, 고, 현을 각각 x, y, z라고 하면, '해법'에서는 $(zx)^2$이 실이고 z^2+x^2이 정상렴이며 1이 부우인 삼승방을 풀어 x(구)를 구하고 있다. 즉, x에 관한 다음 사차 방정식을 풀고 있다.

$$(zx)^2=(z^2+x^2)x^2-x^4 \quad \cdots\cdots ①$$

'해법'에서는 식 ①의 정당성을 다음과 같이 밝히고 있다.

$$(zx)^2=z^2x^2=(z^2+x^2-x^2)x^2=(z^2+x^2)x^2-x^4$$

실제로 계산하면 실은 $(zx)^2=3,501.62145025$이고 정상렴은 $x^2+z^2=251.0594$이며 부우는 1이므로, 다음을 얻는다.

$$3501.62145025=251.0594x^2-x^4,$$

$$\text{즉} \quad -x^4+251.0594x^2-3501.62145025=0,$$

$$x=3.85,\quad z=\frac{59.1745}{x}=15.37,$$

$$y^2=z^2-x^2=221.4144,\quad y=14.88$$

☞ **역자 주 2:** 구, 고, 현을 각각 x, y, z라고 하면 다음 관계가 성립한다.

$x^2+z^2=251.0594$ ……①, $zx=59.1745$ ……②, $z^2=x^2+y^2$……③

② → ①: $x^2+\left(\frac{59.1745}{x}\right)^2=251.0594,$

$x^4-251.0594x^2+3,501.62145025=0,\quad x=3.85$ ……④

④ → ②: $z=\frac{59.1745}{x}=15.37$ ……⑤

④,⑤→③: $y^2=z^2-x^2=221.4144=14.88^2,\quad y=14.88$

【119】 구의 제곱과 현의 제곱의 합은 276.0994자이고, 고와 현을 서로 곱한 적은 263.8844자이다. 구, 고, 현을 묻는다.
勾冪弦冪 共二百七十六尺〇九九四 股弦相乘 積二百六十三尺八八四四 問勾股弦

답 구 2자 8치 5푼, 고 16자 1치 2푼, 현 16자 3치 7푼
答 勾二尺八寸五分 股十六尺一寸二分 弦十六尺三寸七分

해법 적을 제곱하고 이를 2배로 하여 실이라 하고, 두 제곱[구의 제곱과 현의 제곱]의 합을 상렴이라 하며, 1을 우라고 하자. 삼승방을 풀면 고를 얻는다.
術曰 積自乘倍之爲實 共冪爲上廉 一爲隅 三乘方開 得股

해설 적의 제곱의 2배는 곧 고의 제곱에 현의 제곱을 곱한 적 2단이다. 두 제곱[구의 제곱과 현의 제곱]의 합을 상렴이라 하고 1을 우로 하면 곧 상렴은 현의 제곱 2단을 얻는다.「우를 거듭 곱하면 고의 제곱을 얻고, 상렴에 더하면 곧 구의 제곱은 이를 얻어 역시 현의 제곱이 된다.」그러므로 삼승방을 풀면 고를 얻는다.
解 積自乘倍之 則爲股冪乘弦冪之積二段也 以共冪爲上廉 一爲隅 則上廉

得弦冪二段「以隅連乘 得股冪 加於上廉 則勾冪得之亦爲弦冪」故開三乘方 得股

☞ **역자 주 1:** 구, 고, 현을 각각 x, y, z라고 하면, '해법'에서는 $2(zy)^2$이 실이고 x^2+z^2이 상렴이며 1이 우인 삼승방을 풀어 y(고)를 구하고 있다. 즉 y에 관한 다음 사차 방정식을 풀고 있다.

$$2(zy)^2=(z^2+x^2)y^2+y^4 \quad \cdots\cdots①$$

'해설'에서는 식 ①의 정당성을 다음과 같이 밝히고 있다.

$$2(zy)^2=2z^2y^2=(z^2+x^2+y^2)y^2=(z^2+x^2)y^2+y^4$$

실제로 계산하면 실은 $2(zy)^2=139,269.95312672$이고 상렴은 $x^2+z^2=276.0994$이며 우는 1이므로, 다음을 얻는다.

$$139269.95312672=276.0994y^2+y^4,$$

$$\text{즉}\quad y^4+276.0994y^2-139269.95312672=0,$$

$$y=16.12,\quad z=\frac{263.8844}{y}=16.37,$$

$$x^2=276.0994-z^2=8.1225,\quad x=2.85$$

☞ **역자 주 2:** 구, 고, 현을 각각 x, y, z라고 하면 다음 관계가 성립한다.

$$x^2+z^2=276.0994 \quad \cdots\cdots①,\qquad zy=263.8844 \quad \cdots\cdots②,\qquad z^2=x^2+y^2 \quad \cdots\cdots③$$

①,②→③: $z^2=276.0994-z^2+\left(\dfrac{263.8844}{z}\right)^2,$

$$z^4-138.0497z^2-34,817.48828168=0,\quad z=16.37 \quad \cdots\cdots④$$

④ → ②: $y=\dfrac{263.8844}{z}=16.12 \quad \cdots\cdots⑤$

④,⑤→③: $x^2=z^2-y^2=8.1225=2.85^2,\quad x=2.85$

【120】 구의 제곱과 현의 제곱의 합은 13,520.33자이고, 구와 고를 서로 곱한 적은 4,368자이다. 구, 고, 현을 묻는다.
勾冪弦冪 共一萬三千五百二十尺三三 勾股相乘 積四千三百六十八尺 問勾股弦

답 구 44자 8치, 고 97자 5치, 현 107자 3치

答 勾四十四尺八寸 股九十七尺五寸 弦一百七尺三寸

해법 적의 제곱을 실이라 하고, 두 제곱〔구의 제곱과 현의 제곱〕의 합을 정상렴이라 하며, 2를 부우라고 하자. 삼승방을 풀면 구를 얻는다.

術曰 積自乘爲實 共冪爲正上廉 以二爲負隅 三乘方開 得勾

해설 적의 제곱은 곧 구의 제곱과 고의 제곱을 곱한 적이다. 두 제곱〔구의 제곱과 현의 제곱〕의 합을 정상렴이라 하고 2를 부우라 하면 곧 상렴은 나머지가 고의 제곱이 된다.「우의 2를 거듭 곱하면 구의 제곱의 2배를 얻고, 상렴에서 빼면 곧 구의 제곱을 빼고 또 현의 제곱에서 구의 제곱을 뺀다. 그러므로 나머지는 고의 제곱이다.」그러므로 삼승방을 풀면 구를 얻는다.

解 積自乘 則爲勾冪乘股冪之積也 以共冪爲正上廉 二爲負隅 則上廉餘股冪「以二隅連乘得二勾冪 減於上廉則減去勾冪 又弦冪内減去勾冪 故餘股冪」故開三乘方 得勾

☞ **역자 주 1:** 구, 고, 현을 각각 x, y, z라고 하면, '해법'에서는 $(yx)^2$이 실이고 x^2+z^2이 정상렴이며 2가 부우인 삼승방을 풀어 x(구)를 구하고 있다. 즉, x에 관한 다음 사차 방정식을 풀고 있다.

$$(yx)^2=(z^2+x^2)x^2-2x^4 \quad \cdots\cdots①$$

'해설'에서는 식 ①의 정당성을 다음과 같이 밝히고 있다.

$$(yx)^2=y^2x^2=(y^2+x^2+x^2-2x^2)x^2=(z^2+x^2)x^2-2x^4$$

실제로 계산하면 실은 $(yx)^2=19,079,424$이고 정상렴은 $x^2+z^2=13,520.33$이며 부우는 2이므로, 다음을 얻는다.

$$19,079,424=13,520.33x^2-2x^4,$$

$$\text{즉}\quad -2x^4+13,520.33x^2-19,079,424=0,$$

$$x=44.8,\quad y=\frac{4,368}{x}=97.5,$$

$$z^2 = 13,520.33 - x^2 = 11,513.29, \quad z = 11,513.29$$

☞ **역자 주 2:** 구, 고, 현을 각각 x, y, z라고 하면 다음 관계가 성립한다.

$$x^2 + z^2 = 13,520.33 \cdots\cdots ①, \quad yx = 4,368 \cdots\cdots ②, \quad z^2 = x^2 + y^2 \cdots\cdots ③$$

①,②→③: $z^2 = 13,520.33 - x^2 = x^2 + \left(\frac{4,368}{x}\right)^2$,

$$2x^4 - 13,520.33x^2 + 19,079,424 = 0, \quad x = 44.8 \cdots\cdots ④$$

④ → ②: $y = \frac{4,368}{x} = 97.5 \cdots\cdots ⑤$

④,⑤→③: $z^2 = x^2 + y^2 = 2,007.04 + 9,506.25 = 11,513.29, \quad z = 107.3$

【121】 구의 제곱과 현의 제곱의 합은 12,028.01자이고, 구로 현을 나누면 3자 2치 7.8125푼을 얻는다. 구, 고, 현을 묻는다.
勾冪弦冪 共一萬二千零二十八尺〇一 勾除弦 得三尺二寸七分八一二五 問勾股弦

답 구 32자, 고 99자 9치, 현 104자 9치
答 勾三十二尺 股九十九尺九寸 弦一百四尺九寸

해법 두 제곱〔구의 제곱과 현의 제곱〕의 합을 실이라고 하자. 소현을 제곱하면 소현의 제곱을 얻는다. 1을 제곱하여 소구의 제곱이라 하고, 이에 더하여 법이라고 하자. 법으로 실을 나누어 얻은 수의 제곱근을 구하면 구를 얻는다.
術曰 共冪爲實 小弦自乘 得小弦冪 以一自乘爲小勾冪 併之爲法 除實 得數平方開 得勾

해설 소현의 제곱과 소구의 제곱의 합은 곧 구의 제곱으로 두 제곱의 합을 나눈 수이다. 그러므로 이에 두 제곱〔구의 제곱과 현의 제곱〕의 합을 나누면 구의 제곱을 얻는다.「오히려 구의 제곱으로 곱하고 두 제곱의 합으로 나누는 것이다.」제122문은 이와 같다.
解 小共冪 卽以勾冪除共冪之數 故以除共冪 得勾冪也「猶以勾冪乘之 共冪除之也」第一百二十二問同

☞ **역자 주 1:** 구, 고, 현을 각각 x, y, z라고 하면, '해법'에서는 다음과 같이 실 x^2+z^2을 법 $\left(\frac{z}{x}\right)^2+1$을 나누어 얻은 수의 제곱근을 구하여 x(구)를 구하고 있다.

$$\sqrt{(x^2+z^2)\div\left\{\left(\frac{z}{x}\right)^2+1\right\}}=x \quad \cdots\cdots ①$$

'해설'에서는 $\left(\frac{z}{x}\right)^2+1=\frac{z^2+x^2}{x^2}$이므로 식 ①이 다음과 같이 유도됨을 밝히고 있다.

$$(x^2+z^2)\div\left\{\left(\frac{z}{x}\right)^2+1\right\}=(x^2+z^2)\div\frac{z^2+x^2}{x^2}=x^2$$

실제로 실은 $x^2+z^2=12,028.01$이고 법은 $\left(\frac{z}{x}\right)^2+1=11.746103515625$이므로 다음을 얻는다.

$$x=\sqrt{(x^2+z^2)\div\left\{\left(\frac{z}{x}\right)^2+1\right\}}=\sqrt{12,028.01\div 11.746103515625}$$
$$=\sqrt{1,024}=32,$$
$$z=3.278125x=104.9, \quad y^2=z^2-x^2=9,980.01, \quad y=99.9$$

☞ **역자 주 2:** 구, 고, 현을 각각 x, y, z라고 하면 다음 관계가 성립한다.

$$x^2+z^2=12,028.01 \cdots\cdots ①, \quad \frac{z}{x}=3.278125 \cdots\cdots ②, \quad z^2=x^2+y^2 \cdots\cdots ③$$

② → ①: $x^2+(3.278125x)^2=12,028.01, \quad x^2-1,024=0, \quad x=32 \cdots\cdots ④$

④ → ②: $z=3.278125x=104.9 \cdots\cdots ⑤$

④,⑤→③: $y^2=z^2-x^2=9,980.01=99.9^2, \quad y=99.9$

【122】 구의 제곱과 현의 제곱의 합은 750.1154자이고, 현으로 구를 나누면 5치 2$\frac{48}{97}$푼을 얻는다. 구, 고, 현을 묻는다.

勾冪弦冪 共七百五十尺一一五四 弦除勾 得五寸二分九十七分分之四十八 問勾股弦

답 구 12자 7치 3푼, 고 20자 6치 4푼, 현 24자 2치 5푼
答 勾十二尺七寸三分 股二十尺六寸四分 弦二十四尺二寸五分

해법 두 제곱〔구의 제곱과 현의 제곱〕의 합을「이에 분모의 제곱을 곱하여」실이라고 하자. 소구의「분모와 곱하여 분자를 더하고」제곱과 1의「분모와 곱하여」제곱을 서로 더하여 법이라고 하자. 법으로 실을 나누면 현의 제곱을 얻고, 제곱근을 구하면 현을 얻는다.
術曰 共冪「分母冪乘之」爲實 小勾「通分納子」自乘 以一「通分」自乘相併爲法 除實 得弦冪 平方開 得弦

☞ **역자 주 1:** 구, 고, 현을 각각 x, y, z라고 하면, '해법'에서는 다음과 같이 먼저 실 x^2+z^2을 법 $\left(\frac{x}{z}\right)^2+1$으로 나누어 z^2을 구하고, 제곱근을 구하여 z(현)을 구하고 있다.

$$(x^2+z^2)\div\left\{\left(\frac{x}{z}\right)^2+1\right\}=z^2$$

실제로 $x^2+z^2=750.1154$이고 $\left(\frac{x}{z}\right)^2+1=\frac{12,001.8464}{9,409}$이므로 다음을 얻는다.

$$z^2=(x^2+z^2)\div\left\{\left(\frac{x}{z}\right)^2+1\right\}=588.0625,$$

$$z=24.25, \quad x=\frac{50.92}{97}z=12.73,$$

$$y^2=z^2-x^2=426.0096=20.64^2, \quad y=20.64$$

☞ **역자 주 2:** 구, 고, 현을 각각 x, y, z라고 하면 다음 관계가 성립한다.

$$x^2+z^2=750.1154 \;\cdots\cdots ①, \quad \frac{x}{z}=0.52\frac{0.48}{97}=\frac{50.92}{97} \;\cdots\cdots ②,$$

$$z^2=x^2+y^2 \;\cdots\cdots ③$$

② → ①: $x^2+\left(\frac{97x}{50.92}\right)^2=750.1154, \quad x^2-162.0529=0, \quad x=12.73$ ……④

④ → ②: $z=24.25$ ……⑤

④,⑤→③: $y^2=z^2-x^2=426.0096=20.64^2, \quad y=20.64$

【123】 구의 제곱과 현의 제곱의 합은 408.5161자이고, 구로 고를 나누면 1자 6$\frac{53}{57}$푼을 얻는다. 구, 고, 현을 묻는다.

勾冪弦冪 共四百零八尺五一六一 勾除股 得一尺零六分五十七分分之五十三 問勾股弦

답 구 11자 4치, 고 12자 1치 9푼, 현 16자 6치 9푼

答 勾十一尺四寸 股十二尺一寸九分 弦十六尺六寸九分

해법 두 제곱〔구의 제곱과 현의 제곱〕의 합을 「이에 분모의 제곱을 곱하여」 실이라고 하자. 소고를 「분모와 곱하여 분자를 더하고」 제곱하여 얻는 수와 1를 제곱하여 얻은 수의 2배를 「이에 분모의 제곱을 곱하여」 서로 더하여 법이라고 하자. 법으로 실을 나누면 구의 제곱을 얻고, 제곱근을 구하면 구를 얻는다.

術曰 共冪「分母冪乘之」爲實 小股「通分納子」自乘 得數 以一自乘倍之「分母冪乘之」得數 二數相併 爲法 除實 得勾冪 平方開 得勾

해설 1을 제곱하여 이를 2배로 함은 곧 소구의 제곱의 2배를 소고의 제곱을 더하여 소현의 제곱과 소구의 제곱을 더한 수를 얻는다. 이것부터 제126문까지는 서로 같다.

解 以一自乘倍之 卽二小勾冪加小股冪 得小弦冪小勾冪共數也 自此至第一百二十六問並同

☞ **역자 주 1:** 구, 고, 현을 각각 x, y, z라고 하면, '해법'에서는 z^2+x^2이 실이고 $\left(\frac{y}{x}\right)^2+2$가 법이라 하여 다음과 같이 실을 법으로 나누어 x^2을 구하고 제곱근을 구하여 x(구)를 구하고 있다.

$$(z^2+x^2)\div\left\{\left(\frac{y}{x}\right)^2+2\right\}=x^2 \quad \cdots\cdots①$$

'해설'에서는 식 ①의 정당성을 다음과 같이 밝히고 있다.

$$(z^2+x^2)\div\left\{\left(\frac{y}{x}\right)^2+2\right\}=(z^2+x^2)\div\left(\frac{y^2}{x^2}+\frac{2x^2}{x^2}\right)$$

$$=(z^2+x^2)\div\frac{y^2+x^2+x^2}{x^2}=(z^2+x^2)\div\frac{z^2+x^2}{x^2}=x^2$$

실제로 실은 $x^2+z^2=408.5161$이고 법은 $\left(\frac{y}{x}\right)^2+2=\frac{10,212.9025}{3,249}$이므로, 다음을 얻는다.

$$x^2=(z^2+x^2)\div\left\{\left(\frac{y}{x}\right)^2+2\right\}=408.5161\div\frac{10,212.9025}{3,249}=129.96,$$

$$x=11.4,\quad y=\frac{60.95}{57}x=12.19,$$

$$z^2=408.5161-x^2=16.69^2,\quad z=16.69$$

☞ **역자 주 2:** 구, 고, 현을 각각 x, y, z라고 하면 다음 관계가 성립한다.

$$x^2+z^2=408.5161\ \cdots\cdots①,\quad \frac{y}{x}=1.06\frac{0.53}{57}=\frac{60.95}{57}\ \cdots\cdots②,$$

$$z^2=x^2+y^2\ \cdots\cdots③$$

①,②→③: $z^2=408.5161-x^2=x^2+\left(\frac{60.95x}{57}\right)^2,$

$x^2-129.96=0,\quad x=11.4\ \cdots\cdots④$

④ → ②: $y=\frac{60.95x}{57}=12.19$

④ → ①: $z^2=408.5161-x^2=278.5561=16.69^2,\quad z=16.69$

【124】 구의 제곱과 현의 제곱의 합은 346.9762자이고, 고로 구를 나누면 4치 $8\frac{9}{77}$푼을 얻는다. 구, 고, 현을 묻는다.

勾冪弦冪 共三百四十六尺九七六二 股除勾 得四寸八分七十七分分之九 問勾股弦

답 구 7자 4치 1푼, 고 15자 4치, 현 17자 9푼

答 勾七尺四寸一分 股十五尺四寸 弦十七尺零九分

해법 두 제곱〔구의 제곱과 현의 제곱〕의 합을 「이에 분모의 제곱을 곱하여」 실이라 하고 소구를 「분모와 곱하여 분자를 더하고」 제곱하

고 이를 2배로 하여 얻은 수 및 1을 「분도와 곱하고」 제곱하여 얻는 수의 두 수를 서로 더하여 법이라고 하자. 법으로 실을 나누면 고의 제곱이 되고, 제곱근을 구하면 고를 얻는다.

術曰 共冪「分母冪乘之」爲實 小勾「通分納子」自乘倍之 得數 以一「通分」自乘得數 二數相併 爲法 除實 得股冪 平方開 得股

☞ **역자 주 1:** 구, 고, 현을 각각 x, y, z라고 하면, '해법'에서는 다음과 같이 실 x^2+z^2을 법 $2\left(\frac{x}{y}\right)^2+1$로 나누어 y^2을 구하고 있다.

$$(x^2+z^2)\div\left\{2\left(\frac{x}{y}\right)^2+1\right\}=(x^2+z^2)\div\left(\frac{2x^2}{y^2}+\frac{y^2}{y^2}\right)$$

$$=(x^2+z^2)\div\frac{x^2+z^2}{y^2}=y^2$$

실제로 실은 $x^2+z^2=346.9762$이고 법은 $2\left(\frac{x}{y}\right)^2+1=\frac{8,674.405}{5,929}$이므로 다음을 얻는다.

$$y^2=(x^2+z^2)\div\left\{2\left(\frac{x}{y}\right)^2+1\right\}=346.9762\div\frac{8,674.405}{5,929}=237.16$$

$$y=15.4,\quad x=\frac{37.05y}{77}=7.41,$$

$$z^2=346.9762-x^2=292.0681,\quad z=17.09$$

☞ **역자 주 2:** 구, 고, 현을 각각 x, y, z라고 하면 다음 관계가 성립한다.

$$x^2+z^2=346.9762\ \cdots\cdots①,\quad \frac{x}{y}=0.48\frac{0.09}{77}=\frac{37.05}{77}\ \cdots\cdots②,$$

$$z^2=x^2+y^2\ \cdots\cdots③$$

①,②→③: $z^2=346.9762-x^2=x^2\left(\frac{77x}{37.05}\right)^2,$

$$x^2-54.9081=0,\quad x=7.41\ \cdots\cdots④$$

④ → ②: $y=15.4$

④ → ①: $z^2=346.9762-x^2=292.0681=17.09^2,\quad z=17.09$

【125】 구의 제곱과 현의 제곱의 합은 807.0434자이고, 현으로 고를 나누면 9치 5$\frac{61}{109}$푼을 얻는다. 구, 고, 현을 묻는다.

勾冪弦冪 共八百零七尺〇四三四 弦除股 得九寸五分一百九分分之六十一 問勾股弦

답 구 8자 3푼, 고 26자 4푼, 현 27자 2치 5푼

答 勾八尺零三分 股二十六尺零四分 弦二十七尺二寸五分

해법 두 제곱[구의 제곱과 현의 제곱]의 합을 「이에 분모의 제곱을 곱하여」 실이라고 하자. 소고의 「분모와 곱하고 분자를 더하여」 제곱을 부라 하고 1을 「분모와 곱하여」 제곱하고 이를 2배로 하여 정이라고 하자. 이에 정과 부를 큰 수에서 작은 수를 뺀 나머지를 법이라고 하여 실을 나누면, 현의 제곱을 얻고 제곱근을 구하면 현을 얻는다.

術曰 共冪「分母冪乘之」爲實 小股「通分納子」自乘 爲負 以一「通分」自乘倍之 爲正 乃正負相減 餘爲法 除實 得弦冪 平方開 得弦

☞ **역자 주 1:** 구, 고, 현을 각각 x, y, z라고 하면, '해법'에서는 다음과 같이 실 x^2+z^2을 법 $2-\left(\frac{y}{z}\right)^2$으로 나누어 z^2을 구하고 있다.

$$(x^2+z^2)\div\left\{2-\left(\frac{y}{z}\right)^2\right\}=(x^2+z^2)\div\left(\frac{2z^2}{z^2}-\frac{y^2}{z^2}\right)$$

$$=(x^2+z^2)\div\frac{z^2+z^2-y^2}{z^2}=(x^2+z^2)\div\frac{z^2+x^2}{z^2}=z^2$$

실제로 실은 $x^2+z^2=807.0434$이고 법은 $2-\left(\frac{y}{z}\right)^2=\frac{12,912.6944}{11,881}$이므로, 다음을 얻는다.

$$z^2=(x^2+z^2)\div\left\{2-\left(\frac{y}{z}\right)^2\right\}=807.0434\div\frac{12,912.6944}{11,881}=742.5625,$$

$$z=27.25,\quad y=\frac{104.16}{109}z=26.04,$$

$$x^2=807.0434-z^2=64.4809,\quad x=8.09$$

☞ **역자 주 2**: 구, 고, 현을 각각 x, y, z라고 하면 다음 관계가 성립한다.

$x^2+z^2=807.0434$ ……①, $\quad \frac{y}{z}=0.95\frac{0.61}{109}=\frac{104.16}{109}$ ……②,

$z^2=x^2+y^2$ ……③

①,②→③: $z^2=(807.0434-z^2)+\left(\frac{104.16z}{109}\right)^2$,

$z^2=742.5625=27.25^2, \quad z=27.25$ ……④

④ → ②: $y=\frac{104.16z}{109}=26.04$ ……⑤

④,⑤→③: $x^2=z^2-y^2=64.4809=8.03^2, \quad x=8.03$

【126】 구의 제곱과 현의 제곱의 합은 357.7913자이고, 고로 현을 나누면 1자 2치 6 $\frac{26}{51}$푼을 얻는다. 구, 고, 현을 묻는다.

勾冪弦冪 共三百五十七尺七九一三 股除弦 得一尺二寸六分五十一分分之二十六 問勾股弦

답 구 9자 8치 8푼, 고 12자 7치 5푼, 현 16자 1치 3푼

答 勾九尺八寸八分 股十二尺七寸五分 弦十六尺一寸三分

해법 두 제곱[구의 제곱과 현의 제곱]의 합을 「이에 분모의 제곱을 곱하여」 실이라고 하자. 소현을 「분모와 곱하여 분자를 더하고」 제곱하고 이를 2배로 하여 정이라 하고 1을 「분모와 곱하여」 제곱하여 부라 하고, 이에 정과 부를 큰 수에서 작은 수를 뺀 나머지를 법이라고 하자. 「나머지는 정이 된다.」 법으로 실을 나누어 고의 제곱을 얻고, 제곱근을 구하면 고를 얻는다.

術曰 共冪「分母冪乘之」爲實 小弦「通分納子」自乘倍之 爲正 以一「通分」自乘 爲負 乃正負相減 餘爲法「餘爲正」除實 得股冪 平方開 得股

☞ **역자 주 1**: 구, 고, 현을 각각 x, y, z라고 하면, '해법'에서는 다음과 같이 실 x^2+z^2을 법 $2\left(\frac{z}{y}\right)^2-1$로 나누어 y^2을 구하고 있다.

$$(x^2+z^2)\div\left\{2\left(\frac{z}{y}\right)^2-1\right\}=(x^2+z^2)\div\left(\frac{2z^2}{y^2}-\frac{y^2}{y^2}\right)$$
$$=(x^2+z^2)\div\frac{z^2+z^2-y^2}{y^2}=(x^2+z^2)\div\frac{z^2+x^2}{y^2}=y^2$$

실제로 실은 $x^2+z^2=357.7913$이고 법은 $2\left(\frac{z}{y}\right)^2-1=\frac{5,724.6608}{2,601}$이므로, 다음을 얻는다.

$$y^2=(x^2+z^2)\div\left\{2\left(\frac{z}{y}\right)^2-1\right\}=357.7913\div\frac{5,724.6608}{2,601}=162.5625$$

$$y=12.75,\quad z=\frac{64.52}{51}y=16.13,$$

$$x^2=357.7913-z^2=97.6144,\quad x=9.88$$

☞ **역자 주 2:** 구, 고, 현을 각각 x, y, z라고 하면 다음 관계가 성립한다.

$$x^2+z^2=357.7913\ \cdots\cdots①,\quad \frac{z}{y}=1.26\frac{0.26}{51}=\frac{64.52}{51}\ \cdots\cdots②,$$

$$z^2=x^2+y^2\ \cdots\cdots③$$

①,②→③: $z^2=357.7913-z^2+\left(\frac{51z}{64.52}\right)^2,$

$$z^2-260.1769=0,\quad z=16.13\ \cdots\cdots④$$

④ → ②: $y=\dfrac{16.13}{\frac{64.52}{51}}=12.75$

④ → ①: $x^2=357.7913-z^2=357.7913-260.1769=97.6144,\quad x=9.88$

【127】 고의 제곱과 현의 제곱의 합은 21,102.74자이고, 고현차는 16자 2치이다. 구, 고, 현을 묻는다.
股冪弦冪 共二萬一千一百二尺七四 股弦差十六尺二寸 問勾股弦

답 구 57자 6치, 고 94자 3치, 현 110자 5치
答勾五十七尺六寸　股九十四尺三寸　弦一百十尺五寸

해법 두 제곱〔고의 제곱과 현의 제곱〕의 합에서 고현차의 제곱을 뺀 나

머지를 실이라 하고, 고현차의 2배를 종이라 하며, 2를 우라고 하자. 평방을 풀면 고를 얻는다.

術曰 共冪內減差冪 餘爲實 倍差爲從 以二爲隅 平方開 得股

해설 제112문과 서로 같다.

解 與第一百十二問同

☞ **역자 주 1:** 조건에서 '고'를 '구'로 바꾸면, 제112문과 똑같은 형식의 문제가 된다. 구, 고, 현을 각각 x, y, z라고 하면, '해법'에서는 실이 $y^2+z^2-(z-y)^2$이고 종이 $2(z-y)$이며 우가 2인 평방을 풀어 y(고)를 구하고 있다. 즉, y에 관한 다음 이차 방정식을 풀고 있다.

$$y^2+z^2-(z-y)^2=2(z-y)y+2y^2$$

실제로 계산하면 실은 $y^2+z^2-(z-y)^2=20,840.3$이고 종은 $2(z-y)=32.4$이며 우는 2이므로, 다음을 얻는다.

$$20,840.3=32.4y+2y^2, \quad \text{즉} \quad 2y^2+32.4y-20,840.3=0,$$
$$y=94.3, \quad z=y+16.2=110.5,$$
$$x^2=z^2-y^2=3,317.76, \quad x=57.6$$

☞ **역자 주 2:** 구, 고, 현을 각각 x, y, z라고 하면 다음 관계가 성립한다.

$$y^2+z^2=21,102.74 \cdots\cdots ①, \quad z-y=16.2 \cdots\cdots ②, \quad z^2=x^2+y^2 \cdots\cdots ③$$

② → ①: $y^2+(y+16.2)^2=21,102.74,$

$y^2+16.2y-10,420.15=0, \quad y=94.3 \cdots\cdots ④$

④ → ②: $z=16.2+y=110.5 \cdots\cdots ⑤$

④,⑤→③: $x^2=z^2-y^2=3,317.76=57.6^2, \quad x=57.6$

【128】 고의 제곱과 현의 제곱의 합은 21,264.34자이고, 구현차는 44자 1치이다. 구, 고, 현을 묻는다.

股冪弦冪 共二萬一千二百六十四尺三四 勾弦差四十四尺一寸 問勾股弦

답 구 70자 4치, 고 90자 3치, 현 114자 5치

答 勾七十尺四寸 股九十尺三寸 弦一百十四尺五寸

해법 두 제곱〔고의 제곱과 현의 제곱〕에 구현차의 제곱을 더하여 실이라 하고, 구현차의 2배를 종이라 하며, 1을 우라고 하자. 평방을 풀면 현을 얻는다.

術曰 共冪加差冪爲實 倍差爲從 以一爲隅 平方開 得弦

해설 제114문과 서로 같다.

解 與第一百十四問同

☞ **역자 주 1:** 조건에서 '고'를 '구'로 그리고 '구'는 '고'로 바꾸면, 제114문과 똑같은 형식의 문제가 된다. 구, 고, 현을 각각 x, y, z라고 하면, '해설'에서는 실이 $y^2+z^2+(z-x)^2$이고 종이 $2(z-x)$이며 우가 1인 평방을 풀어 z(현)를 구하고 있다. 즉, z에 관한 다음 이차 방정식을 풀고 있다.

$$y^2+z^2+(z-x)^2=2(z-x)z+z^2$$

실제로 계산하면 실은 $y^2+z^2+(z-x)^2=23,209.15$이고 종은 $2(z-x)=88.2$이며 우는 1이므로, 다음을 얻는다.

$$23,209.15=88.2z+z^2, \quad \text{즉} \quad z^2+88.2z-23,209.15=0,$$
$$z=114.5, \quad x=z-44.1=70.4,$$
$$y^2=21,264.34-z^2=8,154.09, \quad y=90.3$$

☞ **역자 주 2:** 구, 고, 현을 각각 x, y, z라고 하면 다음 관계가 성립한다.

$$y^2+z^2=21,264.34 \cdots\cdots ①, \quad z-x=44.1 \cdots\cdots ②, \quad z^2=x^2+y^2 \cdots\cdots ③$$

①,②→③: $z^2=(z-44.1)^2+21.264.34-z^2,$

$$z^2+88.2z-23,209.15=0, \quad z=114.5 \cdots\cdots ④$$

④ → ②: $x=z-44.1=70.4$

④ → ①: $y^2=21,264.34-13,110.25=8,154.09=90.3^2, \quad y=90.3$

【129】 고의 제곱과 현의 제곱의 합은 21,542.74자이고, 구고차는 2자 3치이다. 구, 고, 현을 묻는다.

股冪弦冪 共二萬一千五百四十二尺七四 勾股差二尺三寸 問勾股弦

답 구 83자 2치, 고 85자 5치, 현 119자 3치
答 勾八十三尺二寸 股八十五尺五寸 弦一百十九尺三寸

해법 두 제곱〔고의 제곱과 현의 제곱〕의 합에서 구고차의 제곱을 뺀 나머지를 실이라 하고, 구고차의 2배를 부종이라 하며, 3을 정우라고 하자. 평방을 풀면 고를 얻는다.

별해 구고차의 제곱을 2배로 하여 두 제곱〔고의 제곱과 현의 제곱〕의 합에서 뺀 나머지를 실이라 하고, 구고차의 4배를 종이라 하며, 3을 우라고 하자. 평방을 풀면 구를 얻는다.

術曰 共冪內減差冪 餘爲實 倍差爲負從 三爲正隅 平方開 得股
又術 倍差冪 以減共冪 餘爲實 四因差爲從 三爲隅 平方開 得勾

해설 현의 제곱은 곧 구의 제곱과 고의 제곱의 합이다. 구의 제곱은, 고의 제곱과 구고차의 제곱의 합보다 고와 구고차를 곱한 적 2단의 수만큼 작다.「제84문을 보라.」그러므로 두 제곱〔고의 제곱과 현의 제곱〕의 합에서 구고차의 제곱을 뺀 나머지는, 길이가 고의 3배에서 구고차의 2배를 뺀 값이고 너비가 고의 1배인 직사각형의 넓이이다.「구고차의 2배가 부종이 되고 실에 더하는 바 차의 2배이다.」

별해의 해설 두 제곱〔고의 제곱과 현의 제곱〕의 합은 곧 고의 제곱 2단과 구의 제곱 1단이다. 그리고 고의 제곱 안에는 각각 구의 제곱과 구고차의 제곱 각 1단 및 구를 구고차에 곱한 적 2단이 들어 있다. 그러므로 구고차의 제곱의 2배를 빼면 곧 나머지는 구의 제곱 3단과 구와 구고차를 곱한 적 4단이 된다. 이를 실이라 하면 구고차의 4배는 종이 되고 3은 우가 된다.

解 弦冪 卽勾冪股冪共 而勾冪 爲股冪勾股差冪共 內少股乘勾股差積二段之數「見第八十四問」故共冪內減差冪 餘爲三股內去二差爲長 一股爲闊之長方面也「倍差爲負從 所以益實二差也」

又術解 共冪 卽股冪二段勾冪一段 而股冪內各有勾冪勾股差冪各一段 勾乘差積二段 故減倍差冪 則餘勾冪三段勾乘差積四段 爲實 四因差爲從 三爲隅也

☞ **역자 주 1:** 구, 고, 현을 각각 x, y, z라고 하면, '해법'에서는 실이 $y^2+z^2-(y-x)^2$이고 부종이 $2(y-x)$이며 정우가 3인 평방을 풀어 y(고)를 구하고 있다. 즉, y에 관한 다음 이차 방정식을 풀고 있다.

$$y^2+z^2-(y-x)^2=-2(y-x)y+3y^2 \quad \cdots\cdots ①$$

'해설'에서는 관계 $z^2=x^2+y^2$과 제84문에서 얻은 결과인 $x^2=y^2+(y-x)^2-2y(y-x)$를 이용해서, 식 ①의 정당성을 다음과 같이 밝히고 있다.

$$\begin{aligned} y^2+z^2-(y-x)^2 &= y^2+(y^2+x^2)-(y-x)^2 \\ &= 2y^2+\{y^2+(y-x)^2-2y(y-x)\}-(y-x)^2=3y^2-2(y-x)y \end{aligned}$$

실제로 계산하면 실은 $y^2+z^2-(y-x)^2=21,537.45$이고 부종은 $2(y-x)=4.6$이면 정우는 3이므로, 다음을 얻는다.

$$21,537.45=-4.6y+3y^2, \quad \text{즉} \quad 3y^2-4.6y-21,537.45=0,$$
$$y=85.5, \quad x=y-2.3=83.2,$$
$$z^2=21,542.74-x^2=14,232.49, \quad z=119.3$$

☞ **역자 주 2:** 구, 고, 현을 각각 x, y, z라고 하면, '별해'에서는 실이 $z^2+y^2-2(y-x)^2$이고 종이 $4(y-x)$이며 우가 3인 평방을 풀어 x(구)를 구하고 있다. 즉, x에 관한 다음 이차 방정식을 풀고 있다.

$$z^2+y^2-2(y-x)^2=4(y-x)x+3x^2 \quad \cdots\cdots ②$$

'별해의 해설'에서는 관계 $y^2=x^2+(y-x)^2+2x(y-x)$을 이용해서 식 ②의 정당성을 다음과 같이 밝히고 있다.

$$\begin{aligned} z^2+y^2-2(y-x)^2 &= x^2+2y^2-2(y-x)^2 \\ &= x^2+2\{x^2+(y-x)^2+2x(y-x)\}-2(y-x)^2=3x^2+4x(y-x) \end{aligned}$$

실제로 계산하면 실은 $z^2+y^2-2(y-x)^2=21,532.16$이고 종은 $4(y-x)=9.2$이며 우는 3이므로, 다음을 얻는다.

$$21,532.16=9.2x+3x^2, \quad \text{즉} \quad 3x^2+9.2x-21,532.16=0$$
$$x=83.2, \quad y=x+2.3=85.5,$$
$$z^2=21,542.74-x^2=14,232.49, \quad z=119.3$$

☞ **역자 주 3:** 구, 고, 현을 각각 x, y, z라고 하면 다음 관계가 성립한다.

$y^2+z^2=21,542.74$ ……①, $y-x=2.3$ ……②, $z^2=x^2+y^2$……③

①,②→③: $z^2=21,542.74-y^2=(y-2.3)^2+y^2$,

$3y^2-4.6y-21,537.45=0$, $y=85.5$ ……④

④ → ②: $x=y-2.3=83.2$

④ → ①: $z^2=21,542.74-y^2=21,542.74-7,310.25=14,232.49$, $z=119.3$

【130】 고의 제곱과 현의 제곱의 합은 300.3842자이고, 고현화는 24자 5치이다. 구, 고, 현을 묻는다.

股冪弦冪 共三百尺三八四二 股弦和二十四尺五寸 問勾股弦

답 구 4자 2치, 고 11자 8치 9푼, 현 12자 6치 1푼

答 勾四尺二寸 股十一尺八寸九分 弦十二尺六寸一分

해법 고현화의 제곱에서 두 제곱[고의 제곱과 현의 제곱]의 합을 뺀 나머지를 실이라 하고, 고현화의 2배를 정종이라 하며, 2를 부우라고 하자. 평방을 풀면 고를 얻는다.

術曰 和自乘內減共冪 餘爲實 倍和爲正從 以二爲負隅 平方開 得股

해설 고현화의 제곱에서 두 제곱[고의 제곱과 현의 제곱]의 합을 뺀 나머지는 고와 현을 서로 곱한 적 2단이다. 「구고화의 제곱에서 현의 제곱을 뺀 나머지가 구와 고를 서로 곱한 적 2단과 같은 이치이다.」 그러므로 고현화의 2배가 「즉 고의 2배와 현의 2배가」 정종이 되고, 2는 부우가 「고의 2배를 뺀 바이다.」 된다.

解 和冪內減共冪 餘爲股弦相乘積二段「與勾股和冪內減弦冪 餘勾股相乘積二段之理同」故倍和「卽二股二弦」爲正從 二爲負隅「所以減二股也」也

☞ **역자 주 1:** 구, 고, 현을 각각 x, y, z라고 하면, '해법'에서는 실이 $(z+y)^2-(y^2+z^2)$이고 정종이 $2(z+y)$이며 부우가 2인 평방을 풀어 y(고)를 구하고 있다. 즉, y에 관한 다음 이차 방정식을 풀고 있다.

$$(z+y)^2-(y^2+z^2)=2(z+y)y-y^2 \quad \cdots\cdots ①$$

'해설'에서는 다음과 같이 식 ①이 정당함을 밝히고 있다.

$$(z+y)^2-(y^2+z^2)=(z^2+y^2+2zy)-(y^2+z^2)=2zy=2(z+y)y-y^2$$

실제로 계산하면 실은 $(z+y)^2-(y^2+z^2)=299.8658$이고 정종은 $2(z+y)=49$이고 부우는 2이므로, 다음을 얻는다.

$$299.8658=49y-2y^2, \quad \text{즉} \quad -2y^2+49y-299.8658=0,$$
$$y=11.89, \quad z=24.5-y=12.61,$$
$$x^2=z^2-y^2=17.64, \quad x=4.2$$

☞ **역자 주 2:** 구, 고, 현을 각각 x, y, z라고 하면 다음 관계가 성립한다.

$$y^2+z^2=300.3842 \cdots\cdots ①, \quad y+z=24.5 \cdots\cdots ②, \quad z^2=x^2+y^2 \cdots\cdots ③$$

② → ①: $y^2+(24.5-y)^2=300.3842,$

$2y^2-49y+299.8658=0, \quad y=11.89 \cdots\cdots ④$

④ → ②: $z=24.5-y=12.61 \cdots\cdots ⑤$

④,⑤→③: $x^2=z^2-y^2=17.64=4.2^2, \quad x=4.2$

【131】 고의 제곱과 현의 제곱의 합은 1,007.5601자이고, 구현화는 24자 5치이다. 구, 고, 현을 묻는다.
股冪弦冪 共一千零七尺五六○一 勾弦和二十四尺五寸 問勾股弦

답 구 2자 1푼, 고 22자 4치, 현 22자 4치 9푼
答 勾二尺零一分 股二十二尺四寸 弦二十二尺四寸九分

해법 두 제곱〔고의 제곱과 현의 제곱〕의 합과 구현화의 제곱을 더하여 실이라 하고 구현화의 2배를 종이라 하며, 1을 우라고 하자. 평방을 풀면 현을 얻는다.
術曰 共冪和冪併之爲實 倍和爲從 一爲隅 平方開 得弦

해설 제116문과 서로 같다.
解 與第一百十六問同

☞ **역자 주 1:** 조건에서 '고'를 '구'로 그리고 '구'는 '고'로 바꾸면, 제116문과 똑같은 형식의 문제가 된다. 구, 고, 현을 각각 x, y, z라고 하면, '해법'에서는 실이 $y^2+z^2+(z+x)^2$이고 종이 $2(z+x)$이며 우가 1인 평방을 풀어 z(현)를 구하고 있다. 즉, z에 관한 다음 이차 방정식을 풀고 있다.

$$z^2+y^2+(z+x)^2=2(z+x)z+z^2$$

실제로 실은 $y^2+z^2+(z+x)^2=1,607.8101$이고 종은 $2(z+x)=49$이며 우는 1이므로, 다음을 얻는다.

$$1,607.8101=49z+z^2, \quad \text{즉} \quad z^2+49z-1,607.8101=0,$$
$$z=22.49, \quad x=24.5-z=2.01,$$
$$y^2=1,007.5601-z^2=501.76, \quad y=22.4$$

☞ **역자 주 2:** 구, 고, 현을 각각 x, y, z라고 하면 다음 관계가 성립한다.

$$y^2+z^2=1,007.5601 \cdots\cdots ①, \quad x+z=24.5 \cdots\cdots ②, \quad z^2=x^2+y^2 \cdots\cdots ③$$

①,②→③: $z^2=(24,5-z)^2+1,007.5601-z^2$,

$z^2+49z-1,607.8101=0, \quad z=22.49 \cdots\cdots ④$

④ → ②: $x=24.5-z=2.01$

④ → ①: $y^2=1,007.5601-z^2=501.76=22.4^2, \quad y=22.4$

【132】 고의 제곱과 현의 제곱의 합은 25,050.01자이고, 구고화는 181자 7치이다. 구, 고, 현을 묻는다.
股冪弦冪 共二萬五千零五十尺○一 勾股和一百八十一尺七寸 問勾股弦

답 구 89자 3치, 고 92자 4치, 현 128자 5치
答 勾八十九尺三寸 股九十二尺四寸 弦一百二十八尺五寸

해법 구고화의 제곱을 2배로 하여 부라 하고 두 제곱〔고의 제곱과 현의 제곱〕의 합은 정이라 하여 서로 뺀 나머지를 실이라고 하자. 구고화의 4배를 정종이라 하고, 3을 부우라고 하자. 평방을 풀면 구를 얻는다.
術曰 倍和冪爲負 共冪爲正 相減餘爲實 四因和爲正從 三爲負隅 平方開 得勾

해설 구고화의 제곱의 2배 내에서 두 제곱[고의 제곱과 현의 제곱]의 합을 뺀 나머지는, 길이가 구의 1배와 고의 4배의 합이고 너비가 구의 1배인 직사각형의 넓이다. 「구고화의 제곱의 2배는 곧 구의 제곱과 고의 제곱 및 현의 제곱 각 1단과 구와 고를 서로 곱한 적 4단이다. 그러므로 두 제곱의 합을 뺀 나머지는 구의 제곱 1단과 구와 고를 서로 곱한 적 4단이다.」 그러므로 구고화의 4배「즉 구의 4배와 고의 4배」가 정종이고, 3은 부우가 「정종에서 구의 3배를 뺀 나머지는 구의 1배와 고의 4배이므로」 된다.

解 倍和冪內減共冪 餘爲一勾四股爲長一勾爲闊之長方面「倍和冪 卽勾冪股冪弦冪各一段 勾股相乘積四段 故減共冪 餘爲勾冪一段勾股相乘積四段也」 故四和「卽四勾四股」爲正從 三爲負隅「所以減正從之三勾 餘一勾四股也」也

☞ **역자 주 1:** 구, 고, 현을 각각 x, y, z라고 하면, '해법에서는 $2(y+x)^2-(y^2+z^2)$이 실이고 $4(y+x)$가 정종이고 3이 부우인 평방을 풀어 x(구)를 구하고 있다. 즉, x에 관한 다음 이차 방정식을 풀고 있다.

$$2(y+x)^2-(y^2+z^2)=4(y+x)x-3x^2 \quad \cdots\cdots ①$$

'해설'에서는 식 ①의 정당성을 다음과 같이 밝히고 있다.

$$\begin{aligned} 2(y+x)^2-(y^2+z^2) &= (y^2+x^2+z^2+4yx)-(y^2+z^2) \\ &= x^2+4yx=\{x+4y\}x=4(y+x)x-3x^2 \end{aligned}$$

실제로 실은 $2(y+x)^2-(y^2+z^2)=40,979.77$이고 정종은 $4(y+x)=726.8$이며 부우는 3이므로, 다음을 얻는다.

$$40,979.77=726.8x-3x^2, \quad \text{즉} \quad -3x^2+726.8x-40,979.77=0,$$
$$x=89.3, \quad y=181.7-x=92.4,$$
$$z^2=25,050.01-x^2=16,512.25, \quad z=128.5$$

☞ **역자 주 2:** 구, 고, 현을 각각 x, y, z라고 하면 다음 관계가 성립한다.

$$y^2+z^2=25,050.01 \cdots\cdots ①, \quad x+y=181.7 \cdots\cdots ②, \quad z^2=x^2+y^2 \cdots\cdots ③$$

①,②→③: $z^2=25,050.01-y^2=(181.7-y)^2+y^2,$

$$3y^2-363.4y+7,964.88=0, \quad y=92.4 \cdots\cdots ④$$

④ → ②: $x = 181.7 - y = 89.3$

④ → ①: $z^2 = 25,050.01 - y^2 = 16,512.25 = 128.5^2, \quad z = 128.5$

【133】 고의 제곱과 현의 제곱의 합은 605.8721자이고, 고와 현을 서로 곱한 적은 302.9320자이다. 구, 고, 현을 묻는다.
股冪弦冪 共六百五尺八七二一 股弦相乘 積三百二尺九三二〇 問勾股弦

답 구 1자 7치 7푼, 고 17자 3치 6푼, 현 17자 4치 5푼
答 勾一尺七寸七分 股十七尺三寸六分 弦十七尺四寸五分

해법 적의 제곱을 실이라 하고, 두 제곱〔고의 제곱과 현의 제곱〕의 합〕을 정상렴이라 하며, 1을 부우라고 하자. 삼승방을 풀면 고를 얻는다.
術曰 積自乘爲實 共冪爲正上廉 以一爲負隅 三乘方開 得股

해설 제118문과 서로 같다.
解 與第一百十八問同

☞ **역자 주 1:** 조건에서 '고'를 '구'로 그리고 '구'는 '고'로 바꾸면, 제118문과 똑같은 형식의 문제가 된다. 구, 고, 현을 각각 x, y, z라고 하면, '해법'에서는 $(zy)^2$이 실이고 z^2+y^2이 정상렴이며 1이 부우인 삼승방을 풀어 y(구)를 구하고 있다. 즉, y에 관한 다음 사차 방정식을 풀고 있다.

$$(zy)^2 = (z^2+y^2)y^2 - y^4$$

실제로 실은 $(zy)^2 = 91,767.796624$이고 정상렴은 $y^2+z^2 = 605.8721$이며 부우는 1이므로, 다음을 얻는다.

$$91,767.796624 = 605.8721y^2 - y^4,$$

$$\text{즉} \quad -y^4 + 605.8721y^2 - 91,767.796624 = 0,$$

$$y = 17.36, \quad z = \frac{302.932}{y} = 17.45,$$

$$x^2 = z^2 - y^2 = 3.3129, \quad x = 1.77$$

☞ **역자 주 2:** 구, 고, 현을 각각 x, y, z라고 하면, 주어진 조건으로부터 다음을 얻는다.

$$y^2+z^2+2yz=(z+y)^2=1,211.7361=34.81^2, \quad z+y=34.81 \cdots\cdots ③$$
$$y^2+z^2-2zy=(z-y)^2=0.0081=0.09^2, \quad z-y=0.09 \cdots\cdots ④$$

③±④: $2z=34.9, \quad 2y=34.72, \quad z=17.456, \quad y=17.36$

☞ **역자 주 3:** 구, 고, 현을 각각 x, y, z라고 하면 다음 관계가 성립한다.

$$y^2+z^2=605.8721 \cdots\cdots ①, \quad zy=302.9320 \cdots\cdots ②, \quad z^2=x^2+y^2 \cdots\cdots ③$$

② → ①: $y^2+\left(\dfrac{302.932}{y}\right)^2=605.8721,$

$$y^4-605.8721y^2+91,767.796624=0, \quad y=17.36 \cdots\cdots ④$$

④ → ②: $z=17.45 \cdots\cdots ⑤$

④,⑤→③: $x^2=z^2-y^2=3.1329=1.77^2, \quad x=1.77$

【134】 고의 제곱과 현의 제곱의 합은 467.2553자이고, 구와 현을 서로 곱한 적은 200.1615자이다. 구, 고, 현을 묻는다.
股冪弦冪 共四百六十七尺二五五三 勾弦相乘 積二百尺一六一五 問勾股弦

답 구 11자 5치 5푼, 고 12자 9치 2푼, 현 17자 3치 3푼
答 勾十一尺五寸五分 股十二尺九寸二分 弦十七尺三寸三分

해법 적을 제곱하고 이를 2배로 하여 실이라 하고, 두 제곱〔고의 제곱과 현의 제곱〕의 합을 상렴이라 하고, 1을 우라고 하자. 삼승방을 풀면 구를 얻는다.
術曰 積自乘倍之爲實 共冪爲上廉 一爲隅 三乘方開 得勾

해설 제119문과 서로 같다.
解 與第一百十九問同

☞ **역자 주 1:** 조건에서 '고'를 '구'로 그리고 '구'는 '고'로 바꾸면, 제119문과 똑같은 형식의 문제가 된다. 구, 고, 현을 각각 x, y, z라고 하면, '해법'에서는

$2(zx)^2$이 실이고 y^2+z^2이 상렴이며 1이 우인 삼승방을 풀어 x(구)를 구하고 있다. 즉, x에 관한 다음 사차 방정식을 풀고 있다.

$$2(zx)^2=(z^2+y^2)x^2+x^4$$

실제로 실은 $2(zx)^2=80,129.2521645$이고 상렴은 $y^2+z^2=467.2553$이며 우는 1이므로, 다음을 얻는다.

$$80,129.2521645=467.2553x^2+x^4,$$

$$\text{즉}\quad x^4+467.2553x^2-80,129.2521645=0,$$

$$x=11.55,\quad z=\frac{200.1615}{x}=17.33,$$

$$y^2=467.2553-z^2=166.9264,\quad y=12.92$$

☞ **역자 주 2:** 구, 고, 현을 각각 x, y, z라고 하면 다음 관계가 성립한다.

$$y^2+z^2=467.2553\ \cdots\cdots①,\quad zx=200.1615\ \cdots\cdots②,\quad z^2=x^2-y^2\ \cdots\cdots③$$

①,②→③: $z^2=\left(\frac{200.1615}{z}\right)^2+(467.2553-z^2),$

$$2z^4-467.2553z^2-40,064.62608225=0,\quad z=17.33\ \cdots\cdots④$$

④ → ②: $x=\frac{200.1615}{z}=11.55$

④ → ①: $y^2=467.2553-z^2=467.2553-300.3289=166.9264,\quad y=12.92$

【135】 고의 제곱과 현의 제곱의 합은 610.0441자이고, 구와 고를 서로 곱한 적은 160.0788자이다. 구, 고, 현을 묻는다.
股羃弦羃 共六百十尺○四四一 勾股相乘 積一百六十尺○七八八 問勾股弦

답 구 10자 3푼, 고 15자 9치 6푼, 현 18자 8치 5푼
答 勾十尺零三分 股十五尺九寸六分 弦十八尺八寸五分

해법 적의 제곱을 2배로 하여 실이라 하고, 두 제곱[고의 제곱과 현의 제곱]의 합을 정상렴이라 하며, 1을 부우라고 하자. 삼승방을 풀면 구를 얻는다.
術曰 倍積羃爲實 共羃爲正上廉 一爲負隅 三乘方開 得勾

해설 적의 제곱의 2배는 곧 구의 제곱을 고의 제곱의 2배에 곱한 것이다. 두 제곱〔고의 제곱과 현의 제곱〕의 합을 정상렴이라 하고 1을 부우라고 하면 곧 상렴이 나머지의 고의 제곱의 2배가 된다. 「우를 거듭 곱하면 구의 제곱을 얻고 현의 제곱에서 빼면 곧 나머지는 고의 제곱이다. 그러므로 합하여 고의 제곱의 2배이다.」 그러므로 삼승방을 풀면 구를 얻는다.

解 倍積冪 卽勾冪乘二股冪也 以共冪爲正上廉 一爲負隅 則上廉餘二股冪「以隅連乘 得勾冪 減於弦冪 則餘股冪 故共餘二股冪」故開三乘方 得勾

☞ **역자 주:** 구, 고, 현을 각각 x, y, z라고 하면, '해법'에서는 실이 $2(yx)^2$이고 정상렴이 y^2+z^2이며 부우가 1인 삼승방을 풀어 x(구)를 구하고 있다. 즉, x에 관한 다음 사차 방정식을 풀고 있다.

$$2(yx)^2=(y^2+z^2)x^2-x^4 \quad \cdots\cdots ①$$

'해설'에서는 식 ①의 정당성을 다음과 같이 밝히고 있다.

$$2(yx)^2=(y^2+y^2)x^2=(y^2+z^2-x^2)x^2=(y^2+z^2)x^2-x^4$$

실제로 실은 $2(yx)^2=51,250.44441888$이고 정상렴은 $y^2+z^2=610.0441$이며 부우는 1이므로, 다음을 얻는다.

$$51,250.44441888=610.0441x^2-x^4,$$

$$\text{즉} \quad -x^4+610.0441x^2-51,250.44441888=0,$$

$$x=10.03, \quad y=\frac{160.0788}{x}=15.96,$$

$$z^2=610.0441-y^2=355.3225, \quad z=18.85$$

☞ **역자 주 2:** 구, 고, 현을 각각 x, y, z라고 하면 다음 관계가 성립한다.

$$y^2+z^2=610.0441 \cdots\cdots ①, \quad yx=160.0788 \cdots\cdots ②, \quad z^2=x^2+y^2 \cdots\cdots ③$$

①,②→③: $z^2=610.0441-y^2=\left(\frac{160.0788}{y}\right)^2+y^2,$

$$2y^4-610.0441y^2+25,625.22220944=0, \quad y=15.96 \cdots\cdots ④$$

④ → ②: $x=\frac{160.0788}{y}=10.03$

④ → ①: $z^2 = 610.0441 - y^2 = 355.3225 = 18.85^2$, $z = 18.85$

【136】 고의 제곱과 현의 제곱의 합은 1,399자 61치이고, 고로 현을 나누면 1자 $3\frac{6}{13}$푼을 얻는다. 구, 고, 현을 묻는다.

股冪弦冪 共一千三百九十九尺六十一寸 股除弦 得一尺零三分十三分分之六 問勾股弦

답 구 6자 9치, 고 26자, 현 26자 9치

答 勾六尺九寸 股二十六尺 弦二十六尺九寸

해법 두 제곱[고의 제곱과 현의 제곱]의 합을 「이에 분모의 제곱을 곱하여」 실이라고 하자. 소현을 「분모와 곱하여 분자를 더하고」 제곱하면 소현의 제곱을 얻고 1을 「분모와 곱하여」 제곱하면 소고의 제곱을 얻는다. 소현의 제곱과 소고의 제곱을 더하여 얻은 두 소의 제곱의 합을 법이라고 하여 실을 나누면 고의 제곱을 얻는다. 제곱근을 풀면 고를 얻는다.

術曰 共冪「分母冪乘之」爲實 小弦「通分納子」自乘 得小弦冪 以一「通分」自乘 得小股冪 兩小冪倂之 得小共冪爲法 除實 得股冪 開方 得股

해설 이것부터 제141문까지는 제121문부터 제126문까지와 서로 같다.

解 自此至第一百四十一問 與第一百二十一問 至第一百二十六問同

☞ **역자 주 1:** 제136문부터 제141문까지는 제121문부터 제126문까지와 형식이 같다. 구, 고, 현을 각각 x, y, z라고 하면, '해법'에서는 다음과 같이 실 y^2+z^2을 법 $\left(\frac{z}{y}\right)^2+1$으로 나누어 y^2을 얻고, 제곱근을 풀어 y를 얻는다.

$$(z^2+y^2) \div \left\{\left(\frac{z}{y}\right)^2+1\right\} = (z^2+y^2) \div \left(\frac{z^2+y^2}{y^2}\right) = y^2$$

실제로 실은 $y^2+z^2=1,399.61$이고 법은 $\left(\frac{z}{y}\right)^2+1=\frac{349.9025}{169}$이므로, 다음을 얻는다.

$$y^2=(z^2+y^2)\div\left\{\left(\frac{z}{y}\right)^2+1\right\}=1,399.61\div\frac{349.9025}{169}=676$$

$$y=26,\quad z=\frac{13.45}{13}y=26.9,$$

$$x^2=z^2-y^2=47.61,\quad x=6.9$$

☞ **역자 주 2:** 구, 고, 현을 각각 x, y, z라고 하면 다음 관계가 성립한다.

$$y^2+z^2=1,399.61\ \cdots\cdots①,\quad \frac{z}{y}=1.03\frac{0.06}{13}=\frac{13.45}{13}\ \cdots\cdots②,$$

$$z^2=x^2+y^2\ \cdots\cdots③$$

② → ①: $1,399.61=y^2+\left(\frac{13.45y}{13}\right)^2,\quad y^2-676=0,\quad y=26\ \cdots\cdots④$

④ → ②: $z=\frac{13.45y}{13}=26.9\ \cdots\cdots⑤$

④,⑤→③: $x^2=z^2-y^2=6.9^2,\quad x=6.9$

【137】 고의 제곱과 현의 제곱의 합은 1,947.5081자이고, 현으로 고를 나누면 9치 9푼 7리 1호 2사를 얻는다. 구, 고, 현을 묻는다.
股冪弦冪 共一千九百四十七尺五〇八一 弦除股 得九寸九分七釐一毫二絲 問勾股弦

답 구 2자 3치 7푼, 고 31자 1치 6푼, 현 31자 2치 5푼
答 勾二尺三寸七分 股三十一尺一寸六分 弦三十一尺二寸五分

해법 두 제곱〔고의 제곱과 현의 제곱〕의 합을 실이라고 하자. 소고는 제곱하고 1을 제곱하여 서로 더하여 얻은 두 소의 제곱의 합을 법이라고 하자. 법으로 실을 나누면 현의 제곱을 얻고, 제곱근을 구하면 현을 얻는다.

術曰 共冪爲實 小股自乘 以一自乘相併 得小共冪 爲法 除實 得弦冪 開方得弦

☞ **역자 주 1:** 구, 고, 현을 각각 x, y, z라고 하면, '해법'에서는 다음과 같이 실 y^2+z^2을 법 $\left(\frac{y}{z}\right)^2+1$로 나누어 z^2을 구하고, 제곱근을 풀어 z를 구한다.

$$(y^2+z^2)\div\left\{\left(\frac{y}{z}\right)^2+1\right\}=(y^2+z^2)\div\frac{y^2+z^2}{z^2}=z^2$$

실제로 실은 $y^2+z^2=1,947.5081$이고 법은 $\left(\frac{y}{z}\right)^2+1=1.9942482944$이므로 다음을 얻는다.

$$z^2=(y^2+z^2)\div\left\{\left(\frac{y}{z}\right)^2+1\right\}=1,947.5081\div1.9942482944=976.5625,$$
$$z=31.25,\quad y=0.99712z=31.16,$$
$$x^2=z^2-y^2=5.6169,\quad x=2.37$$

☞ **역자 주 2:** 구, 고, 현을 각각 x, y, z라고 하면 다음 관계가 성립한다.

$$y^2+z^2=1,947.5081\ \cdots\cdots①,\quad \frac{y}{z}=0.99712\ \cdots\cdots②,\quad z^2=x^2+y^2\ \cdots\cdots③$$

② → ①: $(0.99712z)^2+z^2=1,947.5081,\quad z^2=976.5625=31.25^2,$
$z=31.25\ \cdots\cdots④$

④ → ②: $y=0.99712z=31.16\ \cdots\cdots⑤$

④,⑤→③: $x^2=z^2-y^2=5.6169=2.37^2,\quad x=2.37$

【138】 고의 제곱과 현의 제곱의 합은 1,582.0353자이고, 구로 고를 나누면 12자 4치 8푼이다. 구, 고, 현을 묻는다.
股冪弦冪 共一千五百八十二尺〇三五三 勾除股 得十二尺四寸八分 問勾股弦

답 구 2자 2치 5푼, 고 28자 8푼, 현 28자 1치 7푼
答 勾二尺二寸五分 股二十八尺零八分 弦二十八尺一寸七分

해법 두 제곱[고의 제곱과 현의 제곱]의 합을 실이라고 하자. 소고를 제곱하여 2배로 하고 1을 제곱하여 더한 합을 법이라고 하자. 법으

로 실을 나누면 구의 제곱을 얻고, 제곱근을 구하면 구를 얻는다.
術曰 共冪爲實 小股自乘倍之 以一自乘 相併爲法 除實 得勾冪 開方 得勾

☞ **역자 주 1:** 구, 고, 현을 각각 x, y, z라고 하면, '해법'에서는 다음과 같이 실 y^2+z^2을 법 $\left(\frac{y}{x}\right)^2+1$로 나누어 x^2을 구하고, 제곱근을 풀어 x를 구하고 있다.

$$(y^2+z^2)\div\left\{\left(\frac{y}{x}\right)^2+1\right\}=(y^2+z^2)\div\frac{y^2+z^2}{x^2}=x^2$$

실제로 실은 $y^2+z^2=1,582.0353$이고 법은 $\left(\frac{y}{x}\right)^2+1=312.5008$이므로, 다음을 얻는다.

$$x^2=(y^2+z^2)\div\left\{\left(\frac{y}{x}\right)^2+1\right\}=1,582.0353\div312.5008=5.0625,$$
$$x=2.25,\quad y=12.48x=24.08,$$
$$z^2=1,582.0353-y^2=793.5489,\quad z=28.17$$

☞ **역자 주 2:** 구, 고, 현을 각각 x, y, z라고 하면 다음 관계가 성립한다.

$$y^2+z^2=1,582.0353\ \cdots\cdots①,\quad \frac{y}{x}=12.48\ \cdots\cdots②,\quad z^2=x^2+y^2\ \cdots\cdots③$$

①,②→③: $z^2=1,582.0353-y^2=\left(\frac{y}{12.48}\right)^2+y^2,$

$y^2-788.4864=0,\quad y=28.08\ \cdots\cdots④$

④ → ②: $x=\frac{y}{12.48}=2.25\ \cdots\cdots⑤$

④,⑤→③: $z^2=x^2+y^2=793.5489=28.17^2,\quad z=28.17$

【139】 고의 제곱과 현의 제곱의 합은 470.3714자이고, 고로 구를 나누면 8치 2$\frac{22}{53}$푼을 얻는다. 구, 고, 현을 묻는다.
股冪弦冪 共四百七十尺三七一四 股除勾 得八寸二分五十三分分之二十二 問勾股弦

답 구 10자 9치 2푼, 고 13자 2치 5푼, 현 17자 1치 7푼
答 勾十尺九寸二分 股十三尺二寸五分 弦十七尺一寸七分

해법 두 제곱〔고의 제곱과 현의 제곱〕의 합을「이에 분모의 제곱을 곱하여」실이라고 하자. 소구를「분모와 곱하고 분자를 더하여」제곱하고 또 1을「분모와 곱하여」제곱하고 이를 2배로 하여 서로 더하여 법이라고 하자. 법으로 실을 나누면 고의 제곱을 얻고, 제곱근을 구면 고를 얻는다.
術曰 共冪「分母冪乘之」爲實 小勾「通分納子」自乘 又以一「通分」自乘倍之 相倂爲法 除實 得股冪 開方 得股

☞ **역자 주 1:** 구, 고, 현을 각각 x, y, z라고 하면, '해법'에서는 다음과 같이 실 y^2+z^2을 법 $\left(\frac{x}{y}\right)^2+2$로 나누어 y^2을 구하고, 제곱근을 풀면 y를 구한다.

$$(y^2+z^2)\div\left\{\left(\frac{x}{y}\right)^2+2\right\}=(y^2+z^2)\div\frac{x^2+2y^2}{y^2}=(y^2+z^2)\div\frac{z^2-y^2}{y^2}=y^2$$

실제로 실은 $y^2+z^2=470.3714$이고 법은 $\left(\frac{x}{y}\right)^2+2=\frac{7,525.9424}{2,809}$이므로, 다음을 얻는다.

$$y^2=(y^2+z^2)\div\left\{\left(\frac{x}{y}\right)^2+2\right\}=470.3714\div\frac{7,525.9424}{2,809}=175.5625,$$

$$y=13.25,\quad x=\frac{43.68}{53}y=10.92,$$

$$z^2=470.3714-y^2=294.8089,\quad z=17.17$$

☞ **역자 주 2:** 구, 고, 현을 각각 x, y, z라고 하면 다음 관계가 성립한다.

$$y^2+z^2=470.3714\ \cdots\cdots①,\quad \frac{x}{y}=082\frac{0.22}{53}=\frac{43.68}{53}\ \cdots\cdots②,$$

$$z^2=x^2+y^2\ \cdots\cdots③$$

①,②→③: $z^2=470.3714-y^2=\left(\frac{43.68y}{53}\right)^2+y^2,$

$$y^2=175.5625=13.25^2,\quad y=13.25\ \cdots\cdots④$$

④ → ②: $x=\frac{43.68y}{53}=10.92$

④ → ①: $z^2=470.3714-y^2=294.8089=17.17^2, \quad z=17.17$

【140】 고의 제곱과 현의 제곱의 합은 1,137.5321자이고, 현으로 구를 나누면 4치 6 $\frac{46}{101}$ 푼을 얻는다. 구, 고, 현을 묻는다.

股冪弦冪 共一千一百三十七尺五三二一 弦除勾 得四寸六分一百一分分之四十六 問勾股弦

답 구 11자 7치 3분, 고 22자 3치 6푼, 현 25자 2치 5푼
答 勾十一尺七寸三分 股二十二尺三寸六分 弦二十五尺二寸五分

해법 두 제곱[고의 제곱과 현의 제곱]의 합을「이에 분모의 제곱을 곱하여」실이라고 하자. 소구를「분모와 곱하고 분자를 더하여」제곱하여 부라 하고, 1을「분모와 곱하여」제곱하고 이를 2배로 하여 정이라고 하자. 이에 정과 부를 서로 뺀 나머지를 법이라 하자. 법으로 실을 나누면 현의 제곱을 얻고, 제곱근을 풀면 현을 얻는다.

術曰 共冪「分母冪乘之」爲實 小勾「通分納子」自乘 爲負 以一「通分」自乘倍之爲正 乃正負相減 餘爲法 除實 得弦冪 開方 得弦

☞ **역자 주 1:** 구, 고, 현을 각각 x, y, z라고 하면, '해법'에서는 다음과 같이 실 y^2+z^2을 법 $2-\left(\frac{x}{z}\right)^2$으로 나누어 z^2을 구하고, 제곱근을 풀어 z를 구하고 있다.

$$(y^2+z^2)\div\left\{2-\left(\frac{x}{z}\right)^2\right\}=(y^2+z^2)\div\frac{2z^2-x^2}{z^2}=(y^2+z^2)\div\frac{y^2+z^2}{z^2}=z^2$$

실제로 실은 $y^2+z^2=1,137.5321$이고 법은 $2-\left(\frac{x}{z}\right)^2=\frac{18,200.5136}{10,201}$이므로, 다음을 얻는다.

$$z^2=(y^2+z^2)\div\left\{2-\left(\frac{x}{z}\right)^2\right\}=1,137.5321\div\frac{18,200.5136}{10,201}=637.5625,$$

$z=25.25,\quad x=\frac{46.92}{101}z=11.73,$

$y^2=1,137.5321-z^2=499.9696,\quad z=22.36$

☞ **역자 주 2:** 구, 고, 현을 각각 x, y, z라고 하면 다음 관계가 성립한다.

$y^2+z^2=1,137.5321$ ……①, $\quad \frac{x}{z}=0.46\frac{0.46}{101}=\frac{46.92}{101}$ ……②,

$z^2=x^2+y^2$ ……③

①,②→③: $z^2=\left(\frac{46.92z}{101}\right)^2+1,137.5321-z^2,\quad z^2-637.5625=0,$

$z=25.25$ ……④

④ → ②: $x=\frac{46.92z}{101}=11.73$

④ → ①: $y^2=1,137.5321-z^2=499.9696=22.36^2,\quad y=22.36$

【141】 고의 제곱과 현의 제곱의 합은 1,586.2073자이고, 구로 현을 나누면 2자 3치 $1\frac{47}{51}$푼을 얻는다. 구, 고, 현을 구한다.

股冪弦冪 共一千五百八十六尺二〇七三 勾除弦 得二尺三寸一分五十一分分之四十七 問勾股弦

답 구 12자 7치 5푼, 고 26자 6치 8푼, 현 29자 5치 7푼

答 勾十二尺七寸五分 股二十六尺六寸八分 弦二十九尺五寸七分

해법 두 제곱〔고의 제곱과 현의 제곱〕의 합을 「이에 분모의 제곱을 곱하여」 실이라고 하자. 소현을 「분모와 곱하고 분자를 더하여」 제곱하여 이를 2배로 하고 1을 「분모와 곱하고」 제곱하여 서로 뺀 나머지를 법이라고 하자. 법으로 실을 나누면 구의 제곱을 얻고, 제곱근을 풀면 구를 얻는다.

術曰 共冪「分母冪乘之」爲實 小弦「通分納子」自乘倍之 以一「通分」自乘 相減 餘爲法 除實 得勾冪 開方 得勾

☞ **역자 주 1:** 구, 고, 현을 각각 x, y, z라고 하면, '해법'에서는 다음과 같이

실 y^2+z^2을 법 $2\left(\frac{z}{x}\right)^2-1$로 나누어 x^2을 구하고, 제곱근을 풀어 x를 구하고 있다.

$$(y^2+z^2)\div\left\{2\left(\frac{z}{x}\right)^2-1\right\}=(y^2+z^2)\div\frac{2z^2-x^2}{x^2}=(y^2+z^2)\div\frac{z^2+z^2-x^2}{x^2}$$

$$=(y^2+z^2)\div\frac{z^2+y^2}{x^2}=x^2$$

실제로 실은 $y^2+z^2=1,586.2073$이고 법은 $2\left(\frac{z}{x}\right)^2-1=\frac{25,379.3168}{2,601}$이므로, 다음을 얻는다.

$$x^2=(y^2+z^2)\div\left\{2\left(\frac{z}{x}\right)^2-1\right\}=1,586.2073\div\frac{25,379.3168}{2,601}=162.5625,$$

$$x=12.75,\quad z=\frac{118.28}{51}x=29.58,$$

$$y^2=1,586.2073-z^2=711.8224,\quad y=26.68$$

☞ **역자 주 2:** 구, 고, 현을 각각 x, y, z라고 하면 다음 관계가 성립한다.

$$y^2+z^2=1,586.2073\ \cdots\cdots①,\quad \frac{z}{x}=2.31\frac{0.47}{51}=\frac{118.28}{51}\ \cdots\cdots②,$$

$$z^2=x^2+y^2\ \cdots\cdots③$$

①,②→③: $z^2=\left(\frac{51z}{118.28}\right)^2+1,586.2073-z^2,\quad z^2-874.3849=0,$

$z=29.57\ \cdots\cdots④$

④ → ②: $x=\frac{51z}{118.28}=12.75$

④ → ①: $y^2=1,586.2073-z^2=711.8224=26.68^2,\quad y=26.68$

【142】 구의 제곱을 고의 제곱에서 뺀 나머지는 175.7641자이고, 현은 22자 2치 1푼이다. 구와 고를 묻는다.
勾冪減股冪 餘一百七十五尺七六四一 弦二十二尺二寸一分 問勾股

답 구 12자 6치, 고 18자 2치 9푼
答 勾十二尺六寸 股十八尺二寸九分

해법 현의 제곱과 두 제곱의 차〔구의 제곱을 고의 제곱에서 뺀 나머지〕의 합을 실이라 하고, 2를 우라고 하자. 평방을 풀면 고를 얻는다. 고의 제곱에서 두 제곱의 차를 뺀 나머지는 구의 제곱이고, 제곱근을 풀면 구를 얻는다.
術曰 弦自乘倂餘冪爲實 以二爲隅 平方開 得股 股自乘減餘冪 餘爲勾冪 平方開 得勾

해설 현의 제곱은 곧 구의 제곱과 고의 제곱의 합이다. 그러므로 구의 제곱과 고의 제곱의 차를 더하면, 고의 제곱 2단을 얻는다.
解 弦冪 卽勾冪股冪之和 故加勾冪股冪之較 得股冪二段

☞ **역자 주 1:** 구, 고, 현을 각각 x, y, z라고 하면, '해법'에서는 $y^2-x^2+z^2$이 실이고 2가 우인 평방을 풀어 y(고)를 구하고 있다. 즉, y에 관한 다음 이차방정식을 풀고 있다.

$$y^2-x^2+z^2=2y^2 \quad \cdots\cdots ①$$

'해설'에서는 식 ①의 정당성을 밝히고 있다.

$$y^2-x^2+z^2=y^2-x^2+(x^2+y^2)=2y^2$$

실제로 실은 $y^2-x^2+z^2=669.0482$이고 우는 2이므로, 다음을 얻는다.

$$669.0482=2y^2, \quad \text{즉} \quad 2y^2-669.0482=0, \quad y=18.29,$$
$$x^2=y^2-175.7641=158.76, \quad x=12.6$$

☞ **역자 주 2:** 구, 고, 현을 각각 x, y, z라고 하면 다음 관계가 성립한다.

$$y^2-x^2=175.7641 \quad \cdots\cdots ①, \qquad z=22.21 \quad \cdots\cdots ②$$

②+①: $2y^2=669.0482$, $y^2=334.5241=18.29^2$, $y=18.29$ ……③

③→①: $x^2=y^2-175.7641=158.76=12.6^2$, $x=12.6$

【143】 구의 제곱을 고의 제곱에서 뺀 나머지는 118.5121자이고, 구고차는 3자 9치 1푼이다. 구, 고, 현을 묻는다.

勾冪減股冪 餘一百十八尺五一二一 勾股差三尺九寸一分 問勾股弦

답 구 13자 2치, 고 17자 1치 1푼, 현 21자 6치 1푼

答 勾十三尺二寸 股十七尺一寸一分, 弦二十一尺六寸一分

해법 구고차로 두 제곱의 차[구의 제곱을 고의 제곱에서 뺀 나머지]를 나누면 구고화를 얻는다. 이에 구고차를 더하여 반으로 자르면 곧 고이고, 구고차를 빼서 반으로 자르면 곧 구이다.

術曰 以差除餘冪 得勾股和 加差折半 卽股 (32))減差折半 卽勾

해설 무릇 두 제곱의 차[구의 제곱을 고의 제곱에서 뺀 나머지]는 양변의 합과 양변의 차를 서로 곱한 적이다. 곧 고의 제곱은 구현화와 구현차를 서로 곱한 적이「제4문을 보라.」되는 이치이다.

解 凡兩冪之較 爲兩邊和與兩邊差相乘積 卽股冪爲勾弦和勾弦差相乘積「見第四問」之理也

☞ **역자 주 1:** 구, 고, 현을 각각 x, y, z라고 하면, '해법'에서는 다음과 같이 구고화 및 고와 구를 구하고 있다.

구고화: $\dfrac{y^2-x^2}{y-x}=y+x$

고: $\dfrac{(y+x)+(y-x)}{2}=y$

구: $\dfrac{(y+x)-(y-x)}{2}=x$

'해설'에서는 일반적으로 $a^2-b^2=(a+b)(a-b)$가 성립함을 말하고 있으며, 제4문에서 얻은 다음 결과를 예로 들고 있다.

32) '內' 낙자

$$y^2=(z+x)(z-x)[=z^2-x^2]$$

실제로 계산하면 다음을 얻는다.

$$y+x=\frac{y^2-x^2}{y-x}=\frac{118.5121}{3.91}=30.31,$$

$$y=\frac{(y+x)+(y-x)}{2}=\frac{30.31+3.91}{2}=17.11,$$

$$x=\frac{(y+x)-(y-x)}{2}=\frac{30.31-3.91}{2}=13.2$$

☞ **역자 주 2:** 구, 고, 현을 각각 x, y, z라고 하면 다음 관계가 성립한다.

$y^2-x^2=118.5121$ ……①, $y-x=3.91$ ……②, $z^2=x^2+y^2$ ……③

② → ①: $(x+3.91)^2-x^2=118.5121$, $x=13.2$ ……④

④ → ②: $y=x+3.91=17.11$ ……⑤

④,⑤→③: $z^2=x^2+y^2=466.9921=21.61^2$, $z=21.61$

【144】 구의 제곱을 고의 제곱에서 뺀 나머지는 141.0841자이고 고현차는 2자이다. 구, 고, 현을 묻는다.
勾冪減股冪 餘一百四十一尺○八四一 股弦差二尺 問勾股弦

답 구 7자 8치, 고 14자 2치 1푼, 현 16자 2치 1푼
答 勾七尺八寸 股十四尺二寸一分 弦十六尺二寸一分

해법 두 제곱의 차[구의 제곱을 고의 제곱에서 뺀 나머지]에 고현차의 제곱을 더하여 실이라 하고, 고현차의 2배를 부종이라 하며, 1을 정우라고 하자. 평방을 풀면 고를 얻는다.
術曰 餘冪加差冪爲實 倍差爲負從 一爲正隅 平方開 得股

해설 두 제곱의 차[구의 제곱을 고의 제곱에서 뺀 나머지]에 고현차의 제곱을 더하면 곧 고의 제곱보다 고에 고현차를 곱한 2단만큼 작다. 「구의 제곱은 곧 고현차의 제곱 1단과 고를 고현차에 곱한 적 2단이다. 고의 제곱에서 빼면 두 제곱의 차를 얻고, 다시 고현차의 제곱 1단을 더한다. 그러므로 다만 고에 고현차를 곱한 적 2단

만큼 작다.」 그러므로 고현차의 2배는 부종이 되고 1은 정우이다.

解 餘冪加差冪 卽股冪内少股乘股弦差積二段「勾冪 卽股弦差冪一段 股乘股弦差積二段 以減股冪 爲餘冪 而還加股弦差冪一段 故只少股乘股弦差積二段」故倍差爲負從 一爲正隅也

☞ **역자 주 1:** 구, 고, 현을 각각 x, y, z라고 하면, '해법'에서는 실이 $y^2-x^2+(z-y)^2$이고 부종이 $2(z-y)$이며 정우가 1인 평방을 풀어 y(고)를 구하고 있다. 즉 y에 관한 다음 이차 방정식을 풀고 있다.

$$y^2-x^2+(z-y)^2=-2(z-y)y+y^2 \quad \cdots\cdots ①$$

'해설'에서는 관계 $x^2=(z-y)^2+2y(z-y)$를 이용해서 다음과 같이 식 ①의 정당성을 밝히고 있다.

$$\begin{aligned} y^2-x^2+(z-y)^2 &= y^2-\{(z-y)^2+2y(z-y)\}+(z-y)^2 \\ &= y^2-2y(z-y)=-2(z-y)y+y^2 \end{aligned}$$

실제로 실은 $y^2-x^2+(z-y)^2=145.0841$이고 부종은 $2(z-y)=4$이며 정우는 1이므로, 다음을 얻는다.

$$145.0841=-4y+y^2, \quad 즉 \quad y^2-4y-145.0841=0$$
$$y=14.21, \quad z=y+2=16.21,$$
$$x^2=y^2-141.0841=60.84, \quad x=7.8$$

☞ **역자 주 2:** 구, 고, 현을 각각 x, y, z라고 하면 다음 관계가 성립한다.

$$y^2-x^2=141.0841 \cdots\cdots①, \quad z-y=2 \cdots\cdots②, \quad z^2=x^2+y^2 \cdots\cdots③$$

①,②→③: $z^2=(y+2)^2=y^2-141.0841+y^2$,

$y^2-4y-145.0841=0, \quad y=14.21 \cdots\cdots④$

④ → ②: $z=y+2=16.21$

④ → ①: $x^2=y^2-141.0841=60.84=7.8^2, \quad x=7.8$

【145】 구의 제곱을 고의 제곱에서 뺀 나머지는 117.6959자이고, 구현차는 8자이다. 구, 고, 현을 묻는다.

勾冪減股冪 餘一百十七尺六九五九 勾弦差八尺 問勾股弦

답 구 11자 2치 1푼, 고 15자 6치, 현 19자 2치 1푼

答 勾十一尺二寸一分 股十五尺六寸 弦十九尺二寸一分

해법 두 제곱의 차〔구의 제곱을 고의 제곱에서 뺀 나머지〕에서 구현차의 제곱을 빼서 실이라 하고, 구현차의 2배를 정종이라 하며, 1을 부우라고 하자. 평방을 풀면 구를 얻는다.

術曰 餘冪内減差冪爲實 倍差爲正從 一爲負隅 平方開 得勾

해설 두 제곱의 차〔구의 제곱을 고의 제곱에서 뺀 나머지〕에서 구현차의 제곱을 빼면 곧 구를 구현차에 곱한 적 2단보다 구의 제곱만큼 적다. 「고의 제곱은 곧 구현차의 제곱 1단과 구를 구현차에 곱한 적 2단이다. 그러므로 그 안에서 구의 제곱을 빼면 두 제곱의 차를 얻고, 또 구현차의 제곱을 빼므로 구를 구현차에 곱한 적 2단보다 구의 제곱이 적다.」 그러므로 구현차의 2배가 정종이 되고, 1은 부우가 된다.

解 餘冪内減差冪 卽勾乘勾弦差積二段内少勾冪「股冪 卽勾弦差冪一段勾乘勾弦差積二段 内減勾冪爲餘冪 而又減勾弦差冪 故爲勾乘勾弦差積二段内少勾冪」故倍差爲正從 一爲負隅也

☞ **역자 주 1:** 구, 고, 현을 각각 x, y, z라고 하면, '해법'에서는 실이 $y^2-x^2-(z-x)^2$이고 정종이 $2(z-x)$이며 부우가 1인 평방을 풀어 x(구)를 구하고 있다. 즉, x에 관한 다음 이차 방정식을 풀고 있다.

$$y^2-x^2-(z-x)^2=2(z-x)x-x^2 \quad \cdots\cdots ①$$

'해법'에서는 관계 $y^2=(z-x)^2+2x(z-x)$를 이용해서 식 ①의 정당성을 다음과 같이 밝히고 있다.

$$y^2-x^2-(z-x)^2=\{(z-x)^2+2x(z-x)\}-x^2-(z-x)^2=2x(z-x)-x^2$$

실제로 실은 $y^2-x^2-(z-x)^2=53.6959$이고 정종은 $2(z-x)=16$이며 부우는 1이므로, 다음을 얻는다.

$$53.6959=16x-x^2, \quad 즉 \quad -x^2+16x-53.6959=0,$$
$$x=11.21, \quad z=x+8=19.21,$$

$y^2 = x^2 + 117.6959 = 243.36, \quad y = 15.6$

☞ **역자 주 2:** 구, 고, 현을 각각 x, y, z라고 하면 다음 관계가 성립한다.

$y^2 - x^2 = 117.6959$ ……①, $z - x = 8$ ……②, $z^2 = x^2 + y^2$ ……③

①,②→③: $z^2 = (x+8)^2 = x^2 + x^2 + 117.6959$,

$x^2 - 16x + 53.6959 = 0, \quad x = 11.21$ ……④

④ → ②: $z = x + 8 = 19.21$

④ → ①: $y^2 = x^2 + 117.6959 = 243.36 = 15.6^2, \quad y = 15.6$

【146】 구의 제곱을 고의 제곱에서 뺀 나머지는 99.3361자이고, 구고화는 12자 7푼이다. 구, 고, 현을 묻는다.

勾冪減股冪 餘九十九尺三三六一 勾股和十二尺零七分 問勾股弦

답 구 1자 9치 2푼, 고 10자 1치 5푼, 현 10자 3치 3푼

答 勾一尺九寸二分 股十尺一寸五分 弦十尺三寸三分

해법 구고화로 두 제곱의 차〔구의 제곱을 고의 제곱에서 뺀 나머지〕를 나누면 구고차를 얻는다. 이에 구고화를 더하고 반으로 하면 곧 고이고, 구고화에서 빼서 반으로 하면 곧 구이다.

術曰 以和除餘冪 得勾股差 加和半之 卽股 減和半之 卽勾

해설 제143문을 보라.

解 見第一百四十三問

☞ **역자 주 1:** 구, 고, 현을 각각 x, y, z라고 하면, 제143문과 마찬가지로 '해법'에서는 다음과 같이 구고차 및 고와 구를 구하고 있다.

구고차: $\dfrac{y^2 - x^2}{y + x} = y - x$

고: $\dfrac{(y+x) + (y-x)}{2} = y$

구: $\dfrac{(y+x) - (y-x)}{2} = x$

실제로 계산하면 다음을 얻는다.

$$y-x=\frac{y^2-x^2}{y+x}=\frac{99.3361}{12.07}=8.23,$$

$$y=\frac{(y+x)+(y-x)}{2}=\frac{12.07+8.23}{2}=10.15,$$

$$x=\frac{(y+x)-(y-x)}{2}=\frac{12.07-8.23}{2}=1.92,$$

$$z^2=x^2+y^2=106.7089,\quad z=10.33$$

☞ **역자 주 2:** 구, 고, 현을 각각 x, y, z라고 하면 다음 관계가 성립한다.

$y^2-x^2=99.3361$ ……①, $y+x=12.07$ ……②, $z^2=x^2+y^2$ ……③

② → ①: $(y+x)(y-x)=12.07(y-x)=99.3361$, $y-x=8.23$ ……④

② + ④: $2y=20.3$, $y=10.15$ ……⑤

⑤ → ④: $x=y-8.23=1.92$ ……⑥

⑤,⑥→③: $z^2=x^2+y^2=106.7089=10.33^2$, $z=10.33$

【147】 구의 제곱을 고의 제곱에서 뺀 나머지는 147.9119자이고, 구현화는 32자이다. 구, 고, 현을 묻는다.

勾冪減股冪 餘一百四十七尺九一一九 勾弦和三十二尺 問勾股弦

답 구 11자 5치 9푼, 고 16자 8치, 현 20자 4치 1푼

答 勾十一尺五寸九分 股十六尺八寸 弦二十尺四寸一分

해법 구현화의 제곱에서 두 제곱의 차[구의 제곱을 고의 제곱에서 뺀 나머지]를 뺀 나머지를 실이라 하고, 구현화의 2배를 종이라 하며, 1을 우라고 하자. 평방을 풀면 구를 얻는다.

術曰 和自乘內減餘冪 餘爲實 倍和爲從 一爲隅 平方開 得勾

해설 구현화의 제곱에서 두 제곱의 차[구의 제곱을 고의 제곱에서 뺀 나머지]를 뺀 나머지는 길이가 구의 3배와 현의 2배의 합이고 너비가 구의 1배인 직사각형의 넓이이다. 「구현화의 제곱 안에는 구의 제곱과 현의 제곱 각 1단 및 고와 현을 서로 곱한 적 2단이

있다. 그리고 현의 제곱은 곧 구의 제곱과 고의 제곱의 합이다. 그래서 그 안에서 두 제곱의 차를 빼면 변하여 구의 제곱의 2배가 된다. 그러므로 합한 나머지는 구의 제곱 3단과 구와 현을 서로 곱한 적 2단이다.」 그 길이와 너비의 차는 곧 구의 2배와 현의 2배이다. 그러므로 구현화의 2배「즉 구의 2배오 현의 2배의 합」가 종이 된다.

解　和冪內減餘冪 餘爲三勾二弦爲長 一勾爲闊之長方面「和冪內有勾冪弦冪各一段 勾弦相乘積二段 而弦冪卽勾冪股冪共 內減餘冪變爲二勾冪 故共餘勾冪三段勾弦相乘積二段」其長闊較卽二勾二弦 故倍和「卽二勾二弦」爲從也

☞ **역자 주 1:** 구, 고, 현을 각각 x, y, z라고 하면, '해법'에서는 실이 $(z+x)^2-(y^2-x^2)$이고 종이 $2(z+x)$이며 우가 1인 평방을 풀어 x(구)를 구하고 있다. 즉, x에 관한 다음 이차 방정식을 풀고 있다.

$$(z+x)^2-(y^2-x^2)=2(z+x)x+x^2 \quad \cdots\cdots ①$$

'해설'에서는 식 ①의 정당성을 다음과 같이 밝히고 있다.

$$\begin{aligned}(z+x)^2-(y^2-x^2)&=(z^2+x^2+2zx)-(y^2-x^2)\\&=(y^2+x^2+x^2+2zx)-(y^2-x^2)=2zx+3x^2=2(z+x)x+x^2\end{aligned}$$

실제로 실은 $(z+x)^2-(y^2-x^2)=876.0881$이고 종은 $2(z+x)=64$이며 우는 1이므로, 다음을 얻는다.

$$876.0881=64x+x^2, \quad \text{즉} \quad x^2+64x-876.0881=0,$$
$$x=11.59, \quad z=32-x=20.41,$$
$$y^2=147.9119+x^2=282.24, \quad y=16.8$$

☞ **역자 주 2:** 구, 고, 현을 각각 x, y, z라고 하면 다음 관계가 성립한다.

$$y^2-x^2=147.9119 \cdots\cdots ①, \quad x+z=32 \cdots\cdots ②, \quad z^2=x^2+y^2 \cdots\cdots ③$$

①,②→③: $(32-x)^2=x^2+x^2+147.9119,$

$x^2+64x-876.0881=0, \quad x=11.59 \cdots\cdots ④$

④ → ②: $z=32-x=20.41$

④ → ①: $y^2=x^2+147.9119=282.24=16.8^2, \quad y=16.8$

【148】 구의 제곱을 고의 제곱에서 뺀 나머지는 96.6161자이고, 고현화는 32자이다. 구, 고, 현을 묻는다.
勾冪減股冪 餘九十六尺六一六一 股弦和三十二尺 問勾股弦

답 구 10자 4치, 고 14자 3치 1푼, 현 17자 3치 9푼
答 勾十尺四寸 股十四尺三寸一分 弦十七尺六寸九分

해법 고현화의 제곱과 두 제곱의 차〔구의 제곱을 고의 제곱에서 뺀 나머지〕를 더하여 실이라 하고, 고현화의 2배를 종이라 하며, 1을 우라고 하자. 평방을 풀면 고를 얻는다.
術曰 和自乘倂餘冪爲實 倍和爲從 一爲隅 平方開 得股

해설 제147문과 서로 같다. 「고현화의 제곱에 두 제곱의 차〔구의 제곱을 고의 제곱에서 뺀 나머지〕를 더하면 곧 현의 제곱은 변하여 고의 제곱의 2배가 된다.」
解 與第一百四十七問同「和冪倂餘冪 則弦冪得之變 爲二股冪也」

☞ **역자 주 1:** 구, 고, 현을 각각 x, y, z라고 하면, '해법'에서는 실이 $(z+y)^2+(y^2-x^2)$이고 종이 $2(z+y)$이며 우가 1인 평방을 풀어 y(고)를 구하고 있다. 즉, y에 관한 다음 이차 방정식을 풀고 있다.

$$(z+y)^2+(y^2-x^2)=2(z+y)y+y^2 \quad \cdots\cdots①$$

'해설'에서는 제147문과 같이 식 ①의 정당성을 밝히고 있다. 즉, 다음과 같다.

$$\begin{aligned}(z+y)^2+(y^2-x^2)&=(z^2+y^2+2zy)+(y^2-x^2)\\&=(y^2+x^2+y^2+2zy)+(y^2-x^2)=2zy+3y^2=2(z+y)y+y^2\end{aligned}$$

실제로 실은 $(z+y)^2+(y^2-x^2)=1,120.6161$이고 종은 $2(z+y)=64$이며 우는 1이므로, 다음을 얻는다.

$$1,120.6161=64y+y^2, \quad \text{즉} \quad y^2+64y-1,120.6161=0,$$
$$y=14.31, \quad z=32-y=17.69,$$
$$x^2=y^2-96.6161=108.16, \quad x=10.4$$

☞ **역자 주 2:** 구, 고, 현을 각각 x, y, z라고 하면 다음 관계가 성립한다.

$$y^2-x^2=96.6161 \cdots\cdots ①,\quad z+y=32 \cdots\cdots ②,\quad z^2=x^2+y^2 \cdots\cdots ③$$

①,②→③: $z^2=(32-y)^2=y^2-96.6161+y^2$,

$$y^2+64y-1,120.6161=0,\quad y=14.31 \cdots\cdots ④$$

④ → ②: $z=32-y=17.69$

④ → ①: $x^2=y^2-96.6161=108.16=10.4^2,\quad x=10.4$

【149】 구의 제곱을 고의 제곱에서 뺀 나머지는 64.3519자이고, 구와 고의 서로 곱한 적은 79.9680자이다. 구, 고, 현을 묻는다.
勾冪減股冪 餘六十四尺三五一九 勾股相乘 積七十九尺九六八○ 問勾股弦

답 구 7자 3치 5푼, 고 10자 8치 8푼, 현 13자 1치 3푼
答 勾七尺三寸五分 股十尺八寸八分 弦十三尺一寸三分

해법 적의 제곱을 실이라 하고, 두 제곱의 차〔구의 제곱을 고의 제곱에서 뺀 나머지〕를 상렴이라 하며, 1을 우라고 하자. 삼승방을 풀면 구를 얻는다.
術曰 積自乘爲實 餘冪爲上廉 一爲隅 三乘方開 得勾

해설 적의 제곱은 곧 고의 제곱에 구의 제곱을 곱한 수이다. 두 제곱의 차〔구의 제곱을 고의 제곱에서 뺀 나머지〕가 상렴이 되면 곧 상렴은 고의 제곱이 된다.「구의 제곱에 두 제곱의 차를 더하면 고의 제곱이 된다.」그러므로 삼승방을 풀면 구를 얻는다.
解 積冪 卽勾冪乘股冪之數也 餘冪從於上廉 則上廉得股冪「勾冪加餘冪爲股冪」故開三乘方 得勾

☞ **역자 주 1:** 구, 고, 현을 각각 x, y, z라고 하면, '해법'에서는 $(yx)^2$이 실이고 y^2-x^2이 상렴이며 1이 우인 삼승방을 풀어 x(구)를 구하고 있다. 즉 x에 관한 다음 사차 방정식을 풀고 있다.

$$(yx)^2=(y^2-x^2)x^2+x^4 \cdots\cdots ①$$

'해설'에서는 식 ①의 정당성을 다음과 같이 밝히고 있다.

$$(yx)^2 = y^2x^2 = (y^2 - x^2 + x^2)x^2 = (y^2 - x^2)x^2 + x^4$$

실제로 실은 $(yx)^2 = 6,394.881024$이고 상렴은 $y^2 - x^2 = 64.3519$이며 우는 1이므로, 다음을 얻는다.

$$6,394.881024 = 64.3519x^2 + x^4, \quad \text{즉} \quad x^4 + 64.3519x^2 - 6,394.881024 = 0$$

$$x = 7.35, \quad y = \frac{79.9680}{x} = 10.88,$$

$$z^2 = x^2 + y^2 = 172.3969, \quad z = 13.13$$

☞ **역자 주 2:** 구, 고, 현을 각각 x, y, z라고 하면 다음 관계가 성립한다.

$$y^2 - x^2 = 64.3519 \cdots\cdots①, \quad yx = 79.968 \cdots\cdots②, \quad z^2 = x^2 + y^2 \cdots\cdots③$$

② → ①: $\left(\frac{79.968}{x}\right)^2 - x^2 = 64.3519,$

$$x^4 + 64.3519x^2 - 6,394.881024 = 0, \quad x = 7.35 \cdots\cdots④$$

④ → ②: $y = \frac{79.968}{x} = 10.88 \cdots\cdots⑤$

④,⑤→③: $z^2 = x^2 + y^2 = 172.3969 = 13,13^2, \quad z = 13.13$

【150】 구의 제곱을 고의 제곱에서 뺀 나머지는 54.2521자이고, 구와 현을 서로 곱한 적은 78.4740자이다. 구, 고, 현을 묻는다.
勾冪減股冪 餘五十四尺二五二一 勾弦相乘積七十八尺四七四○ 問勾股弦

답 구 6자 6치, 고 9자 8치 9푼, 현 11자 8치 9푼
答 勾六尺六寸 股九尺八寸九分 弦十一尺八寸九分

해법 적의 제곱을 실이라 하고, 두 제곱의 차[구의 제곱을 고의 제곱에서 뺀 나머지]를 상렴이라 하며, 2를 우라고 하자. 삼승방을 풀면 구를 얻는다.
術曰 積自乘爲實 餘冪爲上廉 以二爲隅 三乘方開 得勾

해설 적의 제곱은 곧 현의 제곱에 구의 제곱을 곱한 수이다. 그러므로

두 제곱의 차[구의 제곱을 고의 제곱에서 뺀 나머지]가 상렴이고 2가 우라면 곧 상렴은 현의 제곱을 얻는다.「우의 2에 거듭 곱하면 구의 제곱의 2배를 얻고, 두 제곱의 차를 더하면 곧 현의 제곱이 된다.」

解 積冪 卽勾冪乘弦冪 故餘冪爲上廉 以二爲隅 則上廉得弦冪也「以二隅連乘 得二勾冪 加餘冪 則爲弦冪」

☞ **역자 주 1:** 구, 고, 현을 각각 x, y, z라고 하면, '해법'에서는 $(zx)^2$이 실이고 y^2-x^2이 상렴이며 2가 우인 삼승방을 풀어 x(구)를 구하고 있다. 즉, x에 관한 다음 사차 방정식을 풀고 있다.

$$(zx)^2=(y^2-x^2)x^2+2x^4 \cdots\cdots ①$$

'해설'에서는 식 ①의 정당성을 다음과 같이 밝히고 있다.

$$(zx)^2=z^2x^2=(y^2+x^2)x^2=(y^2-x^2+2x^2)x^2=(y^2-x^2)x^2+2x^4$$

실제로 실은 $(zx)^2=6,158.168676$이고 상렴은 $y^2-x^2=54.2521$이며 우는 2이므로, 다음을 얻는다.

$$6,158.168676=54.2521x^2+2x^4, \quad \text{즉} \quad 2x^4+54.2521x^2-6,158.168676=0,$$

$$x=6.6, \quad z=\frac{78.4740}{x}=11.89,$$

$$y^2=x^2+54.2521=97.8121, \quad y=9.89$$

☞ **역자 주 2:** 구, 고, 현을 각각 x, y, z라고 하면 다음 관계가 성립한다.

$$y^2-x^2=54.2521 \cdots\cdots ①, \quad zx=78.4740 \cdots\cdots ②, \quad z^2=x^2+y^2 \cdots\cdots ③$$

①,②→③: $z^2=\left(\frac{78.474}{x}\right)^2=x^2+x^2+54.2521,$

$$2x^4+54.2521x^2-6,158.168676=0, \quad x=6.6 \cdots\cdots ④$$

④ → ②: $z=\frac{78.474}{x}=11.89$

④ → ①: $y^2=x^2+54.2521=97.8121=9.89^2, \quad y=9.89$

【151】 구의 제곱을 고의 제곱에서 뺀 나머지는 119.0119자이고, 고

와 현을 서로 곱한 적은 121.99자이다. 구, 고, 현을 묻는다.
勾冪減股冪 餘一百十九尺○一一九 股弦相乘 積一百二十一尺九九 問勾股弦

답 구 1자 4치 1푼, 고 11자, 현 11자 9푼
答 勾一尺四寸一分 股十一尺 弦十一尺零九分

해법 적의 제곱을 실이라 하고, 두 제곱의 차[구의 제곱을 고의 제곱에서 뺀 나머지]를 부상렴이라 하며, 2를 정우라고 하자. 삼승방을 풀면 고를 얻는다.
術曰 積自乘爲實 餘冪爲負上廉 以二爲正隅 三乘方開 得股

해설 적의 제곱은 곧 고의 제곱과 현의 제곱의 곱이다. 그러므로 두 제곱의 차[구의 제곱을 고의 제곱에서 뺀 나머지]를 부상렴이라 하고 2을 정우라고 하면 곧 상렴은 현의 제곱을 얻는다.「우의 2를 거듭 곱하면 고의 제곱의 2배를 얻고 두 제곱의 차를 빼면 곧 현의 제곱이 된다.」
解 積冪 卽股冪乘弦冪 故餘冪爲負上廉 以二爲正隅 則上廉 得弦冪也「以二隅連乘 得二股冪 內減餘冪 則爲弦冪」

☞ **역자 주 1:** 구, 고, 현을 각각 x, y, z라고 하면, '해법'에서는 $(zy)^2$이 실이고 y^2-x^2이 부상렴이며 2가 정우인 삼승방을 풀어 y(고)를 구하고 있다. 즉, y에 관한 다음 사차 방정식을 풀고 있다.

$$(zy)^2=-(y^2-x^2)y^2+2y^4 \quad \cdots\cdots ①$$

'해설'에서는 식 ①의 정당성을 다음과 같이 밝히고 있다.

$$(zy)^2=z^2y^2=(y^2+x^2)y^2=(2y^2-y^2+x^2)y^2$$
$$=2y^4+(-y^2+x^2)y^2=-(y^2-x^2)y^2+2y^4$$

실제로 실은 $(zy)^2=14,881.5601$이고 부상렴은 $y^2-x^2=119.0119$이며 정우는 2이므로, 다음을 얻는다.

$$14,881.5601=119.0119x^2+2y^4, \quad 즉 \quad 2y^4-119.0119x^2-14,881.5601=0,$$

$$y=11, \quad z=\frac{121.99}{y}=11.09,$$

$x^2 = y^2 - 119.0119 = 1.9881, \quad x = 1.41$

☞ **역자 주 2:** 구, 고, 현을 각각 x, y, z라고 하면 다음 관계가 성립한다.

$y^2 - x^2 = 119.0119$ ……①, $zy = 121.99$ ……②, $z^2 = x^2 + y^2$ ……③

①,②→③: $z^2 = \left(\frac{121.99}{y}\right)^2 = y^2 - 119.0119 + y^2$,

$2y^4 - 119.0119y^2 - 14,881.5601 = 0, \quad y = 11$ ……④

④ → ②: $z = \frac{121.99}{y} = 11.09$ ……⑤

④,⑤→③: $x^2 = z^2 - y^2 = 1.9881 = 1.41^2, \quad x = 1.41$

【152】 구의 제곱을 고의 제곱에서 뺀 나머지는 2,831.99자이고, 고로 구를 나누면 8치 3 $\frac{11}{48}$ 푼을 얻는다. 구, 고, 현을 묻는다.

勾冪減股冪 餘二千八百三十一尺九九 股除勾 得八寸三分四十八分分之十一 問勾股弦

답 구 79자 9치, 고 96자, 현 124자 9치

答 勾七十九尺九寸 股九十六尺 弦一百二十四尺九寸

해법 두 제곱의 차〔구의 제곱을 고의 제곱에서 뺀 나머지〕를 「이에 분모의 제곱을 곱하여」 실이라고 하자. 소구를 「분모와 곱하여 분자를 더하고」 제곱하여 부라 하고, 1을 「분모와 곱하고」 제곱하여 정이라고 하자. 이에 정과 부를 큰 수에서 작은 수를 뺀 나머지를 우라고 하자. 평방을 풀면 고를 얻는다.

術曰 餘冪 「分母冪乘之」 爲實 小勾 「通分納子」 自乘 爲負 以一 「通分」 自乘 爲正 乃正負相減 餘爲隅 平方開 得股

해설 정에서 부를 뺀 나머지가 우이므로 곧 소여의 제곱이다. 「1을 제곱하면 소고의 제곱을 얻고 이 안에서 소구의 제곱을 뺀다. 그러므로 소여의 제곱이 된다.」 두 제곱의 차〔구의 제곱을 고의 제곱에서 뺀 나머지〕를 나누면 곧 변하여 고의 제곱이 된다. 「오히려 이에

고의 제곱을 곱하고 이를 두 제곱의 차로 나누는 것과 같다.」무릇 우가 되어 개방함은 먼저 나누고 뒤에 개방하는 것과 같다. 이것부터 제157문까지는 서로 같다.

解 減餘爲隅 卽小餘冪「一自乘 得小股冪 内減小勾冪 故爲小餘冪」以除餘冪 則變爲股冪「猶以股冪乘之 餘冪除之也」凡爲隅 開方 與先除後開同 自此至第一百五十七問並同

☞ **역자 주 1:** 구, 고, 현을 각각 x, y, z라고 하면, '해법'에서는 y^2-x^2이 실이고 $1-\left(\frac{x}{y}\right)^2$이 우인 평방을 풀어 y(고)를 구하고 있다. 즉, y에 관한 다음 이차 방정식을 풀고 있다.

$$y^2-x^2=\left\{1-\left(\frac{x}{y}\right)^2\right\}y^2 \quad \cdots\cdots ①$$

'해설'에서는 식 ①의 정당성을 다음과 같이 밝히고 있다.

$$(y^2-x^2)\div\left\{1-\left(\frac{x}{y}\right)^2\right\}=(y^2-x^2)\div\left(\frac{y^2}{y^2}-\frac{x^2}{y^2}\right)=(y^2-x^2)\div\frac{y^2-x^2}{y^2}=y^2$$

실제로 실은 $y^2-x^2=2,831.99$이고 우는 $1-\left(\frac{x}{y}\right)^2=\frac{707.9975}{2,304}$이므로, 다음을 얻는다.

$$2,831.99=\frac{707.9975}{2,304}y^2, \quad y^2=9,216=96^2,$$

$$y=96, \quad x=\frac{39.95}{48}y=79.9,$$

$$z^2=x^2+y^2=15,600.01, \quad z=124.9$$

☞ **역자 주 2:** 구, 고, 현을 각각 x, y, z라고 하면 다은 관계가 성립한다.

$$y^2-x^2=2,831.99 \quad \cdots\cdots ①, \quad \frac{x}{y}=0.83\frac{0.11}{48}=\frac{39.95}{48} \quad \cdots\cdots ②,$$

$$z^2=x^2+y^2 \quad \cdots\cdots ③$$

② → ①: $y^2-\left(\frac{39.95y}{48}\right)^2=2,831.99, \quad y^2-9,216=0, \quad y=96 \quad \cdots\cdots ④$

④ → ②: $x=\frac{39.95y}{48}=79.9 \quad \cdots\cdots ⑤$

④,⑤→③: $z^2=x^2+y^2=15,600.01=124.9^2, \quad z=124.9$

【153】 구의 제곱을 고의 제곱에서 뺀 나머지는 1,040.41자이고, 구로 고를 나누면 1자 1치 6 $\frac{13}{27}$ 푼을 얻는다. 구, 고, 현을 묻는다.
勾冪減股冪 餘一千零四十尺四一 勾除股 得一尺一寸六分二十七分分之十三 問勾股弦

답 구 54자, 고 62자 9치, 현 82자 9치
答 勾五十四尺 股六十二尺九寸 弦八十二尺九寸

해법 두 제곱의 차〔구의 제곱을 고의 제곱에서 뺀 나머지〕를 「이에 분모의 제곱을 곱하여」 실이라고 하자. 소고의 「분모와 곱하고 분자를 더하여」 제곱을 정이라 하고, 1의 「분모와 곱하여」 제곱을 부라고 하자. 이에 정과 부를 큰 수에서 작은 수를 뺀 나머지를 우라고 하자. 평방을 풀면 구를 얻는다.
術曰 餘冪 「分母冪乘之」 爲實 小股 「通分納子」 自乘 爲正 以一 「通分」 自乘 爲負 乃正負相減 餘爲隅 平方開 得勾

☞ **역자 주 1:** 구, 고, 현을 각각 x, y, z라고 하면, '해법'에서는 y^2-x^2이 실이고 $\left(\frac{y}{x}\right)^2-1=\frac{y^2-x^2}{x^2}$이 우인 평방을 풀어 x(구)를 구하고 있다. 즉, x에 관한 다음 이차 방정식을 풀고 있다.

$$y^2-x^2=\left\{\left(\frac{y}{x}\right)^2-1\right\}x^2$$

실제로 실은 $y^2-x^2=1,040.411$이고 우는 $\left(\frac{y}{x}\right)^2-1=\frac{260.1025}{729}$이므로, 다음을 얻는다.

$$1,040.411=\frac{260.1025}{729}x^2,\quad \text{즉}\quad x^2=2,916=54^2,$$

$$x=54,\quad y=\frac{31.45}{27}x=62.9,$$

$$z^2=x^2+y^2=6,872.41,\quad z=82.9$$

☞ **역자 주 2:** 구, 고, 현을 각각 x, y, z라고 하면 다음 관계가 성립한다.

$y^2 - x^2 = 1,040.411$ ······①, $\dfrac{y}{x} = 1.16\dfrac{0.13}{27} = \dfrac{31.45}{27}$ ······②,

$z^2 = x^2 + y^2$ ······③

② → ①: $\left(\dfrac{31.45x}{27}\right)^2 - x^2 = 1,040.41$, $x^2 - 2,916 = 0$, $x = 54$ ······④

④ → ②: $y = \dfrac{31.45x}{27} = 62.9$ ······⑤

④,⑤→③: $z^2 = x^2 + y^2 = 6,872.41 = 82.9^2$, $z = 82.9$

【154】 구의 제곱을 고의 제곱에서 뺀 나머지는 3,569.21자이고, 구로 현을 나누면 1자 7치 $1\dfrac{4}{31}$푼을 얻는다. 구, 고, 현을 묻는다.

勾冪減股冪 餘三千五百六十九尺二一 勾除弦 得一尺七寸一分三十一分分之四 問勾股弦

답 구 62자, 고 86자 1치, 현 106자 1치

答 勾六十二尺 股八十六尺一寸 弦一百六尺一寸

해법 두 제곱의 차〔고의 제곱에서 구의 제곱을 뺀 나머지〕를「이에 분모의 제곱을 곱하여」실이라고 하자. 소현의「분모와 곱하고 분자를 더하여」제곱을 정이라 하고, 1을「분모와 곱하여」제곱하고 이를 2배로 하여 부라고 하자. 이에 정과 부를 큰 수에서 작은 수를 뺀 나머지를 우라고 하자. 평방을 풀면 구를 얻는다.

術曰 餘冪「分母冪乘之」爲實 小弦「通分納子」自乘 爲正 以一「通分」自乘倍之 爲負 乃正負相減 餘爲隅 平方開 得勾

☞ **역자 주 1:** 구, 고, 현을 각각 x, y, z라고 하면, '해법'에서는 $y^2 - x^2$이 실이고 $\left(\dfrac{z}{x}\right)^2 - 2 = \dfrac{y^2 - x^2}{x^2}$이 우인 평방을 풀어 x(구)를 구하고 있다. 즉, x에 관한 다음 이차 방정식을 풀고 있다.

$$y^2 - x^2 = \left\{\left(\frac{z}{x}\right)^2 - 2\right\}x^2$$

실제로 실은 $y^2 - x^2 = 3,569.21$이고 우는 $\left(\frac{z}{x}\right)^2 - 2 = \frac{892.3025}{961}$이므로, 다음을 얻는다.

$$3,569.21 = \frac{892.3025}{961}x^2, \quad 즉 \quad x^2 = 3,844 = 62^2,$$

$$x = 62, \quad z = \frac{53.05}{31}x = 106.1,$$

$$y^2 = x^2 + 3,569.21 = 7,413.21, \quad y = 86.1$$

☞ **역자 주 2:** 구, 고, 현을 각각 x, y, z라고 하면 다음 관계가 성립한다.

$$y^2 - x^2 = 3,569.21 \cdots\cdots①, \quad \frac{z}{x} = 1.71\frac{0.04}{31} = \frac{53.05}{31} \cdots\cdots②,$$

$$z^2 = x^2 + y^2 \cdots\cdots③$$

①,②→③: $z^2 = \left(\frac{53.05x}{31}\right)^2 = x^2 + x^2 + 3,569.21,$

$x^2 - 3,844 = 0, \quad x = 62 \cdots\cdots④$

④ → ②: $z = \frac{53.05x}{31} = 106.1$

④ → ①: $y^2 = x^2 + 3,569.21 = 7,413.21 = 86.1^2, \quad y = 86.1$

【155】 구의 제곱을 고의 제곱에서 뺀 나머지는 47.4593자이고, 현으로 구를 나누면 6치 $7\frac{21}{89}$푼을 얻는다. 구, 고, 현을 묻는다.

勾冪減股冪 餘四十七尺四五九三 弦除勾 得六寸七分八十九分分之二十一 問勾股弦

답 구 14자 9치 6푼, 고 16자 4치 7푼, 현 22자 2치 5푼

答 勾十四尺九寸六分 股十六尺四寸七分 弦二十二尺二寸五分

해법 두 제곱의 차[구의 제곱을 고의 제곱에서 뺀 나머지]를 이에 분모의 제곱을 곱하여」 실이라고 하자. 소구를「분모와 곱하고 분자를 더하여」 제곱하고 이를 2배로 하여 부라 하고, 1을「분모와 곱하여」 제곱하여 정이라고 하자. 이에 정과 부를 큰 수에서 작은 수를 뺀 나머지를 우라고 하자. 평방을 풀면 현을 얻는다.

術曰 餘冪「分母冪乘之」爲實 小勾「通分納子」自乘倍之 爲負 以一「通分」自乘 爲正 乃正負相減 餘爲隅 平方開 得弦

☞ **역자 주 1:** 구, 고, 현을 각각 x, y, z라고 하면, '해법'에서는 y^2-x^2이 실이고 $1-2\left(\frac{x}{z}\right)^2=\frac{y^2-x^2}{z^2}$이 우인 평방을 풀어 z(현)를 구하고 있다. 즉, z에 관한 다음 이차 방정식을 풀고 있다.

$$y^2-x^2=\left\{1-2\left(\frac{x}{z}\right)^2\right\}z^2$$

실제로 실은 $y^2-x^2=47.4593$이고 우는 $1-2\left(\frac{x}{z}\right)^2=\frac{759.3488}{7,921}$이므로, 다음을 얻는다.

$$47.4593=\frac{759.3488}{7,921}z^2,\quad 즉\quad z^2=495.0625=22.25^2,$$

$$z=22.25,\quad x=\frac{59.84}{89}z=14.96,$$

$$y^2=x^2+47.4593=271.2609,\quad y=16.47$$

☞ **역자 주 2:** 구, 고, 현을 각각 x, y, z라고 하면 다음 관계가 성립한다.

$$y^2-x^2=47.4593\ \cdots\cdots①,\qquad \frac{x}{z}=067\frac{0.21}{89}=\frac{59.84}{89}\ \cdots\cdots②,$$

$$z^2=x^2+y^2\ \cdots\cdots③$$

①,②→③: $z^2=\left(\frac{89x}{59.84}\right)^2=x^2+x^2+47.4593,$

$$x^2-223.8016=0,\quad x=14.96\ \cdots\cdots④$$

④ → ②: $z=\frac{89x}{59.84}=22.25$

④ → ①: $y^2=x^2+47.4593=271.2609=16.47^2,\quad y=16.47$

【156】 고의 제곱에서 구의 제곱을 뺀 나머지는 5,038.39자이고, 고로 현을 나누면 1자 1.0125치이다. 구, 고, 현을 묻는다.
勾冪減股冪 餘五千零三十八尺三九 股除弦 得一尺一寸〇一二五 問勾股弦

답 구 36자 9치, 고 80자, 현 88자 1치
答 勾三十六尺九寸 股八十尺 弦八十八尺一寸

해법 두 제곱의 차〔고의 제곱에서 구의 제곱을 뺀 나머지〕를 실이라고 하자. 소현의 제곱을 부라 하고, 1을 제곱하고 이를 2배로 하여 정이라고 하자. 이에 정과 부를 큰 수에서 작은 수를 뺀 나머지를 우라고 하자. 평방을 풀면 고를 얻는다.
術曰 餘冪爲實 小弦自乘爲負 以一自乘倍之爲正 乃正負相減 餘爲隅 平方開 得股

☞ **역자 주 1:** 구, 고, 현을 각각 x, y, z라고 하면, '해법'에서는 y^2-x^2이 실이고 $2-\left(\frac{z}{y}\right)^2=\frac{y^2-x^2}{y^2}$이 우인 평방을 풀어 y(고)를 구하고 있다. 즉, y에 관한 다음 이차 방정식을 풀고 있다.

$$y^2-x^2=\left\{2-\left(\frac{z}{y}\right)^2\right\}y^2$$

실제로 실은 $y^2-x^2=5,038.39$이고 우는 $2-\left(\frac{z}{y}\right)^2=0.7872484375$이므로, 다음을 얻는다.

$$5,038.39=0.7872484375y^2, \quad \text{즉} \quad y^2=6,400=80^2,$$
$$y=80, \quad z=1.10125y=88.1,$$
$$x^2=y^2-5,038.39=1,361.61, \quad x=36.9$$

☞ **역자 주 2:** 구, 고, 현을 각각 x, y, z라고 하면 다음 관계가 성립한다.

$$y^2-x^2=5,038.39 \cdots\cdots ①, \quad \frac{z}{y}=1.10125 \cdots\cdots ②, \quad z^2=x^2+y^2 \cdots\cdots ③$$

①,②→③: $z^2=(1.10125y)^2=y^2-5,038.39+y^2,$
$y^2-6,400=0, \quad y=80 \cdots\cdots ④$
④ → ②: $z=1.10125y=88.1 \cdots\cdots ⑤$
④,⑤→③: $x^2=z^2-y^2=1,361.61=36.9^2, \quad x=36.9$

【157】 구의 제곱을 고의 제곱에서 뺀 나머지는 466.7873자이고, 현

으로 고를 나누면 9치 8 $\frac{50}{89}$ 푼을 얻는다. 구, 고, 현을 묻는다.

勾冪減股冪 餘四百六十六尺七八七三 弦除股 得九寸八分八十九分分之五十 問勾股弦

답 구 3자 7치 6푼, 고 21자 9치 3푼, 현 22자 2치 5푼
答 勾三尺七寸六分 股二十一尺九寸三分 弦二十二尺二寸五分

해법 두 제곱의 차[구의 제곱을 고의 제곱에서 뺀 나머지]를 「이에 분모의 제곱을 곱하여」 실이라고 하자. 소고를 「분모와 곱하고 분자를 더하여」 제곱하고 이를 2배로 하여 정이라 하고, 1을 「분모와 곱하고」 제곱하여 부라고 하자. 정과 부를 큰 수에서 작은 수를 뺀 나머지를 우라고 하자. 평방을 풀면 현을 얻는다.
術曰 餘冪「分母冪乘之」爲實 小股「通分納子」自乘倍之 爲正 以一「通分」自乘 爲負 乃正負相減 餘爲隅 平方開 得弦

☞ **역자 주 1:** 구, 고, 현을 각각 x, y, z라고 하면. '해법'에서는 y^2-x^2이 실이고 $2\left(\frac{y}{z}\right)^2-1=\frac{y^2-x^2}{z^2}$이 우인 평방을 풀어 z(현)를 구하고 있다. 즉, z에 관한 다음 이차 방정식을 풀고 있다.

$$y^2-x^2=\left\{2\left(\frac{y}{z}\right)^2-1\right\}z^2$$

실제로 실은 $y^2-x^2=466.7873$이고 우는 $2\left(\frac{y}{z}\right)^2-1=\frac{7,468.5968}{7,921}$이므로, 다음을 얻는다.

$$466.7873=\frac{7,468.5968}{7,921}z^2,\quad \text{즉}\quad z^2=495.0625,$$

$$z=22.25,\quad y=\frac{87.72z}{89}=21.93,$$

$$x^2=y^2-466.7873=14.1376,\quad x=3.76$$

☞ **역자 주 2:** 구, 고, 현을 각각 x, y, z라고 하면 다음 관계가 성립한다.

$$y^2-x^2=466.7873\ \cdots\cdots①,\quad \frac{y}{z}=0.98\frac{0.50}{89}=\frac{87.72}{89}\ \cdots\cdots②,$$

$z^2 = x^2 + y^2$ ……③

①,②→③: $\left(\frac{89y}{87.72}\right)^2 = y^2 - 466.7873 + y^2$,

$y^2 - 480.9249 = 0$, $y = 21.93$ ……④

④ → ②: $z = \frac{89y}{87.72} = 22.25$

④ → ①: $x^2 = y^2 - 466.7873 = 14.1376 = 3.76^2$, $x = 3.76$

【158】 구·고·현의 합은 47자 2치이고, 구고차는 2자 8치 1푼이다. 구, 고, 현을 묻는다.
勾股弦共四十七尺二寸 勾股差二尺八寸一分 問勾股弦

답 구 12자 3치 9푼, 고 15자 2치, 현 19자 3치 1푼
答 勾十二尺三寸九分 股十五尺二寸 弦十九尺六寸一分

해법 구·고·현의 합을 제곱하고 이를 반으로 하여 실이라 하고, 구고차를 종이라 하며, 1을 우라고 하자. 평방을 풀면 구현화를 얻는다. 이를 구·고·현의 합에서 뺀 나머지는 곧 고이고, 구고차를 고에서 빼면 곧 구이다.
術曰 共尺自乘半之爲實 以差爲從 一爲隅 平方開 得勾弦和 以減共尺 餘卽股 以差減股 卽勾

해설 구·고·현의 합을 제곱하고 반으로 자른 것은 곧 구현화와 고현화를 서로 곱한 적과 같다. 「제19문을 보라.」 그〔직사각형〕의 길이와 너비의 차는 구고차이다. 그러므로 차를 종이라 하고, 평방을 풀면 구현화를 얻는다.
解 共尺自乘折半 卽與勾弦和股弦和相乘積等「見第十九問」其長闊較 爲勾股差 故以差爲從 開平方 得勾弦和也

☞ **역자 주 1:** 구, 고, 현을 각각 x, y, z라고 하면, '해법'에서는 $\dfrac{(x+y+z)^2}{2}$이 실이고 $y-x$가 종이며 1이 우인 평방을 풀어 $z+x$(구현화)를 구하고 있다. 즉, $z+x$에 관한 다음 이차 방정식을 풀고 있다.

$$\frac{(x+y+z)^2}{2}=(y-z)(z+x)+(z+x)^2 \quad \cdots\cdots ①$$

'해설'에서는 제19문에서 얻는 다음 결과를 이용하고 있다.

$$\frac{(x+y+z)^2}{2}=(z+y)(z+x)$$

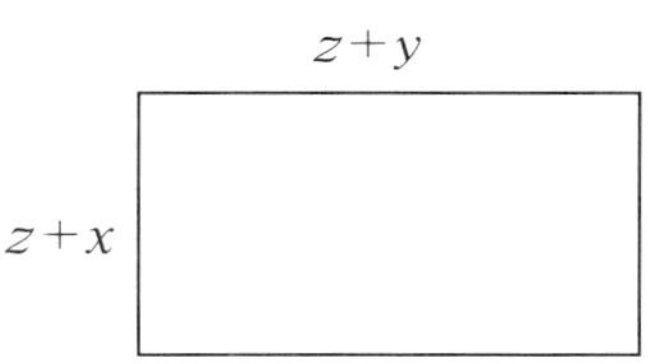

이를 길이와 너비가 각각 $z+y$와 $z+x$인 직사각형의 넓이로 생각하고 길이와 너비의 차 $y-x$

를 구해서, 오른쪽 그림과 같이 한 변의 길이가 $z+x$인 정사각형과 두 변의 길이가 $z+x$와 $y-x$인 직사각형으로 분할한다. 그러면 다음과 같이 식 ①을 얻을 수 있다.

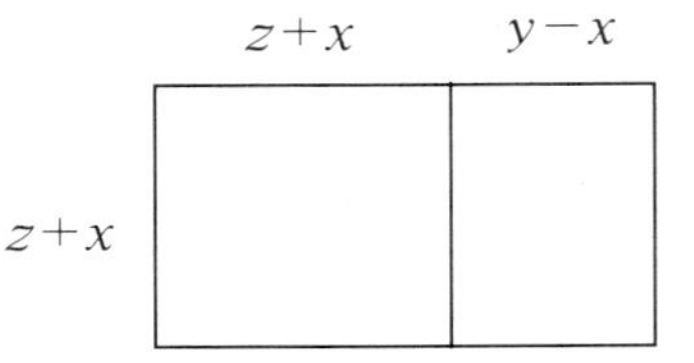

$$\frac{(x+y+z)^2}{2}=(z+x+y-x)(z+x)$$
$$=(z+x)^2+(y-x)(z+x)$$

실제로 실은 $\frac{(x+y+z)^2}{2}=1,113.92$이고 종은 $y-x=2.81$이고 우는 1이므로, 다음을 얻는다.

$$1,113.93=2.81(z+x)+(z+x)^2,$$
$$\text{즉}\quad (z+x)^2+2.81(z+x)-1,113.93=0,$$
$$z+x=32,$$
$$y=(x+y+z)-(x+z)=47.2-32=15.2,$$
$$x=y-(y-x)=15.2-2.81=12.39,$$
$$z=(z+x)-x=32-12.39=19.61,$$

☞ **역자 주 2:** 구, 고, 현을 각각 x, y, z라고 하면 다음 관계가 성립한다.

$x+y+z=47.2$ ……①, $y-x=2.81$ ……②, $z^2=x^2+y^2$ ……③

①,②→③: $z^2=\{47.2-(x+y)\}^2=x^2+y^2$,

$2x^2-183.18x+1,962.576=0$, $x=12.39$ ……④

④ → ②: $y=x+2.81=15.2$ ……⑤

④,⑤→①: $z=47.2-(x+y)=19.61$

【159】 구·고·현의 합이 40자 1치 2푼이고, 구현차는 12자 5치이다. 구, 고, 현을 묻는다.

勾股弦共四十尺一寸二分 勾弦差十二尺五寸 問勾股弦

답 구 5자 3치 1푼, 고 17자, 현 17자 8치 1푼

答 勾五尺三寸一分 股十七尺 弦十七尺八寸一分

해법 구·고·현의 합에 구현차를 곱하여 실이라 하고, 구현차를 종이라 하며, 1을 우라고 하자. 평방을 풀면 고를 얻는다. 구·고·현의 합에서 고를 빼면 구현화가 되고, 구현차를 더하고 이를 반으로 하면 곧 현을 얻는다. 이에서 구현차를 빼고 이를 반으로 하면 구를 얻는다.

術曰 差乘共尺爲實 以差爲從 一爲隅 平方開 得股 以減共尺爲勾弦和 加差半之卽弦 (33))減差半之卽勾

해설 구·고·현의 합에 구현차를 곱하면 곧 고의 제곱「구현화와 구현차의 서로 곱한 적이다. 제4문을 보라.」및 고를 구현차에 곱한 적의 합이다. 그〔직사각형〕의 길이와 너비의 차는 곧 구현차이다. 그러므로 구현차가 종이 된다. 제160문은 이와 같다.

解 差乘共尺 則爲股冪「勾弦和勾弦差相乘積 見第四問」及股乘勾弦差積 其長闊較 卽勾弦差 故以差爲從也 第一百六十問同

☞ **역자 주 1:** 구, 고, 현을 각각 x, y, z라고 하면, '해법'에서는 실이 $(x+y+z)(z-x)$이고 종이 $z-x$이며 우가 1인 평방을 풀어 y(고)를 구하고 있다. 즉, y에 관한 다음 이차 방정식을 풀고 있다.

$$(x+y+z)(z-x)=(z-x)y+y^2 \cdots\cdots ①$$

'해설'에서는 식 ①의 정당성을 다음과 같이 밝히고 있다.

$$\begin{aligned}(x+y+z)(z-x)&=\{(z+x)+y\}(z-x)=(z+x)(z-x)+y(z-x)\\&=z^2-x^2+y(z-x)y=(z-x)y+y^2\end{aligned}$$

실제로 실은 $(x+y+z)(z-x)=501.5$이고 종은 $z-x=12.5$이며 우는 1이므로, 다음을 얻는다.

$$\begin{aligned}&501.5=12.5y+y^2, \quad \text{즉} \quad y^2+12.5y-501.5=0,\\&y=17,\\&z+x=(x+y+z)-y=23.12,\\&z=\{(z+x)+(z-x)\}\div 2=(23.12+12.5)\div 2=17.81,\\&x=\{(z+x)-(z-x)\}\div 2=(23.12-12.5)\div 2=5.31\end{aligned}$$

---

33) '內' 낙자

☞ **역자 주 2:** 구, 고, 현을 각각 x, y, z라고 하면 다음 관계가 성립한다.

$$x+y+z=40.12 \cdots\cdots ①, \quad z-x=12.5 \cdots\cdots ②, \quad z^2=x^2+y^2 \cdots\cdots ③$$

①,②→③: $y^2=\{40.12-(x+z)\}^2=z^2-x^2$,

$$x^2-33.87x+151.6536=0, \quad x=5.31 \cdots\cdots ④$$

④ → ②: $z=x+12.5=17.81 \cdots\cdots ⑤$

④,⑤→①: $y=40.12-(x+z)=17$

【160】 구 · 고 · 현의 합은 226자 2치이고, 고현차는 20자이다. 구, 고, 현을 묻는다.

勾股弦共二百二十六尺二寸 股弦差二十尺 問勾股弦

답 구 58자, 고 74자 1치, 현 94자 1치

答 勾五十八尺 股七十四尺一寸 弦九十四尺一寸

해법 구 · 고 · 현의 합에 고현차를 곱하여 실이라 하고, 고현차를 종이라 하며, 1을 우라고 하자. 평방을 풀면 구를 얻는다. 구 · 고 · 현의 합에서 구를 뺀 나머지는 고현화가 된다. 이에 고현차를 더하고 이를반으로 하면 곧 현이고, 고현차를 빼 이를 반으로 하면 곧 고이다.

術曰 差乘共尺爲實 以差爲從 一爲隅 平方開 得勾 以減共尺 餘爲股弦和 加差半之卽弦 (34)減差半之卽股

☞ **역자 주 1:** 구, 고, 현을 각각 x, y, z라고 하면, '해법'에서는 실이 $(x+y+z)(z-y)$이고 종이 $z-y$이며 우가 1인 평방을 풀어 x(구)를 구하고 있다. 즉, x에 관한 다음 이차 방정식을 풀고 있다.

$$(x+y+z)(z-y)=(z-y)x+x^2 \cdots\cdots ①$$

제159문과 마찬가지로, 식 ①의 정당성을 다음과 같이 밝힐 수 있다.

$$(x+y+z)(z-y)=\{x+(y+z)\}(z-y)=x(z-y)+(y+z)(z-y)$$
$$=(z-y)x+z^2-y^2=(z-y)x+x^2$$

34) '內' 낙자

실제로 실은 $(x+y+z)(z-y)=4,524$이고 종은 $z-y=20$이며 우는 1이므로, 다음을 얻는다.

$$4,524=20x+x^2, \quad \text{즉} \quad x^2+20x-4,524=0,$$
$$x=58,$$
$$z+y=(x+y+z)-x=226.2-58=168.2,$$
$$z=\{(z+y)+(z-y)\}\div 2=(168.2+20)\div 2=94.1,$$
$$y=\{(z+y)-(z-y)\}\div 2=(168.2-20)\div 2=74.1,$$

☞ **역자 주 2:** 구, 고, 현을 각각 x, y, z라고 하면 다음 관계가 성립한다.

$x+y+z=226.2$ ……①, $z-y=20$ ……②, $z^2=x^2+y^2$ ……③

①,②→③: $x^2-\{226.2-(y+z)\}^2=z^2-y^2$,

$y^2-216.2y+10,529.61=0$, $y=74.1$ ……④

④ → ②: $z=y+20=94.1$ ……⑤

④,⑤→①: $x=226.2-(y+z)=58$

【161】 구・고・현의 합이 37자 7치 6푼이고, 구와 고를 서로 곱한 적은 50.9760자이다. 구, 고, 현을 묻는다.
勾股弦共三十七尺七寸六分 勾股相乘 積五十尺九七六〇 問勾股弦

답 구 2자 9치 5푼, 고 17자 2치 8푼, 현 17자 5치 3푼
答 勾二尺九寸五分 股十七尺二寸八分 弦十七尺五寸三分

해법 적을 2배로 하고, 이를 합으로 나누면 현화교를 얻는다. 현화교를 구・고・현의 합에 더하고 이를 반으로 하면 곧 구고화이다. 현화교를 구・고・현의 합에서 빼서 이를 반으로 하면 곧 현을 얻는다.
術曰 倍積以共尺除之 得弦和較 以較加共尺半之卽勾股和 以較減共尺半之卽弦

해설 두 제곱의 차는 곧 양변의 합과 양변의 차를 서로 곱한 적이다.「제143문을 보라.」그리고 적의 2배는 곧 구고화의 제곱과 현의 제곱의 차이다. 그러므로 현화화와 현화교를 서로 곱한 적이다.

解　冪較卽邊和邊較相乘積「見第一百四十三問」而倍積卽和冪弦冪之較故爲弦和和弦和較相乘積也

☞ **역자 주 1:** 구, 고, 현을 각각 x, y, z라고 하면, 다음과 같이 현화교, 구고화, 현을 구하고 있다.

$$\text{현화교}: \frac{2yx}{y+x+z} = y+x-z \quad \cdots\cdots①$$

$$\text{구고화}: \{(y+x+z)+(y+x-z)\}\div 2 = y+x$$

$$\text{현}: \{(y+x+z)-(y+x-z)\}\div 2 = z$$

'해설'에서는 제141문에서 이용한 관계 $a^2-b^2=(a+b)(a-b)$를 이용해서 식 ①이 정당성을 밝히고 있다.

$$(y+x+z)(y+x-z) = (y+x)^2 - z^2 = (y^2+x^2+2yx) - z^2$$
$$= (z^2+2yx) - z^2 = 2yx$$

실제로 계산하면 다음을 얻는다.

$$y+x-z = \frac{2yx}{y+x+z} = \frac{2\times 50.976}{37.76} = 2.7,$$
$$y+x = \{(y+x+z)+(y+x-z)\}\div 2 = (37.76+2.7)\div 2 = 20.23,$$
$$z = \{(y+x+z)-(y+x-z)\}\div 2 = (37.76-2.7)\div 2 = 17.53,$$
$$(y-x)^2 = 2z^2-(y+x)^2 = 205.3489, \quad y-x = 14.33,$$
$$y = \{(y+x)+(y-x)\} = (20.23+14.33)\div 2 = 17.28,$$
$$x = \{(y+x)-(y-x)\} = (20.23-14.33)\div 2 = 2.95$$

☞ **역자 주 2:** 구, 고, 현을 각각 x, y, z라고 하면 다음 관계가 성립한다.

$$x+y+z = 37.76 \quad \cdots\cdots①, \quad yx = 50.976 \quad \cdots\cdots②, \quad z^2 = x^2+y^2 \quad \cdots\cdots③$$

①,②→③: $z^2 = \{37.76-(x+y)\}^2 = x^2+y^2,$

$$x^2 - 20.23x + 50.976 = 0, \quad x = 2.95 \quad \cdots\cdots④$$

④ → ②: $y = \dfrac{50.976}{x} = 17.28 \quad \cdots\cdots⑤$

④,⑤→①: $z = 37.76-(x+y) = 17.53$

【162】 구·고·현의 합은 246자이고, 구와 현을 서로 곱한 적은 6,738자 60치이다. 구, 고, 현을 묻는다.
勾股弦共二百四十六尺 勾弦相乘 積六千七百三十八尺六十寸 問勾股弦

답 구 66자, 고 77자 9치, 현 102자 1치
答 勾六十六尺 股七十七尺九寸 弦一百二尺一寸

해법 적을 구·고·현의 합에 곱하여 실이라 하고, 구·고·현의 합의 제곱을 반으로 하고 적에 더하여 정종이라 하며, 구·고·현의 합을 부염이라 하고, 1을 정우라고 하자. 입방을 풀면 구를 얻는다. 구로 적을 나누면 곧 현이다.
術曰 積乘共尺爲實 共尺自乘半之加入積爲正從 以共尺爲負廉 以一爲正隅 立方開 得勾 勾除積 卽弦

해설 구·고·현의 합에 적을 곱하여 실이라고 한 것은, 곧 구·고·현의 합에 현을 곱한 것이「현의 제곱 및 구에 현을 곱한 적과 고에 현을 곱한 적의 합이」밑넓이이고 구가 높이인 직육면체의 부피이다. 구·고·현의 합을 제곱하여 이를 반으로 하면, 구·고·현의 합에 현을 곱한 적 및 고에 구를 곱한 적을 얻는다.「제19문을 보라.」이에 구와 현을 곱한 적을 더하여 정종이라 하면, 곧 직육면체의 밑넓이는 고현화에 구를 곱한 적만큼 크다. 그러그로 구·고·현의 합을 부염이라 하고 1을 정우라고 하여, 정종에서 빼면, 곧 구·고·현의 합에 현을 곱한 수를 얻는다.「정우를 곱하면 구·고·현의 합에서 구를 뺀 나머지는 고현화를 얻고 부염이 된다. 이에 구를 곱하고 정종에서 빼면 곧 나머지는 구·고·현의 합에 현을 곱한 수가 된다.」제163문은 이와 같다.
解 積乘共尺爲實者 卽弦乘共尺「弦冪 及弦乘勾積 弦乘股積共」爲底 以勾爲高之立方體積也 共尺自乘半之 得弦乘共尺及勾乘股積「見第十九問」加入積爲正從 則比立方體底面積 多勾乘股弦和積 故以共尺爲負廉 以一爲正隅 則得正從 餘弦乘共尺數也「以正隅乘得勾減於共尺 餘股弦和爲負廉也 仍以勾乘減於正從 則餘爲弦乘共尺數」第一百六十三問同

☞ **역자 주 1:** 구, 고, 현을 각각 x, y, z라고 하면, '해법'에서는 $(x+y+z)xz$가 실이고 $\frac{(x+y+z)^2}{2}+xz$가 정종이며 $x+y+z$가 부염이고 1인 정우인 입방을 풀어 x(구)를 구하고 있다. 즉, x에 관한 다음 삼차 방정식을 풀고 있다.

$$(x+y+z)xz=\left\{\frac{(x+y+z)^2}{2}+xz\right\}x-(x+y+z)x^2+x^3 \quad \cdots\cdots ①$$

'해설'에서는 실(상수항)을 밑면의 모서리가 $x+y+z$와 z이고 높이가 x인 직육면체의 부피로 생각하고 $\frac{(x+y+z)^2}{2}=z(x+y+z)+yx$임을 이용해서, 식 ①의 정당성을 다음과 같이 밝히고 있다.

$$\left\{\frac{(x+y+z)^2}{2}+xz\right\}-(x+y+z)z=\{z(x+y+z)+yx+xz\}-(x+y+z)z$$
$$=yx+xz=(y+z)x=(x+y+z)x-x^2$$

실제로 실은 $(x+y+z)xz=1,657,695.6$이고 정종은 $\frac{(x+y+z)^2}{2}+xz=36,996.6$이며 부염은 $x+y+z=246$이고 정우는 1이므로, 다음을 얻는다.

$$1,657,695.6=36,996.6x-246x^2+x^3,$$
$$\text{즉}\quad x^3-246x^2+36,996.6x-1,657,695.6=0,$$
$$x=66,\quad z=\frac{6,738.6}{x}=102.1,$$
$$y=246-(x+z)=77.9$$

☞ **역자 주 2:** 구, 고, 현을 각각 x, y, z라고 하면 다음 관계가 성립한다.

$$x+y+z=246 \;\cdots\cdots ①,\quad zx=6,738.60 \;\cdots\cdots ②,\quad z^2=x^2+y^2 \;\cdots\cdots ③$$

①,②→③: $y^2=\{246-(x+z)\}^2=z^2-x^2,$

$x^3-246x^2+36,996.6x-1.657,695.6=0,\quad x=66 \;\cdots\cdots ④$

④ → ②: $z=\frac{6,738.60}{x}=102.1 \;\cdots\cdots ⑤$

④,⑤→①: $y=246-(x+z)=77.9$

【163】 구 · 고 · 현의 합이 185자이고, 고와 현을 서로 곱한 적은

4,614자이다. 구, 고, 현을 묻는다.
勾股弦共一百八十五尺 股弦相乘 積四千六百十四尺 問勾股弦

답 구 48자 1치, 고 60자, 현 76자 9치
答 勾四十八尺一寸 股六十尺 弦七十六尺九寸

해법 구·고·현의 합에 적을 곱하여 실이라 하고, 구·고·현의 합의 제곱을 반으로 하고 적을 더하여 정종이라 하며, 구·고·현의 합을 부염이라 하고, 1을 정우라고 하자. 입방을 풀면 고를 얻는다. 고로 적을 나누면 곧 현이다.
術曰 積乘共尺爲實 共尺自乘半之加入積爲正從 以共尺爲負廉 以一爲正隅 立方開 得股 股除積 卽弦

☞ **역자 주 1:** 구, 고, 현을 각각 x, y, z라고 하면, '해법'에서는 $(x+y+z)yz$가 실이고 $\frac{(x+y+z)^2}{2}+yz$가 정종이며 $x+y+z$가 부염이고 1인 정우인 입방을 풀어 y(구)를 구하고 있다. 즉, y에 관한 다음 삼차 방정식을 풀고 있다.

$$(x+y+z)yz=\left\{\frac{(x+y+z)^2}{2}+yz\right\}y-(x+y+z)y^2+y^3 \quad \cdots\cdots ①$$

식 ①은 제162문에서의 x(구)를 y(고)로 바꾼 것이다.

실제로 실은 $(x+y+z)zy=853,590$이고 정종은 $\frac{(x+y+z)^2}{2}+yz=21,726.5$이며 부염은 $x+y+z=185$이고 정우는 1이므로, 다음을 얻는다.

$$853,590=21,726.6y-185y^2+y^3,$$

$$\text{즉} \quad y^3-185y^2+21,726.6y-853,590=0,$$

$$y=60, \quad z=\frac{4,614}{y}=76.9,$$

$$x=185-(y+z)=48.1$$

☞ **역자 주 2:** 구, 고, 현을 각각 x, y, z라고 하면 다음 관계가 성립한다.

$$x+y+z=185 \quad \cdots\cdots ①, \quad zy=4,614 \quad \cdots\cdots ②, \quad z^2=x^2+y^2 \quad \cdots\cdots ③$$

①,②→③: $x^2=\{185-(y+z)\}^2=z^2-y^2$,

$$2y^3 - 370y^2 + 43,453y - 1,707,180 = 0, \quad y = 60 \quad \cdots\cdots④$$

④→②,①: $z = 76.9, \quad x = 185 - (y + z) = 48.1$

【164】 구·고·현의 합은 40자 8치이고, 구와 현을 서로 곱하고 고와 현을 서로 곱한 양적의 합은 405.9839자이다. 구, 고, 현을 묻는다.
勾股弦共四十尺八寸 勾弦相乘 股弦相乘 兩積共四百五尺九八三九 問勾股弦

답 구 8자 8치, 고 14자 7치 9푼, 현 17자 2치 1푼
答 勾八尺八寸 股十四尺七寸九分 弦十七尺二寸一分

해법 양적의 합을 실이라 하고, 구·고·현의 합을 정종이라 하며, 1을 부우라고 하자. 평방을 풀면 현을 얻는다. 이를 구·고·현의 합에서 빼면 구고화를 얻는다.
術曰 共積爲實 共尺爲正從 一爲負隅 平方開 得弦 以減共尺 得勾股和

해설 구·고·현의 합「즉 정종」에서 현「즉 부우」을 뺀 나머지는 구고화이다. 그러므로 이에 현을 곱하면 구와 현을 서로 곱하고 고와 현을 서로 곱한 양적의 합을 얻어 꼭 맞게 다한다. 이것부터 제166문까지는 서로 같다.
解 共尺「卽正從」內減弦「卽負隅」餘勾股和 故以弦乘之開 得勾弦相乘股弦相乘共積恰盡 自此至第一百六十六問並同

☞ **역자 주 1:** 구, 고, 현을 각각 x, y, z라고 하면, '해법'에서는 $zx + zy$가 실이고 $x + y + z$가 정종이며 1이 부우인 평방을 풀어 z(현)를 구하고 있다. 즉, z에 관한 다음 이차 방정식을 풀고 있다.

$$zx + zy = (x + y + z)z - z^2 \quad \cdots\cdots①$$

'해설'에서는 관계 $(x + y + z) - z = x + y$를 이용해서, 식 ①을 다음과 같이 밝히고 있다.

$$\{(x + y + z) - z\}z = (x + y)z = xz + yz$$

실제로 실은 $zx+zy=405.9839$이고 정종은 $x+y+z=40.8$이며 부우는 1이므로, 다음을 얻는다.

$$405.9839=40.8z-z^2,\quad \text{즉}\quad -z^2+40.8z-405.9839=0,$$
$$z=17.21,$$
$$y+x=(x+y+z)-z=40.8-17.21=23.59,$$
$$2z^2-(y+x)^2=(y-x)^2=35.8801,\quad y-x=5.99,$$
$$y=\{(y+x)+(y-x)\}\div 2=(23.59+5.99)\div 2=14.79,$$
$$x=\{(y+x)-(y-x)\}\div 2=(23.59-5.99)\div 2=8.8$$

☞ **역자 주 2:** 구, 고, 현을 각각 x, y, z라고 하면 다음 관계가 성립한다.

$x+y+z=40.8$ ……①, $(y+x)z=405.9839$ ……②, $z^2=x^2+y^2$ ……③

② → ①: $(x+y)\{40.8-(x+y)\}=405.9839$,

$(x+y)^2-40.8(x+y)+405.9839=0$, $x+y=23.59$ ……④

④ → ①: $z=40.8-23.59=17.21$ ……⑤

⑤ → ③: $x^2+y^2=296.1841$ ……⑥

④ → ⑥: $x^2-23.59x+130.152=0$, $x=8.8$ ……⑦

⑦ → ④: $y=23.59-x=14.79$

【165】 구·고·현의 합이 69자이고, 구와 현을 서로 곱하고 구와 고를 서로 곱한 양적의 합은 950자이다. 구, 고, 현을 묻는다.
勾股弦共六十九尺 勾弦相乘 勾股相乘 兩積共九百五十尺 問勾股弦

답 구 19자, 고 21자 3치 9푼, 현 28자 6치 1푼
答 勾十九尺 股二十一尺三寸九分 弦二十八尺六寸一分

해법 양적의 합을 실이라 하고, 구·고·현의 합을 정종이라 하며, 1을 우라고 하자. 평방을 풀면 구를 얻는다. 구·고·현의 합에서 구를 뺀 나머지는 고현화가 된다.
術曰 共積爲實 共尺爲正從 一爲負隅 平方開 得勾 勾減共尺 餘爲股弦和

☞ **역자 주 1:** 구, 고, 현을 각각 x, y, z라고 하면, '해법'에서는 $zx+yx$가 실

이고 $x+y+z$가 정종이며 1이 부우인 평방을 풀어 x(구)를 구하고 있다. 즉, x에 관한 다음 이차 방정식을 풀고 있다.

$$zx+yx=(x+y+z)x-x^2$$

실제로 실은 $zx+yx=950$이고 정종은 $x+y+z=69$이며 부우는 1이므로, 다음을 얻는다.

$$950=69x-x^2, \quad \text{즉} \quad -x^2+69x-950=0,$$
$$x=19,$$
$$z+y=(x+y+z)-x=69-19=50,$$
$$x^2=z^2-y^2=(z+y)(z-y)=50(z-y)=361,$$
$$z-y=7.22,$$
$$z=\{(z+y)+(z-y)\}\div 2=(50+7.22)\div 2=28.61,$$
$$y=\{(z+y)-(z-y)\}\div 2=(50-7.22)\div 2=21.39,$$

☞ **역자 주 2:** 구, 고, 현을 각각 x, y, z라고 하면 다음 관계가 성립한다.

$x+y+z=69$ ……①, $zx+yx=950$ ……②, $z^2=x^2+y^2$ ……③

① → ②: $\{69-(y+z)\}(y+z)=950$,
$(y+z)^2-69(y+z)+950=0$,
$y+z=50$ ……④

④ → ①: $x=19$

④ → ③: $z^2-y^2=361$ ……⑤

④ → ⑤: $z=28.61$,
$y=50-z=21.39$

【166】 구 · 고 · 현의 합은 53자 6치이고, 구와 고를 서로 곱하고 고와 현을 서로 곱한 양적의 합은 691.20자이다. 구, 고, 현을 묻는다.
勾股弦共五十三尺六寸 勾股相乘 股弦相乘 兩積共六百九十一尺二十寸 問勾股弦

답 구 8자 7치 1푼, 고 21자 6치, 현 23자 2치 9푼
答 勾八尺七寸一分 股二十一尺六寸 弦二十三尺二寸九分

해법 양적의 합을 실이라 하고, 구·고·현의 합을 정종이라 하며, 1을 부우라고 하자. 평방을 풀면 고를 얻는다. 구·고·현의 합에서 고를 뺀 나머지는 구현화가 된다.

術曰 共積爲實 共尺爲正從 一爲負隅 平方開 得股 股減共尺 餘爲勾弦和

☞ **역자 주 1:** 구, 고, 현을 각각 x, y, z라고 하면, '해법'에서는 $yx+zy$가 실이고 $x+y+z$가 정종이며 1이 부우인 평방을 풀어 y(고)를 구하고 있다. 즉, y에 관한 다음 이차 방정식을 풀고 있다.

$$yx+zy=(x+y+z)y-y^2$$

실제로 실은 $yx+zy=691.20$이고 정종은 $x+y+z=53.6$이며 부우는 1이므로, 다음을 얻는다.

$$691.20=53.6y-y^2,\quad 즉\quad -y^2+53.6y-691.20=0,$$
$$y=21.6,$$
$$z+x=(x+y+z)-y=32,$$
$$y^2=z^2-x^2=(z+x)(z-x)=32(z-x)=466.56,$$
$$z-x=14.58$$
$$z=\{(z+x)+(z-x)\}\div 2=(32+14.58)\div 2=23.29,$$
$$x=\{(z+x)-(z-x)\}\div 2=(32-14.58)\div 2=8.71$$

☞ **역자 주 2:** 구, 고, 현을 각각 x, y, z라고 하면 다음 관계가 성립한다.

$$x+y+z=53.6 \cdots\cdots ①,\quad yx+zy=691.20 \cdots\cdots ②,\quad z^2=x^2+y^2 \cdots\cdots ③$$

① → ②: $y(53.6-y)=691.2,\quad y^2-53.6y+691.2=0,$
$y=21.6 \cdots\cdots ④$

④ → ①: $x+z=32 \cdots\cdots ⑤$

④ → ③: $y^2=466.56=z^2-x^2=(z+x)(z-x),$
$z-x=14.58 \cdots\cdots ⑥$

⑤ ± ⑥: $z=23.29,\quad x=8.71$

【167】 구·고·현의 합은 50자 4치이고, 구의 제곱 및 구와 현을 곱한 적의 합은 342.72자이다. 구, 고, 현을 묻는다.

勾股弦共五十尺四寸 勾冪勾弦積 共三百四十二尺七二 問勾股弦

답 구 10자 7치 1푼, 고 18자 4치, 현 21자 2치 9푼
答 勾十尺七寸一分 股十八尺四寸 弦二十一尺二寸九分

해법 구·고·현의 합을 제곱하고 반으로 한 값에서, 구의 제곱 및 구와 현을 곱한 적의 합을 뺀 나머지를 실이라고 하자. 구·고·현의 합을 법으로 하여 실을 나누면 고를 얻는다. 구·고·현의 합에서 고를 빼면 곧 구현화이다. 구의 제곱 및 구와 현을 곱한 적의 합을 구현화로 나누면 곧 구이다.
術曰 共尺自乘半之 內減共積餘爲實 以共尺爲法 除實 得股 股減共尺 卽勾弦和 和除共積 卽勾

해설 구·고·현의 합을 제곱하고 이를 반으로 하면, 곧 구와 고를 서로 곱한 적과 구와 현을 서로 곱한 적 및 고와 현을 서로 곱한 적과 현을 제곱한 적이 각각 1단이다.「제19문을 보라.」그 안에서 구의 제곱 및 구와 현을 서로 곱한 적을 뺀 나머지는 고의 제곱 및 구와 고를 서로 곱한 적과 고와 현을 서로 곱한 적이 각각 1단이다.「현의 제곱에서 구의 제곱을 빼면 고의 제곱이 된다.」이 값은 길이가 구·고·현의 합이고 너비가 고인 직사각형의 넓이와 같다. 그러므로 구·고·현의 합으로 이를 나누면 고를 얻는다. 제168문은 이와 같다.
解 共尺自乘半之 則爲勾股相乘積 勾弦相乘積 股弦相乘積 弦自乘積 各一段「見第十九問」內減勾冪 及勾弦積 餘爲股冪 及勾股相乘積 股弦相乘積 各一段「弦冪去勾冪爲股冪」其長爲共尺 其闊爲股 故以共尺除之 得股也 第一百六十八問同

☞ **역자 주 1:** 구, 고, 현을 각각 x, y, z라고 하면, '해법'에서는 다음과 같이 실 $\frac{(x+y+z)^2}{2}-(x^2+xz)$를 법 $x+y+z$로 나누어 y(고)를 구하고 있다.

$$\left\{\frac{(x+y+z)^2}{2}-(x^2+xz)\right\}\div(x+y+z)=y \quad \cdots\cdots ①$$

'해설'에서는 관계 $\frac{(x+y+z)^2}{2}=z^2+zx+zy+xy$와 $z^2-x^2=y^2$을 이용해서, 식 ①의 정당성을 다음과 같이 밝히고 있다.

$$\left\{\frac{(x+y+z)^2}{2}-(x^2+xz)\right\}\div(x+y+z)=(y^2+zy+xy)\div(x+y+z)$$
$$=y(y+z-x)\div(x+y+z)=y$$

실제로 $x+y+z=50.4$이고 $x^2+xz=342.72$이므로, 실은 $\frac{(x+y+z)^2}{2}-(x^2+xz)=927.36$이고 다음을 얻는다.

$$y=\left\{\frac{(x+y+z)^2}{2}-(x^2+xz)\right\}\div(x+y+z)=\frac{927.36}{50.4}=18.4,$$
$$z+x=(x+y+z)-y=50.4-18.4=32,$$
$$x=(x^2+xz)\div(z+x)=342.72\div32=10.71,$$
$$z=\sqrt{x^2+y^2}=\sqrt{10.71^2+18.4^2}=\sqrt{453.2641}=21.29,$$

☞ **역자 주 2:** 구, 고, 현을 각각 x, y, z라고 하면 다음 관계가 성립한다.

$x+y+z=50.4$ ……①, $x^2+xz=342.72$ ……②, $z^2=x^2-y^2$ ……③

①,②→③: $y^2=\{50.4-(x+z)\}^2=z^2-x^2$,

$50.4^2-100.8(x+z)+(x+z)^2=z^2-x^2$,

$2540.16-100.8(x+z)+2x^2+2xz=0$,

$100.8(x+z)=2540.16+2\times342.72=3225.6$,

$x+z=32$ ……④

④ → ①: $y=18.4$,

$y^2=z^2-x^2=338.56$ ……⑤

④ → ⑤: $z-x=10.58$ ……⑥

④ ± ⑥: $z=21.29$, $x=10.71$

【168】 구·고·현의 합은 34자 4치이고, 고의 제곱 및 그와 현을 곱한 적의 합은 509.12자이다. 구, 고, 현을 묻는다.

勾股弦共三十四尺四寸 股冪股弦積 共五百九尺一二 問勾股弦

답 구 2자 4치, 고 15자 9치 1푼, 현 16자 9푼
答 勾二尺四寸 股十五尺九寸一分 弦十六尺零九分

해법 구·고·현의 합을 제곱하고 이를 반으로 한 값에서, 고의 제곱 및 고와 현을 곱한 적의 합을 뺀 나머지를 실이라고 하자. 구·고·현의 합을 법으로 하여 실을 나누면 구를 얻는다. 구·고·현의 합에서 구를 빼면 곧 고현화이다. 고의 제곱 및 고와 현을 곱한 적의 합을 고현화로 나누면 곧 고이다.
術曰 共尺自乘半之 內減共積 餘爲實 以共尺爲法 除實 得勾 勾減共尺 卽股弦和 和除共積 卽股

☞ **역자 주 1:** 구, 고, 현을 각각 x, y, z라고 하면, '해법'에서는 다음과 같이 실 $\frac{(x+y+z)^2}{2}-(y^2+yz)$를 법 $x+y+z$로 나누어 x(고)를 구하고 있다.

$$\left\{\frac{(x+y+z)^2}{2}-(y^2+yz)\right\}\div(x+y+z)=x \quad \cdots\cdots①$$

제167문과 마찬가지로 관계 $\frac{(x+y+z)^2}{2}=z^2+zx+zy+xy$와 $z^2-y^2=x^2$을 이용해서, 식 ①의 정당성을 다음과 같이 밝힐 수 있다.

$$\left\{\frac{(x+y+z)^2}{2}-(y^2+yz)\right\}\div(x+y+z)=(x^2+zx+xy)\div(x+y+z)$$
$$=x(x+z+y)\div(x+y+z)=x$$

실제로 $x+y+z=34.4$이고 $y^2+zy=509.12$이므로, 실은 $\frac{(x+y+z)^2}{2}-(y^2+yz)=82.56$이고 다음을 얻는다.

$$x=\left\{\frac{(x+y+z)^2}{2}-(y^2+yz)\right\}\div(x+y+z)=\frac{82.56}{34.4}=2.4,$$
$$z+y=(x+y+z)-x=34.4-2.4=32,$$
$$y=(y^2+zy)\div(z+y)=509.12\div32=15.91,$$
$$z=\sqrt{x^2+y^2}=\sqrt{2.4^2+15.91^2}=\sqrt{258.8881}=16.09,$$

☞ **역자 주 2:** 구, 고, 현을 각각 x, y, z라고 하면 다음 관계가 성립한다.

$$x+y+z=34.4 \cdots\cdots ①, \quad y^2+zy=509.12 \cdots\cdots ②, \quad z^2=x^2+y^2 \cdots\cdots ③$$

①,②→③: $x^2=\{34.4-(y+z)\}^2=z^2-y^2$,

$y+z=32 \cdots\cdots ④$

④ → ①: $x=2.4 \cdots\cdots ⑤$

⑤ → ③: $z^2-y^2=5.76 \cdots\cdots ⑥$

④ → ⑥: $z=16.09, \quad y=32-z=15.91$

【169】 구·고·현의 합은 57자이고, 현의 제곱과 고와 현을 곱한 적의 합은 1,084자 50치이다. 구, 고, 현을 묻는다.
勾股弦共五十七尺 弦冪股弦積 共一千零八十四尺五十寸 問勾股弦

답 구 12자, 고 20자 9치, 현 24자 1치
答 勾十二尺 股二十尺九寸 弦二十四尺一寸

해법 구·고·현의 합을 제곱하고 이를 반으로 한 값에서, 현의 제곱과 고와 현을 곱한 적의 합을 뺀 나머지를 실이라고 하자. 구·고·현의 합을 정종이라 하고, 1을 부우라고 하자. 평방을 풀면 구를 얻는다. 이를 구·고·현의 합에서 빼면 곧 고현화이고, 고현화로 현의 제곱과 고와 현을 곱한 적의 합을 나누면 곧 현이다.
術曰 共尺自乘半之 內減共積 餘爲實 以共尺爲正從 一爲負隅 平方開 得勾以減共尺 卽股弦和 和除共積 卽弦

해설 구·고·현의 합을 제곱하고 이를 반으로 한 값에서, 현의 제곱과 고와 현을 곱한 적의 합을 뺀 나머지는 구와 고를 서로 곱한 적과 구와 현을 서로 곱한 적의 합이다. 그러므로 구·고·현의 합「즉 정종」에서 구를「즉 부우를」 뺀 나머지로 고현화를 얻는다. 이에 구로 곱하면 꼭 맞게 다한다. 이것부터 제171문까지는 서로 같다.
解 共尺自乘半之 內減共積 餘爲勾股相乘積 勾弦相乘積 共數 故共尺「卽正從」內減勾「卽負隅」餘得股弦和 以勾乘之 開得恰盡 自此至第一百七十一問並同

☞ **역자 주 1:** 구, 고, 현을 각각 x, y, z라고 하면, '해법'에서는 $\dfrac{(x+y+z)^2}{2} - (z^2+zy)$가 실이고 $x+y+z$가 정종이며 1이 부우인 평방을 풀어 x(구)를 구하고 있다. 즉, x에 관한 다음 이차 방정식을 풀고 있다.

$$\frac{(x+y+z)^2}{2} - (z^2+zy) = (x+y+z)x - x^2 \quad \cdots\cdots ①$$

'해설'에서는 식 ①의 정당성을 다음과 같이 밝히고 있다.

$$\begin{aligned}\frac{(x+y+z)^2}{2} - (z^2+zy) &= (z^2+zy+zx+yx) - (z^2+zy)\\ &= zx+yx = (x+y+z)x - x^2\end{aligned}$$

주어진 값은 $x+y+z=57$이고 $z^2+zy=1,084.50$이므로, 실은 $\dfrac{(x+y+z)^2}{2} - (z^2+zy) = 540$이고 다음을 얻는다.

$540 = 57x - x^2$, 즉 $-x^2+57x-540=0$,
$x=12$,
$z+y=(x+y+z)-x=57-12=45$,
$z=(z^2+zy)\div(z+y)=1,084.50\div45=24.1$,
$y=\sqrt{z^2-x^2}=\sqrt{580.81-144}=\sqrt{436.81}=20.9$

☞ **역자 주 2:** 구, 고, 현을 각각 x, y, z라고 하면 다음 관계가 성립한다.

$x+y+z=57 \cdots\cdots ①$, $z^2+zy=1,084.50 \cdots\cdots ②$, $z^2=x^2+y^2 \cdots\cdots ③$

③ → ①: $(x+y+z)^2 = 2(y+z)(x+z) = 3,249 \cdots\cdots ④$
② → ④: $540 = x(y+z) \cdots\cdots ⑤$
① → ⑤: $540 = \{57-(y+z)\}(y+z)$,
$(y+z)^2 - 57(y+z) + 540 = 0$,
$y+z=45 \cdots\cdots ⑥$
⑥ → ①: $x=12 \cdots\cdots ⑦$
⑦ → ③: $z^2-y^2=144 \cdots\cdots ⑧$
⑥ → ⑧: $y=20.9$, $z=45-y=24.1$

【170】 구 · 고 · 현의 합은 40자 1치 8푼이고, 현의 제곱 및 구와 현을 곱한 적의 합은 418.9745자이다. 구, 고, 현을 묻는다.
勾股弦共四十尺一寸八分 弦羃勾弦積 共四百十八尺九七四五 問勾股弦

답 구 6자 5치 6푼, 고 16자 1치 7푼, 현 17자 4치 5푼
答 勾六尺五寸六分 股十六尺一寸七分 弦十七尺四寸五分

해법 구 · 고 · 현의 합을 제곱하고 이를 반으로 한 값에서, 현의 제곱 및 구와 현을 곱한 적의 합은 뺀 나머지를 실이라고 하자. 구 · 고 · 현의 합을 정종이라 하고, 1을 부우라고 하자. 평방을 풀면 고를 얻는다. 구 · 고 · 현의 합자에서 고를 빼면 곧 구현화이고, 현의 제곱 및 구와 현을 곱한 적의 합을 구현화로 나누면 곧 현이다.
術曰 共尺自乘半之 内減共積 餘爲實 以共尺爲正從 一爲負隅 平方開 得股 股減共尺 卽勾弦和 和除共積 卽弦

☞ **역자 주 1:** 구, 고, 현을 각각 x, y, z라고 하면, '해법'에서는 $\frac{(x+y+z)^2}{2}-(z^2+zx)$이 실이고 $x+y+z$가 정종이며 1이 부우인 평방을 풀어 y(고)를 구하고 있다. 즉, y에 관한 다음 이차 방정식을 풀고 있다.

$$\frac{(x+y+z)^2}{2}-(z^2+zx)=(x+y+z)y-y^2 \quad \cdots\cdots①$$

실제로 $x+y+z=40.18$이고 $z^2+zx=418.9745$이므로, 실은 $\frac{(x+y+z)^2}{2}-(z^2+zx)=388.2417$이고 다음을 얻는다.

$$388.2417=40.18y-y^2, \quad 즉 \quad -y^2+40.18y-388.2417=0,$$
$$y=16.17,$$
$$z+x=(x+y+z)-y=40.18-16.17=24.01,$$
$$z=(z^2+zx)\div(z+x)=418.9745\div 24.01=17.45,$$
$$x=\sqrt{z^2-y^2}=\sqrt{17.45^2-16.17^2}=\sqrt{43.0336}=6.56$$

☞ **역자 주 2:** 구, 고, 현을 각각 x, y, z라고 하면 다음 관계가 성립한다.

$x+y+z=40.18$ ……①, $z^2+zx=418.9745$ ……②, $z^2=x^2+y^2$ ……③

③ → ①: $(x+y+z)^2=2(y+z)(x+z)=1,614.4324$ ……④

② → ④: $y(x+z)=388.2417$ ……⑤

① → ⑤: $(x+z)^2-40.18(x+z)+388.2417=0$,

$x+z=24.01$ ……⑤

⑤ → ①: $y=16.17$ ……⑥

⑥ → ③: $z^2-x^2=y^2=261.4689$ ……⑦

⑤ → ⑦: $z-x=10.89$ ……⑧

⑤ ± ⑧: $z=17.45$, $x=6.56$

【171】 구·고·현의 합은 42자 9치이고, 현의 제곱과 구와 고를 곱한 적의 합은 473.6449자이다. 구, 고, 현을 묻는다.
勾股弦共四十二尺九寸 弦冪勾股積 共四百七十三尺六四四九 問勾股弦

답 구 12자 4치 8푼, 고 12자 6치 5푼, 현 17자 7치 7푼
答 勾十二尺四寸八分 股十二尺六寸五分 弦十七尺七寸七分

해법 구·고·현의 합을 제곱하고 이를 반으로 한 값에서, 현의 제곱과 구와 고를 곱한 적의 합을 뺀 나머지를 실이라고 하자. 구·고·현의 합을 정종이라 하고, 1을 부우라고 하자. 평방을 풀면 현을 얻는다. 구·고·현의 합에서 현을 빼면 곧 구고화이다. 구고화를 제곱한 값에서 현의 제곱과 구와 고를 곱한 적의 합을 뺀 나머지는 구와 고를 서로 곱한 적이다.

術曰 共尺自乘半之 内減共積 餘爲實 以共尺爲正從 一爲負隅 平方開 得弦 弦減共尺 卽勾股和 和自乘内減共積 餘爲勾股相乘積

☞ **역자 주:** 구, 고, 현을 각각 x, y, z라고 하면, , '해법'에서는 $\frac{(x+y+z)^2}{2}-(z^2+yx)$이 실이고 $x+y+z$가 정종이며 1이 부우인 평방을 풀어 z(현)를 구하고 있다. 즉, z에 관한 다음 이차 방정식을 풀고 있다.

$$\frac{(x+y+z)^2}{2}-(z^2+yx)=(x+y+z)z-z^2 \quad \cdots\cdots ①$$

실제로 $x+y+z=42.9$이고 $z^2+yx=473.6449$이므로, 실은 $\frac{(x+y+z)^2}{2}-(z^2+yx)=446.5601$이고 다음을 얻는다.

$$446.5601=42.9z-z^2, \quad 즉 \quad -z^2+42.9z-446.5601=0,$$
$$z=17.77,$$
$$x+y=(x+y+z)-z=42.9-17.77=25.13,$$
$$yx=(x+y)^2-(z^2+yx)=25.13^2-473.6449=157.872,$$
$$y-x=\sqrt{(x+y)^2-4yx}=\sqrt{25.13^2-4\times157.872}=\sqrt{0.0289}=0.17,$$
$$y=\{(x+y)+(y-x)\}\div2=(25.13+0.17)\div2=12.65,$$
$$x=\{(x+y)-(y-x)\}\div2=(25.13-0.17)\div2=12.48,$$

☞ **역자 주 2:** 구, 고, 현을 각각 x, y, z라고 하면 다음 관계가 성립한다.

$x+y+z=42.9 \cdots\cdots ①$, $z^2+yx=473.6449 \cdots\cdots ②$, $z^2=x^2+y^2 \cdots\cdots ③$

① → ③: $z^2=\{42.9-(x+y)\}^2=x^2+y^2$,

$42.9^2+2xy=85.8(x+y) \cdots\cdots ④$

②,③ →: $z^2=(x+y)^2-2xy$, $z^2+xy=x^2+y^2+xy$,

$(x+y)^2-xy=473.6449 \cdots\cdots ⑤$

④ → ⑤: $xy=157.872 \cdots\cdots ⑥$

⑥ → ⑤: $x+y=25.13 \cdots\cdots ⑦$

⑦ → ⑥: $x^2-25.13x+157.872=0$,

$x=12.48$, $y=12.65$, $z=42.9-(x+y)=17.77$

【172】 구·고·현의 합은 156자이고, 구고화를 구현화에 곱하여 적 6,392자를 얻는다. 구, 고, 현을 묻는다.
勾股弦共一百五十六尺 勾股和乘勾弦和 得積六千三百九十二尺 問勾股弦

답 구 3자 9치, 고 76자, 현 76자 1치
答 勾三尺九寸 股七十六尺 弦七十六尺一寸

해법 구·고·현의 합을 제곱하고 이를 반으로 한 값에서, 구고화를 구현화에 곱하여 얻은 적을 뺀 나머지를 실이라고 하자. 제곱근을 풀면 고를 얻는다. 구·고·현의 합에서 고를 빼면 곧 구현화이고, 구고화를 구현화에 곱하여 얻은 적을 구현화로 나누면 곧 구고화이다. 이를 구·고·현의 합에서 빼면 곧 현이고, 구현화에서 현을 빼면 곧 구이다.

術曰 共尺自乘半之 內減得積 餘爲實 平方開 得股 股減共尺 卽勾弦和 以和除得積 卽勾股和 以減共尺 卽弦 弦減勾弦和 卽勾

해설 구·고·현의 합을 제곱하여 이를 반으로 하면, 곧 구현화와 고현화를 서로 곱한 적이다. 그러므로「제19문을 보라.」구현화와 고현화의 상승한 적을 빼면 고의 제곱을 얻는다.「구와 고의 적과 구와 현의 적 및 고와 현의 적은 모두 서로 마땅히 빼면 다한다. 오직 현의 제곱에서 구의 제곱을 뺀 나머지는 고의 제곱이다.」제173문은 이와 같다.

解 共尺自乘半之 則爲勾弦和股弦和相乘積 故「見第十九問」減勾弦和勾股和相乘 積得股冪「勾乘股 勾乘弦 股乘弦 積皆相當減盡 而惟弦冪內減勾冪 餘股冪」第一百七十三問同

☞ **역자 주 1:** 구, 고, 현을 각각 x, y, z라고 하면, '해법'에서는 다음과 같이 구, 고, 현을 구하고 있다.

고: $\sqrt{\dfrac{(x+y+z)^2}{2}-(y+x)(z+x)}=y$ ……①

구현화: $(x+y+z)-y=x+z$

구고화: $(y+x)(z+x)\div(z+x)=y+x$

현: $(x+y+z)-(y+x)=z$

구: $(z+x)-z=x$

'해설'에서는 식 ①의 정당성을 다음과 같이 밝히고 있다.

$$\frac{(x+y+z)^2}{2}-(y+x)(z+x)=(z^2+zx+zy+xy)-(yz+yx+xz+x^2)$$
$$=z^2-x^2=y^2$$

실제로 $x+y+z=156$이고 $(y+x)(z+x)=6,392$이므로, 다음을 얻는다.

$$y=\sqrt{\frac{(x+y+z)^2}{2}-(y+x)(z+x)}=\sqrt{5,776}=76,$$

$$x+z=(x+y+z)-y=156-76=80,$$

$$y+x=(y+x)(z+x)\div(z+x)=6392\div 80=79.9,$$

$$z=(x+y+z)-(y+x)=156-79.9=76.1,$$

$$x=(z+x)-z=80-76.1=3.9$$

☞ **역자 주 2:** 구, 고, 현을 각각 x, y, z라고 하면 다음 관계가 성립한다.

$x+y+z=156$ ……①, $(y+x)(z+x)=6,392$ ……②, $z^2=x^2+y^2$ ……③

①^2 ÷ 2 : $(x+z)(y+z)=12,168$ ……④

② → ④ : $6,392(y+z)=12,168(x+y)$ ……⑤

① → ⑤ : $y=\dfrac{124,644-2,320x}{1,521}$ ……⑥

⑥ → ① : $z=\dfrac{112,632+799x}{1,521}$ ……⑦

⑦ → ② : $y=\dfrac{9,722,232-x(2,320x+112,632)}{2,320x+112,632}$ ……⑧

⑧ → ⑥ : $1,853,680x^2-199181,112x+748,611,864=0,$

$x=3.9$ ……⑨

⑨ → ⑥ : $y=76$ ……⑩

⑨,⑩→① : $z=76.1$

【173】 구, 고, 현의 합은 132자 6치이고, 구고화를 고현화에 곱하면 적 8,502.38자를 얻는다. 구, 고, 현을 묻는다.
勾股弦共一百三十二尺六寸 勾股和乘股弦和 得積八千五百二尺三八 問勾股弦

답 구 17자, 고 56자 5치 5푼, 현 59자 5푼
答 勾十七尺 股五十六尺五寸五分 弦五十九尺零五分

해법 구·고·현의 합을 제곱하고 이를 반으로 한 값에서, 구고화를 고

현화에 곱해서 얻은 적을 뺀 나머지를 실이라고 하자. 제곱근을 풀면 구를 얻는다.「고와 현을 구하는 법은 위의 해법과 똑같다.」
術曰 共尺自乘半之 內減得積餘爲實 平方開 得勾「求股及弦法 與上術同」

☞ **역자 주 1:** 구, 고, 현을 각각 x, y, z라고 하면, '해법'에서는 다음과 같이 구, 고, 현을 구하고 있다.

$$구 : \sqrt{\frac{(x+y+z)^2}{2}-(y+x)(z+y)}=x \cdots\cdots ①$$

식 ①의 정당성을 다음과 같이 밝힐 수 있다.

$$\frac{(x+y+z)^2}{2}-(y+x)(z+y)=(z^2+zx+zy+xy)-(yz+y^2+xz+xy)$$
$$=z^2-y^2=x^2$$

실제로 $x+y+z=132.6$이고 $(y+x)(z+y)=8,502.38$이므로 다음을 얻는다.

$$x=\sqrt{\frac{(x+y+z)^2}{2}-(y+x)(z+y)}=\sqrt{289}=17,$$
$$z+y=(x+y+z)-x=132.6-17=115.6,$$
$$y+x=(y+x)(z+y)\div(z+y)=8,502.38\div115.6=73.55,$$
$$y=(y+x)-x=73.55-17=56.55,$$
$$z=(x+y+z)-(y+x)==132.6-73.55=59.05,$$

☞ **역자 주 2:** 구, 고, 현을 각각 x, y, z라고 하면 다음 관계가 성립한다.

$$x+y+z=132.6 \cdots\cdots ①, \quad (y+x)(z+y)=8,502.38 \cdots\cdots ②,$$
$$z^2=x^2+y^2 \cdots\cdots ③$$

① → : $(x+y+z)^2=132.6^2,$

$$x^2+y^2+z^2+2xy+2xz+2yz=2(z^2+xy+xz+yz)=17,582.76,$$
$$z^2+xy+xz+yz=(x+z)(y+z)=8,502.38 \cdots\cdots ④$$

②,④→ : $z+y=\dfrac{8,502.38}{x+y}=\dfrac{8,791.38}{x+z},$

$$8,502.38(x+z)=8,791.38(x+y) \cdots\cdots ⑤$$

① → ⑤: $8,502.38(x+132.6-x-y)=8,791.38(x+y),$

$$8,502.38\times132.6=8,502.38y+8,791.38y+8,791.38x,$$

$$1,127,415.588 = 17,293.76y + 8,791.38x,$$

$$x = \frac{1,127,415.588 - 17,293.76y}{8,791.38} \quad \cdots\cdots ⑥$$

⑥ → ①: $z = 132.6 - x - y = 132.6 - \frac{1,127,415.588 - 17,293.76y}{8,791.38} - y$

$$= \frac{1,165,736.988 - 1,127,415.588 + 17,293.76y - 8,791.38y}{8,791.38},$$

$$z = \frac{38,321.4 + 8,502.38y}{8,791.38} \quad \cdots\cdots ⑦$$

⑦ → ③: $(x+y)(y + \frac{38,321.4 + 8,502.38y}{8,791.38}) = 8,502.38,$

$$(x+y)(38,321.4 + 17,293.76y) = 8,502.38 \times 8,791.38$$

$$= 74,747,653.4844$$

$$x(38,321.4 + 17,293.76y) + y(38,321.4 + 17,293.76y)$$

$$= 74,747,653.4844$$

$$x = \frac{74,747,653.4844 - y(38,321.4 + 17,293.76y)}{38,321.4 + 17,293.76y} \quad \cdots\cdots ⑧$$

⑧ = ⑥: $(1,127,415.588 - 17,293.76y)(38,321.4 + 17,293.76y) =$

$$8,791.38\{74,747,653.4844 - y(38,321.4 + 17,293.76y)\},$$

$$43,204,143,713.9832 + 19,497,254,599.13088y - 662,721,094.464y - 299,074,134.9376y^2$$

$$= 657,135,025,889.684472 - 336,897,989.532y - 152,036,015.7888y^2,$$

$$147,038,119.1488y^2 - 19,171,431,494.19888y + 6,139,308,821.701272 = 0,$$

$$y = 56.55 \quad \cdots\cdots ⑨$$

⑨ → ⑥: $x = 17 \cdots\cdots ⑩$

⑨,⑩→①: $z = 59.05$

【174】 구·고·현의 합은 27자 8치 8푼이고, 현의 제곱과 구고화의 제곱을 더한 합은 395.7914자이다. 구, 고, 현을 묻는다.

勾股弦共二十七尺八寸八分 弦冪勾股和冪 共三百九十五尺七九一四 問勾股弦

답 구 4자 7치 6푼, 고 11자 7푼, 현 12자 5푼
答 勾四尺七寸六分 股十一尺零七分 弦十二尺零五分

해법 구·고·현의 합을 제곱한 값에서, 두 제곱[현의 제곱과 구고화의 제곱]의 합을 빼서 반으로 하여 실이라고 하자. 구·고·현의 합을 정종이라 하고, 1을 부우라고 하자. 평방을 풀면 현을 얻는다. 구·고·현의 합에서 현을 빼면 곧 구고화이다. 구고화의 제곱을 현의 제곱의 2배에서 뺀 나머지의 제곱근을 풀면 구고차를 얻는다.

별해 구·고·현의 합의 제곱을 두 제곱[현의 제곱과 구고화의 제곱]의 합의 2배에서 뺀 나머지의 제곱근을 구하면 현화교를 얻는다. 이를 구·고·현의 합에 더하고 반으로 하면 곧 구고화이고, 이를 구·고·현의 합에서 빼고 반으로 하면 곧 현이다.

術曰 共尺自乘 内減共冪 半之爲實 共尺爲正從 一爲負隅 平方開 得弦 弦減共尺 卽勾股和 和冪(35))弦冪相減 餘平方開 得勾股差

又術 共尺自乘 共冪倍之 相減 餘平方開 得弦和較 以加共尺半之 卽勾股和 以減共尺半之 卽弦也

해설 구·고·현의 합을 제곱한 값에서, 두 제곱[현의 제곱과 구고화의 제곱]의 합을 빼서 반으로 하면 곧 구와 현를 서로 곱한 적과 고와 현를 서로 곱한 적의 합이다. 「구·고·현의 합을 제곱하면 구의 제곱과 고의 제곱 및 현의 제곱 각 1단과 구와 고를 서로 곱한 적과 구와 현을 서로 곱한 적 및 고와 현을 서로 곱한 적 각 2단이다. 구고화의 제곱은 구의 제곱과 고의 제곱 각 1단과 구와 고를 서로 곱한 적 2단으로 현의 제곱 1단을 더하여 이[구·고·현의 합]에서 빼면 곧 나머지는 구와 현을 서로 곱한 적과 고와 현을 서로 곱한 적 각 2단이다. 그러므로 이를 반으로 하면 구와 현을 서로 곱한 적과 고와 현을 서로 곱한 적의 합이다.」 그러므로 구·고·현의 합「즉 정종」에서 현「즉 부우」을 뺀 나머지로 구고화를 얻는다. 이에 현을 곱하여 풀면 꼭 맞게 다한다.

별해의 해설 두 제곱[현의 제곱과 구고화의 제곱]의 합의 2배에서 구·고·현의 합의 제곱을 뺀 나머지는 현화교의 제곱이다. 「제115문

35) 倍 落字

의 그림을 보라.」 그러므로 현의 제곱과 구고화의 제곱을 더한 합의 2배에서 현화화「즉 구·고·현의 합」의 제곱을 빼면 현화교의 제곱을 얻는다.

解 共尺自乘 内減共冪半之 則爲勾弦相乘 股弦相乘共積「共尺自乘 得勾冪 股冪 弦冪 各一段 勾股相乘積 勾弦相乘積 股弦相乘積 各二段 而和冪 爲勾冪 股冪 各一段 勾股相乘積二段 加弦冪一段 減之 則餘勾弦相乘積 股弦相乘積 各二段 故半之 爲勾弦相乘 股弦相乘 共積也」故共尺「卽正從」内減弦「卽負隅」 餘得勾股和 以弦乘之 開 得恰盡

又術解 倍共冪 内減和冪 餘爲較冪「圖見第一百十五問」故以弦冪和冪共倍之 内減弦和和「卽共尺」冪 得弦和較冪也

☞ **역자 주 1**: 구, 고, 현을 각각 x, y, z라고 하면, '허법'에서는 $[(x+y+z)^2 - \{z^2+(y+x)^2\}]\div 2$이 실이고 $x+y+z$가 정종이며 1이 부우인 평방을 풀어 z(현)를 구하고 있다. 즉, z에 관한 다음 이차 방정식을 풀고 있다.

$$[(x+y+z)^2 - \{z^2+(y+x)^2\}]\div 2 = (x+y+z)z - z^2 \quad \cdots\cdots①$$

그리고 구고화와 구고차를 다음과 같이 구하고 있다.

$$(x+y+z) - z = x+y,$$
$$\sqrt{2z^2-(x+y)^2} = y-x$$

'해설'에서는 식 ①의 정당성을 다음과 같이 밝히고 있다.

$$\begin{aligned}[(x+y+z)^2 - \{z^2+(y+x)^2\}]\div 2 &= \{(x^2+y^2+z^2+2xy+2xz+2yz) \\ &\quad -(z^2+y^2+x^2+2yx)\}\div 2 \\ &= xz+yz = (x+y+z)z - z^2\end{aligned}$$

실제로 $x+y+z=27.88$이고 $z^2+(y+x)^2=395.7914$이므로, 실은 다음과 같다.

$$[(x+y+z)^2 - \{z^2+(y+x)^2\}]\div 2 = 190.7515$$

그러므로 다음을 얻는다.

$$190.7515 = 27.88z - z^2, \quad 즉 \quad -z^2+27.88z-190.7515=0,$$
$$z=12.05,$$

$$y+x=(x+y+z)-z=27.88-12.05=15.83,$$
$$y-x=\sqrt{2z^2-(x+y)^2}=\sqrt{2\times 12.05^{-}15.83^2}=\sqrt{39.8161}=6.31,$$
$$y=\{(y+x)+(y-x)\}\div 2=(15.83+6.31)\div 2=11.07,$$
$$x=\{(y+x)-(y-x)\}\div 2=(15.83-6.31)\div 2=4.76,$$

☞ **역자 주 2:** 구, 고, 현을 각각 x, y, z라고 하면, '별해'에서는 다음과 같이 현화교, 구고화, 현을 구하고 있다.

현화교: $\sqrt{2\{z^2+(y+x)^2\}-(x+y+z)^2}=x+y-z$ ……①
구고화: $\{(x+y+z)+(x+y-z)\}\div 2=x+y$
현 : $\{(x+y+z)-(x+y-z)\}\div 2=z$

'별해의 해설'에서는 식 ①의 정당성을 제115문에서 그림을 이용해서 밝히고 있다. 그것에서 얻은 관계 $\sqrt{2(z^2+x^2)-(z+x)^2}=z-x$에서 z를 $x+y$로 바꾸고 x를 z로 바꾸면, 식 ①을 얻는다.

실제로 $x+y+z=27.88$이고 $z^2+(y+x)^2=395.7914$이므로, 다음을 얻는다.

$$x+y-z=\sqrt{2\{z^2+(y+x)^2\}-(x+y+z)^2}=\sqrt{14.2884}=3.78,$$
$$x+y=\{(x+y+z)+(x+y-z)\}\div 2=(27.88+3.78)\div 2=15.83,$$
$$z=\{(x+y+z)-(x+y-z)\}\div 2=(27.88-3.78)\div 2=12.05$$

☞ **역자 주 3:** 구, 고, 현을 각각 x, y, z라고 하면 다음 관계가 성립한다.

$x+y+z=27.88$ ……①, $z^2+(y+x)^2=395.7914$ ……②,
$z^2=x^2+y^2$ ……③

①,② → : $\{z+(x+y)\}^2=27.88^2$,
$z(x+y)=190.7515$ ……④
④ → ②: $z^4-395.7914z^2+36,386.13475225=0$,
$z=12.05$ ……⑤
⑤ → ④: $x+y=15.83$ ……⑥
⑤,⑥→③: $x^2-15.83x+52.6932=0$,
$x=4.76$, $y=11.07$

【175】 구 · 고 · 현의 합은 45자 6치이고, 고의 제곱과 구현화의 제곱의 합은 1,208.96자이다. 구, 고, 현을 묻는다.
勾股弦共四十五尺六寸 股冪勾弦和冪 共一千二百八尺九六 問勾股弦

답 구 13자 1치 1푼, 고 13자 6치, 현 18자 8치 9푼
答 勾十三尺一寸一分 股十三尺六寸 弦十八尺八寸九分

해법 구 · 고 · 현의 합을 제곱하고 두 제곱〔고의 제곱과 구현화의 제곱〕의 합의 2배에서 뺀 나머지를 실이라고 하자. 제곱근을 풀면 고와 구현화의 차를 얻는다.
術曰 共尺自乘 共冪倍之 相減 餘爲實 平方開 得股與勾弦和相多之較

해설 제174문과 해법이 서로 같다. 「두 제곱〔고의 제곱과 구현화의 제곱〕의 합의 2배에서 고화화의 제곱을 빼면 고와 구현화의 차의 제곱을 얻는다.」
解 與第一百七十四問又術同「倍共冪 内減股和和冪 得股和較冪」

☞ **역자 주 1:** 구, 고, 현을 각각 x, y, z라고 하면, 제174문의 '별해'와 같은 방법으로, '해법'에서는 다음과 같이 고와 구현화의 차, 즉 $z+x-y$를 구하고 있다.

$$\sqrt{2\{y^2+(z+x)^2\}-(x+y+z)^2}=z+x-y$$

이것은 제115문에서 얻은 관계 $\sqrt{2(z^2+x^2)-(z+x)^2}=z-x$에서 z를 $z+x$로 바꾸고 x를 y로 바꾸면, 얻을 수 있다.

실제로 $x+y+z=45.6$이고 $y^2+(z+x)^2=1,208.96$이므로, 다음을 얻는다.

$$z+x-y=\sqrt{2\{y^2+(z+x)^2\}-(x+y+z)^2}=\sqrt{338.56}=18.4,$$
$$z+x=\{(x+y+z)+(z+x-y)\}\div 2=(45.6+18.4)\div 2=32,$$
$$y=\{(x+y+z)-(z+x-y)\}\div 2=(45.6-18.4)\div 2=13.6,$$
$$y^2=z^2-x^2=(z+x)(z-x)=32(z-x)=184.96, \qquad z-x=5.78,$$
$$z=\{(z+x)+(z-x)\}\div 2=(32+5.78)\div 2=18.89,$$
$$x=\{(z+x)-(z-x)\}\div 2=(32-5.78)\div 2=13.11$$

☞ **역자 주 2:** 구, 고, 현을 각각 x, y, z라고 하면 다음 관계가 성립한다.

$x+y+z=45.6$ ……①, $y^2+(z+x)^2=1,208.96$ ……②,

$z^2=x^2+y^2$ ……③

② → ①: $y(x+z)=435.2$ ……④

④ → ②: $y^4-1,208.96y^2+189,399.04=0$,

$y=13.6$ ……⑤,

⑤ → ①: $x+z=32$ ……⑥

⑤ → ③: $x=13.11$, $z=32-x=18.89$

【176】 구·고·현의 합은 37자 6치이고, 구의 제곱과 고현화의 제곱의 합은 1,055.36자이다. 구, 고, 현을 묻는다.

勾股弦共三十七尺六寸 勾冪股弦和冪 共一千零五十五尺三六 問勾股弦

답 구 5자 6치, 고 15자 5치 1푼, 현 16자 4치 9푼

答 勾五尺六寸 股十五尺五寸一分 弦十六尺四寸九分

해법 구·고·현의 합을 제곱하고 두 제곱〔구의 제곱과 고현화의 제곱〕의 합의 2배에서 뺀 나머지를 실이라고 하자. 제곱근을 풀면 구와 고현화의 차를 얻는다.

術曰 共尺自乘 共冪倍之 相減 餘爲實 平方開 得勾與股弦和相多之較

해설 제174문과 해법이 서로 같다. 「두 제곱〔구의 제곱과 고현화의 제곱〕의 합의 2배에서 구화화의 제곱을 빼면 구와 고현화의 차의 제곱을 얻는다.」

解 與第一百七十四問又術同「倍共冪 内減勾和和冪 得勾和較冪」

☞ **역자 주 1:** 구, 고, 현을 각각 x, y, z라고 하면, 제174문의 '별해'와 같은 방법으로, '해법'에서는 다음과 같이 구와 고현화의 차, 즉 $z+y-x$를 구하고 있다.

$$\sqrt{2\{x^2+(z+y)^2\}-(x+y+z)^2}=z+y-x$$

이것은 제115문에서 얻은 관계 $\sqrt{2(z^2+x^2)-(z+x)^2}=z-x$에서 z를 $z+y$로 바꾸면, 얻을 수 있다.

실제로 $x+y+z=37.6$이고 $x^2+(z+y)^2=1,055.36$이므로, 다음을 얻는다.

$$z+y-x=\sqrt{2\{x^2+(z+y)^2\}-(x+y+z)^2}=\sqrt{696.96}=26.4,$$
$$z+y=\{(x+y+z)+(z+y-x)\}\div 2=(37.6+26.4)\div 2=32,$$
$$x=\{(x+y+z)-(z+y-x)\}\div 2=(37.6-26.4)\div 2=5.6,$$
$$x^2=z^2-y^2=(z+y)(z-y)=32(z-y)=31.36, \quad z-y=0.98,$$
$$z=\{(z+y)+(z-y)\}\div 2=(32+0.98)\div 2=16.49,$$
$$y=\{(z+y)-(z-y)\}\div 2=(32-0.98)\div 2=15.51,$$

☞ **역자 주 2:** 구, 고, 현을 각각 x, y, z라고 하면 다음 관계가 성립한다.

$x+y+z=37.6$ ······①, $x^2+(z+y)^2=1,055.36$ ······③,

$z^2=x^2+y^2$ ······③

① → : $x(y+z)=179.2$ ······④

④ → ②: $x^4-1,055.36x^2+32,112.64=0,$

$x=5.6$ ······⑤

⑤ → ①: $y+z=32$ ······⑥

⑤,⑥→③: $(32-y)^2=31.36+y^2,$

$y=15.51, \quad z=37.6-(x+y)=16.49$

【177】 구·고·현의 합은 48.38자이고, 현의 제곱을 구고화의 제곱에서 뺀 나머지는 400.5864자이다. 구, 고, 현을 묻는다.
勾股弦共四十八尺三八 弦冪減勾股和冪 餘四百尺五八六四 問勾股弦

답 구 13자 5치 7푼, 고 14자 7치 6푼, 현 20자 5푼
答 勾十三尺五寸七分 股十四尺七寸六分 弦二十尺零五分

해법 두 제곱의 차〔현의 제곱을 구고화의 제곱에서 뺀 나머지〕를 실이라 하고, 구·고·현의 합으로 이를 나누면 현화교를 얻는다. 이에 구·고·현의 합을 더하여 이를 반으로 하면 곧 구고화이고, 구·

고 · 현의 합에서 이를 빼서 반으로 하면 곧 현이다.

術曰 餘冪爲實 共尺除之 得弦和較 以加共尺半之 卽勾股和 以減共尺半之 卽弦

해설 제161문을 보라. 「두 제곱의 차〔현의 제곱을 구고화의 제곱에서 뺀 나머지〕는 곧 구와 고를 서로 곱한 적 2단이다.」

解 見第一百六十一問「餘冪 卽勾股相乘積二段」

☞ **역자 주 1:** 구, 고, 현을 각각 x, y, z라고 하면, '해설'에서는 다음과 같이 현화교, 구고화, 현을 구하고 있다.

현화교: $\dfrac{(y+x)^2-z^2}{x+y+z}=y+x-z$ ……①

구고화: $\{(x+y+z)+(y+x-z)\}\div 2=y+x$

현: $\{(x+y+z)-(y+x-z)\}\div 2=z$

'해설'에서는 관계 $(y+x)^2-z^2=2yx$와 제161문에서 얻은 결과 $\dfrac{2yx}{x+y+z}=y+x-z$로부터 식 ①을 유도하고 있다.

실제로 $x+y+z=48.38$이고 $(y+x)^2-z^2=400.5864$이므로, 다음을 얻는다.

$$y+x-z=\frac{(y+x)^2-z^2}{x+y+z}=8.28,$$

$$y+x=\{(x+y+z)+(y+x-z)\}\div 2=(48.38+8.28)\div 2=28.33,$$

$$z=\{(x+y+z)-(y+x-z)\}\div 2=(48.38-8.28)\div 2=20.05,$$

$$2z^2-(y+x)^2=(y-x)^2=1.4161, \qquad y-x=1.19,$$

$$y=\{(y+x)+(y-x)\}\div 2=(28.33+1.19)\div 2=14.76,$$

$$x=\{(y+x)-(y-x)\}\div 2=(28.33-1.19)\div 2=13.57$$

☞ **역자 주 2:** 구, 고, 현을 각각 x, y, z라고 하면 다음 관계가 성립한다.

$x+y+z=48.38$ ……①, $(y+x)^2-z^2=400.5864$ ……②,

$z^2=x^2+y^2$ ……③

①,② →: $\{(x+y)+z\}\{(x+y)-z\}=400.5864$,

$x+y-z=8.28$ ……④

①　±　④:　$x+y=28.33$ ……⑤

$z=20.05$ ……⑥

⑤,⑥→③:　$x^2-28.33x+200.2932=0$,

$x=13.57$,　$y=28.33-x=14.76$

【178】 구 · 고 · 현의 합은 55자 2치이고, 고의 제곱을 구현화의 제곱에서 뺀 나머지는 485.76자이다. 구, 고, 현을 묻는다.
勾股弦共五十五尺二寸 股冪減勾弦和冪 餘四百八十五尺七六 問勾股弦

답 구 7자 5치 9푼, 고 23자 2치, 현 24자 4치 1푼
答　勾七尺五寸九分　股二十三尺二寸　弦二十四尺四寸一分

해법 구 · 고 · 현의 합으로 두 제곱의 차〔고의 제곱을 구현화의 제곱에서 뺀 나머지〕를 나누면 고화교36)를 얻는다. 구 · 고 · 현의 합에서 고화교를 빼서 반으로 하면 곧 고이고, 구 · 고 · 현의 합에서 고를 빼면 곧 구현화이다.
術曰 共尺除餘冪 得股和較 以減共尺半之 卽股 股減共尺 卽勾弦和

해설 제161문을 보라. 「고화화와 고화교를 서로 곱한 수는 고의 제곱과 구현화의 제곱의 차이다.」
解　見第一百六十一問 「股和和與股和較 相乘數 爲股冪勾弦和冪之較也」

☞ **역자 주 1:** 구, 고, 현을 각각 x, y, z라고 하면, 제161문의 결과를 이용하고 제177문과 같은 방법으로, '해법'에서는 다음과 같이 고화교, 고, 구현화를 구하고 있다.

고화교: $\dfrac{(z+x)^2-y^2}{x+y+z}=z+x-y$

고: $\{(x+y+z)-(z+x-y)\}\div 2=y$,

구현화: $(x+y+z)-y=x+z$

실제로 $x+y+z=55.2$이고 $(z+x)^2-y^2=485.76$이므로, 다음을 얻는다.

36) 고와 구현화의 차, 즉 $z+x-y$이다.

$$z+x-y=\frac{(z+x)^2-y^2}{x+y+z}=8.8,$$

$$y=\{(x+y+z)-(z+x-y)\}\div 2=(55.2-8.8)\div 2=23.2,$$

$$z+x=(x+y+z)-y=55.2-23.2=32,$$

$$y^2=(z+x)(z-x)=32(z-x)=538.24, \qquad z-x=16.82,$$

$$z=\{(z+x)+(z-x)\}\div 2=(32+16.82)\div 2=24.41,$$

$$x=\{(z+x)-(z-x)\}\div 2=(32-16.82)\div 2=7.59$$

☞ **역자 주 2:** 구, 고, 현을 각각 x, y, z라고 하면 다음 관계가 성립한다.

$x+y+z=55.2$ ……①, $(z+x)^2-y^2=485.76$ ……②,

$z^2=x^2+y^2$ ……③

② → : $\{(x+z)+y\}\{(x+z)-y\}=485.76$,

$x+z-y=8.8$ ……④

④ ± ①: $x+z=32$ ……⑤

$y=23.2$ ……⑥

⑤,⑥→③: $x=7.59$, $z=24.41$

【179】 구・고・현의 합은 67자이고, 구의 제곱을 고현화의 제곱에서 뺀 나머지는 2,211자이다. 구, 고, 현을 묻는다.
勾股弦共六十七尺 勾冪減股弦和冪 餘二千二百十一尺 問勾股弦

답 구 17자, 고 22자 1치 1푼, 현 27자 8치 9푼
答 勾十七尺 股二十二尺一寸一分 弦二十七尺八寸九分

해법 구・고・현의 합으로 두 제곱의 차〔구의 제곱을 고현화의 제곱에서 뺀 나머지〕를 나누면 구화교[37]를 얻는다. 구・고・현의 합에서 구화교를 빼서 반으로 하면 곧 구이고, 구・고・현의 합에서 구를 빼면 곧 고현화이다.
術曰 共尺除餘冪 得勾和較 以減共尺半之 卽勾 勾減共尺 卽股弦和

37) 구와 고현화의 차, 즉 $z+y-x$이다.

해설 제161문을 보라. 「구화화와 구화교를 서로 곱한 수는 구의 제곱과 고현화의 제곱의 차이다.」

解 見第一百六十一問「勾和和與勾和較 相乘數 爲勾冪股弦和冪之較也」

☞ **역자 주 1:** 구, 고, 현을 각각 x, y, z라고 하면, 제161문의 결과를 이용하고 제177문과 같은 방법으로, '해법'에서는 다음과 같이 구화교, 구, 고현화를 구하고 있다.

구화교: $\dfrac{(z+y)^2-x^2}{x+y+z}=z+y-x$

구: $\{(x+y+z)-(z+y-x)\}\div 2=x,$

고현화: $(x+y+z)-x=z+y$

실제로 $x+y+z=67$이고 $(z+y)^2-x^2=2,211$이므로, 다음을 얻는다.

$$z+y-x=\frac{(z+y)^2-x^2}{x+y+z}=33,$$
$$x=\{(x+y+z)-(z+y-x)\}\div 2=(67-33)\div 2=17,$$
$$z+y=(x+y+z)-x=67-17=50,$$
$$x^2=z^2-y^2=(z+y)(z-y)=50(z-y)=289,\quad z-y=5.78,$$
$$z=\{(z+y)+(z-y)\}\div 2=(50+5.78)\div 2=27.89,$$
$$y=\{(z+y)-(z-y)\}\div 2=(50-5.78)\div 2=22.11$$

☞ **역자 주 2:** 구, 고, 현을 각각 x, y, z라고 하면 다음 관계가 성립한다.

$x+y+z=67$ ……①, $(z+y)^2-x^2=2,211$ ……②,

$z^2=x^2+y^2$ ……③

② → : $y+z-x=33$ ……④

④ ± ①: $y+z=50$ ……⑤

$x=17$ ……⑥

⑥,⑤→③: $z=27.89,\quad y=22.11$

【180】 구현차의 제곱과 고현차의 제곱을 합하면 34.5665자이고, 구고차는 2자 2치 3푼이다. 구, 고, 현을 묻는다.
勾弦差冪併股弦差冪 共三十四尺五六六五 勾股差二尺二寸三分 問勾股弦

답 구 8자 3치 3푼, 고 10자 5치 6푼, 현 13자 4치 5푼
答 勾八尺三寸三分 股十尺五寸六分 弦十三尺四寸五分

해법 구고차를 제곱하여 두 제곱〔구현차의 제곱과 고현차의 제곱〕의 합에서 뺀 나머지의 반을 실이라 하고, 구고차를 종이라 하며, 1을 우라고 하자. 평방을 풀면 고현차를 얻는다. 구고차를 더하면 곧 구현차이다. 두 제곱의 합에서 구고차의 제곱을 뺀 나머지를 실이라고 하여 제곱근을 풀면 수「즉 현화교」를 얻는다. 고현차를 더하면 곧 즉 구이고, 구현차를 더하면 곧 고이다.
術曰 勾股差自乘 以減共冪 餘半之爲實 以勾股差爲從 一爲隅 平方開 得股弦差 加勾股差 卽勾弦差 置共冪 内減勾股差冪 餘爲實 平方開 得數「卽弦和較」以加股弦差 卽勾 以加勾弦差 卽股

해설 구현차는 곧 구고차와 고현차의 합이다. 그러므로 구현차의 제곱 안에는 고현차의 제곱과 구고차의 제곱 각 1단 및 구고차를 고현차에 곱한 적 2단이 있다. 다시 고현차의 제곱 1단을 더한 제곱의 합에서 구고차의 제곱을 뺀 나머지를 반으로 하면 곧 고현차의 제곱과 구고차를 고현차에 곱한 적을 각각 1단씩 얻는다. 합치면 직사각형이 되는데, 그 길이와 너비의 차는 곧 구고차이다. 그러므로 구고차를 종이라고 하여, 평방을 풀면 고현차를 얻는다. 또, 두 제곱〔구현차의 제곱과 고현차의 제곱〕의 합에서 구고차의 제곱을 뺀 나머지는 고현차에 구현차를 곱한 적 2단이다.「고현차의 제곱 및 구고차를 고현차에 곱한 적은 곧 구현차를 고현차에 곱한 적이다.」이는 곧 현화교이다.「제55문을 보라.」제181문은 이와 같다.
解 勾弦差 卽勾股差股弦差之和 故勾弦差冪 内有股弦差冪 勾股差冪 各一段 勾股差乘股弦差積二段 再加股弦差冪一段 爲共冪内減勾股差冪 餘半之 則爲股弦差冪 勾股差乘股弦差積 各一段 聯成長方形 則其長闊較 卽勾股差 故以勾股差爲從 開平方 得股弦差也 且共冪内減勾股

差冪 餘爲勾弦差乘股弦差積二段「股弦差冪 及勾股差乘股弦差積 卽勾弦差乘股弦差積」卽弦和較冪也「見第五十五問」第一百八十一問同

☞ **역자 주 1:** 구, 고, 현을 각각 x, y, z라고 하면, '해법'에서는 $\{(z-x)^2+(z-y)^2-(y-x)^2\}\div 2$가 실이고 $y-x$가 종이며 1이 우인 평방을 풀어 $z-y$(고현차)를 구하고 있다. 즉, $z-y$에 관한 다음 이차 방정식을 풀고 있다.

$$\frac{(z-x)^2+(z-y)^2-(y-x)^2}{2}=(y-x)(z-y)+(z-y)^2 \quad \cdots\cdots ①$$

한편, 다음과 같이 현화교를 얻는다.

$$\sqrt{(z-x)^2+(z-y)^2-(y-x)^2}=x+y-z \quad \cdots\cdots ②$$

'해설'에서는 먼저 다음을 확인하고 있다.

$$(z-x)^2=\{(z-y)+(y-x)\}^2=(z-y)^2+(y-x)^2+2(z-y)(y-x)$$

이를 이용해서 식 ①을 다음과 같이 밝히고 있다.

$$\begin{aligned}\frac{(z-x)^2+(z-y)^2-(y-x)^2}{2}&=\{(z-y)^2+(y-x)^2+2(z-y)(y-x)\\&\quad+(z-y)^2-(y-x)^2\}\div 2\\&=(y-x)(z-y)+(z-y)^2\end{aligned}$$

그리고 $(y-x)(z-y)+(z-y)^2=(z-x)(z-y)$임을 확인하고 第55문의 결과를 이용해서 식 ②를 다음과 같이 밝히고 있다.

$$\begin{aligned}(z-x)^2+(z-y)^2-(y-x)^2&=2(y-x)(z-y)+2(z-y)^2\\&=2(z-x)(z-y)=(x+y-z)^2\end{aligned}$$

실제로 $(z-x)^2+(z-y)^2=34.5665$이고 $y-x=2.23$이므로 실은 $\{(z-x)^2+(z-y)^2-(y-x)^2\}\div 2=14.7968$이고 다음을 얻는다.

$$14.7968=2.23(z-y)+(z-y)^2,\quad \text{즉}\quad (z-y)^2+2.23(z-y)-14.7968=0,$$

$$z-y=2.89,$$

$$z-x=(z-y)+(y-x)=2.89+2.23=5.12,$$

$$x+y-z=\sqrt{(z-x)^2+(z-y)^2-(y-x)^2}=\sqrt{29.5936}=5.44,$$

$$x=(x+y-z)+(z-y)=5.44+2.89=8.33,$$

$y=(x+y-z)+(z-x)=5.44+5.12=10.56,$
$z=x+5.12=8.33+5.12=13.45$

☞ **역자 주 2:** 구, 고, 현을 각각 x, y, z라고 하면 다음 관계가 성립한다.

$(z-x)^2+(z-y)^2=34.5665$ ……①, $y-x=2.23$ ……②,
$z^2=x^2+y^2$ ……③

② → ①: $(z-x)^2-2.23(z-x)-14.7968=0,$
$z-x=5.12$ ……④

② → ③: $x^2-5.78x-21.2415=0,$
$x=8.33$ ……⑤

⑤ → ④: $z=13.45,\quad y=10.56$

【181】 구고차의 제곱과 구현차의 제곱을 합하면 135.7045자이고, 고현차는 1자 2치 1푼이다. 구, 고, 현을 묻는다.
勾股差冪倂勾弦差冪 共一百三十五尺七〇四五 股弦差一尺二寸一分 問勾股弦

답 구 5자 8치 3푼, 고 13자 4치 4푼, 현 14자 6치 5푼
答 勾五尺八寸三分 股十三尺四寸四分 弦十四尺六寸五分

해법 고현차를 제곱하여 두 제곱[구고차의 제곱과 구현차의 제곱]의 합에서 뺀 나머지를 반으로 하여 실이라 하고, 고현차를 종이라 하며, 1을 우라고 하자. 평방을 풀면 구고차를 얻는다. 고현차를 더하면 곧 구현차이다. 구현차를 고현차에 곱하고 이를 2배로 하여 실이라 하고, 제곱근을 풀면 수「즉 현화교」를 얻는다. 고현차를 더하면 곧 구이고, 구현차를 더하면 곧 고이다.

術曰 股弦差自乘 以減共冪 餘半之爲實 以股弦差爲從 一爲隅 平方開 得勾股差 以加股弦差 卽勾弦差也 以勾弦差乘股弦差 倍之爲實 平方開 得數「卽弦和較」以加股弦差 卽勾 以加勾弦差 卽股

☞ **역자 주 1:** 구, 고, 현을 각각 x, y, z라고 하면, '해법'에서는 $\{(y-x)^2+$

$(z-x)^2-(z-y)^2\}\div 2$가 실이고 $z-y$가 종이며 1이 우인 평방을 풀어 $y-x$ (구고차)를 구하고 있다. 즉, $y-x$에 관한 다음 이차 방정식을 풀고 있다.

$$\frac{(y-x)^2+(z-x)^2-(z-y)^2}{2}=(z-y)(y-x)+(y-x)^2$$

구고차에 고현차를 더하여 구현차를 얻고, 고현차와 구현차의 곱의 2배로부터 다음과 같이 현화교를 얻는다.

$$\sqrt{2(z-x)(z-y)}=x+y-z$$

실제로 $(y-x)^2+(z-x)^2=135.7045$이고 $z-y=1.21$이므로 실은 $\{(y-x)^2+(z-x)^2-(z-y)^2\}\div 2=67.1202$이고 다음을 얻는다.

$$67.1202=1.21(y-x)+(y-x)^2,\quad \text{즉 } (y-x)^2+1.21(y-x)-67.1202=0,$$
$$y-x=7.61,$$
$$z-x=(z-y)+(y-x)=7.61+1.21=8.82,$$
$$x+y-z=\sqrt{2(z-x)(z-y)}=\sqrt{21.3444}=4.62,$$
$$x=(x+y-z)+(z-y)=4.62+1.21=5.83,$$
$$y=(x+y-z)+(z-x)=4.62+8.82=13.44,$$
$$z=x+8.82=5.83+8.82=14.65$$

☞ **역자 주 2:** 구, 고, 현을 각각 x, y, z라고 하면 다음 관계가 성립한다.

$(y-x)^2+(z-x)^2=135.7045$ ……①, $z-y=1.21$ ……②,

$z^2=x^2+y^2$ ……③

② → ①: $(y-x)^2+1.21(y-x)-67.1202=0$,

$y-x=7.61$ ……④

②,④→③: $y^2-17.64y+56.448=0$,

$y=13.44$ ……⑤

⑤→②,④: $z=y+1.21=14.65$, $x=y-7.61=5.83$

【182】 고현차의 제곱과 구고차의 제곱을 합하면 29.7634자이고, 구현차는 7자 2치 2푼이다. 구, 고, 현을 묻는다.

股弦差冪倂勾股差冪 共二十九尺七六三四 勾弦差七尺二寸二分 問勾股弦

답 구 7자 9치 5푼, 고 12자 9치 2푼, 현 15자 1치 7푼

答 勾七尺九寸五分 股十二尺九寸二分 弦十五尺一寸七分

해법 구현차의 제곱에서 두 제곱〔고현차의 제곱과 구고차의 제곱〕의 합을 빼고 이를 반으로 하여 실이라 하고, 구현차를 정종으로 놓고, 1을 부우라고 하자. 평방을 풀면 고현차를 얻는다. 이에 구현차를 곱하고 이를 2배로 하여 실이라 하고, 제곱근을 풀면 수「즉 현화교」를 얻는다. 이에 고현차를 더하면 곧 구이고, 구현차를 더하면 곧 고이다.

術曰 勾弦差自乘 內減共冪半之爲實 以勾弦差爲正從 以一爲負隅 平方開 得股弦差 以乘勾弦差 而倍之爲實 平方開 得數「卽弦和較」以加股弦差 卽勾 以加勾弦差 卽股

해설 구현차의 제곱에서 두 제곱〔고현차의 제곱과 구고차의 제곱〕의 합을 빼고 이를 반으로 하면 곧 구고차를 고현차에 곱한 적이 된다. 「제180문을 보라.」 그러므로 구현차「즉 구고차와 고현차의 합」를 길이와 너비의 합으로 놓고, 평방을 풀면 고현차를 얻는다.

解 勾弦差冪 內減共冪 餘半之 則爲勾股差乘股弦差積「見第一百八十問」故以勾弦差「卽勾股差股弦差共」爲長闊和 開平方 得股弦差

☞ **역자 주 1:** 구, 고, 현을 각각 x, y, z라고 하면, '해법'에서는 $[(z-x)^2-\{(z-y)^2+(y-x)^2\}]\div 2$가 실이고 $z-x$가 종이며 1이 부우인 평방을 풀어 $z-y$(고현차)를 구하고 있다. 즉, $z-y$에 관한 다음 이차 방정식을 풀고 있다.

$$\frac{(z-x)^2-\{(z-y)^2+(y-x)^2\}}{2}=(z-x)(z-y)-(z-y)^2 \quad \cdots\cdots ①$$

그리고 제180문, 제181문과 마찬가지로 다음과 같이 현화교를 얻고 있다.

$$\sqrt{2(z-x)(z-y)}=x+y-z$$

'해설'에서는 제180문에서와 마찬가지로 먼저 다음을 밝히고 있다.

$$(z-x)^2=\{(z-y)+(y-x)\}^2=(z-y)^2+(y-x)^2+2(z-y)(y-x)$$

이를 이용해서 식 ①의 정당성을 다음과 같이 밝히고 있다.

$$[(z-x)^2-\{(z-y)^2+(y-x)^2\}]\div 2=(z-y)(y-x)$$

$$=\{(z-x)-(z-y)\}(z-y)=(z-x)(z-y)-(z-y)^2$$

실제로 $(z-y)^2+(y-x)^2=29.7634$이고 $z-x=7.22$이므로, 실은 $[(z-x)^2-\{(z-y)^2+(y-x)^2\}]\div 2=11.1825$이고 다음을 얻는다.

$$11.1825=7.22(z-y)-(z-y)^2,\ \text{즉}\ -(z-y)^2+7.22(z-y)-11.1825=0,$$
$$z-y=2.25,$$
$$x+y-z=\sqrt{2(z-x)(z-y)}=\sqrt{32.49}=5.7,$$
$$x=(x+y-z)+(z-y)=5.7+2.25=7.95,$$
$$y=(x+y-z)+(z-x)=5.7+7.22=12.92,$$
$$z=y+2.25=12.92+2.25=15.17$$

☞ **역자 주 2:** 구, 고, 현을 각각 x, y, z라고 하면 다음 관계가 성립한다.

$(z-y)^2+(y-x)^2=29.7634$ ……①, $z-x=7.22$ ……②,

$z^2=x^2+y^2$ ……③

② → ①: $(y-x)^2-7.22(y-x)+11.1825=0$,

$y-x=4.97$ ……④

② → ③: $x^2-4.5x-27.4275=0$,

$x=7.95$ ……⑤

⑤→④,②: $y=x+4.97=12.92$, $z=x+7.22=15.17$

【183】 고현차의 제곱을 구현차의 제곱에서 뺀 나머지는 74.9363자이고, 구고차는 7자 1치 3푼이다. 구, 고, 현을 묻는다.

股弦差冪減勾弦差冪 餘七十四尺九三六三 勾股差七尺一寸三分 問勾股弦

답 구 7자 1치 5푼, 고 14자 2치 8푼, 현 15자 9치 7푼

答 勾七尺一寸五分 股十四尺二寸八分 弦十五尺九寸七分

해법 두 제곱의 차[고현차의 제곱을 구현차의 제곱에서 뺀 나머지]에서 구고차의 제곱을 뺀 나머지를 실이라 하고, 구고차의 2배를 법으로 하여 실을 나누면 고현차를 얻는다. 구고차를 더하면 구현차가 된다. 이에 고현차를 곱하고 이를 2배로 하여 실이라 하고, 제곱

근을 풀면 수「즉 현화교」를 얻는다. 이에 고현차를 더하면 곧 구이고, 구현차를 더하면 곧 고이다.

術曰 餘冪 內減勾股差冪餘爲實 倍勾股差爲法 除實 得股弦差 以加勾股差爲勾弦差 以乘股弦差 倍之爲實 平方開 得數「卽弦和較」以加股弦差卽勾 以加勾弦差 卽股

해설 구현차의 제곱에서 고현차의 제곱을 빼고 또 구고차의 제곱을 뺀 나머지는 구고차를 고현차에 곱한 적의 2배이다. 그러므로 구고차의 2배를 법으로 하여 이를 나누면, 고현차를 얻는다.

解 勾弦差冪 內減股弦差冪 又減勾股差冪 餘爲倍勾股差乘股弦差積 故倍勾股差爲法 除之 得股弦差

☞ **역자 주 1:** 구, 고, 현을 각각 x, y, z라고 하면, '해법'에서는 실 $\{(z-x)^2-(z-y)^2\}-(y-x)^2$을 법 $2(y-x)$로 나누어 고현차를 구하고 있다.

$$[\{(z-x)^2-(z-y)^2\}-(y-x)^2]\div 2(y-x)=z-y \quad \cdots\cdots①$$

'해설'에서는 식 ①이 정당한 이유를 다음 관계에서 찾고 있다.

$$[\{(z-x)^2-(z-y)^2\}-(y-x)^2]=2(y-x)(z-y)$$

실제로 $(z-x)^2-(z-y)^2=74.9363$이고 $y-x=7.13$이므로, 다음을 얻는다.

$$z-y=[\{(z-x)^2-(z-y)^2\}-(y-x)^2]\div 2(y-x)$$
$$=24.0994\div 14.26=1.69$$
$$z-x=(z-y)+(y-x)=1.69+7.13=8.82,$$
$$x=(x+y-z)+(z-y)=5.46+1.69=7.15,$$
$$y=(x+y-z)+(z-x)=5.46+8.82=14.28$$

☞ **역자 주 2:** 구, 고, 현을 각각 x, y, z라고 하면 다음 관계가 성립한다.

$(z-x)^2-(z-y)^2=74.9363\cdots\cdots①$, $\quad y-x=7.13 \cdots\cdots②$,

$z^2=x^2+y^2 \cdots\cdots③$

② → ①: $z-x=8.82 \cdots\cdots④$

② → ③: $x^2-3.38x-26.9555=0$,

$x=7.15 \cdots\cdots⑤$

⑤→④,②: $z=x+8.82=15.97$, $y=x+7.13=14.28$

【184】 고현차의 제곱을 구고차의 제곱에서 뺀 나머지는 86.3328자이고, 구현차는 10.58자이다. 구, 고, 현을 묻는다.
股弦差冪減勾股差冪 餘八十六尺三三二八 勾弦差十尺五八 問勾股弦

답 구 6자 2치 7푼, 고 15자 6치 4푼, 현 16자 8치 5푼
答 勾六尺二寸七分 股十五尺六寸四分 弦十六尺八寸五分

해법 구현차의 제곱에서 두 제곱의 차〔고현차의 제곱을 구고차의 제곱에서 뺀 나머지〕를 뺀 나머지를 실이라 하고, 제곱근을 풀면 수「즉 현화교」를 얻는다. 이에 구현차를 더하면 곧 고이다. 고가 있고 구현차가 있으므로 이를 이용해서 구와 현을 구하는 법이다.
術曰 勾弦差冪 內減餘冪 餘爲實 平方開 得數「卽弦和較」以加勾弦差 卽股 用有股有勾弦差 求勾弦和法

해설 제180문을 보라. 「두 제곱의 차〔고현차의 제곱을 구고차의 제곱에서 뺀 나머지〕를 빼므로, 곧 고현차의 제곱을 더하고 구고차의 제곱을 뺀다.」
解 見第一百八十問「減餘冪 卽加股弦差冪 減勾股差冪也」

☞ **역자 주 1:** 구, 고, 현을 각각 x, y, z라고 하면, '해법'에서는 다음과 같이 현화교를 구하고 있다.

$$\sqrt{(z-x)^2-\{(y-x)^2-(z-y)^2\}}=x+y-z \quad \cdots\cdots ①$$

'해설'에서는 $(z-x)^2-\{(y-x)^2-(z-y)^2\}=(z-x)^2+(z-y)^2-(y-x)^2$이므로, 제180문에서 얻은 결과에 의하여 식 ①이 성립함을 말하고 있다.

실제로 $(y-x)^2-(z-y)^2=86.3328$이고 $z-x=10.58$이므로, 다음을 얻는다.

$$x+y-z=\sqrt{(z-x)^2-\{(y-x)^2-(z-y)^2\}}=\sqrt{25.6036}=5.06,$$
$$y=(x+y-z)+(z-x)=5.06+10.58=15.64,$$

[이제, 제8문과 같이]

$$z+x=\frac{y^2}{z-x}=\frac{244.6097}{10.58}=23.12,$$
$$z=\frac{(z+x)+(z-x)}{2}=\frac{23.12+10.58}{2}=16.85,$$
$$x=\frac{(z+x)-(z-x)}{2}=\frac{23.12-10.58}{2}=6.27$$

☞ **역자 주 2:** 구, 고, 현을 각각 x, y, z라고 하면 다음 관계가 성립한다.

$(y-x)^2-(z-y)^2=86.3328$ ……①, $z-x=10.58$ ……②,

$z^2=x^2+y^2$ ……③

② → ①: $y-x=9.37$……④

②,④→③: $x^2-2.42x-24.1395=0$

$x=6.27$ ……⑤

⑤→②,④: $z=x+10.58=16.85$, $y=x+9.37=15.64$

【185】 구고차의 제곱을 구현차의 제곱에서 뺀 나머지는 19.7472자이고, 고현차는 2자 4치 2푼이다. 구, 고, 현을 묻는다.
勾股差冪減勾弦差冪 餘十九尺七四七二 股弦差二尺四寸二分 問勾股弦

답 구 7자 4치 8푼, 고 10자 3치 5푼, 현 12자 7치 7푼
答 勾七尺四寸八分 股十尺三寸五分 弦十二尺七寸七分

해법 고현차를 제곱하고 두 제곱의 차〔구고차의 제곱을 구현차의 제곱에서 뺀 나머지〕를 더하여 실이라 하고, 제곱근을 풀면 수「즉 현화교」를 얻는다. 이에 고현차를 더하면 곧 구이다. 구가 있고 고현차가 있으므로 이를 이용해서 고와 현을 구하는 법이다.
術曰 股弦差自乘 加入餘冪 爲實 平方開 得數「卽弦和較」以加股弦差 卽勾 用有勾有股弦差 求股弦和法

해설 제180문을 보라.
解 見第一百八十問

☞ **역자 주 1:** 구, 고, 현을 각각 x, y, z라고 하면, '해법'에서는 다음과 같이 현화교를 구하고 있다.

$$\sqrt{(z-y)^2+\{(z-x)^2-(y-x)^2\}}=x+y-z$$

'해설'에서와 같이 이는 제180문에서 얻은 결과이다.

실제로 $(z-x)^2-(y-x)^2=19.7472$이고 $z-y=2.42$이므로, 다음을 얻는다.

$$x+y-z=\sqrt{(z-y)^2+\{(z-x)^2-(y-x)^2\}}=\sqrt{25.6036}=5.06,$$
$$x=(x+y-z)+(z-y)=5.06+2.42=7.48,$$

[이제 제7문과 같이]

$$z+y=\frac{x^2}{z-y}=\frac{55.9504}{2.42}=23.12,$$

$$z=\frac{(z+y)+(z-y)}{2}=\frac{23.12+2.42}{2}=12.77,$$

$$y=\frac{(z+y)-(z-y)}{2}=\frac{23.12-2.42}{2}=10.35,$$

$$y=\frac{(z+y)-(z-y)}{2}=\frac{115.2-5}{2}=55.1$$

☞ **역자 주 2:** 구, 고, 현을 각각 x, y, z라고 하면 다음 관계가 성립한다.

$(z-x)^2-(y-x)^2=19.7472$ ……①, $z-y=2.42$ ……②,

$z^2=x^2+y^2$ ……③

② → ①: $y-x=2.87$……④

②,④→③: $y^2-10.58y+2.3805=0,$

$y=10.35$ ……⑤

⑤→②,④: $z=y+2.42=12.77,\quad x=y-2.87=7.48$

【186】 고현차의 제곱을 구현차의 제곱에서 뺀 나머지는 8,979자이다. 다만, 고현차와 구현차의 합은 123자라고 한다. 구, 고, 현을 묻는다.
股弦差冪減勾弦差冪 餘八千九百七十九尺 只云股弦差併勾弦差 共一百二十三尺 問勾股弦

답 구 95자, 고 168자, 현 193자

答　勾九十五尺　股一百六十八尺　弦一百九十三尺

해법 차화〔고현차와 구현차의 합〕을 제곱하고 두 제곱의 차〔고현차의 제곱을 구현차의 제곱에서 뺀 나머지〕를 더하여 실이라고 하자. 차화의 2배를 법이라 하고 실을 나누면 구현차를 얻는다. 이를 차화에서 빼면 곧 고현차이다. 구현차가 있고 고현차가 있으므로 이를 이용해서 현화교를 구하는 법이다.

術曰　差和自乘　加入餘冪　爲實　倍差和爲法　除實　得勾弦差　以減差和　卽股弦差　用有勾弦差　有股弦差　求弦和較法

해설 차화〔고현차와 구현차의 합〕를 제곱한 적은 곧 구현차를 차화에 곱한 적과 고현차를 차화에 곱한 적이 각각 1단이고, 두 제곱의 차〔고현차의 제곱을 구현차의 제곱에서 뺀 나머지〕는 곧 구고차를 차화에 곱한 적이다.「구현차의 제곱은 구고차의 제곱과 고현차의 제곱 각 1단 및 구고차를 고현차에 곱한 적 2단이다. 그 안에서 고현차의 제곱을 빼면, 구고차의 제곱과 구고차를 고현차에 곱하는 적 1단의 합은 곧 변하여 구고차를 구현차에 곱하는 적이 된다. 그러므로 합은 구고차를 차화에 곱한 적이 된다.」그러므로 이를 더하면 구현차를 차화의 2배에 곱한 적이 된다.「고현차를 차화에 곱한 적과 구고차를 차화에 곱한 적에 더하면 또한 구현차를 차화에 곱하는 적이 된다.」차화의 2배로 이를 나누면 구현차를 얻는다.

解　差和自乘積　卽勾弦差乘差和積　股弦差乘差和積　各一段　而餘冪　卽勾股差乘差和積「勾弦差冪　爲勾股差冪　股弦差冪　各一段　勾股差乘股弦差積二段　内去股弦差冪　以勾股差冪　合於勾股差乘股弦差積一段　則變爲勾股差乘勾弦差積　故共爲勾股差乘差和積」故併之　爲勾弦差乘倍差和積「股弦差乘差和積　得勾股差乘差和積　亦爲勾弦差乘差和積」以倍差和除之　得勾弦差也

☞ **역자 주 1:** 구, 고, 현을 각각 x, y, z라고 하면, '해법'에서는 다음과 같이 주어진 조건으로부터 구현차와 고현차를 구하고 있다.

$$[\{(z-y)+(z-x)\}^2+\{(z-x)^2-(z-y)^2\}]\div 2\{(z-x)+(z-y)\}$$

$$= z - x \quad \cdots\cdots ①$$

$$\{(z-y)+(z-x)\}-(z-x)=z-y$$

'해설'에서는 식 ①의 정당성을 밝히기 위하여, $\{(z-y)+(z-x)\}^2$과 $(z-x)^2-(z-y)^2$을 각각 다음과 같이 나타내고 있다.

$$\{(z-y)+(z-x)\}^2=\{(z-y)+(z-x)\}\{(z-y)+(z-x)\}$$
$$=(z-x)\{(z-y)+(z-x)\}+(z-y)\{(z-y)+(z-x)\} \quad \cdots\cdots ③,$$
$$(z-x)^2-(z-y)^2=\{(z-y)+(y-x)\}^2-(z-y)^2$$
$$=\{(z-y)^2+(y-x)^2+2(z-y)(y-x)\}-(z-y)^2$$
$$=\{(y-x)^2+(z-y)(y-x)\}+(z-y)(y-x)$$
$$=(y-x)(z-x)+(z-y)(y-x)$$
$$=(y-x)\{(z-x)+(z-y)\} \quad \cdots\cdots ④$$

그리고 식 ③과 ④를 더해서 다음을 얻는다.

$$\{(z-y)+(z-x)\}^2+\{(z-x)^2-(z-y)^2\}$$
$$=(z-x)\{(z-y)+(z-x)\}+(z-y)\{(z-y)+(z-x)\}$$
$$+(y-x)\{(z-x)+(z-y)\}$$
$$=(z-x)\{(z-y)+(z-x)\}+(z-x)\{(z-y)+(z-x)\}$$
$$=2(z-x)\{(z-y)+(z-x)\}$$

따라서 식 ①이 성립한다.

실제로 $(z-x)^2-(z-y)^2=8,979$이고 $(z-y)+(z-x)=123$이므로 다음을 얻는다.

$$z-x=(123^2+8,979)\div(2\times 123)=24,108\div 246=98,$$
$$z-y=\{(z-y)+(z-x)\}-(z-x)=123-98=25,$$

[이제, 제55문과 같이]

$$x+y-z=\sqrt{2(z-y)(z-x)}=\sqrt{4,900}=70,$$
$$x=(x+y-z)+(z-y)=70+25=95,$$
$$y=(x+y-z)+(z-x)=70+98=168,$$
$$z=(z-y)+y=25+168=193$$

☞ **역자 주 2:** 구, 고, 현을 각각 x, y, z라고 하면 다음 관계가 성립한다.

$(z-x)^2-(z-y)^2=8,979$ ……①, $(z-y)+(z-x)=123$ ……②,

$z^2=x^2+y^2$ ……③

② → ①: $y-x=73$ ……④

④ → ①: $z-x=98$ ……⑤

④,⑤→③: $x^2-50x-4,275=0$,

$x=95$ ……⑥

⑥→④,⑤: $y=x+73=168$, $z=x+98=193$

【187】 고현차의 제곱과 구고차의 제곱을 합하면 187.85자이다. 다만, 고현차를 구고차에서 뺀 나머지는 3자라고 한다. 구, 고, 현을 묻는다.
股弦差冪倂勾弦差冪 共一百八十七尺八五 只云股弦差減勾股差 餘三尺 問勾股弦

답 구 16자 1치, 고 24자, 현 28자 9치
答 勾十六尺一寸 股二十四尺 弦二十八尺九寸

해법 구고차에서 고현차를 뺀 나머지를 제곱하여 두 제곱[고현차의 제곱과 구고차의 제곱]의 합에서 뺀 나머지를 실이라 하고, 구고차에서 고현차를 뺀 나머지의 4배를 종이라 하며, 5를 우라고 하자. 평방을 풀면 고현차를 얻는다. 이에 구고차에서 고현차를 뺀 나머지를 더하면 곧 구고차이고, 구고차를 고현차에 더하면 곧 구현차이다. 앞의 해법을 이용한다.

術曰 餘尺自乘 以減共冪 餘爲實 四因餘尺爲從 五爲隅 平方開 得股弦差加餘尺 卽勾股差 勾股差加股弦差 卽勾弦差 用上術

해설 구현차는 곧 구고차와 고현차의 합이고, 구고차는 또다시 고현차와 구고차에서 고현차를 뺀 나머지의 합이다. 그러므로 구현차를 제곱하면 그 안에는 고현차의 제곱 4단과 구고차에서 고현차를 뺀 나머지의 제곱 1단 및 고현차를 구고차에서 고현차를 뺀 나머지에 곱한 적이 4단 있다. 또 고현차의 제곱 1단을 더하고 구고차에서 고현차를 뺀 나머지의 제곱 1단을 빼면, 고현차의 제곱 5단과 고

현차를 구고차에서 고현차를 뺀 나머지에 곱한 적이 4단이 된다. 그러므로 구고차에서 고현차를 뺀 나머지의 4배가 종이 되고, 5는 우가 된다. 평방을 풀면 고현차를 얻는다.

解 勾弦差 卽勾股差股弦差共 而勾股差 又爲股弦差及餘尺之共 則勾弦差冪 内有股弦差冪四段 餘尺冪一段 股弦差乘餘尺積四段 再加股弦差冪一段 内減餘尺冪一段 得股弦差冪五段 股弦差乘餘尺積四段 故四因餘尺爲從 五爲隅 開平方 得股弦差

☞ **역자 주 1:** 구, 고, 현을 각각 x, y, z라고 하면, '해법'에서는 실이 $\{(z-y)^2+(z-x)^2\}-\{(y-x)-(z-y)\}^2$이고 종이 $4\{(y-x)-(z-y)\}$이며 우가 5인 평방을 풀어 $z-y$(고현차)를 구하고 있다. 즉, $z-y$에 관한 다음 이차 방정식을 풀고 있다.

$$\{(z-y)^2+(z-x)^2\}-\{(y-x)-(z-y)\}^2=4\{(y-x)-(z-y)\}(z-y)+5(z-y)^2 \quad \cdots\cdots①$$

'해설'에서는 식 ①의 정당성을 밝히기 위해서 $z-x$와 $(z-x)^2$을 다음과 같이 나타내고 있다.

$$z-x=(z-y)+(y-x)=(z-y)+[(z-y)+\{(y-x)-(z-y)\}]=2(z-y)+\{(y-x)-(z-y)\},$$

$$(z-x)^2=[2(z-y)+\{(y-x)-(z-y)\}]^2=4(z-y)^2+\{(y-x)-(z-y)\}^2+4(z-y)\{(y-x)-(z-y)\} \quad \cdots\cdots②$$

식 ②에 $(z-y)^2$을 더하고 $\{(y-x)-(z-y)\}^2$을 빼면, 식 ①이 유도된다.

실제로 $(z-y)^2+(z-x)^2=187.85$이고 $(y-x)-(z-y)=3$이므로, 실은 $\{(z-y)^2+(z-x)^2\}-\{(y-x)-(z-y)\}^2=178.85$이고 다음을 얻는다.

$$178.85=12(z-y)+5(z-y)^2, \quad 즉 \quad 5(z-y)^2+12(z-y)-178.85=0,$$

$$z-y=4.9,$$

$$y-x=\{(y-x)-(z-y)\}+(z-y)=3+4.9=7.9,$$

$$z-x=(z-y)+(y-x)=4.9+7.9=12.8,$$

$$x+y-z=\sqrt{2(z-y)(z-x)}=\sqrt{125.44}=11.2,$$

$$x=(x+y-z)+(z-y)=11.2+4.9=16.1,$$

$y=(x+y-z)+(z-x)=11.2+12.8=24,$
$z=(z-y)+y=4.9+24=28.9$

☞ **역자 주 2:** 구, 고, 현을 각각 x, y, z라고 하면 다음 관계가 성립한다.
$(z-y)^2+(z-x)^2=187.85$ ……①, $(y-x)-(z-y)=3$ ……②,
$z^2=x^2+y^2$ ……③

② → ①: $5(y-x)^2-18(y-x)-169.85=0,$
$y-x=7.9$ ……⑤

⑤ → ①: $(z-x)^2-7.9(z-x)-62.72=0,$
$z-x=12.8$ ……⑥

⑤,⑥→③: $x^2-9.8x-101.43=0,$
$x=16.1,\quad y=x+7.9=24,\quad z=x+12.8=28.9$

【188】 고현차의 제곱을 구현차의 제곱에서 뺀 나머지는 3,340자 3치이다. 다만, 고현차를 구고차에서 뺀 나머지는 56자라고 한다. 구, 고, 현을 묻는다.
股弦差冪減勾弦差冪 餘三千三百四十尺三寸 只云股弦差減勾股差 餘五十六尺 問勾股弦

답 구 11자 1치, 고 68자, 현 68자 9치
答 勾十一尺一寸 股六十八尺 弦六十八尺九寸

해법 고현차를 구고차에서 뺀 나머지를 제곱하여 두 제곱의 차〔구현차의 제곱에서 고현차의 제곱을 뺀 나머지〕에서 뺀 나머지를 실이라 하고, 고현차를 구고차에서 뺀 나머지의 4배를 종이라 하며, 3을 우라고 하자. 평방을 풀면 고현차를 얻는다. 고현차를 구고차에서 뺀 나머지를 더하면 곧 구고차이다. 구고차에 고현차를 더하면 곧 구현차이다. 앞의 해법을 이용한다.

術曰 餘差自乘 以減餘冪 爲實 四因餘差爲從 三爲隅 平方開 得股弦差 加餘差 卽勾股差 勾股差加股弦差 卽勾弦差 用上術

해설 제187문을 보라. 「두 제곱의 차〔구현차의 제곱에서 고현차의 제곱을 뺀 나머지〕를 이용하므로, 고현차의 제곱은 3단이 되고 이에 따라 3이 우가 된다.」

解 見第一百八十七問「用餘冪 則股弦差冪爲三段 故三爲隅也」

☞ **역자 주 1:** 구, 고, 현을 각각 x, y, z라고 하면, '해법'에서는 실이 $\{(z-x)^2-(z-y)^2\}-\{(y-x)-(z-y)\}^2$이고 종이 $4\{(y-x)-(z-y)\}$이며 3이 우인 평방을 풀어 $z-y$(구현차)를 구하고 있다. 즉, $z-y$에 관한 다음 이차 방정식을 풀고 있다.

$$\{(z-x)^2-(z-y)^2\}-\{(y-x)-(z-y)\}^2=4\{(y-x)-(z-y)\}(z-y)+3(z-y)^2 \quad \cdots\cdots①$$

'해설'에서는 제187문의 결과를 이용해서 식 ①의 정당성을 밝히고 있다. 즉, 제187문의 식 ②에서 $(z-y)^2$을 빼고 $\{(y-x)-(z-y)\}^2$을 빼면, 식 ①이 유도된다.

실제로 $(z-x)^2-(z-y)^2=3,340.03$이고 $(y-x)-(z-y)=56$이므로, 실은 $\{(z-x)^2-(z-y)^2\}-\{(y-x)-(z-y)\}^2=204.03$이고 다음을 얻는다.

$$204.03=224(z-y)+3(z-y)^2, \quad \text{즉} \quad 3(z-y)^2+224(z-y)-204.03=0,$$
$$z-y=0.9,$$
$$y-x=\{(y-x)-(z-y)\}+(z-y)=56+0.9=56.9,$$
$$z-x=(z-y)+(y-x)=0.9+56.9=57.8,$$
$$x+y-z=\sqrt{2(z-y)(z-x)}=\sqrt{104.04}=10.2,$$
$$x=(x+y-z)+(z-y)=10.2+0.9=11.1,$$
$$y=(x+y-z)+(z-x)=10.2+57.8=68,$$
$$z=(z-y)+y=0.9+68=68.9$$

☞ **역자 주 2:** 구, 고, 현을 각각 x, y, z라고 하면 다음 관계가 성립한다.

$$(z-x)^2-(z-y)^2=3,340.03 \quad \cdots\cdots①, \qquad (y-x)-(z-y)=56 \quad \cdots\cdots②,$$
$$z^2=x^2+y^2 \quad \cdots\cdots③$$

② → : $z=2y-x-56$ ……④

④ → ①: $3(y-x)^2-112(y-x)-3.340.03=0,$

$y - x = 56.9$ ……⑤→①

⑤ → ①: $z - x = 57.8$ ……⑥

⑤,⑥→③: $x^2 - 1.8x - 103.23 = 0$,

$x = 11.1$,

$y = x + 56.9 = 68$, $z = x + 57.8 = 68.9$

【189】 구현화의 제곱과 고현화의 제곱을 합하면 2,860.21자이다. 다만, 구고차는 16자 1치라고 한다. 구, 고, 현을 묻는다.
勾弦和冪併股弦和冪 共二千八百六十尺二一 只云勾股差十六尺一寸 問勾股弦

답 구 6자, 고 22자 1치, 현 22자 9치
答 勾六尺 股二十二尺一寸 弦二十二尺九寸

해법 구고차를 제곱하여 두 제곱[구현화의 제곱과 고현화의 제곱]의 합에서 빼고 이를 반으로 하여 실이라 하고, 구고차를 종이라 하며, 1을 우라고 하자. 평방을 풀면 구현화를 얻는다. 구고차를 더하면 곧 고현화이다. 앞의 양화술을 이용한다.
術曰 差自乘 以減共冪 餘半之 爲實 以差爲從 一爲隅 平方開 得勾弦和 加差 卽股弦和 用前兩和術

해설 두 제곱[구현화의 제곱과 고현화의 제곱]의 합에서 구고차의 제곱을 뺀 나머지를 반으로 하면 곧 구현화를 고현화에 곱한 적이 된다.「구현화와 고현화의 차는 곧 구고차이다. 그러므로 두 제곱의 차는 구고교의 제곱 1단과 구고교를 구현화에 곱한 적 2단이다. 이제, 구고교의 제곱을 빼고 구고교를 구현화에 곱한 적 2단을 나누어 각 구현화의 제곱에 더하면 곧 각각 구현화를 고현화에 곱하는 적이 된다.」그러므로 구고차를 종이라 하고 1을 우라고 하여, 평방을 풀면 구현화를 얻는다. 이것부터 191문까지는 구하는 바는 비록 다르지만 해법은 서로 같다.
解 共冪 內減差冪 餘半之 則爲勾弦和乘股弦和積「勾弦和與股弦和之較 卽勾股較 故兩冪之較 爲勾股較冪一段 勾股較乘勾弦和積二段也 今去勾股較冪 以勾股較乘勾弦和積二段分之 各併勾弦和冪 則各成勾弦和乘股弦和積也」故以勾股差爲從 (37)) 開平方 得勾弦和 自此至第一百九十一問 所求雖異 解則並同

☞ **역자 주:** 구, 고, 현을 각각 x, y, z라고 하면, '해법'에서는 실이 $\{(z+x)^2$

37) '一爲隅' 落字

$+(z+y)^2-(y-x)^2\}\div 2$이고 종이 $y-x$이며 우가 1인 평방을 풀어 $z+x$(구현화)를 구하고 있다. 즉, $z+x$에 관한 다음 이차 방정식을 풀고 있다.

$$\{(z+x)^2+(z+y)^2-(y-x)^2\}\div 2=(y-x)(z+x)+(z+x)^2 \quad \cdots\cdots①$$

그리고 고현화를 구하고 양화술을 이용하여 문제를 풀고 있다.

'해설'에서는 $(z+y)-(z+x)=y-x$ 이므로, $z+y=(z+x)+(y-x)$ 이고 다음이 차례로 성립하고 식 ①이 정당함을 밝히고 있다.

$$\begin{aligned}
&(z+y)^2=(z+x)^2+(y-x)^2+2(z+x)(y-x),\\
&(z+y)^2-(z+x)^2=(y-x)^2+2(z+x)(y-x),\\
&(z+y)^2-(z+x)^2-(y-x)^2=2(y-x)(z+x)\\
&\qquad\qquad=2\{(z+y)-(z+x)\}(z+x)\\
&\qquad\qquad=2(z+y)(z+x)-2(z+x)^2,\\
&(z+y)^2+(z+x)^2-(y-x)^2=2(z+y)(z+x),\\
&\{(z+y)^2+(z+x)^2-(y-x)^2\}\div 2=(z+y)(z+x),\\
&\qquad\qquad=\{(y-x)+(z+x)\}(z+x)\\
&\qquad\qquad=(y-x)(z+x)+(z+x)^2
\end{aligned}$$

실제로 $(z+x)^2+(z+y)^2=2,860.21$이고 $y-x=16.1$이므로, 실은 $\{(z+x)^2+(z+y)^2-(y-x)^2\}\div 2=1,300.5$이고 다음을 얻는다.

$$\begin{aligned}
&1,300.5=16.1(z+x)+(z+x)^2,\\
&\qquad \text{즉}\quad (z+x)^2+16.1(z+x)-1,300.5=0,\\
&z+x=28.9,\\
&z+y=(z+x)+(y-x)=28.9+16.1=45,
\end{aligned}$$

[이제, 제19문의 양화술을 이용해서]

$$\begin{aligned}
&x+y+z=\sqrt{2(z+x)(z+y)}=\sqrt{2,601}=51,\\
&y=(x+y+z)-(z+x)=51-28.9=22.1,\\
&x=(x+y+z)-(z+y)=51-45=6,\\
&z=(z+x)-x=28.9-6=22.9
\end{aligned}$$

☞ **역자 주 2:** 구, 고, 현을 각각 x, y, z라고 하면 다음 관계가 성립한다.

$(z+x)^2+(z+y)^2=2,860.21$ ……①, $y-x=16.1$ ……②,
$z^2=x^2+y^2$ ……③

② → ①: $(x+z)^2+16.1(x+z)-1,300.5=0$,
$x+z=28.9$ ……④

②,④→③: $x^2+90x-576=0$, $x=6$,
$y=x+16.1=22.1$, $z=28.9-x=22.9$

【190】 구현화의 제곱과 구고화의 제곱을 합하면 5,092.82자이다. 다만, 고현차는 5자라고 한다. 구, 고, 현을 묻는다.
勾弦和冪併勾股和冪 共二千三百五十一尺七八[38] 只云股弦差五尺 問勾股弦

답 구 18자, 고 29자 9치, 현 34자 9치
答 勾十八尺 股二十九尺九寸 弦三十四尺九寸

해법 고현차를 제곱하고 두 제곱[구현화의 제곱과 구고화의 제곱]의 합에서 뺀 나머지를 반으로 하여 실이라 하고, 고현차를 종이라 하며, 1을 우라고 하자. 평방을 풀하면 구고화를 얻는다. 구고차를 더하면 곧 구현화이다. 앞의 양화술을 이용한다.
術曰 差自乘 以減共冪 餘半之 爲實 以差爲從 一爲隅 平方開 得勾股和 加差 則勾弦和 用前兩和術

☞ **역자 주 1:** 구, 고, 현을 각각 x, y, z라고 하면, '해법'에서는 실이 $\{(z+x)^2+(y+x)^2-(z-y)^2\}\div 2$이고 종이 $z-y$이며 우가 1인 평방을 풀어 $y+x$(구고화)를 구하고 있다. 즉, $y+x$에 관한 다음 이차 방정식을 풀고 있다.

$$\{(z+x)^2+(y+z)^2-(z-y)^2\}\div 2=(z+x)(y+x)$$
$$=(z-y)(y+x)+(y+x)^2$$

실제로 $(z+x)^2+(y+x)^2=5,092.82$이고 $z-y=5$ 이므로, 실은 $\{(z+x)^2+(y+x)^2-(z-y)^2\}\div 2=2,533.91$이므로 다음을 얻는다.

38) '二千三百五十一尺七八'은 '五千零九十二尺八二'로 바꾸어야 한다.

$2,533.91=5(y+x)+(y+x)^2$, 즉 $(y+x)^2+5(y+x)-2,533.91=0$,
$y+x=47.9$,
$z+x=(y+x)+(z-y)=47.9+5=52.9$,
[이제, 제20문의 양화술을 이용해서]
$(z+x)^2-(y+x)^2=2\{(z+x)-(y+x)\}x+x^2$,
$504=10x+x^2$, 즉 $x^2+10x-504=0$
$x=18$,
$z=(z+x)-x=52.9-18=34.9$,
$y=(y+x)-x=47.9-18=29.9$

☞ **역자 주 2:** 구, 고, 현을 각각 x, y, z라고 하면 다음 관계가 성립한다.
$(z+x)^2+(y+x)^2=5,092.82$ ……①, $z-y=5$ ……⑤,
$z^2=x^2+y^2$ ……③
② → ①: $(x+y)^2+5(x+y)-2,533.91=0$,
$x+y=47.9$ ……④
②,④→③: $y^2-105.8y+2,269.41=0$,
$y=29.9$ ……⑤
⑤→②,④: $z=34.9$, $x=18$

【191】 고현화의 제곱과 구고화의 제곱을 합하면 27,187.22자이다. 다만, 구현차는 45자라고 한다. 구, 고, 현을 묻는다.
股弦和冪併勾股和冪 共二萬七千一百七十八[39]尺二二 只云勾弦差四十五尺 問勾股弦

답 구 25자 9치, 고 66자, 현 70자 9치
答 勾二十五尺九寸 股六十六尺 弦七十尺九寸

해법 두 제곱[고현화의 제곱과 구고화의 제곱]의 합에서 구현차의 제곱을 뺀 나머지를 반으로 하여 실이라 하고, 구현차를 종이라 하며,

39) '七十八'은 '八十七'의 오기

1을 우라고 하자. 평방을 풀면 구고화를 얻는다. 구현차를 더하는 곧 고현화이다. 앞의 양화술을 이용한다.

術曰 共冪 内減差冪 餘半之 爲實 以差爲從 一爲隅 平方開 得勾股和 加差 卽股弦和 用前兩和術

☞ **역자 주 1:** 구, 고, 현을 각각 x, y, z라고 하면, '해법'에서는 실이 $\{(z+y)^2+(y+x)^2-(z-x)^2\}\div 2$이고 종이 $z-x$이며 우가 1인 평방을 풀어 $y+x$(구고화)를 구하고 있다. 즉, $y+x$에 관한 다음 이차 방정식을 풀고 있다.

$$\{(z+y)^2+(y+x)^2-(z-x)^2\}\div 2=(z+y)(y+x)$$
$$=(z-x)(y+x)+(y+x)^2$$

실제로 $(z+x)^2+(y+x)^2=27,187.22$이고 $z-x=45$이므로, 실은 $\{(z+y)^2+(y+x)^2-(z-x)^2\}\div 2=12,581.11$이고 다음을 얻는다.

$12,581.11=45(y+x)+(y+x)^2$, 즉 $(y+x)^2+45(y+x)-12,581.11=0$,

$y+x=91.9$,

$z+y=(z-x)+(y+x)=45+91.9=136.9$,

[이제, 제21문의 양화술을 이용해서]

$(z+y)^2-(y+x)^2=2\{(z+y)-(y+x)\}y+y^2=90$,

$10,296=90y+y^2$, 즉 $y^2+90y-10,296=0$,

$y=66$,

$z=(z+y)-y=136.9-66=70.9$,

$x=(y+x)-y=91.9-66=25.9$

☞ **역자 주 2:** 구, 고, 현을 각각 x, y, z라고 하면 다음 관계가 성립한다.

$(z+x)^2+(y+x)^2=27,187.22$ ……①, $z-x=45$ ……②,

$z^2=x^2+y^2$ ……③

② → ①: $(x+y)^2+45(x+y)-12,581.11=0$,

$x+y=91.9$ ……④

②,④→③: $x^2-273.8x-6,420.61=0$,

$x=25.9$,

$y=91.9-x=66$, $z=x+45=70.9$

【192】 구현화의 제곱을 고현화의 제곱에서 뺀 나머지는 672.81자이다. 다만, 구고차는 4자 1치라고 한다. 구, 고, 현을 묻는다.
勾弦和冪減股弦和冪 餘六百七十二尺八二[40] 只云勾股差四尺一寸 問勾股弦

답 구 31자 9치, 고 36자, 현 48자 1치
答 勾三十一尺九寸 股三十六尺 弦四十八尺一寸

해법 두 제곱의 차[구현화의 제곱을 고현화의 제곱에서 뺀 나머지]에서 구고차의 제곱을 뺀 나머지를 반으로 하여 실이라 하고, 구고차를 법이라고 하여 실을 나누면 구현화를 얻는다. 구고차를 더하면 곧 고현화이다. 앞의 양화술을 이용한다.
術曰 餘冪 内減差冪 餘半之 爲實 以差爲法 除實 得勾弦和 加差 卽股弦和 用前兩和術

해설 두 제곱의 차[구현화의 제곱을 고현화의 제곱에서 뺀 나머지]는 곧 구고차의 제곱 1단과 구고차를 구현화에 곱한 적 2단이다.「제189문을 보라.」그러므로 구고차의 제곱을 빼고 나머지를 반으로 하여 실이라 하고, 구고차를 법이라고 하여 나누면 구현화를 얻는다. 이것부터 제194문까지는 비록 구하는 바가 다르지만 해법은 서로 같다.
解 餘冪 卽勾股差冪一段 勾股差乘勾弦和積二段「見第一百八十九問」故 内減差冪 餘半之爲實 以差爲法 除 得勾弦和 自此至第一百九十四問 所求雖異 解則並同

☞ **역자 주 1:** 구, 고, 현을 각각 x, y, z라고 하면, 해법에서는 다음과 같이 실 $\{(z+y)^2-(z+x)^2-(y-x)^2\}\div 2$를 법 $y-x$로 나누어 $z+x$(구현화)를 구하고 있다.

$$[\{(z+y)^2-(z+x)^2-(y-x)^2\}\div 2]\div(y-x)=z+x \quad \cdots\cdots ①$$

'해설'에서는 제189문의 '해설' 과정에서 얻은 다음 관계를 이용해서 식 ①이 정

40) '二'는 '一'의 오기

당함을 밝히고 있다.

$$(z+y)^2-(z+x)^2=(y-x)^2+2(z+x)(y-x)$$

실제로 $(z+y)^2-(z+x)^2=672.81$이고 $y-x=4.1$이므로 다음을 얻는다.

$$z+x=[\{(z+y)^2-(z+x)^2-(y-x)^2\}\div 2]\div(y-x)=328\div 4.1=80,$$
$$z+y=(z+x)+(y-x)=80+4.1=84.1,$$

[이제, 제19문의 양화술을 이용해서]

$$x+y+z=\sqrt{2(z+x)(z+y)}=\sqrt{13,456}=116,$$
$$x=(x+y+z)-(z+y)=116-84.1=31.9,$$
$$y=(x+y+z)-(z+x)=116-80=36$$

☞ **역자 주 2:** 구, 고, 현을 각각 x, y, z라고 하면 다음 관계가 성립한다.

$(z+y)^2-(z+x)^2=672.81$ ……①, $y-x=4.1$ ……②,

$z^2=x^2+y^2$ ……③

② → ①: $x+z=80$ ……④

②,④ → : $x^2+168.2x-6,383.19=0$,

$x=31.9$ ……⑤

⑤→②,④: $y=x+4.1=36$, $z=80-x=48.1$

【193】 구고화의 제곱을 구현화의 제곱에서 뺀 나머지는 759.99자이다. 다만, 고현차는 4자 9치라고 한다. 구, 고, 현을 묻는다.
勾股和冪減勾弦和冪 餘七百五十九尺九九 只云股弦差四尺九寸 問勾股弦

답 구 23자 1치, 고 52자, 현 56자 9치
答 勾二十三尺一寸 股五十二尺 弦五十六尺九寸

해법 두 제곱의 차[구고화의 제곱을 구현화의 제곱에서 뺀 나머지]에서 고현차의 제곱을 뺀 나머지를 반으로 하여 실이라 하고, 고현차를 법으로 하여 실을 나누면 구고화를 얻는다. 고현차를 더하면 곧 구현화이다. 앞의 양화술을 이용한다.
術曰 餘冪 內減差冪 餘半之 爲實 以差爲法 除實 得勾股和 加差 卽勾弦和

用前兩和術

☞ **역자 주:** 구, 고, 현을 각각 x, y, z라고 하면, '해법'에서는 다음과 같이 실 $\{(z+x)^2-(y+x)^2-(z-y)^2\}\div 2$를 법 $z-y$로 나누어 $y+x$(구고화)를 구하고 있다.

$$[\{(z+x)^2-(y+x)^2-(z-y)^2\}\div 2]\div(z-y)=y+x$$

실제로 $(z+x)^2-(y+x)^2=759.99$이고 $z-y=4.9$이므로, 다음을 얻는다.

$$y+x=[\{(z+x)^2-(y+x)^2-(z-y)^2\}\div 2]\div(z-y)$$
$$=367.99\div 4.9=75.1,$$
$$z+x=(z-y)+(y+x)=4.9+75.1=80$$

[이제, 제20문의 양화술을 이용해서]

$$(z+x)^2-(y+x)^2=2\{(z+x)-(y+x)\}x+x^2,$$
$$759.99=9.8x+x^2,\quad \text{즉}\quad x^2+9.8x-759.99=0,$$
$$x=23.1,$$
$$y=(y+x)-x=75.1-23.1=52,$$
$$z=(z+x)-x=80-23.1=56.9$$

☞ **역자 주 2:** 구, 고, 현을 각각 x, y, z라고 하면 다음 관계가 성립한다.

$$(z+x)^2-(y+x)^2=759.99 \cdots\cdots ①,\quad z-y=4.9 \cdots\cdots ②,$$
$$z^2=x^2+y^2 \cdots\cdots ③$$

①,② → : $(x+y+4.9)^2-(y+x)^2=759.99,\quad 9.8(x+y)=735.98,$

$x+y=75.1 \cdots\cdots ④$

②,④→③: $y^2-160y+5,616=0,$

$y=52 \cdots\cdots ⑤$

⑤→②,④: $z=y+4.9=56.9,\quad x=75.1-y=23.1$

【194】 고현화의 제곱에서 구고화의 제곱을 뺀 나머지는 5064.83자이다. 다만, 구현차는 36자 1치라고 한다. 구, 고, 현을 묻는다.

勾[41]弦和冪 內減勾股和冪 餘五千零六十四尺八三 只云勾弦差三十六尺一寸 問勾股弦

답 구 8자 4치, 고 43자 7치, 현 44자 5치

答 勾八尺四寸 股四十三尺七寸 弦四十四尺五寸

해법 두 제곱의 차[고현화의 제곱에서 구고화의 제곱을 뺀 나머지]에서 구현차의 제곱을 뺀 나머지를 반으로 하여 실이라 하고, 구현차를 법이라 하여 실을 나누면 구고화를 얻는다. 구현차를 더하면 곧 고현화이다. 앞의 양화술을 이용한다.

術曰 餘冪 内減 差冪 餘半之 爲實 以差爲法 除實 得勾股和 加差 卽股弦和 用前兩和術

☞ **역자 주 1:** 구, 고, 현을 각각 x, y, z라고 하면, '해법'에서는 다음과 같이 실 $\{(z+x)^2-(y+x)^2-(z-y)^2\}\div 2$를 법 $z-y$로 나누어 $y+x$(구고화)를 구하고 있다.

$$[\{(z+y)^2-(y+x)^2-(z-x)^2\}\div 2]\div(z-x)=y+x$$

실제로 $(z+y)^2-(y+x)^2=5,064.83$이고 $z-x=36.1$이므로, 다음을 얻는다.

$$y+x=[\{(z+y)^2-(y+x)^2-(z-x)^2\}\div 2]\div(z-x)$$
$$=1880.81\div 36.1=52.1,$$
$$z+y=(z-x)+(y+x)=36.1+52.1=88.2$$

[이제, 제21문의 양화술을 이용해서]

$$(z+y)^2-(y+x)^2=2\{(z+y)-(y+x)\}y+y^2,$$
$$5,064.83=72.2y+y^2, \quad \text{즉} \quad y^2+72.2y-5,064.83=0,$$
$$y=43.7,$$
$$x=(y+x)-y=52.1-43.7=8.4,$$
$$z=(z+y)-y=88.2-43.7=44.5$$

☞ **역자 주 2:** 구, 고, 현을 각각 x, y, z라고 하면 다음 관계가 성립한다.

$$(z+y)^2-(y+x)^2=5,064.83 \cdots\cdots①, \quad z-x=36.1 \cdots\cdots②$$
$$z^2=x^2+y^2 \quad \cdots\cdots③$$

② → ①: $(x+y+36.1)^2-(y+x)^2=5,064.83, \quad 72.2(x+y)=3761.62,$

41) '勾'는 '股'의 오기

$x+y=52.1$……④

②,④→③: $(x+36.1)^2=x^2+(52.1-x)^2$,

$x^2-176.4x+1411.2=0$,

$x=8.4$ ……⑤

⑤ → ④: $y=52.1-8.4=43.7$ ……⑥

⑤ → ②: $z=x+36.1=44.5$

【195】 구현화의 제곱과 고현화의 제곱을 더한 합은 9,198.41자이다. 다만, 구고화는 51자 1치라고 한다. 구, 고, 현을 묻는다.
勾弦和冪倂股弦和冪 共九千一百九十八尺四一 只云勾股和五十一尺一寸 問勾股弦

답 구 12자, 고 39자 1치, 현 40자 9치
答 勾十二尺 股三十九尺一寸 弦四十尺九寸

해법 두 제곱[구현화의 제곱과 고현화의 제곱]의 합을 실이라 하고, 구고화의 2배를 종이라 하며, 3을 우라고 하자. 평방을 풀면 현을 얻는다. 현이 있고 구고화가 있으므로, 이를 이용해서 구고차를 구하는 방법이다.
術曰 共冪爲實 倍勾股和爲從 三爲隅 平方開 得弦 用有弦 有勾股和 求勾股差法

해설 두 제곱[구현화의 제곱과 고현화의 제곱]의 합은 곧 현의 제곱 3단 및 「구의 제곱과 고의 제곱을 합하면 현의 제곱이 되고, 또 양 제곱에는 각각 현의 제곱이 1단씩 있다. 그러므로 3단이다.」 구와 현을 서로 곱한 적과 고와 현을 서로 곱한 적 각 2단이다. 이를 이어서 직사각형을 만들면, 그 길이는 곧 현의 3배와 구고화의 2배이고 그 너비는 곧 현의 1배이다. 그러므로 구고화의 2배를 종이라 하고 3을 우라고 하여 평방을 풀면 현을 얻는다.
解 共冪 卽弦冪三段「勾冪股冪共 爲弦冪 又兩冪 各有弦冪一段 故爲三段」 勾弦相乘積 股弦相乘積 各二段 聯成長方形 則其長卽三弦二和

其闕卽一弦 故倍和爲從 以三爲隅 開平方 得弦也

☞ **역자 주 1:** 구, 고, 현을 각각 x, y, z라고 하면, '해법'에서는 실이 $(z+x)^2+(z+y)^2$이고 종이 $2(y+x)$이며 3인 우인 평방을 풀어 z(현)를 구하고 있다. 즉, z에 관한 다음 이차 방정식을 풀고 있다.

$$(z+x)^2+(z+y)^2=2(y+x)z+3z^2 \quad \cdots\cdots ①$$

'해설'에서는 식 ①의 정당성을 다음과 같이 밝히고 있다.

$$(z+x)^2+(z+y)^2=(z^2+x^2+2zx)+(z^2+y^2+2zy)$$
$$=2zy+2zx+z^2+z^2+x^2+y^2=2(y+x)z+3z^2$$

실제로 $(z+x)^2+(z+y)^2=9,198.41$이고 $x+y=51.1$이므로, 다음을 얻는다.

$$9,198.41=102.2z+3z^2, \quad \text{즉} \quad 3z^2+102.2z-9,198.41=0$$
$$z=40.9,$$

[이제, 第5문의 해법을 이용해서]

$$y-x=\sqrt{2z^2-(y+x)^2}=\sqrt{3,345.62-2,611.21}=\sqrt{734.41}=27.1,$$
$$y=\frac{(y+x)+(y-x)}{2}=\frac{51.1+27.1}{2}=39.1,$$
$$x=\frac{(y+x)-(y-x)}{2}=\frac{51.1-27.1}{2}=12$$

☞ **역자 주 2:** 구, 고, 현을 각각 x, y, z라고 하면 다음 관계가 성립한다.

$$(z+x)^2+(z+y)^2=9,198.41 \ \cdots\cdots ①, \quad x+y=51.1 \ \cdots\cdots ②,$$
$$z^2=x^2+y^2 \ \cdots\cdots ③$$

② → ①: $2x^2-102.2x=6,587,2-(2z^2+102.2z)$ ……④

② → ③: $2x^2-102.2x=z^2-2,611.21$ ……⑤

④ = ⑤: $3z^2+102,2z-9,198.41=0,$

$z=40.9$ ……⑥

⑥ → ⑤: $2x^2-102.2x+938.4=0,$

$x=12, \quad y=51.1-x=39.1$

【196】 구고화의 제곱과 현의 제곱을 더한 합은 7,079.54자이다. 다만, 구는 21자 7치이다. 고와 현을 묻는다.
勾股和冪倂弦冪 共七千零七十九尺五四 只云勾二十一尺七寸 問股弦

답 고 45자 6치, 현 50자 5치
答 股四十五尺六寸 弦五十尺五寸

해법 두 제곱[구고화의 제곱과 현의 제곱]의 합의 절반에서 구의 제곱을 빼서 실이라 하고, 구를 종이라 하며, 1을 우라고 하자. 평방을 풀면 고를 얻는다. 구, 고, 현을 써서 서로 구하는 방법이다.
術曰 共冪折半 内減勾冪 爲實 以勾爲從 一爲隅 平方開 得股 用勾股弦相求法

해설 두 제곱[구고화의 제곱과 현의 제곱]의 합의 절반에서 구의 제곱을 뺀 나머지는 고의 제곱 및 구와 고를 서로 곱한 적이 각각 1단이다. 「두 제곱의 합은 곧 현의 제곱과 구와 고를 서로 곱한 적이 각각 2단이다. 반으로 나누면 각각 1단을 얻는다. 구의 제곱을 빼면 곧 현의 제곱은 변하여 고의 제곱이 된다.」 그 너비는 곧 구이고 그 길이는 곧 구고화이며 길이와 너비의 차는 구이다. 그러므로 구를 종이라 하여 평방을 풀면 고를 얻는다. 제197문은 이와 같다.
解 共冪折半 内減勾冪 餘爲股冪 勾股相乘積 各一段「共冪 卽弦冪 勾股相乘積 各二段 折半 得各一段 内減勾冪 則弦冪變爲股冪也」其闊 卽勾 其長 卽勾股和 而長闊之較爲勾 故以勾爲從 開平方 得股也 第一百九十七問同

☞ **역자 주 1:** 구, 고, 현을 각각 x, y, z라고 하면, '해법'에서는 실이 $\{(y+x)^2+z^2\}\div 2-x^2$이고 종이 x이며 우가 1인 평방을 풀어 y(고)를 구하고 있다. 즉, y에 관한 다음 이차 방정식을 풀고 있다.

$$\{(y+x)^2+z^2\}\div 2-x^2=xy+y^2 \quad \cdots\cdots ①$$

'해설'에서는 식 ①의 정당성을 다음과 같이 밝히고 있다.

$$\{(y+x)^2+z^2\}\div 2-x^2=(y^2+x^2+2yx+z^2)\div 2-x^2=(2z^2+2yx)\div 2-x^2$$

$$= yx + z^2 - x^2 = xy + y^2$$

실제로 $(y+x)^2 + z^2 = 7,079.54$이고 $x = 21.7$이므로, 실은 $\{(y+x)^2 + z^2\} \div 2 - x^2 = 3,068.88$이고 다음을 얻는다.

$$3,068.88 = 21.7y + y^2, \quad \text{즉} \quad y^2 + 21.7y - 3,068.88 = 0,$$
$$y = 45.6,$$
$$z = \sqrt{x^2 + y^2} = \sqrt{2,550.25} = 50.5$$

☞ **역자 주 2:** 구, 고, 현을 각각 x, y, z라고 하면 다음 관계가 성립한다.

$(y+x)^2 + z^2 = 7,079.54$ ……①, $x = 21.7$ ……②, $z^2 = x^2 - y^2$ ……③

② → ③ : $z^2 = y^2 + 470.89$ ……④

② → ① : $z^2 = 6,608.65 - y^2 - 43.4y$ ……⑤

④ = ⑤ : $2y^2 + 43.4y - 6,137.76 = 0$,

$y = 45.6$ ……⑥

⑥ → ⑤ : $z^2 = y^2 + 470.89 = 2,550.25 = 50.5^2$, $z = 50.5$

【197】 구고화의 제곱과 현의 제곱을 더한 합은 7,960.58자이다. 다만, 고는 53자 2치라고 한다. 구와 현을 묻는다.

勾股和冪倂弦冪 共七千九百六十尺五八 只云股五十三尺二寸 問勾弦

답 구 16자 5치, 현 55자 7치

答 勾十六尺五寸 弦五十五尺七寸

해법 두 제곱〔구고화의 제곱과 현의 제곱〕의 합의 절반에서 고의 제곱을 뺀 나머지를 실이라 하고, 고를 종이라 하며, 1을 우라고 하자. 평방을 풀면 구를 얻는다. 앞의 해법을 이용한다.

術曰 共冪折半 内減股冪爲實 以股爲從 一爲隅 平方開 得勾 用上術

☞ **역자 주 1:** 구, 고, 현을 각각 x, y, z라고 하면, '해법'에서는 실이 $\{(y+x)^2 + z^2\} \div 2 - x^2$이고 종이 y이며 우가 1인 평방을 풀어 x(구)를 구하고 있다. 즉, x에 관한 다음 이차 방정식을 풀고 있다.

$\{(y+x)^2+z^2\}\div 2-y^2=yx+x^2$

이 식의 정당성은 제196문에서와 같은 방법으로 밝힐 수 있다.

실제로 $(y+x)^2+z^2=7,960.58$이고 $y=53.2$이므로, 실은 $\{(y+x)^2+z^2\}\div 2-y^2=1,150.05$이고 다음을 얻는다.

$1,150.05=53.2x+x^2$, 즉 $x^2+53.2x-1,150.05=0$,
$x=16.5$,
$z=\sqrt{x^2+y^2}=55.7$

☞ **역자 주 2:** 구, 고, 현을 각각 x, y, z라고 하면 다음 관계가 성립한다.

$(y+x)^2+z^2=7,960.58$ ……①, $y=53.2$ ……②, $z^2=x^2+y^2$ ……③

② → ①: $z^2=5,130.34-x^2-106.4x$ ……④

② → ③: $z^2=x^2+2,830.24$ ……⑤

④ = ⑤: $2x^2+106.4x-2,300.1=0$,
$x=16.5$ ……⑥

⑥ → ⑤: $z=55.7$

【198】 구고화의 제곱과 현의 제곱을 더한 합은 4,634.18자이다. 다만, 구고차는 9자 7치라고 한다. 구, 고, 현을 묻는다.
勾股和羃倂弦羃 共四千六百三十四尺一八 只云勾股差九尺七寸 問勾股弦

답 구 22자 8치, 고 32자 5치, 현 39자 7치
答 勾二十二尺八寸 股三十二尺五寸 弦三十九尺七寸

해법 두 제곱〔구고화의 제곱과 현의 제곱〕의 합의 절반에서 구고차의 제곱을 뺀 나머지를 실이라 하고, 구고차의 3배를 종이라 하며, 3을 우라고 하자. 평방을 풀면 구를 얻는다. 구고차를 더하면 곧 고이다. 앞의 해법을 이용한다.
術曰 共羃折半 内減差羃 餘爲實 三因差爲從 三爲隅 平方開 得勾 加差 卽股 用上術

해설 두 제곱〔구고화의 제곱과 현의 제곱〕의 합의 절반에서 구고차의 제곱을 뺀 나머지는 구와 고를 서로 곱한 적 3단이다. 「두 제곱의 합의 절반은 현의 제곱과 구와 고를 서로 곱한 적 각 1단이다. 또 빼는 구고차의 제곱은 곧 변하여 현의 제곱 및 구와 고를 서로 곱한 적 2단이 된다. 그러므로 전체는 3단이다.」 그러므로 구고차의 3배를 종이라 하고 3을 우로 하여 평방을 풀면 구를 얻는다.

解 共冪折半 内減差冪 餘爲勾股相乘積三段「共冪折半 爲弦冪 勾股相乘積 各一段 而又減差冪 則弦冪變 爲勾股相乘積二段 故共爲三段也」故三因差爲從 三爲隅 開平方 得勾也

☞ **역자 주 1:** 구, 고, 현을 각각 x, y, z라고 하면, '허법'에서는 실이 $\{(y+x)^2+z^2\}\div 2-(y-x)^2$이고 종이 $3(y-x)$이며 우가 3인 평방을 풀어 x(구)를 구하고 있다. 즉, x에 관한 다음 이차 방정식을 풀고 있다.

$$\{(y+x)^2+z^2\}\div 2-(y-x)^2=3(y-x)x+3x^2 \quad \cdots\cdots①$$

'해설'에서는 식 ①의 정당성을 다음과 같이 밝히고 있다.

$$\{(y+x)^2+z^2\}\div 2-(y-x)^2=z^2+yx-(y^2+x^2-2yx)$$
$$=z^2+yx-(z^2-2yx)=3yx=3(y-x)x+3x^2$$

실제로 $(y+x)^2+z^2=4,634.18$이고 $y-x=9.7$이므로, 실은 $\{(y+x)^2+z^2\}\div 2-(y-x)^2=2,223$이고 다음을 얻는다.

$$2,223=29.1x+3x^2, \quad 즉 \quad 3x^2+29.1x-2,223=0,$$
$$x=22.8,$$
$$y=x+9.7=32.5, \quad z=\sqrt{x^2+y^2}=39.7$$

☞ **역자 주 2:** 구, 고, 현을 각각 x, y, z라고 하면 다음 관계가 성립한다.

$(y+x)^2+z^2=4,634.18$ ……①, $y-x=9.7$ ……②, $z^2=x^2+y^2$ ……③

② → ①: $z^2=4,540.09-4x^2-38.8x$ ……④

② → ③: $z^2=2x^2+19.4x+94.09$ ……⑤

④ = ⑤: $6x^2+58.2x-4.446=0,$

$x=22.8$ ……⑥

⑥ → ⑤: $z^2 = 1,576.09 = 39.7^2$, $z = 39.7$,
$y = x + 9.7 = 32.5$

【199】 구현화의 제곱과 고의 제곱을 더한 합은 3,789자이다. 다만, 구는 2자 9치이라고 한다. 고와 현을 묻는다.
勾弦和羃併股羃 共三千七百八十九尺 只云勾二尺九寸 問股弦

답 고 42자, 현 42자 1치
答 股四十二尺 弦四十二尺一寸

해법 두 제곱[구현화의 제곱과 고의 제곱]의 합의 절반을 실이라 하고, 구를 종이라 하며, 1을 우라고 하자, 평방을 풀면 현을 얻는다. 앞의 해법을 이용한다.
術曰 共羃折半爲實 以勾爲從 一爲隅 平方開 得弦 用上術

해설 두 제곱[구현화의 제곱과 고의 제곱]의 합의 절반은 곧 현의 제곱 및 구와 현을 서로 곱한 적이 각각 1단이다.「구의 제곱은 고의 제곱과 합해져서 또한 현의 제곱이 된다.」그 너비는 곧 현이고 그 길이는 곧 구현화이며, 길이와 너비의 차는 구이다. 그러므로 구를 종이라 하고 평방을 풀면 현을 얻는다.
解 共羃折半 則爲弦羃 勾弦相乘積 各一段「勾羃 得股羃 亦爲弦羃也」其闊卽弦 其長卽勾弦和 而長闊之較 爲勾 故以勾爲從 開平方 得弦也

☞ **역자 주 1:** 구, 고, 현을 각각 x, y, z라고 하면, '해법'에서는 실이 $\{(z+x)^2 + y^2\} \div 2$이고 종이 x(구)이며 우가 1인 평방을 풀어 z(현)를 구하고 있다. 즉, z에 관한 다음 이차 방정식을 풀고 있다.

$$\{(z+x)^2 + y^2\} \div 2 = xz + z^2 \quad \cdots\cdots ①$$

'해설'에서는 식 ①의 정당성을 다음과 같이 밝히고 있다.

$$\{(z+x)^2 + y^2\} \div 2 = (z^2 + x^2 + 2zx + y^2) \div 2 = (2zx + 2z^2) \div 2 = xz + z^2$$

실제로 $(z+x)^2 + y^2 = 3,789$이고 $x = 2.9$이므로, 실은 $\{(z+x)^2 + y^2\} \div 2$

$=1894.5$이며 다음을 얻는다.

$$1,894.5=2.9z+z^2, \quad \text{즉} \quad z^2+2.9z-1,894.5=0,$$
$$z=42.1,$$
$$y=\sqrt{z^2-x^2}=42$$

☞ **역자 주 2:** 구, 고, 현을 각각 x, y, z라고 하면 다음 관계가 성립한다.

$$(z+x)^2+y^2=3,789 \cdots\cdots①, \quad x=2.9 \cdots\cdots②, \quad z^2=x^2+y^2 \cdots\cdots③$$

② → ①: $y^2=3,780.59-z^2-5,8z$ ……④

② → ③: $y^2=z^2-8.41$ ……⑤

④ = ⑤: $2z^2+5,8z-3,789=0,$

$z=42.1$ ……⑥

⑥ → ⑤: $y=42$

【200】 구현화의 제곱과 고의 제곱을 더한 합은 2,485.28자이다. 다만, 현은 31자 7치이다. 구와 고를 묻는다.
勾弦和冪倂股冪 共二千四百八十五尺二八 只云弦三十一尺七寸 問勾股

답 구 7자 5치, 고 30자 8치
答 勾七尺五寸 股三十尺八寸

해법 두 제곱[구현화의 제곱과 고의 제곱]의 합의 절반에서 현의 제곱을 빼서 실이라 하고, 현을 법이라 하여 실을 나누면 구를 얻는다.
術曰 共冪折半 内減弦冪爲實 以弦爲法 除實 得勾

해설 두 제곱[구현화의 제곱과 고의 제곱]의 합의 절반은 곧 현의 제곱 및 구와 현을 서로 곱한 적이 각각 1단이다. 현의 제곱을 뺀 나머지는 구와 현을 서로 곱한 적이다. 그러므로 현으로 나누면 구를 얻는다.
解 共冪折半 則爲弦冪 勾弦相乘積 各一段 減去弦冪 餘爲勾弦相乘積 故以弦除 得勾也

☞ **역자 주 1:** 구, 고, 현을 각각 x, y, z라고 하면, '해법'에서는 다음과 같이 실 $\{(z+x)^2+y^2\}\div 2-z^2$을 법 z로 나누어 x를 구하고 있다.

$$[\{(z+x)^2+y^2\}\div 2-z^2]\div z=x \quad \cdots\cdots ①$$

'해설'에서는 식 ①의 정당성을 다음과 같이 밝히고 있다.

$$[\{(z+x)^2+y^2\}\div 2-z^2]\div z=\{(z^2+x^2+2zx+y^2)\div 2-z^2\}\div z$$
$$=\{(2z^2+2zx)\div 2-z^2\}\div z=zx\div z=x$$

실제로 $(z+x)^2+y^2=2,485.28$이고 $z=31.7$이므로, 실은 $\{(z+x)^2+y^2\}\div 2-z^2=237.75$이고 다음을 얻는다.

$$x=[\{(z+x)^2+y^2\}\div 2-z^2]\div z=237.75\div 31.7=7.5,$$
$$y=\sqrt{z^2-x^2}=30.8$$

☞ **역자 주 2:** 구, 고, 현을 각각 x, y, z라고 하면 다음 관계가 성립한다.

$(z+x)^2+y^2=2,485.28$ ……①, $z=31.7$ ……②, $z^2=x^2+y^2$ ……③

② → ①: $y^2=1,480.39-x^2-63.4x$ ……④

② → ③: $y^2=1,004.89-x^2$ ……⑤

④ = ⑤: $63.4x-475.5=0$, $x=7.5$ ……⑥

⑥ → ⑤: $y=30.8$

【201】 구현화의 제곱과 고의 제곱을 더한 합은 4,925.44자이다. 다만, 구현차는 45자라고 한다. 구, 고, 현을 묻는다

勾弦和冪併股冪 共四千九百二十五尺四四 只云勾弦差四十五尺 問勾股弦

답 구 3자 1치, 고 48자, 현 48자 1치

答 勾三尺一寸 股四十八尺 弦四十八尺一寸

해법 두 제곱[구현화의 제곱과 고의 제곱]의 합의 절반을 실이라 하고, 구현차를 부종이라 하며, 2를 정우라고 하자. 평방을 풀면 현을 얻는다.

術曰 共冪折半爲實 以差爲負從 以二爲正隅 平方開 得弦

해설 두 제곱〔구현화의 제곱과 고의 제곱〕의 합의 절반은 곧 현의 제곱 및 구와 현을 서로 곱한 적이 각각 1단이다. 그 길이는 곧 현의 2배보다 구현차만큼 작고, 그 너비는 곧 현이다. 그러므로 구현차를 부종이라 하고 2를 정우라 하여 평방을 풀면 현을 얻는다.

解 共冪折半 則爲弦冪 勾弦相乘積 各一段 其長 卽二弦 内少勾弦差 其闊 卽弦 故以差爲負從 二爲正隅 開平方 得弦

☞ **역자 주 1:** 구, 고, 현을 각각 x, y, z라고 하면, '해법'에서는 실이 $\{(z+x)^2+y^2\}\div 2$이고 부종이 $z-x$이며 정우가 2인 평방을 풀어 z(현)를 구하고 있다. 즉, z에 관한 다음 이차 방정식을 풀고 있다.

$$\{(z+x)^2+y^2\}\div 2=-(z-x)z+2z^2 \quad \cdots\cdots ①$$

'해설'에서는 식 ①의 정당성을 다음과 같이 밝히고 있다.

$$\{(z+x)^2+y^2\}\div 2=(z+x)z=\{-(z-x)+2z\}z=-(z-x)z+2z^2$$

실제로 $(z+x)^2+y^2=4,925.44$이고 $z-x=45$이므로, 실은 $\{(z+x)^2+y^2\}\div 2=2,462.72$이고 다음을 얻는다.

$$2,462.72=-45z+2z^2, \quad \text{즉} \quad 2z^2-45z-2,462.72=0,$$
$$z=48.1,$$
$$x=z-45=3.1, \quad y=\sqrt{z^2-x^2}=48$$

☞ **역자 주 2:** 구, 고, 현을 각각 x, y, z라고 하면 다음 관계가 성립한다.

$$(z+x)^2+y^2=4,925.44 \ \cdots\cdots ①, \quad z-x=45 \ \cdots\cdots ②, \quad z^2=x^2+y^2 \ \cdots\cdots ③$$

② → ①: $y^2=2,900.44-4x^2-180x$ ……④

② → ③: $y^2=90x+2,025$ ……⑤

④ = ⑤: $x^2+67.5x-218.86=0,$

$x=3.1$ ……⑥

⑥ → ⑤: $y^2=2,304=48^2, \quad y=48, \quad z=x+45=48.1$

【202】 고현화의 제곱과 구의 제곱을 더한 합은 4,212.50자이다. 다만, 고는 28자 8치이다. 구와 현을 묻는다.

股弦和冪併勾冪 共四千二百十二尺五◯ 只云股二十八尺八寸 問勾弦

답 구 17자 5치, 현 33자 7치
答 勾十七尺五寸 弦三十三尺七寸

해법 두 제곱[고현화의 제곱과 구의 제곱]의 합의 절반을 실이라 하고, 고를 종이라 하며, 1을 우라고 하자. 평방을 풀면 현을 얻는다.
術曰 共冪折半爲實 以股爲從 一爲隅 平方開 得弦

해설 이것부터 제204문까지는 제199문부터 제201문까지와 서로 같다.
解 自此至第二百四問 與第一百九十九問 至第二百一問同

☞ **역자 주 1:** 구, 고, 현을 각각 x, y, z라고 하면, '해법'에서는 실이 $\{(z+y)^2+x^2\}\div 2$이고 종이 y이며 우가 1인 평방을 풀어 z(현)를 구하고 있다. 즉, z에 관한 다음 이차 방정식을 풀고 있다.

$$\{(z+y)^2+x^2\}\div 2=xz+2z^2$$

실제로 $(z+y)^2+x^2=4,212.50$이고 $y=28.8$이므로, 실은 $\{(z+y)^2+x^2\}\div 2=2,106.25$이고 다음을 얻는다.

$$2,106.25=28.8z+z^2,\quad \text{즉}\quad z^2+28.8z-2,106.25=0,$$
$$z=33.7,$$
$$x=\sqrt{z^2-y^2}=17.5$$

☞ **역자 주 2:** 구, 고, 현을 각각 x, y, z라고 하면 다음 관계가 성립한다.

$$(z+y)^2+x^2=4,212.50\ \cdots\cdots①,\quad y=28.8\ \cdots\cdots②,$$
$$z^2=x^2+y^2\ \cdots\cdots③$$

② → ①: $x^2=3,383,06-57.6z-z^2$ ……④

② → ③: $x^2=z^2-829.44$ ……⑤

④ = ⑤: $2z^2+57.6z-4,212.5=0,$

$z=33.7$ ……⑥

⑥ → ⑤: $x^2=17.5^2,\quad x=17.5$

【203】 고현화의 제곱과 구의 제곱을 더한 합은 4,412.50자이다. 다만, 현은 35자 3치이다. 구와 고를 묻는다.
股弦和冪倂勾冪 共四千四百十二尺五○ 只云弦三十五尺三寸 問勾股

답 구 22자 5치, 고 27자 2치
答 勾二十二尺五寸 股二十七尺二寸

해법 두 제곱〔고현화의 제곱과 구의 제곱〕의 합의 절반에서 현의 제곱을 빼서 실이라 하고, 현을 법으로 하여 실을 나누면 고를 얻는다.
術曰 共冪折半 內減弦冪爲實 以弦爲法 除實 得股

☞ **역자 주 1:** 구, 고, 현을 각각 x, y, z라고 하면, '해법'에서는 다음과 같이 실 $\{(z+y)^2+x^2\}\div 2-z^2$을 법 z로 나누어 y를 구하고 있다.

$$[\{(z+y)^2+x^2\}\div 2-z^2]\div z=y$$

실제로 $(z+y)^2+x^2=4,412.50$이고 $z=35.3$이므로, 실은 $\{(z+y)^2+x^2\}\div 2-z^2=960.16$이고 다음을 얻는다.

$$y=[\{(z+y)^2+x^2\}\div 2-z^2]\div z=960.16\div 35.3=27.2,$$
$$x=\sqrt{z^2-y^2}=22.5$$

☞ **역자 주 2:** 구, 고, 현을 각각 x, y, z라고 하면 다음 관계가 성립한다.

$(z+y)^2+x^2=4,412.50$ ……①, $z=35.3$ …… ②, $z^2=x^2+y^2$ ……③

② → ③: $x^2=1,246.09-y^2$ ……④

② → ①: $x^2=3,166.41-y^2-70.6y$ ……⑤

⑤ = ④: $70.6y-1,920.32=0$,

$y=27.2$ ……⑥

⑥ → ⑤: $x^2=506.25=22.5^2$, $x=22.5$

【204】 고현화의 제곱과 구의 제곱을 더한 합은 3,525.80자이다. 다만, 고현차는 3자 2치이다. 구, 고, 현을 묻는다.
股弦和冪倂勾冪 共三千五百二十五尺八○ 只云股弦差三尺二寸 問勾股弦

답 구 13자 6치, 고 27자 3치, 현 30자 5치
答 勾十三尺六寸 股二十七尺三寸 弦三十尺五寸

해법 두 제곱〔고현화의 제곱과 구의 제곱〕의 합의 절반을 실이라 하고, 고현차를 부종이라 하며, 2를 정우라고 하자. 평방을 풀면 현을 얻는다.
術曰 共冪折半爲實 以差爲負從 以二爲正隅 平方開 得弦

☞ **역자 주 1:** 구, 고, 현을 각각 x, y, z라고 하면, '해법'에서는 실이 $\{(z+y)^2+x^2\}\div 2$이고 부종이 $z-y$이며 정우가 2인 평방을 풀어 z(현)를 구하고 있다. 즉, z에 관한 다음 이차 방정식을 풀고 있다.

$$\{(z+y)^2+x^2\}\div 2=-(z-y)z+2z^2$$

실제로 $(z+y)^2+x^2=3,525.80$이고 $z-y=3.2$이므로, 실은 $\{(z+x)^2+y^2\}\div 2=1,762.9$이고 다음을 얻는다.

$$1,762.9=-3.2z+2z^2, \quad \text{즉} \quad 2z^2-3.2z-1,762.9=0,$$
$$z=30.5,$$
$$y=z-3.2=27.3, \quad x=\sqrt{z^2-y^2}=13.6$$

☞ **역자 주 2:** 구, 고, 현을 각각 x, y, z라고 하면 다음 관계가 성립한다.

$$(z+y)^2+x^2=3,525.80 \cdots\cdots ①, \quad z-y=3.2 \cdots\cdots ②, \quad z^2=x^2+y^2 \cdots\cdots ③$$

② → ③: $x^2=6.4y+10.24 \cdots\cdots ④$

② → ①: $x^2=3,515.56-4y^2-12.8y \cdots\cdots ⑤$

$4y^2+19.2y-3.505.32=0,$

$y=27.3 \cdots\cdots ⑥$

⑥→②,⑤: $z=30.5, \quad x=13$

【205】 구현화의 제곱에서 고의 제곱을 뺀 나머지는 2,100자이다. 다만, 구는 16자 8치라고 한다. 고와 현을 묻는다.
勾弦和冪内減股冪 餘二千一百尺 只云勾十六尺八寸 問股弦

답 고 42자 5치, 현 45자 7치
答 股四十二尺五寸 弦四十五尺七寸

해법 두 제곱의 차[구현화의 제곱에서 고의 제곱을 뺀 나머지]의 절반에서 구의 제곱을 뺀 나머지를 실이라 하고, 구를 법으로 하여 실을 나누면 현을 얻는다.
術曰 餘羃折半 內減勾羃 爲實 以勾爲法 除實 得弦

해설 두 제곱의 차[구현화의 제곱에서 고의 제곱을 뺀 나머지]의 절반은 곧 구의 제곱과 구와 현을 서로 곱한 적이 각각 1단이다. 또, 구의 제곱을 뺀 나머지는 구와 현을 서로 곱한 적이다. 그러므로 구로 나누면 현이 된다.
解 餘羃折半 則爲勾羃 勾弦相乘積 各一段 又減勾羃 餘爲勾弦相乘積 故以勾除 得弦也

☞ **역자 주 1:** 구, 고, 현을 각각 x, y, z라고 하면, '해법'에서는 다음과 같이 실 $\{(z+x)^2-y^2\}\div 2-x^2$을 법 x로 나누어 z를 구하고 있다.

$$[\{(z+x)^2-y^2\}\div 2-x^2]\div x=z \quad \cdots\cdots①$$

'해설'에서는 식 ①의 정당성을 다음과 같이 밝히고 있다.

$$[\{(z+x)^2-y^2\}\div 2-x^2]\div x=\{(z^2+x^2+2zx-y^2)\div 2-x^2\}\div x$$
$$=\{(2x^2+2zx)\div 2-x^2\}\div x=zx\div x=z$$

실제로 $(z+x)^2-y^2=2,100$이고 $x=16.8$이므로, 실은 $\{(z+x)^2-y^2\}\div 2-x^2=767.76$이고 다음을 얻는다.

$$z=[\{(z+x)^2-y^2\}\div 2-x^2]\div x=767.76\div 16.8=45.7,$$
$$y=\sqrt{z^2-x^2}=42.5$$

☞ **역자 주 2:** 구, 고, 현을 각각 x, y, z라고 하면 다음 관계가 성립한다.

$(z+x)^2-y^2=2,100$ ……①, $x=16.8$ ……②, $z^2=x^2+y^2$ ……③

② → ③: $y^2=z^2+33.6z1,817.76$ ……④

②,④→③: $y^2=z^2-282.24$ ……⑤

④ = ⑤: $z=45.7$ ……⑥

⑥ → ⑤: $y^2=1,806.25$, $y=42.5$

【206】 구현화의 제곱에서 고의 제곱을 뺀 나머지는 3,775.20자이다. 다만, 현은 77자 3치라고 한다. 구와 고를 묻는다.

勾弦和冪内減股冪 餘三千七百七十五尺二○ 只云弦七十七尺三寸 問勾股

답 구 19자 5치, 고 74자 8치

答 勾十九尺五寸 股七十四尺八寸

해법 두 제곱의 차[구현화의 제곱에서 고의 제곱을 뺀 나머지]의 절반을 실이라 하고, 현을 종이라 하며, 1을 우라고 하자. 평방을 풀면 구를 얻는다.

術曰 餘冪折半爲實 以弦爲從 一爲隅 平方開 得勾

해설 두 제곱의 차[구현화의 제곱에서 고의 제곱을 뺀 나머지]의 절반은 곧 구의 제곱 및 구와 현을 서로 곱한 적이 각각 1단이다. 그 너비는 곧 구이고 그 길이는 곧 구현화이다. 그러므로 현을 종으로 하여 평방을 풀면 구를 얻는다.

解 餘冪折半 則爲勾冪 勾弦相乘積 各一段 其闊 卽勾 其長 卽勾弦和 故以弦爲從 平方開 得勾也

☞ **역자 주 1:** 구, 고, 현을 각각 x, y, z라고 하면, '해법'에서는 실이 $\{(z+x)^2-y^2\}\div 2$이고 종이 z(현)이며 우가 1인 평방을 풀어 x(구)를 구하고 있다. 즉, x에 관한 다음 이차 방정식을 풀고 있다.

$$\{(z+x)^2-y^2\}\div 2=zx+x^2 \quad \cdots\cdots ①$$

'해설'에서는 식 ①의 정당성을 다음과 같이 밝히고 있다.

$$\{(z+x)^2-y^2\}\div 2=(z^2+x^2+2zx-y^2)\div 2=(2zx+2x^2)\div 2=zx+x^2$$

실제로 $(z+x)^2-y^2=3,775.20$이고 $z=77.3$이므로, 실은 $\{(z+x)^2-y^2\}\div 2=1,887.6$이며 다음을 얻는다.

$1,887.6=77.3x+x^2$, 즉 $x^2+77.3x-1,887.6=0$,
$x=19.5$,
$y=\sqrt{z^2-x^2}=74.8$

☞ **역자 주 2:** 구, 구, 고, 현을 각각 x, y, z라고 하면 다음 관계가 성립한다.
$(z+x)^2-y^2=3,775.20$ ……①, $z=77.3$ ……②, $z^2=x^2+y^2$ ……③
② → ③: $y^2=5,975.29-x^2$ ……④
$y^2=2,200.09+x^2+154.6x$ ……⑤
④ = ⑤: $2x^2+154,6x-3,775.2=0$,
$x=19.5$ ……⑥
⑥ → ④: $y^2=5,595.04$, $y=74.8$

【207】 구현화의 제곱에서 고의 제곱을 뺀 나머지는 6,015.24자라고 한다. 다만, 구현차는 20자라고 한다. 구, 고, 현을 묻는다.
勾弦和冪 内減股冪 餘六千零十五尺二四 只云勾弦差二十尺 問勾股弦

답 구 34자 1치, 고 42자, 현 54자 1치
答 勾三十四尺一寸 股四十二尺 弦五十四尺一寸

해법 두 제곱의 차[구현화의 제곱에서 고의 제곱을 뺀 나머지]의 절반을 실이라 하고, 구현차를 종이라 하면, 2를 우라고 하자. 평방을 풀면 구를 얻는다.
術曰 餘冪折半爲實 以差爲從 二爲隅 平方開 得勾

해설 두 제곱의 차[구현화의 제곱에서 고의 제곱을 뺀 나머지]의 절반은 곧 구의 제곱 및 구와 현을 서로 곱한 적이 각각 1단이다. 그 너비는 곧 구이고 그 길이는 곧 구의 2배와 구현차의 1배이다. 그러므로 구현차를 종이라 하고 2를 우라고 하여 평방을 풀면 구를 얻는다.
解 餘冪折半 則爲勾冪 勾弦相乘積 各一段 其闊 卽勾 其長 卽二勾一勾弦差 故以差爲從 二爲隅 平方開 得勾也

☞ **역자 주 1:** 구, 고, 현을 각각 x, y, z라고 하면, '해법'에서는 실이 $\{(z+x)^2-y^2\}\div 2$이고 종이 $z-x$이며 우가 2인 평방을 풀어 x(구)를 구하고 있다. 즉, x에 관한 다음 이차 방정식을 풀고 있다.

$$\{(z+x)^2-y^2\}\div 2=(z-x)x+2x^2 \quad \cdots\cdots ①$$

'해설'에서는 식 ①의 정당성을 다음과 같이 밝히고 있다.

$$\{(z+x)^2+y^2\}\div 2=zx+x^2=\{(z-x)+2x\}x=(z-x)x+2x^2$$

실제로 $(z+x)^2-y^2=6,015.24$이고 $z-x=20$이므로, 실은 $\{(z+x)^2-y^2\}\div 2=3,007.62$이고 다음을 얻는다.

$$3,007.62=20x+2x^2,\quad 즉 \quad 2x^2+20x-3,007.62=0,$$
$$x=34.1,$$
$$z=x+20=54.1,\quad y=\sqrt{z^2-x^2}=42$$

☞ **역자 주 2:** 구, 고, 현을 각각 x, y, z라고 하면 다음 관계가 성립한다.

$$(z+x)^2-y^2=6,015.24 \cdots\cdots ①,\quad z-x=20 \cdots\cdots ②,\quad z^2=x^2+y^2 \cdots\cdots ③$$

② → ①: $y^2=4x^2+80x-5,615.24$ ……④

② → ③: $y^2=40x+400$ ……⑤

④ = ⑤: $x^2+10x-1,503.81=0,$

$x=34.1$ ……⑥

⑥ → ⑤: $y^2=1,764=42^2,\quad y=42,\quad z=x+20=54.1$

【208】 고현화의 제곱에서 구의 제곱을 뺀 나머지는 5,616자이다. 다만, 고는 35자 1치라고 한다. 구와 현을 묻는다.

股弦和冪內減勾冪 餘五千六百十六尺 只云股三十五尺一寸 問勾弦

답 구 28자, 현 44자 9치

答 勾二十八尺 弦四十四尺九寸

해법 두 제곱의 차〔고현화의 제곱에서 구의 제곱을 뺀 나머지〕의 절반에서 고의 제곱을 뺀 나머지를 실이라 하고, 고를 법으로 하여 실을 나누면 현을 얻는다.

術曰 餘冪折半 內減股冪 爲實 以股爲法 除實 得弦

해설 이것부터 제210문까지는 제205문부터 제207문까지와 서로 같다.

解 自此至第二百十問 與第二百五問 至第二百七問同

☞ **역자 주 1:** 구, 고, 현을 각각 x, y, z라고 하면, '해법'에서는 다음과 같이 실 $\{(z+y)^2-x^2\}\div 2-y^2$을 법 y로 나누어 z를 구하고 있다.

$$[\{(z+y)^2-x^2\}\div 2-y^2]\div y=z$$

실제로 $(z+y)^2-x^2=5,616$이고 $y=35.1$이므로, 실은 $\{(z+y)^2-x^2\}\div 2-y^2=1,575.99$이고 다음을 얻는다.

$$z=[\{(z+y)^2-x^2\}\div 2-y^2]\div y=1,575.99\div 35.1=44.9,$$
$$x=\sqrt{z^2-y^2}=28$$

☞ **역자 주 2:** 구, 고, 현을 각각 x, y, z라고 하면 다음 관계가 성립한다.

$(z+y)^2-x^2=5,616$ ……①, $y=35.1$ ……②, $z^2=x^2+y^2$ ……③

② → ③ : $x^2=z^2-1,232.01$ ……④

② → ① : $x^2=z^2+70.2z-4.383.99$ ……⑤

④ = ⑤ : $z^2-1,232.01=z^2+70.2z-4,383.99,$

$70.2z=3,131.98,\quad z=44.9$ ……⑥

⑥ → ⑤ : $x^2=784=28^2,\quad x=28$

【209】 고현화의 제곱에서 구의 제곱을 뺀 나머지는 1,834.56자이다. 다만, 현은 23자 3치라고 한다. 구와 고를 묻는다.

股弦和冪內減勾冪 餘一千八百三十四尺五六 只云弦二十三尺三寸 問勾股

답 구 10자 5치, 고 20자 8치

答 勾十尺五寸 股二十尺八寸

해법 두 제곱의 차〔고현화의 제곱에서 구의 제곱을 뺀 나머지〕의 절반을 실이라 하고, 현을 종이라 하며, 1을 우라고 하자. 평방을 풀면 고를 얻는다.
術曰 餘冪折半爲實 以弦爲從 一爲隅 平方開 得股

☞ **역자 주 1:** 구, 고, 현을 각각 x, y, z라고 하면, '해법'에서는 실이 $\{(z+y)^2-x^2\}\div 2$이고 종이 z이며 우가 1인 평방을 풀어 y(고)를 구하고 있다. 즉, y에 관한 다음 이차 방정식을 풀고 있다.

$$\{(z+y)^2-x^2\}\div 2=zy+y^2$$

실제로 $(z+y)^2-x^2=1,834.56$이고 $z=23.3$이므로, 실은 $\{(z+y)^2-x^2\}\div 2=917.28$이고 다음을 얻는다.

$$917.28=23.3y+y^2,\quad \text{즉}\quad y^2+23.3y-917.28=0,$$
$$y=20.8,$$
$$x=\sqrt{z^2-y^2}=10.5$$

☞ **역자 주 2:** 구, 고, 현을 각각 x, y, z라고 하면 다음 관계가 성립한다.

$$(z+y)^2-x^2=1,834.56\ \cdots\cdots①,\quad z=23.3\ \cdots\cdots②,\quad z^2=x^2+y^2\ \cdots\cdots③$$

② → ③: $x^2=542.89-y^2$ ……④

② → ①: $x^2=y^2+46.6y-1,291.67$ ……⑤

④ = ⑤: $2y^2+46.6y-1,834.56=0,$

$y=20.8$ ……⑥

⑥ → ④: $x^2=110.25=10.5^2,\quad x=10.5$

【210】 고현화의 제곱에서 구의 제곱을 뺀 나머지는 8,886.24자이다. 다만, 고현차는 5자라고 한다. 구, 고, 현을 묻는다.
股弦和冪内減勾冪 餘八千八百八十六尺二四 只云股弦差五尺 問勾股弦

답 구 22자, 고 45자 9치, 현 50자 9치
答 勾二十二尺 股四十五尺九寸 弦五十尺九寸

해법 두 제곱의 차[고현화의 제곱에서 구의 제곱을 뺀 나머지]의 절반을 실이라 하고, 고현차를 종이라 하며, 2를 우라고 하자. 평방을 풀면 고를 얻는다.

術曰 餘冪折半爲實 以差爲從 二爲隅 平方開 得股

☞ **역자 주 1:** 구, 고, 현을 각각 x, y, z라고 하면, '해법'에서는 실이 $\{(z+y)^2-x^2\}\div 2$이고 종이 $z-y$이며 우가 2인 평방을 풀어 y(구)를 구하고 있다. 즉, y에 관한 다음 이차 방정식을 풀고 있다.

$$\{(z+y)^2-x^2\}\div 2=(z-y)y+2y^2$$

실제로 $(z+y)^2-x^2=8,886.24$이고 $z-y=5$이므로, 실은 $\{(z+y)^2-x^2\}\div 2=4,443.12$이고 다음을 얻는다.

$$4,443.12=5y+2y^2,\quad \text{즉}\quad 2y^2+5y-4,443.12=0,$$
$$y=45.9,$$
$$z=y+5=50.9,\quad x=\sqrt{z^2-y^2}=22$$

☞ **역자 주 2:** 구, 고, 현을 각각 x, y, z라고 하면 다음 관계가 성립한다.

$$(z+y)^2-x^2=8,886.24 \cdots\cdots①,\quad z-y=5 \cdots\cdots②,\quad z^2=x^2+y^2 \cdots\cdots③$$

② → ③: $x^2=10y+25 \cdots\cdots④$

② → ①: $x^2=4y^2+20y-8,861.24 \cdots\cdots⑤$

④ = ⑤: $4y^2+10y-8,886.24=0,$

$y=45.9 \cdots\cdots⑥$

⑥ → ⑤: $x^2=484=22^2,\quad x=22,$

$z=y+5=50.9$

【211】 구는 11자 5치이고 고는 25자 2치이며, 현은 27자 7치이다. 내접원의 지름을 묻는다.
勾十一尺五寸 股二十五尺二寸 弦二十七尺七寸 問中容圓徑

답 원 지름 9자
答 圓徑九尺

해법 구와 고를 서로 곱하고 이를 2배로 하여 실이라 하고, 구·고·현의 합을 법이라고 하여 실을 나누면 원의 지름을 얻는다.
별해 현을 구와 고의 합에서 빼서 얻은 현화교는 곧 원의 지름이다.
術曰 勾股相乘 倍之爲實 倂勾股弦爲法 除實 得圓徑
又術 以弦減勾股和 得弦和較 卽圓徑

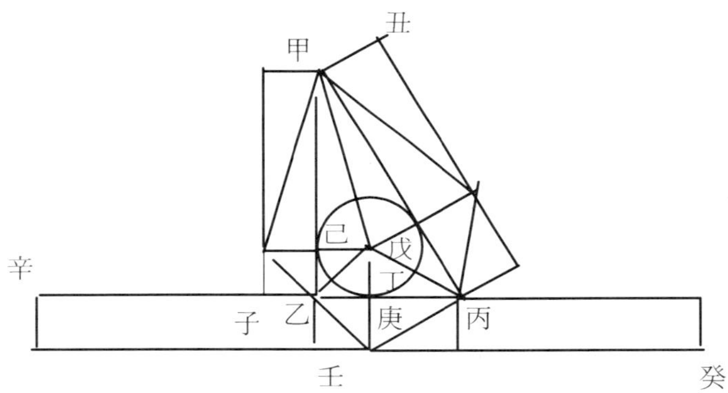

그림 해설 구고형 갑을병에 내접하는 원 정의 중심 정으로부터 꼭지점 갑, 을, 병에 3개의 선분 정갑, 정을, 정병을 그으면, 곧 구고형 갑을병은 3개의 삼각형 갑정을, 갑정병, 을정병으로 나누어진다. 그리고 구, 고, 현 3개의 변은 모두 밑변이 되고, 정경 등의 반경은 모두 〔밑변에〕 수선이다. 각 밑변이 길이이고 반지름이 너비인 직사각형을 만들면 그 넓이는 반드시 각 삼각형 넓이의 2배이다. 「직사각형 임병[42]은 삼각형 을정병의 2배이고, 직사각형 병축은 삼각형 병정갑의 2배이며, 직사각형 갑자는 삼각형 갑정을의 2배이다.」 이어 붙이면 큰 직사각형 신계가 이루어지는데, 곧 그 길이

42) 여기서는 직사각형을 그 대각선으로 지칭하고 있다.

는 구·고·현 전체의 합이고 그 너비는 곧 반지름이다. 그 넓이는 곧 구고형 갑을병의 넓이의 2배인데, 구와 고를 서로 곱한 적과 같다. 지금 내접원의 지름을 구하고 있다. 그러므로 구와 고를 서로 곱한 값의 2배를 실이라 하고 구·고·현 전체의 합을 법으로 하여 이를 나눈다.

별해의 그림 해설 구고형 갑을병의 중심 정으로부터 3개의 선분 정갑, 정을, 정병을 긋고, 또 3개의 선분 정무, 정기, 정경을 긋는다. 그러면 선분 병무와 병기는 서로 같고, 선분 갑무와 갑경은 서로 같으며, 을기와 을경은 서로 같다. 이제 고 갑을 안에서 갑무와 서로 같은 갑경을 빼고, 구 을병 안에서 병무와 서로 같은 병기를 빼는 바 나머지 을경과 을기는 각각 내접원의 반지름이고 서로 더하면 지름 곧 현화교이다. 이것부터 제217문까지는 모두 원의 지름이 마땅히 현화교이다.

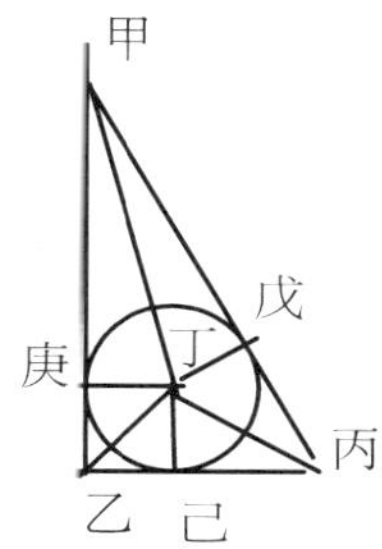

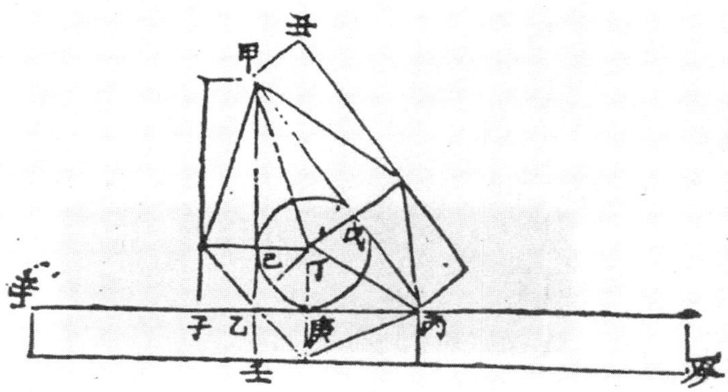

圖解 甲乙丙勾股形 内容丁圜形 試自中心丁 至甲乙丙三角 作丁甲丁乙丁丙三線 則分甲乙丙勾股形 爲甲丁乙甲丁丙乙丁丙 三三角形 而勾股弦三線皆 爲底邊丁庚等半徑皆爲垂線 各以底邊爲長半徑爲闊作長方形 則其積必倍大於各三角形 「壬丙長方倍大于乙丁丙形 丙丑長方倍大于丙丁甲形 甲子長方倍大于甲丁乙形」 聯成辛癸大長方形 則其長 卽勾股弦總和 其闊 卽半徑 其積 卽甲乙丙勾股積之二倍 與勾股相乘積等 而今求容圓全徑 故勾股相乘倍之爲實 以總和爲法 除之也

又術圖解 甲乙丙勾股形 自中心 作丁甲丁乙丁丙三線 又作丁戊丁己丁庚三線 則丙戊與丙己等 甲戊與甲庚等 乙己與乙庚等 今甲乙股內減去與甲戊等之甲庚 乙丙勾內減去與丙戊等之丙己 所餘乙庚與乙己 各爲容圓半徑 相倂 得全徑 卽弦和較也 自此至第二百十七問並 以圓徑當弦和較也

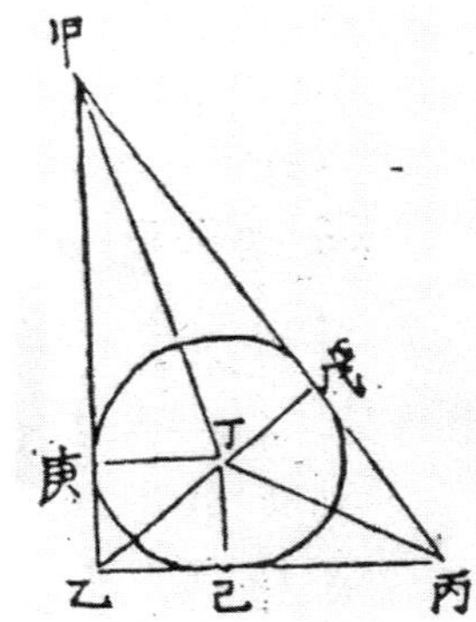

☞ **역자 주 1:** 구, 고, 현을 각각 x, y, z라고 하면, '해법'에서는 내접원의 지름 $2r$을 다음과 같이 구하고 있다.

$$2r=\frac{2xy}{x+y+z} \quad \cdots\cdots ①$$

'그림 해설'에서는 식 ①의 정당성을 밝히기 위해서, 내접원의 중심에서 세 꼭지점에 선분을 그려서 세 개의 삼각형을 만들고, 각 삼각형의 밑변이 길이이고 높이(r)가 너비인 직사각형을 만든다. 이런 직사각형을 합친 직사각형은 원래 삼각 넓이의 2배이므로 다음과 같이 식 ①이 유도된다.

$xy=2\times$(삼각형 갑을병)$=$(사각형 신계)$=r\times(x+y+z)$,

$$r=\frac{xy}{x+y+z}$$

실제로 $x=11.5$, $y=25.2$, $z=27.7$이므로, 다음을 얻는다.

$$2r=\frac{2xy}{x+y+z}=\frac{579.6}{64.4}=9$$

☞ **역자 주 2:** 구, 고, 현을 각각 x, y, z라고 하면, '별해'에서는 내접원의 지름 $2r$을 다음과 같이 현화교로 구하고 있다.

$$2r=x+y-z \quad \cdots\cdots ②$$

'별해의 그림 해설'에서는 식 ②의 정당성을 "원의 외부의 한 점에서 그 원에 그은 두 접선의 길이는 서로 같다."는 사실을 이용해서 밝히고 있다. 갑무=갑경이고 병무=병기이므로 다음이 성립한다.

$x+y-z=$갑을$+$을병$-$갑병$=$(갑경$+$경을)$+$(을기$+$기병)$-$(갑무$+$무병)
$=$(갑경$-$갑무)$+$(기병$-$무병)$+$(을기$+$경을)

$$= 을기 + 경을 = 2r$$

실제로 $x = 11.5$, $y = 25.2$, $z = 27.7$이므로, 내접원의 지름은 다음과 같다.

$$2r = x + y - z = 11.5 + 25.2 - 27.7 = 9$$

☞ **역자 주 3:** 구, 고, 현을 각각 x, y, z라 하고 내접원의 반지름을 r이라 하면, 주어진 직각 삼각형의 넓이는 다음과 같이 나타낼 수 있다.

$$\frac{1}{2}xy = \frac{1}{2}r(x + y + z)$$

$xy = 289.8$이고 $x + y + z = 64.4$이므로, 다음을 얻는다.

$$144.9 = 32.2r, \quad r = 4.5, \quad 2r = 9$$

【212】 직각 삼각형에 내접하는 원의 지름이 11자이다. 다만, 현은 37자 7치라고 한다. 구와 고를 묻는다.
勾股中容圓徑十一尺 只云弦三十七尺七寸 問勾股

답 구 13자 5치, 고 35자 2치
答 勾十三尺五寸 股三十五尺二寸

해법 내접원의 지름을 현에 더하면 곧 구고화이다. 현이 있고 구고화이 있으므로 이를 이용해서 구고차를 구하는 방법이다.
術曰 加容徑於弦 卽勾股和 用有弦 有勾股和 求勾股差法

☞ **역자 주 1:** 구, 고, 현, 내접원의 반지름을 차례로 x, y, z, r이라고 하면, '해법'에서는 제211문에서 얻은 결과 $2r = x + y - z$를 이용해서 다음과 같이 구고화를 구하고 있다.

$$2r + z = x + y$$

실제로 $2r = 11$이고 $z = 37.7$이므로, $x + y = 48.7$이고 [제6문의 해법과 같이] 다음을 얻는다.

$$y - x = \sqrt{2z^2 - (y + x)^2} = \sqrt{2,842.58 - 2,371.69} = \sqrt{470.89} = 21.7,$$

$$y=\frac{(y+x)+(y-x)}{2}=\frac{48.7+21.7}{2}=35.2,$$

$$x=\frac{(y+x)-(y-x)}{2}=\frac{48.7-21.7}{2}=13.5$$

☞ **역자 주 2:** 구, 고, 현, 내접원의 반지름을 차례로 x, y, z, r이라고 하면, 다음 관계가 성립한다.

$$\frac{1}{2}xy=\frac{1}{2}r(x+y+z)\ \cdots\cdots①, \quad z=37.7\ \cdots\cdots②, \quad 2r=11\ \cdots\cdots③$$

②,③→①: $x+y=48.7\ \cdots\cdots④$

$xy=475.2\ \cdots\cdots⑤$

④ → ⑤: $x(48.7-x)=475.2,$

$x^2-48.7x+475.2=0,$

$x=13.5, \quad y=35.2$

【213】 직각 삼각형에 내접하는 원의 지름이 6자이다. 다만, 구고화는 35자 3치라고 한다. 구, 고, 현을 묻는다.

勾股中容圓徑六尺 只云勾股和三十五尺三寸 問勾股弦

답 구 6자 8치, 고 28자 5치, 현 29자 3치

答 勾六尺八寸 股二十八尺五寸 弦二十九尺三寸

해법 구고화에서 내접원의 지름을 빼면 나머지가 현이다. 앞의 해법을 이용한다.

術曰 減容徑於和 餘爲弦 用上術

☞ **역자 주 1:** 구, 고, 현, 내접원의 반지름을 차례로 x, y, z, r이라고 하면, '해법'에서는 제211문에서 얻은 결과 $2r=x+y-z$를 이용해서 다음과 같이 현을 구하고 있다.

$$z=x+y-2r$$

실제로 $2r=6$이고 $x+y=35.3$이므로, $z=29.3$이고 [제6문의 해법과 같이] 다음을 얻는다.

$$y-x=\sqrt{2z^2-(y+x)^2}=\sqrt{1,716.98-1,249.09}=\sqrt{470.89}=21.7,$$

$$y=\frac{(y+x)+(y-x)}{2}=\frac{35.3+21.7}{2}=28.5,$$

$$x=\frac{(y+x)-(y-x)}{2}=\frac{35.3-21.7}{2}=6.8,$$

☞ **역자 주 2:** 구, 고, 현, 내접원의 반지름을 차례로 x, y, z, r이라고 하면, 다음 관계가 성립한다.

$$\frac{1}{2}xy=\frac{1}{2}r(x+y+z)\ \cdots\cdots①,\quad x+y-z=2r\ \cdots\cdots②,$$

$$2r=6,\quad x+y=35.3\ \cdots\cdots③$$

① → : $2xy=2r(35.3+z)=6(35.3+z)$ ……④

② → : $35.3-z=6;\ z=29.3$ ……⑤

⑤ → ④: $xy=193.8$ ……⑥

③ → ⑥: $x=6.8,\quad y=28.5$

【214】 직각 삼각형에 내접하는 원의 지름이 12자이다. 다만, 구는 14자 5치라고 한다. 고와 현을 묻는다.

勾股中容圓徑十二尺 只云勾十四尺五寸 問股弦

답 고 40자 8치, 현 43자 3치

答 股四十尺八寸 弦四十三尺三寸

해법 구에서 내접원의 지름을 뺀 나머지는 고현차이다. 구가 있고 고현차가 있으므로 이를 이용해서 고현화를 구하는 법이다.

術曰 減容徑於勾 餘爲股弦差 用有勾 有股弦差 求股弦和法

☞ **역자 주 1:** 구, 고, 현, 내접원의 반지름을 차례로 x, y, z, r이라고 하면, '해법'에서는 제211문에서 얻은 결과 $2r=x+y-z$를 이용해서 다음과 같이 고현차를 구하고 있다.

$$z-y=x-2r$$

실제로 $2r=12$이고 $x=14.5$이므로, $z-y=2.5$이고 [제7문의 해법과 같이]

다음을 얻는다.

$$z+y=\frac{x^2}{z-y}=\frac{210.25}{2.5}=84.1,$$
$$z=\frac{(z+y)+(z-y)}{2}=\frac{84.1+2.5}{2}=43.3,$$
$$y=\frac{(z+y)-(z-y)}{2}=\frac{84.1-2.5}{2}=40.8$$

☞ **역자 주 2:** 구, 고, 현, 내접원의 반지름을 차례로 x, y, z, r이라고 하면, 다음 관계가 성립한다.

$$\frac{1}{2}xy=\frac{1}{2}r(x+y+z)\ \cdots\cdots①,\quad x+y-z=2r\ \cdots\cdots②,$$

$$2r=12, x=14.5\ \cdots\cdots③$$

③ → ②: $z-y=2.5$ ⋯⋯④

③,④→①: $y=40.8$ ⋯⋯⑤

⑤ → ④: $z=43.3$

【215】 직각 삼각형에 내접하는 원의 지름이 13자이다. 다만, 고는 46자 8치라고 한다. 구와 현을 묻는다.
勾股中容圓徑十三尺 只云股四十六尺八寸 問勾弦

답 구 15자 5치, 현 49자 3치
答 勾十五尺五寸 弦四十九尺三寸

해법 고에서 내접원의 지름을 뺀 나머지는 구현차이다. 고가 있고 구현차가 있으므로, 이를 이용해서 구현화를 구하는 법이다.
術曰 減容徑於股 餘爲勾弦差 用有股 有勾弦差 求勾弦和法

☞ **역자 주 1:** 구, 고, 현, 내접원의 반지름을 차례로 x, y, z, r이라고 하면, '해법'에서는 제211문에서 얻은 결과 $2r=x+y-z$를 이용해서 다음과 같이 구현차를 구하고 있다.

$$y-2r=z-x$$

실제로 $2r=13$이고 $y=46.8$이므로, $z-x=33.8$이고 [제8문의 해법과 같이] 다음을 얻는다.

$$z+x=\frac{y^2}{z-x}=\frac{2190.24}{33.8}=64.8,$$

$$z=\frac{(z+x)+(z-x)}{2}=\frac{64.8+33.8}{2}=49.3,$$

$$x=\frac{(z+x)-(z-x)}{2}=\frac{64.8-33.8}{2}=15.5$$

☞ **역자 주 2:** 구, 고, 현, 내접원의 반지름을 차례로 x, y, z, r이라고 하면, 다음 관계가 성립한다.

$$\frac{1}{2}xy=\frac{1}{2}r(x+y+z)\ \cdots\cdots①,\quad x+y-z=2r\ \cdots\cdots②,$$

$$2r=13,\quad y=46.8\ \cdots\cdots③,\qquad x^2+y^2=z^2\ \cdots\cdots④$$

④ → ①: $13z=80.6x-608.4$ ……⑤

④ → ②: $z=x+33.8$ ……⑥

⑥ → ⑤: $13(x+33.8)=13x+439.4=80.6x-608.4,$

$x=15.5,\quad z=x+33.8=49.3$

【216】 직각 삼각형에 내접하는 원의 지름이 16자이다. 다만, 고현차는 2자 5치라고 한다. 구, 고, 현을 묻는다 .

勾股中容圓徑十六尺 只云股弦差二尺五寸 問勾股弦

답 구 18자 5치, 고 67자 2치, 현 69자 7치

答 勾十八尺五寸 股六十七尺二寸 弦六十九尺七寸

해법 고현차에 내접원의 지름을 더하면 곧 구이다. 구가 있고 고현차가 있으므로, 이를 이용해서 고현화를 구하는 방법이다.

術曰 加容徑於差 卽勾 用有勾 有股弦差 求股弦和法

☞ **역자 주 1:** 구, 고, 현, 내접원의 반지름을 차례로 x, y, z, r이라고 하면, '해법'에서는 제211문에서 얻은 결과 $2r=x+y-z$를 이용해서 다음과 같이 구

를 구하고 있다.

$$z-y+2r=x$$

실제로 $2r=16$이고 $z-y=2.5$이므로, $x=18.5$이고 [제7문의 해법과 같이] 다음을 얻는다.

$$z+y=\frac{x^2}{z-y}=\frac{342.25}{2.5}=136.9,$$

$$z=\frac{(z+y)+(z-y)}{2}=\frac{136.9+2.5}{2}=69.7,$$

$$y=\frac{(z+y)-(z-y)}{2}=\frac{136.9-2.5}{2}=67.2$$

☞ **역자 주 2:** 구, 고, 현, 내접원의 반지름을 차례로 x, y, z, r이라고 하면, 다음 관계가 성립한다.

$\frac{1}{2}xy=\frac{1}{2}r(x+y+z)$ ……①, $x+y-z=2r$ ……②,

$z^2=x^2+y^2$ ……③, $2r=16$, $z-y=2.5$ ……④

④→①,②: $xy=8(x+2y+2.5)$ ……⑤

$x=18.5$ ……⑥

⑥ → ⑤: $y=67.2$ ……⑦

⑦ → ④: $z=69.7$

【217】 직각 삼각형에 내접하는 원의 지름이 18자이다. 다만, 구현차는 20자라고 한다. 구, 고, 현을 묻는다.
勾股中容圓徑十八尺 只云勾弦差二十尺 問勾股弦

답 구 26자 1치, 고 38자, 현 46자 1치
答 勾二十六尺一寸 股三十八尺 弦四十六尺一寸

해법 내접원의 지름을 구현차에 더하면 곧 고이다. 고가 있고 구현차가 있으므로, 이를 이용해서 구현화를 구하는 법이다.
術曰 加容徑於差 卽股 用有股 有勾弦差 求勾弦和法

☞ **역자 주 1:** 구, 고, 현, 내접원의 반지름을 차례로 x, y, z, r이라고 하면, '해법'에서는 제211문에서 얻은 결과 $2r=x+y-z$를 이용해서 다음과 같이 고를 구하고 있다.

$$z-x+2r=y$$

실제로 $2r=18$이고 $z-x=20$이므로, $y=38$이고 [제8문의 해법과 같이] 다음을 얻는다.

$$z+x=\frac{y^2}{z-x}=\frac{1444}{20}=72.2,$$

$$z=\frac{(z+x)+(z-x)}{2}=\frac{72.2+20}{2}=46.1,$$

$$x=\frac{(z+x)-(z-x)}{2}=\frac{72.2-20}{2}=26.1$$

☞ **역자 주 2:** 구, 고, 현, 내접원의 반지름을 차례로 x, y, z, r이라고 하면, 다음 관계가 성립한다.

$$\frac{1}{2}xy=\frac{1}{2}r(x+y+z)\ \cdots\cdots①,\quad x+y-z=2r\ \cdots\cdots②,$$

$$z^2=x^2+y^2\ \cdots\cdots③,\quad 2r=18\ \cdots\cdots④,\quad z-x=20\ \cdots\cdots⑤$$

④,⑤→①,②: $xy=18x+9y+180$ ⋯⋯⑥

$y=38$ ⋯⋯⑦

⑦ → ⑥: $x=26.1$ ⋯⋯⑧

⑧ → ④: $z=x+20=46.1$

【218】 구는 97자 4치 1푼이고 고는 267자 4치이다. 이 구고에 내접하는 정사각형의 한 변의 길이를 묻는다.
勾九十七尺四寸一分 股二百六十七尺四寸 問勾股中容方面

답 내접 정사각형의 변 71자 4치
答 容方面七十一尺四寸

해법 구와 고를 서로 곱한 적을 실이라 하고, 구고화를 법으로 하여 실을 나누면 내접하는 정사각형의 한 변의 길이를 얻는다.
術曰 勾股相乘積爲實 以勾股和爲法 除實 得容方面

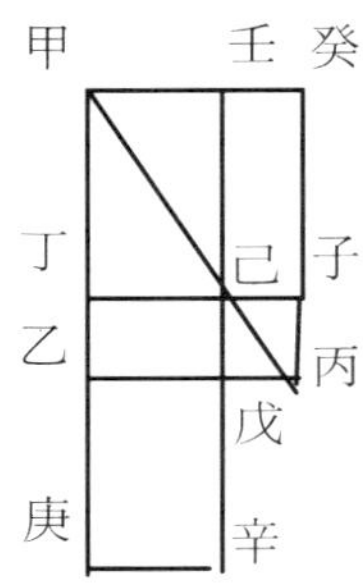

그림 해설 구고에 내접하는 정사각형의 한 변의 길이는 곧 내접하는 정사각형의 각 변이다. 구고형 갑을병에 정사각형 을정기무이 내접하는데, 변 갑정을 여고라 하고 무병을 여구라고 하자. 두 구고형 갑정기와 기무병은 모두 큰 구고형 갑을병과 닮은 도형이다. 그러므로 중고 갑정과 중구 정기「즉 정사각형의 변」의 비는 소고 기무「역시 즉 정삭각형의 변」와 소고 무병의 비와 서로 같아서, 연비례 삼률이 된다. 그 수율과 말율「즉 여고 갑정과 여구 무병」을 서로 곱해서 얻은 직사각현 계자기임의 넓이는 중율「즉 정사각형의 변 정기 또는 기무」을 제곱해서 얻은 정사각형 을정기무의 넓이와 같다. 만일 직사각형 정을자병43)와 같은 직사각형 을경신무를 그리면「너비는 똑같이 정사각형의 변이고 길이는 큰 구이다」, 곧 직사각형 계병무임의 넓이와 같다. 「계자기임의 넓이는 이미 정을무기의 넓이와 같고, 각각에 자병무기를 더한다. 그러므로 이에 서로 같다.」 그런 즉 직사각형 갑경신임의 넓이는 구와 고를 서로 곱한 직사각형 갑을병계의 넓이와 같은데, 그 길이는 곧 구고화이고 그 너비는 곧 정삭각형의 변이다. 그러므로 구고화로 구와 고를 서로 곱한 적을 나누면 내접하는 정사각형의 한 변의 길이를 얻는다.
圖解 容方面 卽容方每邊也 甲乙丙勾股形 内容乙丁己戊正方形 則甲丁爲餘

43) '정을병자'가 바르다.

股 戊丙爲餘勾 而甲丁己 及己戊丙 兩勾股形皆與甲乙丙大勾股形爲同式形 故甲丁中股 與丁己中勾「卽方邊」之比 同於己戊小股「亦卽方邊」與戊丙小勾之比 爲連比例三率 其首末率「卽甲丁餘股及戊丙餘勾」相乘之癸子己壬長方積 與中率「卽方邊丁己或己戊」自乘之乙丁己戊正方積等也 若依丁乙子丙長方形 作乙庚辛戊長方形「同以方邊爲闊 大勾爲長也」則必與癸丙戊壬長方積等「癸子己壬積 旣與丁乙戊己積等 而各加子丙戊己積 故仍相等也」然則甲庚辛壬長方積 與甲乙丙癸勾股相乘積等 而其長 卽勾股和 其闊 卽方邊 故以勾股和 除勾股相乘積 得容方每邊也

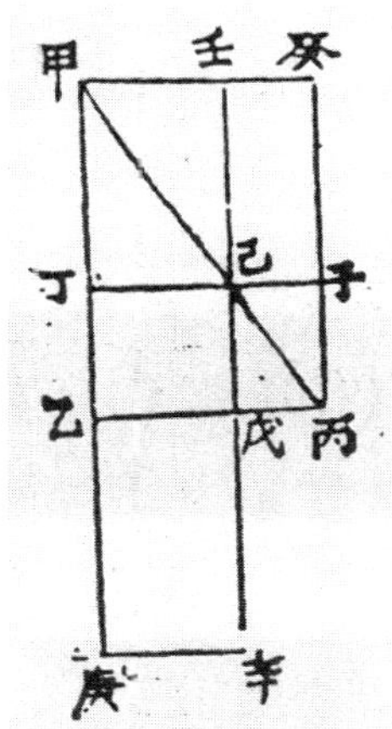

☞ **역자 주 1:** 구와 고가 x와 y인 직각 삼각형에 내접하는 정사각형의 한 변의 길이 a를 '해법'에서는 다음과 같이 구하고 있다.

$$a = \frac{xy}{x+y}$$

'해설'에서는 이 결과를 도형을 이용해서 다음과 같이 밝히고 있다.

△갑을병에 □을정기무가 내접한다. 그러면 다음이 성립한다.

△갑을병∽△갑정기∽△기무병,

갑정 : 정기 = 기무 : 무병 $\qquad (y-a) : a = a : (x-a)$

□계자기임 = 갑정 × 무병 = 정기 × 기무 = □을정기무 $\qquad (y-a)(x-a) = a^2$

□정을병자와 합동인 □을경신무를 그린다. 그러면 다음이 성립한다.

□을경신무 = □정을병자 = □정을무기 + □자병무기
= □계자기임 + □자병무기
= □계병무임

따라서 다음을 얻는다.

□갑경신임 = □갑을병계,

방변 × 구고화 = 구 × 고, $\qquad a(x+y) = xy$

$$방변 = \frac{구 \times 고}{구 + 고} \qquad a = \frac{xy}{x+y}$$

실제로 $x=97.41$이고 $y=267.4$이므로, 다음을 얻는다.

$$a=\frac{xy}{x+y}=\frac{26,047.434}{364.81}=71.4$$

【219】 고로 구를 나누면 7치 5푼을 얻는다. 다만, 원래의 구는 21자라고 한다. 구고에 내접하는 정사각형의 한 변의 길이를 묻는다.
股除勾 得七寸五分 只云元勾二十一尺 問勾股中容方面

답 내접 정사각형의 변 12자
答 容方面十二尺

해법 원래의 구를 실이라 하고, 소구를 소고에 더하여 얻은 소화를 법이라 하여 실을 나누면 내접하는 정사각형의 한 변의 길이를 얻는다. 「만일 원래의 고를 구하려면, 곧 소구로 원래의 구를 나누면 곧 원래의 고가 된다.」
術曰 元勾爲實 小勾併小股 得小和 爲法 除實 得容方面「若求元股 則以小勾除元勾 卽元股」

해설 소화는 곧 고로 구고화를 나눈 수이다. 원래의 구는 곧 고로 구와 고를 서로 곱한 적을 나눈 수이다. 그러므로 소화로 원래의 구를 나누면 곧 오히려 구고화로 구와 고를 서로 곱한 적을 나눈 것이다.
解 小和 卽股除勾股和之數 元勾 卽股除勾股相乘積之數 故以和除元勾 則猶以勾股和除勾股相乘積也 第二百二十問同

☞ **역자 주 1:** 구와 고를 x와 y라 하면, '해법'에서는 내접하는 정사각형의 한 변의 길이 a를 다음과 같이 구하고 있다.

$$\frac{x}{\frac{x}{y}+1}=a$$

'해설'에서는 위 식의 정당성을 다음과 같이 밝히고 있다.

$\frac{x}{y}+1=\frac{x+y}{y}$ 이고 $x=\frac{xy}{y}$ 이므로, $\frac{x}{\frac{x}{y}+1}=\frac{\frac{xy}{y}}{\frac{x+y}{y}}=\frac{xy}{x+y}=a$ 이다.

실제로 $\frac{x}{y}=0.75$ 이고 $x=21$ 이므로, $\frac{x}{y}+1=1.75$ 이고 다음을 얻는다.

$$a=\frac{x}{\frac{x}{y}+1}=\frac{21}{1.75}=12$$

【220】 구로 고를 나누면 2자 4치를 얻는다. 다만, 원래의 고는 204자라고 한다. 구고에 내접하는 정사각형의 한 변의 길이를 묻는다.
勾除股 得二尺四寸 只云元股二百四尺 問勾股中容方面

답 내접 정사각형의 변 60자
答 容方面六十尺

해법 원래의 고를 실이라 하고, 소고에 소구를 더하여 얻은 소화를 법이라 하여 실을 나누면 내접하는 정사각형의 한 변의 길이를 얻는다.
術曰 元股爲實 小股併小勾 得小和 爲法 除實 得容方面

☞ **역자 주**: 구와 고를 x와 y라 하면, '해법'에서는 내접하는 정사각형의 한 변의 길이 a를 다음과 같이 구하고 있다.

$$\frac{y}{\frac{y}{x}+1}=a$$

실제로 $\frac{y}{x}=2.4$ 이고 $y=204$ 이므로, $\frac{y}{x}+1=3.4$ 이고 다음을 얻는다.

$$a=\frac{y}{\frac{y}{x}+1}=\frac{204}{3.4}=60$$

【221】 직각 삼각형에 내접하는 정사각형의 한 변은 34자 2치이다. 다

만, 구는 37자 8치 1푼이라고 한다. 고를 묻는다.
勾股中容方三十四尺二寸 只云勾三十七尺八寸一分 問股

답 고 358자 2치
答 股三百五十八尺二寸

해법 내접하는 정사각형의 한 변의 길이를 제곱하여 실이라고 하자. 한 변의 길이를 구에서 빼서 얻은 여구를 법이라 하여 실을 나누면 여고를 얻는다. 내접하는 정사각형의 한 변을 더하면 곧 원고이다.
術曰 容方自乘爲實 以方減勾 得餘勾 爲法 除實 得餘股 加容方 卽元股

해설 제218문을 보아라.
解 見第二百十八問

☞ **역자 주:** 구와 고를 x와 y라 하면, '해법'에서는 내접하는 정사각형의 한 변의 길이 a와 x를 이용해서 y를 다음과 같이 구하고 있다.

$$\frac{a^2}{x-a}=y-a$$

위 식의 정당성은 제218문의 '그림 해설' 과정에 있는 다음 관계로부터 얻을 수 있다.

□계자기임=갑정×무병=정기×기무=□을정기무 $\quad (y-a)(x-a)=a^2$

실제로 $a=34.2$이고 $x=37.81$이므로, 다음을 얻는다.

$$y=\frac{a^2}{x-a}+a=\frac{1169.64}{3.61}+34.2=324+34.2=358.2$$

【222】 직각 삼각형에 내접하는 정사각형의 한 변은 46자 2치이다. 다만, 고는 530자 2치라고 한다. 구를 묻는다.
勾股中容方四十44)二寸 只云股五百三十尺二寸 問勾

44) '六尺' 낙자

답 구 50자 6치 1푼
答 勾五十尺六寸一分

해법 내접하는 정사각형의 한 변의 길이를 제곱하여 실로 놓고, 한 변의 길이를 고에서 빼서 얻은 여고를 법이라고 하여 실을 나누면 여구를 얻는다. 내접하는 정사각형의 한 변의 길이를 더하면 곧 원래의 구이다.
術曰 方自乘爲實 以方減股 得餘股 爲法 除實 得餘勾 加容方 卽元勾

해설 제218문을 보라.
解 見第二百十八問

☞ **역자 주:** 구와 고를 x와 y라 하면, '해법'에서는 내접하는 정사각형의 한 변의 길이 a와 y를 이용해서 x를 다음과 같이 구하고 있다.

$$\frac{a^2}{y-a}=x-a$$

위 식의 정당성도 제221문에서와 마찬가지로 제218둔의 '그림 해설' 과정에 있는 같은 관계로부터 얻을 수 있다.

실제로 $a=46.2$이고 $y=530.2$이므로, 다음을 얻는다.

$$x=\frac{a^2}{y-a}+a=\frac{2134.44}{484}+46.2=4.41+46.2=50.61$$

【223】 직각 삼각형에 내접하는 정사각형의 한 변이 18자이다. 다만, 구로 고를 나누면 1자 5치를 얻는다고 한다. 구와 고를 묻는다.
勾股中容方十八尺 只云勾除股 得一尺五寸 問勾股

답 구 30자, 고 45자
答 勾三十尺 股四十五尺

해법 소고를 소구에 더하면 소화를 얻는다. 이에 내접하는 정사각형의 한 변의 길이를 이에 곱하면 원래의 고를 얻는다. 소고로 원래의 고를 나누면 곧 원래의 구이다.

術曰 小股加小勾 得小和 乃以容方乘之 得元股 以小股除元股 卽元勾

해설 소화는 곧 구로 구고화를 나눈 수이다. 원래의 고는 곧 구와 고를 서로 곱한 수를 구로 나눈 수이다. 그러므로 소화를 내접하는 정사각형의 한 변에 곱하면 곧 즉 오히려 구고화를 내접하는 정사각형의 한 변에 곱하는 것이다. 얻는 바는 구로 구와 고를 서로 곱한 적을 나눈 것「즉 원래의 고」이다. 제224문은 이와 같다.

解 小和 卽勾除勾股和之數 元股 卽勾除勾股相乘積之數 故以小和乘容方 則猶以勾股和乘容方 而所得爲勾除勾股相乘積「卽元股」也 第二百二十四問同

☞ **역자 주:** 구와 고를 x와 y라 하면, '해법'에서는 내접하는 정사각형의 한 변의 길이 a와 $\frac{y}{x}$를 이용해서 x와 y를 다음과 같이 구하고 있다.

$$\left(\frac{y}{x}+1\right)a=y, \quad \frac{y}{\frac{y}{x}}=x$$

'해설'에서는 위 식의 정당성을 다음과 같이 밝히고 있다.

$$\left(\frac{y}{x}+1\right)a=\frac{y+x}{x}\cdot\frac{xy}{x+y}=\frac{xy}{x}=y$$

실제로 $a=18$이고 $\frac{y}{x}=1.5$이므로, 다음을 얻는다.

$$y=\left(\frac{y}{x}+1\right)a=2.5\times 18=45,$$

$$x=\frac{y}{\frac{y}{x}}=\frac{45}{1.5}=30$$

【224】 직각 삼각형에 내접하는 정사각형의 한 변은 20자이다. 다만, 고로 구를 나누면 8치라고 한다. 구와 고를 묻는다.

勾股中容方二十尺 只云股除勾 得八寸 問勾股

답 구 36자, 고 45자
答 勾三十六尺 股四十五尺

해법 소구에 소고를 더하면 소화를 얻는다. 이에 내접하는 정사각형의 한 변의 길이를 이에 곱하면 원래의 구를 얻는다. 소구로 원래의 구를 나누면 원래의 고를 얻는다.
術曰 小勾加小股 得小和 乃以容方乘之 得元勾 以小勾除元勾 得元股

☞ **역자 주:** 구와 고를 x와 y라 하면, '해법'에서는 내접하는 정사각형의 한 변의 길이 a와 $\frac{x}{y}$를 이용해서 x와 y를 다음과 같이 구하고 있다.

$$\left(\frac{x}{y}+1\right)a=x, \quad \frac{x}{\frac{x}{y}}=y$$

실제로 $a=20$이고 $\frac{x}{y}=0.8$이므로 다음을 얻는다.

$$x=\left(\frac{x}{y}+1\right)a=1.8\times 20=36,$$

$$y=\frac{x}{\frac{x}{y}}=\frac{36}{0.8}=45$$

[부록 가]

문항 분석

직각 삼각형에서 구(勾), 고(股), 현(弦)의 길이는 각각 a, b, c로 나타낸다. 아래에서 첫째, 둘째, 셋째, 넷째 열은 차례로 『유씨구고술요도해』 각 문항의 번호, 주어진 양, 구하는 양, 풀이에 사용된 방정식을 나타낸다. 방정식에서 미지수 x, y, z는 구하는 양이 각각 구, 고, 현의 길이인 경우를 의미한다. 다섯째 열에는 『구일집』에 있는 같은 유형의 문항 번호를 나열했다. 여기서 이를테면 5-1-2는 제5권 제1문(門) 제2문(問)을 뜻한다.

1.	a, b	c	$2ab+(b-a)^2=z^2$, $a^2+b^2=z^2$	5-1-1, 5-1-3
2.	b, c	a	$c^2-b^2=x^2$	5-1-4
3.	c, a	b	$c^2-a^2=y^2$	5-1-2, 5-1-10
4.	a, $b+c$	b, c	$a^2\div(c+b)=z-y$	5-1-11
5.	b, $a+c$	a, c	$b^2\div(c+a)=z-x$	5-1-12
6.	c, $a+b$	a, b	$2c^2-(b+a)^2=(y-x)^2$	5-1-13
7.	a, $c-b$	b, c	$a^2\div(c-b)=z+y$	5-1-5, -8, -9
8.	b, $c-a$	a, c	$b^2\div(c-a)=z+x$	5-1-6
9.	c, $b-a$	a, b	$2c^2-(b-a)^2=(y+x)^2$	5-1-7
10.	a, $b\times c$	b, c	$(bc)^2=a^2y^2+y^4$	5-1-46
11.	b, $a\times c$	a, c	$(ac)^2=b^2x^2+x^4$	
12.	c, $a\times b$	a, b	$(ab)^2=c^2x^2-x^4$, $c^2-2ab=(y-x)^2$	5-1-26
13.	a, $c\div b$	b, c	$a^2=\{(c/b)^2-1\}y^2$	5-1-52
14.	a, $b\div c$	b, c	$a^2=\{1-(b/c)^2\}z^2$	
15.	b, $c\div a$	a, c	$b^2\div\{(c/a)^2-1\}=z^2$	
16.	b, $a\div c$	a, c	$b^2\div\{1-(a/c)^2\}=z^2$	5-1-53
17.	c, $b\div a$	a, b	$c^2\div\{(b/a)^2+1\}=x^2$	
18.	c, $a\div b$	a, b	$c^2=\{(a/b)^2+1\}y^2$	5-1-54
19.	$a+c$, $b+c$	a, b, c	$2(c+a)(c+b)=(z+y+x)^2$, $(c+a)^2+(c+b)^2=2\{(c+a)+(c+b)\}z-z^2$	5-1-17
20.	$a+b$, $a+c$	a, b, c	$(c+a)^2-(b+a)^2=2\{(c+a)-(b+a)\}x+x^2$	5-1-18
21.	$b+c$, $a+b$	a, b, c	$(c+b)^2-(b+a)^2=2\{(c+b)-(b+a)\}y+y^2$	5-1-19

22. $a+c,\ b-a$ $a,\ b,\ c$ $(c+a)+(b-a)=z+y,$ 5-1-22
$2(c+a)(c+b)=(z+y+x)^2$
$(c+a)^2+(c+b)^2=2\{(c+a)+(c+b)\}z-z^2$

23. $b+c,\ c-a$ $a,\ b,\ c$ $(c+b)-(c-a)=y+x,$ 5-1-24
$(c+b)^2-(b+a)^2=2\{(c+b)-(b+a)\}y+y^2$

24. $a+b,\ c-b$ $a,\ b,\ c$ $(b+a)+(c-b)=z+x,$ 5-1-20
$(c+a)^2-(b+a)^2=2\{(c+a)-(b+a)\}x+x^2$

25. $a+c,\ c-b$ $a,\ b,\ c$ $(c+a)-(c-b)=y+x,$ 5-1-23
$(c+a)^2-(b+a)^2=2\{(c+a)-(b+a)\}x+x^2$

26. $b+c,\ b-a$ $a,\ b,\ c$ $(c+b)-(b-a)=z+x,$ 5-1-25
$2(c+a)(c+b)=(z+y+x)^2,$
$(c+a)^2+(c+b)^2=2\{(c+a)+(c+b)\}z-z^2$

27. $a+b,\ c-a$ $a,\ b,\ c$ $(b+a)+(c-a)=z+y,$ 5-1-21
$(c+b)^2-(b+a)^2=2\{(c+b)-(b+a)\}y+y^2$

28. $a+b,\ a\times b$ $a,\ b,\ c$ $ba=(b+a)x-x^2$ 5-1-30

29. $a+c,\ a\times c$ $a,\ b,\ c$ $ca=(c+a)x-x^2$

30. $b+c,\ b\times c$ $a,\ b,\ c$ $cb=(c+b)y-y^2$

31. $a+c,\ a\times b$ $a,\ b,\ c$ $2ab(c+a)=(c+a)^2y-y^3$ 5-1-31, 9-1-18

32. $b+c,\ a\times b$ $a,\ b,\ c$ $2ab(c+b)=(c+b)^2x-x^3$ 5-1-32

33. $a+c,\ b\times c$ $a,\ b,\ c$ $2bc(c+a)=(c+a)^2y+y^3$

34. $b+c,\ a\times c$ $a,\ b,\ c$ $2ac(c+b)=(c+b)^2x+x^3$ 5-1-50

35. $a+b,\ a\times c$ $a,\ b,\ c$ $(ca)^2=(b+a)^2x^2-2(b+a)x^3+2x^4$

36. $a+b,\ b\times c$ $a,\ b,\ c$ $(cb)^2=(b+a)^2y^2-2(b+a)y^3+2y^4$ 5-1-51

37. $a+b,\ b\div a$ $a,\ b,\ c$ $(b+a)\div\{(b/a)+1\}=x$ 5-1-55

38. $a+b,\ a\div b$ $a,\ b,\ c$ $(b+a)\div\{1+(a/b)\}=y$

39. $a+c,\ c\div a$ $a,\ b,\ c$ $(c+a)\div\{(c/a)+1\}=x$

40. $a+c,\ a\div c$ $a,\ b,\ c$ $(c+a)\div\{1+(a/c)\}=z$

41. $b+c,\ c\div b$ $a,\ b,\ c$ $(c+b)\div\{(c/b)+1\}=y$

42. $b+c,\ b\div c$ $a,\ b,\ c$ $(c+b)\div\{1+(b/c)\}=z$

43. $a+c,\ b\div a$ $a,\ b,\ c$ $(c+a)^2=2(c+a)x+(b/a)^2x^2$

44. $b+c,\ a\div b$ $a,\ b,\ c$ $(c+b)^2=2(c+b)y+(a/b)^2y^2$ 5-1-56

45. $b+c,\ b\div a$ $a,\ b,\ c$ $(c+b)^2=2(c+b)(b/a)x+x^2,$
$(c+b)^2(b/a)^2=2(c+b)(b/a)^2y+y^2$

46. $a+c,\ a \div b$	$a,\ b,\ c$	$(c+a)^2 = 2(c+a)(a/b)y + y^2$, $(c+a)^2(a/b)^2 = 2(c+a)(a/b)^2x + x^2$	5-1-57
47. $b+c,\ a \div c$	$a,\ b,\ c$	$(c+b)^2 = 2(c+b)z - (a/c)^2z^2$	
48. $a+c,\ b \div c$	$a,\ b,\ c$	$(c+a)^2 = 2(c+a)z - (b/c)^2z^2$	
49. $a+b,\ a \div c$	$a,\ b,\ c$	$(b+a)^2 = 2(b+a)(a/c)z + \{1-2(a/c)^2\}z^2$, $(b+a)^2(a/c)^2 = 2(b+a)(a/c)^2x + \{1-2(a/c)^2\}x^2$	5-1-58
50. $a+b,\ b \div c$	$a,\ b,\ c$	$(b+a)^2 = 2(b+a)(b/c)z + \{1-2(b/c)^2\}z^2$ $(b+a)^2(b/c)^2 = 2(b+a)(b/c)^2 + \{1-2(b/c)^2\}y^2$	
51. $a+b,\ c \div a$	$a,\ b,\ c$	$(b+a)^2 = 2(b+a)x + \{(c/a)^2 - 2\}x^2$	
52. $a+b,\ c \div b$	$a,\ b,\ c$	$(b+a)^2 = 2(b+a)y + \{(c/b)^2 - 2\}y^2$	5-1-59
53. $b+c,\ c \div a$	$a,\ b,\ c$	$(c+b)^2 = 2(c+b)(c/a)x - x^2$	5-1-60
54. $a+c,\ c \div b$	$a,\ b,\ c$	$(c+a)^2 = 2(c+a)(c/b)y - y^2$	
55. $c-a,\ c-b$	$a,\ b,\ c$	$2(c-b)(c-a) = (x+y-z)^2$, $(a+b-c)+(c-a)+(c-b) = z$	5-1-14
56. $b-a,\ c-a$	$a,\ b,\ c$	$(c-a)-(b-a) = z-y$, 제55문 이용	5-1-16
57. $b-a,\ c-b$	$a,\ b,\ c$	$(b-a)+(c-b) = z-x$, 제55문 이용	5-1-15
58. $b-a,\ a \times b$	$a,\ b,\ c$	$ba = (b-a)x + x^2$	5-1-27
59. $c-a,\ a \times c$	$a,\ b,\ c$	$ca = (c-a)x + x^2$	
60. $c-b,\ b \times c$	$a,\ b,\ c$	$cb = (c-b)y + y^2$	
61. $c-a,\ a \times b$	$a,\ b,\ c$	$(ba)^2 = (c-a)^2x^2 + 2(c-a)x^3$	5-1-28
62. $c-b,\ a \times b$	$a,\ b,\ c$	$(ba)^2 = (c-b)^2y^2 + 2(c-b)y^3$	5-1-29, 9-1-17
63. $c-b,\ a \times c$	$a,\ b,\ c$	$(ca)^2 = -(c-b)^2z^2 + 2(c-b)z^3$	5-1-49
64. $c-a,\ b \times c$	$a,\ b,\ c$	$(cb)^2 = -(c-a)^2z^2 + 2(c-a)z^3$	9-1-20
65. $b-a,\ a \times c$	$a,\ b,\ c$	$(ca)^2 = (b-a)^2x^2 + 2(b-a)x^3 + 2x^4$	5-1-47, 9-1-19
66. $b-a,\ b \times c$	$a,\ b,\ c$	$(cb)^2 = (b-a)^2y^2 - 2(b-a)y^3 + 2y^4$	5-1-48
67. $b-a,\ b \div a$	$a,\ b,\ c$	$b-a = \{(b/a)-1\}z$	5-1-61
68. $b-a,\ a \div b$	$a,\ b,\ c$	$b-a = \{1-(a/b)\}y$	
69. $c-a,\ c \div a$	$a,\ b,\ c$	$c-a = \{(c/a)-1\}x$	
70. $c-a,\ a \div c$	$a,\ b,\ c$	$c-a = \{1-(a/c)\}z$	
71. $c-b,\ c \div b$	$a,\ b,\ c$	$c-b = \{(c/b)-1\}y$	
72. $c-b,\ b \div c$	$a,\ b,\ c$	$c-b = \{1-(b/c)\}z$	5-1-65

73. $c-b,\ b\div a$	$a,\ b,\ c$	$(c-b)^2=-2(c-b)(b/a)x+x^2$	
74. $c-a,\ a\div b$	$a,\ b,\ c$	$(c-a)^2=-2(c-a)(a/b)y+y^2$	5-1-62
75. $c-a,\ c\div b$	$a,\ b,\ c$	$(c-a)^2=2(c-a)(c/b)y-y^2$	
76. $c-b,\ c\div a$	$a,\ b,\ c$	$(c-b)^2=2(c-b)(c/a)x-x^2$	
77. $c-b,\ a\div c$	$a,\ b,\ c$	$(c-b)^2=2(c-b)z-(a/c)^2z^2$	5-1-67
78. $c-a,\ b\div c$	$a,\ b,\ c$	$(c-a)^2=2(c-a)z-(b/c)^2z^2$	
79. $b-a,\ c\div a$	$a,\ b,\ c$	$(b-a)^2=-2(b-a)x+\{(c/a)^2-2\}x^2$	5-1-66
80. $b-a,\ c\div b$	$a,\ b,\ c$	$(b-a)^2=2(b-a)y+\{(c/b)^2-2\}y^2$	
81. $c-a,\ b\div a$	$a,\ b,\ c$	$(c-a)^2=-2(c-a)x+(b/a)^2x^2$	5-1-63
82. $c-b,\ a\div b$	$a,\ b,\ c$	$(c-b)^2=-2(c-b)y+(a/b)^2y^2$	5-1-64
83. $b-a,\ a\div c$	$a,\ b,\ c$	$(b-a)^2=-2(b-a)(a/c)z+\{1-2(a/c)^2\}z^2$	
84. $b-a,\ b\div c$	$a,\ b,\ c$	$(b-a)^2=2(b-a)(b/c)z+\{1-2(b/c)^2\}z^2$	5-1-68
85. $a\times b,\ a\times c$	$a,\ b,\ c$	$(ac)^2-(ab)^2=x^4$	5-1-34
86. $a\times b,\ b\times c$	$a,\ b,\ c$	$(cb)^2-(ba)^2=y^4$	5-1-35, 9-1-23
87. $a\times c,\ b\times c$	$a,\ b,\ c$	$(ca)^2+(cb)^2=z^4$	5-1-36
88. $a\times b,\ (a+b)-c$	$a,\ b,\ c$	$2ab\div(a+b-c)=x+y+z$	
89. $a\times b,\ a-(c-b)$	$a,\ b,\ c$	$2ab\div(a+b-c)=x+y+z$	
90. $a\times b,\ b-(c-a)$	$a,\ b,\ c$	$2ab\div(a+b-c)=x+y+z$	
91. $a\times b,\ (c-b)\times(c+b)$	a, b, c	$(c-b)(c+b)=x^2,\ \ ba/a=y$	5-1-38
92. $a\times b,\ (c-a)\times(c+a)$	a, b, c	$(c-a)(c+a)=y^2,\ \ ab/b=x$	5-1-37
93. $a\times b,\ (b-a)\times(b+a)$	a, b, c	$(ba)^2=(b-a)(b+a)x^2+x^4,\ \ ba/a=y$	5-1-39
94. $a\times b,\ b\div a$	$a,\ b,\ c$	$ba=(b/a)x^2$	5-1-40, 9-1-21
95. $a\times b,\ a\div b$	$a,\ b,\ c$	$ba=(a/b)y^2$	5-1-41
96. $a\times b,\ c\div a$	$a,\ b,\ c$	$(ba)^2=\{(c/a)^2-1\}x^4$	5-1-42
97. $a\times b,\ c\div b$	$a,\ b,\ c$	$(ba)^2=\{(c/b)^2-1\}y^4$	5-1-43, 9-1-22
98. $a\times b,\ a\div c$	$a,\ b,\ c$	$ba\div(a/c)=cb,\ \ (cb)^2-(ba)^2=y^4$	5-1-44
99. $a\times b,\ b\div c$	$a,\ b,\ c$	$ba\div(b/c)=ca,\ \ (ca)^2-(ba)^2=x^4$	5-1-45
100. $a\times c,\ c\div a$	$a,\ b,\ c$	$ca\div(c/a)=x^2$	
101. $b\times c,\ c\div b$	$a,\ b,\ c$	$cb\div(c/b)=y^2$	
102. $a\times c,\ a\div c$	$a,\ b,\ c$	$ca\div(a/c)=z^2$	
103. $b\times c,\ b\div c$	$a,\ b,\ c$	$cb\div(b/c)=z^2$	

104. $a \times c,\ b \div a$ $a,\ b,\ c$ $ca \times (b/a) = cb,\ (ca)^2 + (cb)^2 = z^4$

105. $b \times c,\ a \div b$ $a,\ b,\ c$ $cb \times (a/b) = ca,\ (cb)^2 + (ca)^2 = z^4$

106. $a \times c,\ a \div b$ $a,\ b,\ c$ $ca \div (a/b) = cb,\ (cb)^2 + (ca)^2 = z^4$

107. $b \times c,\ b \div a$ $a,\ b,\ c$ $cb \times (a/b) = ca,\ (cb)^2 + (ca)^2 = z^4$

108. $a \times c,\ b \div c$ $a,\ b,\ c$ $ca \times (b/c) = ba,\ (ca)^2 - (ba)^2 = x^4$

109. $b \times c,\ a \div c$ $a,\ b,\ c$ $cb \times (a/c) = ba,\ (cb)^2 - (ba)^2 = y^4$

110. $a \times c,\ c \div b$ $a,\ b,\ c$ $ca \div (c/b) = ba,\ (ca)^2 - (ba)^2 = x^4$

111. $b \times c,\ c \div a$ $a,\ b,\ c$ $cb \div (c/a) = ba,\ (cb)^2 - (ba)^2 = y^4$

112. $a^2 + c^2,\ c - a$ $a,\ b,\ c$ $a^2 + c^2 - (c-a)^2 = 2(c-a)x + 2x^2$

113. $a^2 + c^2,\ b - a$ $a,\ b,\ c$ $a^2 + c^2 - (b-a)^2 = 2(b-a)x + 3x^2$

114. $a^2 + c^2,\ c - b$ $a,\ b,\ c$ $a^2 + c^2 + (c-b)^2 = 2(c-b)z + z^2$

115. $a^2 + c^2,\ a + c$ $a,\ b,\ c$ $2(c^2 + a^2) - (c+a)^2 = (z-x)^2$

116. $a^2 + c^2,\ b + c$ $a,\ b,\ c$ $c^2 + a^2 + (c+b)^2 = 2(c+b)z + z^2$

117. $a^2 + c^2,\ a + b$ $a,\ b,\ c$ $(b+a)^2 - (c^2 + a^2) = 2(b+a)x - 3x^2$

118. $a^2 + c^2,\ a \times c$ $a,\ b,\ c$ $(ca)^2 = (c^2 + a^2)x^2 - x^4$

119. $a^2 + c^2,\ b \times c$ $a,\ b,\ c$ $2(cb)^2 = (c^2 + a^2)y^2 + y^4$

120. $a^2 + c^2,\ a \times b$ $a,\ b,\ c$ $(ba)^2 = (c^2 + a^2)x^2 - 2x^4$

121. $a^2 + c^2,\ c \div a$ $a,\ b,\ c$ $(a^2 + c^2) \div \{(c/a)^2 + 1\} = x^2$

122. $a^2 + c^2,\ a \div c$ $a,\ b,\ c$ $(a^2 + c^2) \div \{(a/c)^2 + 1\} = z^2$

123. $a^2 + c^2,\ b \div a$ $a,\ b,\ c$ $(c^2 + a^2) \div \{(b/a)^2 + 2\} = x^2$

124. $a^2 + c^2,\ a \div b$ $a,\ b,\ c$ $(a^2 + c^2) \div \{2(a/b)^2 + 1\} = y^2$

125. $a^2 + c^2,\ b \div c$ $a,\ b,\ c$ $(a^2 + c^2) \div \{2 - (b/c)^2\} = z^2$

126. $a^2 + c^2,\ c \div b$ $a,\ b,\ c$ $(a^2 + c^2) \div \{2(c/b)^2 - 1\} = y^2$

127. $b^2 + c^2,\ c - b$ $a,\ b,\ c$ $b^2 + c^2 - (c-b)^2 = 2(c-b)y + 2y^2$

128. $b^2 + c^2,\ c - a$ $a,\ b,\ c$ $b^2 + c^2 + (c-a)^2 = 2(c-a)z + z^2$

129. $b^2 + c^2,\ b - a$ $a,\ b,\ c$ $b^2 + c^2 - (b-a)^2 = -2(b-a)y + 3y^2$

130. $b^2 + c^2,\ b + c$ $a,\ b,\ c$ $(c+b)^2 - (b^2 + c^2) = 2(c+b)y - y^2$

131. $b^2 + c^2,\ a + c$ $a,\ b,\ c$ $c^2 + b^2 + (c+a)^2 = 2(c+a)z + z^2$

132. $b^2 + c^2,\ a + b$ $a,\ b,\ c$ $2(b+a)^2 - (b^2 + c^2) = 4(b+a)x - 3x^2$

133. $b^2 + c^2,\ b \times c$ $a,\ b,\ c$ $(cb)^2 = (c^2 + b^2)y^2 - y^4$

134. $b^2 + c^2,\ a \times c$ $a,\ b,\ c$ $2(ca)^2 = (c^2 + b^2)x^2 + x^4$

135. $b^2+c^2,\ a\times b$ $a,\ b,\ c$ $2(ba)^2=(b^2+c^2)x^2-x^4$

136. $b^2+c^2,\ c\div a$ $a,\ b,\ c$ $(c^2+b^2)\div\{(c/b)^2+1\}=y^2$

137. $b^2+c^2,\ b\div c$ $a,\ b,\ c$ $(b^2+c^2)\div\{(b/c)^2+1\}=z^2$

138. $b^2+c^2,\ b\div a$ $a,\ b,\ c$ $(b^2+c^2)\div\{(b/a)^2+1\}=x^2$

139. $b^2+c^2,\ a\div b$ $a,\ b,\ c$ $(b^2+c^2)\div\{(a/b)^2+2\}=y^2$

140. $b^2+c^2,\ a\div c$ $a,\ b,\ c$ $(b^2+c^2)\div\{2-(a/c)^2\}=z^2$

141. $b^2+c^2,\ c\div a$ $a,\ b,\ c$ $(b^2+c^2)\div\{2(c/a)^2-1\}=x^2$

142. $b^2-a^2,\ c$ $a,\ b$ $b^2-a^2+c^2=2y^2$

143. $b^2-a^2,\ b-a$ $a,\ b,\ c$ $(b^2-a^2)\div(b-a)=y+x$

144. $b^2-a^2,\ c-b$ $a,\ b,\ c$ $b^2-a^2+(c-b)^2=-2(c-b)y+y^2$

145. $b^2-a^2,\ c-a$ $a,\ b,\ c$ $b^2-a^2-(c-a)^2=2(c-a)x-x^2$

146. $b^2-a^2,\ a+b$ $a,\ b,\ c$ $(b^2-a^2)\div(b+a)=y-x$

147. $b^2-a^2,\ a+c$ $a,\ b,\ c$ $(c+a)^2-(b^2-a^2)=2(c+a)x+x^2$

148. $b^2-a^2,\ a+c$ $a,\ b,\ c$ $(c+b)^2+(b^2-a^2)=2(c+b)y+y^2$

149. $b^2-a^2,\ a\times b$ $a,\ b,\ c$ $(ba)^2=(b^2-a^2)x^2+x^4$

150. $b^2-a^2,\ a\times c$ $a,\ b,\ c$ $(ca)^2=(b^2-a^2)x^2+2x^4$

151. $b^2-a^2,\ b\times c$ $a,\ b,\ c$ $(cb)^2=-(b^2-a^2)y^2+2y^4$

152. $b^2-a^2,\ a\div b$ $a,\ b,\ c$ $b^2-a^2=\{1-(a/b)^2\}y^2$

153. $b^2-a^2,\ b\div a$ $a,\ b,\ c$ $b^2-a^2=\{(b/a)^2-1\}x^2$

154. $b^2-a^2,\ c\div a$ $a,\ b,\ c$ $b^2-a^2=\{(c/a)^2-2\}x^2$

155. $b^2-a^2,\ a\div c$ $a,\ b,\ c$ $b^2-a^2=\{1-2(a/c)^2\}z^2$

156. $b^2-a^2,\ c\div b$ $a,\ b,\ c$ $b^2-a^2=\{2-(c/b)^2\}y^2$

157. $b^2-a^2,\ b\div c$ $a,\ b,\ c$ $b^2-a^2=\{2(b/c)^2-1\}z^2$

158. $a+b+c,\ b-a$ $a,\ b,\ c$ $(a+b+c)^2\div 2=(b-c)(z+x)+(z+x)^2$

159. $a+b+c,\ c-a$ $a,\ b,\ c$ $(a+b+c)(c-a)=(c-a)y+y^2$

160. $a+b+c,\ c-b$ $a,\ b,\ c$ $(a+b+c)(c-b)=(c-b)x+x^2$

161. $a+b+c,\ a\times b$ $a,\ b,\ c$ $2ba\div(b+a+c)=y+x-z$ 5-1-33, 9-1-16

162. $a+b+c,\ a\times c$ $a,\ b,\ c$

$$(a+b+c)ac=\{(a+b+c)^2\div 2+ac\}x-(a+b+c)x^2+x^3$$

163. $a+b+c,\ b\times c$ $a,\ b,\ c$

$$(a+b+c)bc=\{(a+b+c)^2\div 2+bc\}y-(a+b+c)y^2+y^3$$

164. $a+b+c,\ a\times c+b\times c$ a, b, c $ca+cb=(a+b+c)z-z^2$

165. $a+b+c,\ a\times c+a\times b$ $\quad a, b, c \quad$ $ca+ba=(a+b+c)x-x^2$

166. $a+b+c,\ a\times b+b\times c$ $\quad a, b, c \quad$ $ba+cb=(a+b+c)y-y^2$

167. $a+b+c,\ a^2+a\times c$ $\quad a, b, c \quad$ $\{(a+b+c)^2\div 2-(a^2+ac)\}\div(a+b+c)=y$

168. $a+b+c,\ b^2+b\times c$ $\quad a, b, c \quad$ $\{(a+b+c)^2\div 2-(b^2+bc)\}\div(a+b+c)=x$

169. $a+b+c,\ c^2+b\times c$ $\quad a, b, c \quad$ $(a+b+c)^2\div 2-(c^2+cb)=(a+b+c)x-x^2$

170. $a+b+c,\ c^2+a\times c$ $\quad a, b, c \quad$ $(a+b+c)^2\div 2-(c^2+ca)=(a+b+c)y-y^2$

171. $a+b+c,\ c^2+a\times b$ $\quad a, b, c \quad$ $(a+b+c)^2\div 2-(c^2+ba)=(a+b+c)z-z^2$

172. $a+b+c,\ (a+b)\times(a+c)$ $\quad a, b, c \quad$ $(a+b+c)^2\div 2-(b+a)(c+a)=y^2$

173. $a+b+c,\ (a+b)\times(b+c)$ $\quad a, b, c \quad$ $(a+b+c)^2\div 2-(b+a)(c+b)=x^2$

174. $a+b+c,\ c^2+(a+b)^2$ $\quad a, b, c$

$$[(a+b+c)^2-\{c^2+(b+a)^2\}]\div 2=(a+b+c)z-z^2,$$

$$2\{c^2+(b+a)^2\}-(a+b+c)^2=(x+y-z)^2$$

175. $a+b+c,\ b^2+(a+c)^2$ $\quad a, b, c \quad$ $2\{b^2+(c+a)^2\}-(a+b+c)^2=(z+x-y)^2$

176. $a+b+c,\ a^2+(b+c)^2$ $\quad a, b, c \quad$ $2\{a^2+(c+b)^2\}-(a+b+c)^2=(z+y-x)^2$

177. $a+b+c,\ (a+b)^2-c^2$ $\quad a, b, c \quad$ $\{(b+a)^2-c^2\}\div(a+b+c)=y+x-z$

178. $a+b+c,\ (a+c)^2-b^2$ $\quad a, b, c \quad$ $\{(c+a)^2-b^2\}\div(a+b+c)=z+x-y$

179. $a+b+c,\ (b+c)^2-a^2$ $\quad a, b, c \quad$ $\{(c+b)^2-a^2\}\div(a+b+c)=z+y-x$

180. $(c-a)^2+(c-b)^2,\ b-a$ $\quad a, b, c$

$$\{(c-a)^2+(c-b)^2-(b-a)^2\}\div 2=(b-a)(z-y)+(z-y)^2$$

181. $(b-a)^2+(c-a)^2,\ c-b$ $\quad a, b, c$

$$\{(b-a)^2+(c-a)^2-(c-b)^2\}\div 2=(c-b)(y-x)+(y-x)^2$$

182. $(c-b)^2+(b-a)^2,\ c-a$ $\quad a, b, c$

$$[(c-a)^2-\{(c-b)^2+(b-a)^2\}]\div 2=(c-a)(z-y)-(z-y)^2$$

183. $(c-a)^2-(c-b)^2,\ b-a$ $\quad a, b, c$

$$[\{(c-a)^2-(c-b)^2\}-(b-a)^2]\div 2(b-a)=z-y$$

184. $(b-a)^2-(c-b)^2,\ c-a$ $\quad a, b, c \quad$ $(c-a)^2-\{(b-a)^2-(c-b)^2\}=(x+y-z)^2$

185. $(c-a)^2-(b-a)^2,\ c-b$ $\quad a, b, c \quad$ $(c-b)^2+\{(c-a)^2-(b-a)^2\}=(x+y-z)^2$

186. $(c-a)^2-(c-b)^2,\ (c-b)+(c-a)$ $\quad a, b, c$

$$[\{(c-b)+(c-a)\}^2+\{(c-a)^2-(c-b)^2\}]\div 2\{(c-a)+(c-b)\}=z-x,$$

$$\{(c-b)+(c-a)\}-(c-a)=z-y$$

187. $(c-b)^2+(c-a)^2,\ (b-a)-(c-b)$ $\quad a, b, c$

$$\{(c-b)^2+(c-a)^2\}-\{(b-a)-(c-b)\}^2=4\{(b-a)-(c-b)\}(z-y)+5(z-y)^2$$

188. $(c-a)^2-(c-b)^2,\ (b-a)-(c-b)$ $\quad a, b, c$

$$\{(c-a)^2-(c-b)^2\}-\{(b-a)-(c-b)\}^2=4\{(b-a)-(c-b)\}(z-y)+3(z-y)^2$$

189. $(a+c)^2+(b+c)^2$, $b-a$ a, b, c

$$\{(c+a)^2+(c+b)^2-(b-a)^2\}\div 2=(b-a)(z+x)+(z+x)^2$$

190. $(a+c)^2+(a+b)^2$, $c-b$ a, b, c

$$\{(c+a)^2+(b+c)^2-(c-b)^2\}\div 2=(c-b)(y+x)+(y+x)^2$$

191. $(b+c)^2+(a+b)^2$, $c-a$ a, b, c

$$\{(c+b)^2+(b+a)^2-(c-a)^2\}\div 2=(c-a)(y+x)+(y+x)^2$$

192. $(b+c)^2-(a+c)^2$, $b-a$ a, b, c

$$[\{(c+b)^2-(c+a)^2-(b-a)^2\}\div 2]\div(b-a)=z+x$$

193. $(a+c)^2-(a+b)^2$, $c-b$ a, b, c

$$[\{(c+a)^2-(b+a)^2-(c-b)^2\}\div 2]\div(c-b)=y+x$$

194. $(b+c)^2-(a+b)^2$, $c-a$ a, b, c

$$[\{(c+b)^2-(b+a)^2-(c-a)^2\}\div 2]\div(c-a)=y+x$$

195. $(a+c)^2+(b+c)^2$, $a+b$ a, b, c $(c+a)^2+(c+b)^2=2(b+a)z+3z^2$

196. $(a+b)^2+c^2$, a b, c $\{(b+a)^2+c^2\}\div 2-a^2=ay+y^2$

197. $(a+b)^2+c^2$, b a, c $\{(b+a)^2+c^2\}\div 2-b^2=bx+x^2$

198. $(a+b)^2+c^2$, $b-a$ a, b, c $\{(b+a)^2+c^2\}\div 2-(b-a)^2=3(b-a)x+3x^2$

199. $(a+c)^2+b^2$, a b, c $\{(c+a)^2+b^2\}\div 2=az+z^2$

200. $(a+c)^2+b^2$, c a, b $[\{(c+a)^2+b^2\}\div 2-c^2]\div c=x$

201. $(a+c)^2+b^2$, $c-a$ a, b, c $\{(c+a)^2+b^2\}\div 2=-(c-a)z+2z^2$

202. $(b+c)^2+a^2$, b a, c $\{(c+b)^2+a^2\}\div 2=az+2z^2$

203. $(b+c)^2+a^2$, c a, b $[\{(c+b)^2+a^2\}\div 2-c^2]\div c=y$

204. $(b+c)^2+a^2$, $c-b$ a, b, c $\{(c+b)^2+a^2\}\div 2=-(c-b)z+2z^2$

205. $(a+c)^2-b^2$, a b, c $[\{(c+a)^2-b^2\}\div 2-a^2]\div a=z$

206. $(a+c)^2-b^2$, c a, b $\{(c+a)^2-b^2\}\div 2=cx+x^2$

207. $(a+c)^2-b^2$, $c-a$ a, b, c $\{(c+a)^2-b^2\}\div 2=(c-a)x+2x^2$

208. $(b+c)^2-a^2$, b a, c $[\{(c+b)^2-a^2\}\div 2-b^2]\div b=z$

209. $(b+c)^2-a^2$, c a, b $\{(c+b)^2-a^2\}\div 2=cy+y^2$

210. $(b+c)^2-a^2$, $c-b$ a, b, c $\{(c+b)^2-a^2\}\div 2=(c-b)y+2y^2$

[부록 나]

고 · 구 · 현의 길이 분석

(구, 고, 현)	기본형 $(m^2-n^2,\ 2mn,\ m^2+n^2)$	(모수, 자수) $(m,\ n)$
1. (67.2, 75.4, 101)	(377, 336, 505) [×2]	(21, 8)
2. (26, 65.1, 70.1)	(651, 260, 701)	(26, 5)
3. (42.9, 46, 62.9)	(429, 460, 629)	(23, 10)
4. (30, 58.9, 66.1)	(589, 300, 661)	(25, 6)
5. (42.9, 70, 82.1)	(429, 700, 821)	(25, 14)
6. (16.8, 37.4, 41)	(187, 84, 205) [×2]	(14. 3)
7. (24, 55.1, 60.1)	(551, 240, 601)	(24, 5)
8. (45.1, 78, 90.1)	(451, 780, 901)	(26, 15)
9. (40.8, 50.6, 65)	(253, 204, 325) [×2]	(17, 6)
10. (28, 75.9, 80.9)	(759, 280, 809)	(28, 5)
11. (0.51, 13, 13.1)	(51, 1300, 1310)	(26, 25)
12. (36.8, 102.6, 109)	(513, 184, 545) [×2]	(23, 4)
13. (88, 105, 137)	(105, 88, 137)	(11, 4)
14. (44, 117, 125)	(117, 44, 125)	(11, 2)
15. (20, 60.9, 64.1)	(609, 200, 641)	(25, 4)
16. (67.2, 105.4, 125)	(527, 336, 625) [×2]	(24, 7)
17. (3.2, 25.5, 25.7)	(255, 32, 257)	(16, 1)
18. (11.9, 12, 16.9)	(119, 120, 169)	(12, 5)
19. (46.4, 77.7, 90.5)	(777, 464, 905)	(29, 8)
20. (55.5, 57.2, 79.7)	(555, 572, 797)	(26, 11)
21. (38.7, 88.4, 96.5)	(387, 884, 976)	(26, 17)
22. (5.85, 9.28, 10.97)	(585, 928, 1097)	(29, 16)
23. (6.45, 8.12, 10.37)	(645, 812, 1037)	(29, 14)
24. (6.96, 6.97, 9.85)	(697, 696, 985)	(29, 12)
25. (5.17, 10.44, 11.65)	(517, 1044, 1165)	(29, 18)
26. (4.41, 11.6, 12.41)	(441, 1160, 1241)	(29, 20)
27. (40.7, 62.4, 74.5)	(407, 624, 745)	(24, 13)
28. (37.2, 92.5, 99.7)	(925, 372, 997)	(31, 6)
29. (24.8, 94.5, 97.7)	(945, 248, 977)	(31, 4)

30. (63.7, 111.6, 128.5)	(637, 1116, 1285)	(31, 18)
31. (9.2, 52.5, 53.3)	(525, 92, 533)	(23, 2)
32. (42, 85.1, 94.9)	(851, 420, 949)	(30, 7)
33. (5.39, 11.4, 12.61)	(539, 1140, 1261)	(30, 19)
34. (7.2, 15.19, 16.81)	(1519, 720, 1681)	(40, 9)
35. (27.6, 49.3, 56.5)	(493, 276, 565)	(23, 6)
36. (12.9, 92, 92.9)	(129, 920, 929)	(23, 20)
37. (2.5, 31.2, 31.3)	(25, 312, 313)	(13, 12)
38. (4.8, 57.5, 57.7)	(575, 48, 577)	(24, 1)
39. (20.5, 82.8, 85.3)	(205, 828, 853)	(23, 18)
40. (3.6, 32.3, 32.5)	(323, 36, 325)	(18, 1)
41. (27.9, 44, 52.1)	(279, 440, 521)	(20, 11)
42. (33.3, 64.4, 72.5)	(333, 644, 725)	(23, 14)
43. (40, 56.1, 68.9)	(561, 400, 689)	(25, 8)
44. (61.5, 72.8, 95.3)	(615, 728, 953)	(28, 13)
45. (4, 39.9, 40.1)	(399, 40, 401)	(20, 1)
46. (73.1, 78, 106.9)	(731, 780, 1069)	(30, 13)
47. (49.6, 89.7, 102.5)	(897, 496, 1025)	(31, 8)
48. (36.4, 62.7, 72.5)	(627, 364, 725)	(26, 7)
49. (8.8, 23.4, 25)	(117, 44, 125) [×2]	(11, 2)
50. (13.3, 15.6, 20.5)	(133, 156, 205)	(13, 6)
51. (4.5, 101.2, 101.3)	(45, 1012, 1013)	(23, 22)
52. (36.8, 46.5, 59.3)	(465, 368, 593)	(23, 8)
53. (38.5, 55.2, 67.3)	(385, 552, 673)	(23, 12)
54. (30.1, 90, 94.9)	(301, 900, 949)	(25, 18)
55. (9.31, 10.2, 13.81)	(931, 1020, 1381)	(34, 15)
56. (4.69, 22.2, 22.69)	(469, 2220, 2269)	(37, 30)
57. (7.4, 12.69, 14.69)	(1269, 740, 1469)	(37, 10)
58. (61.6, 66.3, 90.5)	(663, 616, 905)	(28, 11)
59. (9.36, 11.27, 14.65)	(1127, 936, 1465)	(36, 13)
60. (10.07, 12.24, 15.85)	(1007, 1224, 1585)	(36, 17)
61. (6.63, 12.16, 13.85)	(663, 1216, 1385)	(32, 19)
62. (14, 17.1, 22.1)	(171, 140, 221)	(14, 5)
63. (2.04, 11.47, 11.65)	(1147, 204, 1165)	(34, 3)
64. (9.69, 14.8, 17.69)	(969, 1480, 1769)	(37, 20)

65. (9.84, 15.37, 18.25) (1537, 984, 1825) (41, 12)
66. (45.5, 52.8, 69.7) (455, 528, 697) (24, 11)
67. (1.25, 78.12, 78.13) (125, 7812, 7813) (63, 62)
68. (6.12, 10.75, 12.37) (1075, 612, 1237) (34, 9)
69. (21.5, 91.2, 93.7) (215, 912, 937) (24, 19)
70. (53.3, 75.6, 92.5) (533, 756, 925) (27, 14)
71. (10.8, 72.5, 73.3) (725, 108, 733) (27, 2)
72. (29.7, 30.4, 42.5) (297, 304, 425) (19, 8)
73. (2.5, 31.2, 31.3) (25, 312, 313) (13, 12)
74. (23.2, 82.5, 85.7) (825, 232, 857) (29, 4)
75. (28.7, 81.6, 86.5) (287, 816, 865) (24, 17)
76. (15.6, 66.7, 68.5) (667, 156, 685) (26, 3)
77. (3.57, 12.76, 13.25) (375, 1276, 1325) (29, 22)
78. (8.84, 9.87, 13.25) (987, 884, 1325) (34, 13)
79. (3.15, 9.88, 10.37) (315, 988, 1037) (26, 19)
80. (3.71, 13.8, 1429) (371, 1380, 1429) (30, 23)
81. (4.95, 14.72, 15.53) (495, 1472, 1553) (32, 23)
82. (6.89, 13.2, 14.89) (689, 1320, 1489) (33, 20)
83. (7.67, 16.56, 18.25) (767, 1656, 1825) (36, 23)
84. (0.57, 16.24, 16.25) (57, 1624, 1625) (29, 28)
85. (11.6, 83.7, 84.5) (837, 116, 845) (29, 2)
86. (3.29, 10.8, 11.29) (329, 1080, 1129) (27, 20)
87. (2.35, 10.92, 11.17) (235, 1092, 1117) (26, 21)
88. (27.3, 73.6, 78.5) (273, 736, 785) (23, 16)
89. (46.8, 59.5, 75.7) (595, 468, 757) (26, 9)
90. (1.47, 11.96, 12.05) (147, 1196, 1205) (26, 23)
91. (43.2, 66.5, 79.3) (665, 432, 793) (27, 8)
92. (47.3, 86.4, 98.5) (473, 864, 985) (27, 16)
93. (50.4, 70.3, 86.5) (703, 504, 865) (28, 9)
94. (12.4, 95.7, 96.5) (957, 124, 965) (31, 2)
95. (3.99, 16, 16.49) (399, 1600, 1649) (32, 25)
96. (10, 62.1, 62.9) (621, 100, 629) (25, 2)
97. (5.28, 10.25, 11.53) (1025, 528, 1153) (33, 8)
98. (33.6, 52.7, 62.5) (527, 336, 625) (24, 7)
99. (11.13, 11.84, 16.25) (1113, 1184, 1625) (37, 16)

100. (21.6, 71.3, 74.5)	(713, 216, 745)	(27, 4)
101. (6.11, 10.2, 11.89)	(611, 1020, 1189)	(30, 17)
102. (2.13, 25.16, 25.25)	(213, 2516, 2525)	(37, 34)
103. (6.84, 13.63, 15.25)	(1363, 684, 1525)	(38, 9)
104. (2.45, 11.88, 12.13)	(245, 1188, 1213)	(27, 22)
105. (5.61, 12.4, 13.61)	(561, 1240, 1361)	(31, 20)
106. (9.69, 11.2, 14.81)	(969, 1120, 1481)	(35, 16)
107. (16.8, 77.5, 79.3)	(775, 168, 793)	(28, 3)
108. (1.56, 15.17, 15.25)	(1517, 156, 1525)	(39, 2)
109. (14.03, 15.96, 21.25)	(1403, 1596, 2125)	(42, 19)
110. (9.01, 12.6, 15.49)	(901, 1260, 1549)	(35, 18)
111. (34.8, 80.5, 87.7)	(805, 348, 877)	(29, 6)
112. (74.4, 81.7, 110.5)	(817, 744, 1105)	(31, 12)
113. (76.5, 86.8, 115.7)	(765, 868, 1157)	(31, 14)
114. (2.65, 13.92, 14.17)	(265, 1392, 1417)	(29, 24)
115. (70.5, 99.2, 121.7)	(705, 992, 1217)	(31, 16)
116. (1.65, 15.08, 15.17)	(165, 1508, 1517)	(29, 26)
117. (47.7, 136.4, 144.5)	(477, 1364, 1445)	(31, 22)
118. (3.85, 14.88, 15.37)	(385, 1488, 1537)	(31, 24)
119. (2.85, 16.12, 16.37)	(285, 1612, 1637)	(31, 26)
120. (44.8, 97.5, 107.3)	(975, 448, 1073)	(32, 7)
121. (32, 99.9, 104.9)	(999, 320, 1049)	(32, 5)
122. (12.73, 20.64, 24.25)	(1273, 2064, 2425)	(43, 24)
123. (11.4, 12.19, 16.69)	(1219, 1140, 1669)	(38, 15)
124. (7.41, 15.4, 17.09)	(741, 1540, 1709)	(35, 22)
125. (8.03, 26.04 27.25)	(803, 2604, 2725)	(42, 31)
126. (9.88, 12.75, 16.13)	(1275, 988, 1613)	(38, 13)
127. (57.6, 94.3, 110.5)	(943, 576, 1105)	(32, 9)
128. (70.4, 90.3, 114.5)	(903, 704, 1145)	(32, 11)
129. (83.2, 85.5, 119.3)	(855, 832, 1193)	(32, 13)
130. (4.2, 11.89, 12.61)	(1189, 420, 1261)	(35, 6)
131. (2.01, 22.4, 22.49)	(201, 2240, 2249)	(35, 32)
132. (89.3, 92.4, 128.5)	(893, 924, 1285)	(33, 14)
133. (1.77, 17.36, 17.45)	(177, 1736, 1745)	(31, 28)
134. (11.55, 12.92, 17.33)	(1155, 1292, 1733)	(38, 17)

135. (10.03, 15.96, 18.85) (1003, 1596, 1885) (38, 21)
136. (6.9, 26, 26.9) (69, 260, 269) (13, 10)
137. (2.37, 31.16, 31.25) (237, 3116, 3125) (41, 38)
138. (2.25, 28.08, 28.17) (25, 312, 313) [×9] (13, 12)
139. (10.92, 13.25, 17.17) (1325, 1092, 1717) (39, 14)
140. (11.73, 22.36, 25.25) (1173, 2236, 2525) (43, 26)
141. (12.75, 26.68, 29.57) (1275, 2668, 2957) (46, 29)
142. (12.6, 18.29, 22.21) (1829, 1260, 2221) (45, 14)
143. (13.2, 17.11, 21.61) (1711, 1320, 2161) (44, 15)
144. (7.8, 14.21, 16.21) (1421, 780, 1621) (39, 10)
145. (11.21, 15.6, 19.21) (1121, 1560, 1921) (39, 20)
146. (1.92, 10.15, 10.33) (1015, 192, 1033) (32, 3)
147. (11.59, 16.8, 20.41) (1159, 1680, 2041) (40, 21)
148. (10.4, 14.31, 17.69) (1431, 1040, 1769) (40, 13)
149. (7.35, 10.88, 13.13) (735, 1088, 1313) (32, 17)
150. (6.6, 9.89, 11.89) (989, 660, 1189) (33, 10)
151. (1.41, 11, 11.09) (141, 1100, 1109) (25, 22)
152. (79.9, 96, 124.9) (799, 960, 1249) (32, 15)
153. (54, 62.9, 82.9) (629, 540, 829) (27, 10)
154. (62, 86.1, 106.1) (861, 620, 1061) (31, 10)
155. (14.96, 16.47, 22.25) (1647, 1496, 2225) (44, 17)
156. (36.9, 80, 88.1) (369, 800, 881) (25, 16)
157. (3.76, 21.93, 22.25) (2193, 376, 2225) (47, 4)
158. (12.39, 15.2, 19.61) (1239, 1520, 1961) (40, 19)
159. (5.31, 17, 17.81) (531, 1700, 1781) (34, 25)
160. (58, 74.1, 94.1) (741, 580, 941) (29, 10)
161. (2.95, 17.28, 17.53) (295, 1728, 1753) (32, 27)
162. (66, 77.9, 102.1) (779, 660, 1021) (30, 11)
163. (48.1, 60, 76.9) (481, 600, 769) (25, 12)
164. (8.8, 14.79, 17.21) (1479, 880, 1721) (40, 11)
165. (19, 21.39, 28.61) (2139, 1900, 2861) (50, 19)
166. (8.71, 21.6, 23.29) (871, 2160, 2329) (40, 27)
167. (10.71, 18.4, 21.29) (1071, 1840, 2129) (40, 23)
168. (2.4, 15.91, 16.09) (1591, 240, 1609) (40, 3)
169. (12, 20.9, 24.1) (209, 120, 241) (15, 4)

170. (6.56, 16.17, 17.45) (1617, 656, 1745) (41, 8)
171. (12.48, 12.65, 17.77) (1265, 1248, 1777) (39, 16)
172. (3.9, 76, 76.1) (39, 760, 761) (20, 19)
173. (17, 56.55, 59.05) (1131, 340, 1181) [×5] (34, 5)
174. (4.76, 11.07, 12.05) (1107, 476, 1205) (34, 7)
175. (13.11, 13.6, 18.89) (1311, 1360, 1889) (40, 17)
176. (5.6, 15.51, 16.49) (1551, 560, 1649) (40, 7)
177. (13.57, 14.76, 20.05) (1357, 1476, 2005) (41, 18)
178. (7.59, 23.2, 24.41) (759, 2320, 2441) (40, 29)
179. (17, 22.11, 27.89) (2211, 1700, 2789) (50, 17)
180. (8.33, 10.56, 13.45) (833, 1056, 1345) (33, 16)
181. (5.83, 13.44, 14.65) (583, 1344, 1465) (32, 21)
182. (7.95, 12.92, 15.17) (795, 1292, 1517) (34, 19)
183. (7.15, 14.28, 15.97) (715, 1428, 1597) (34, 21)
184. (6.27, 15.64, 16.85) (627, 1564, 1685) (34, 23)
185. (7.48, 10.35, 12.77) (1035, 748, 1277) (34, 11)
186. (95, 168, 193) (95, 168, 193) (12, 7)
187. (16.1, 24, 28.9) (161, 240, 289) (15, 8)
188. (11.1, 68, 68.9) (111, 680, 689) (20, 17)
189. (6, 22.1, 22.9) (221, 60, 229) (15, 2)
190. (18, 29.9, 34.9) (299, 180, 349) (18, 5)
191. (25.9, 66, 70.9) (259, 660, 709) (22, 15)
192. (31.9, 36, 48.1) (319, 360, 481) (20, 9)
193. (23.1, 52, 56.9) (231, 520, 569) (20, 13)
194. (8.4, 43.7, 44.5) (437, 84, 445) (21, 2)
195. (12, 39.1, 40.9) (391, 120, 409) (20, 3)
196. (21.7, 45.6, 50.5) (217, 456, 505) (19, 12)
197. (16.5, 53.2, 55.7) (165, 532, 557) (19, 14)
198. (22.8, 32.5, 39.7) (325, 228, 397) (19, 6)
199. (2.9, 42, 42.1) (29, 420, 421) (15, 14)
200. (7.5, 30.8, 31.7) (75, 308, 317) (14, 11)
201. (3.1, 48, 48.1) (31, 480, 481) (16, 15)
202. (17.5, 28.8, 33.7) (175, 288, 337) (16, 9)
203. (22.5, 27.2, 35.3) (225, 272, 353) (17, 8)
204. (13.6, 27.3, 30.5) (273, 136, 305) (17, 4)

205. (16.8, 42.5, 45.7)	(425, 168, 457)	(21, 4)
206. (19.5, 74.8, 77.3)	(195, 748, 773)	(22, 17)
207. (34.1, 42, 54.1)	(341, 420, 541)	(21, 10)
208. (28, 35.1, 44.9)	(351, 280, 449)	(20, 7)
209. (10.5, 20.8, 23.3)	(105, 208, 233)	(13, 8)
210. (22, 45.9, 50.9)	(459, 220, 509)	(22, 5)
211. (11.5, 25.2, 27.7)	(115, 252, 277)	(14, 9)
212. (13.5, 35.2, 37.7)	(135, 352, 377)	(16, 11)
213. (6.8, 28.5, 29.3)	(285, 68, 293)	(17, 2)
214. (14.5, 40.8, 43.3)	(145, 408, 433)	(17, 12)
215. (15.5, 46.8, 49.3)	(155, 468, 493)	(18, 13)
216. (18.5, 67.2, 69.7)	(185, 672, 697)	(21, 16)
217. (26.1, 38, 46.1)	(261, 380, 461)	(19, 10)

[내접하는 정사각형과 관련된 아래의 7문제에서는 문제와 답에 현의 길이는 제시하지 않았다.]

218. (97.41, 267.4, 284.59)	(51, 140, 149)	[×191]	(10, 7)
219. (21, 28, 35)	(3, 4, 5)	[×7]	(2, 1)
220. (85, 204, 221)	(5, 12, 13)	[×17]	(3, 2)
221. (37.81, 358.2, 360.19)	(19, 180, 181)	[×199]	(10, 9)
222. (50.61, 530.2, 532.61)	(21, 220, 221)	[×241]	(11, 10)

223. (30, 45, $15\sqrt{13}$)

224. (36, 45, $9\sqrt{41}$)

유씨구고술요도해

2006년 5월 10일 초판 인쇄
2006년 5월 20일 초판 발행

저 자 / 의령 남병길 (宜寧 南秉吉) 도해
역 자 / 유인영 · 허 민
발행자 / 오판근
발행처 / 교우사

주 소 / 서울 동대문구 제기2동 148-19
전 화 / 925-2861, 929-4865
팩 스 / 925-2860
E-mail / kw2861 @ chollian. net
http: // www. kyowoo. co. kr
등록 / 1994. 3. 24 제6-0256호

ISBN 89-8172-607-8 (94410)
89-8172-590-X (세트)

값 20,000원

이 저서는 2002년 한국학술진흥재단의 지원에 의하여 연구되었음.
(KRF-2002-071-CS2001)